超(超)临界火电机组检修技术丛书

锅炉设备检修

单志栩 张 磊 陈 媛 张立华 徐鹤飞 合编

金生祥 主审

中国电力出版社
CHINA ELECTRIC POWER PRESS

内 容 提 要

本书为《超(超)临界火电机组检修技术丛书》的一个分册。

本书全面、系统地总结了近年来超(超)临界锅炉设备检修、焊接、调试、检修管理等方面的内容,对锅炉本体、管阀、辅机等重要设备的检修步骤、检修工艺、焊接工艺进行了详细的讲解,具有很强的指导性。

本书可供火电厂锅炉检修技术人员、管理人员及焊接技术人员工作使用,并可作为超(超)临界锅炉检修技术培训教材,也可供大专院校相关专业师生学习参考。

图书在版编目(CIP)数据

锅炉设备检修/单志栩等编. —北京:中国电力出版社,2012.6(2020.9重印)

(超(超)临界火电机组检修技术丛书)

ISBN 978-7-5123-3165-5

Ⅰ.①锅… Ⅱ.①单… Ⅲ.①火电厂-锅炉-设备检修 Ⅳ.①TM621.2

中国版本图书馆 CIP 数据核字(2012)第 128491 号

中国电力出版社出版、发行

(北京市东城区北京站西街 19 号　100005　http://www.cepp.sgcc.com.cn)

三河市百盛印装有限公司印刷

各地新华书店经售

*

2012 年 6 月第一版　2020 年 9 月北京第二次印刷

787 毫米×1092 毫米　16 开本　25.5 印张　578 千字

印数 3001—4000 册　定价 **68.00** 元

超(超)临界火电机组检修技术丛书
编　委　会

主　任：张效胜

副主任：张　伟　王焕金

主　编：张　磊

参　编（按姓氏笔画排列）：

于龙根　王德坚　王丽娜　王　亮　片秀红　代云修

吕富周　张立华　张　伟（华电）　张东风　沈思雯

陆　强　杨立久　李　诚　杜海涛　陈　媛　单志栩

周长龙　赵学良　柴　彤　徐鹤飞　徐坊降　高洪雨

黄东安　彭　涛　满菁华　廉根宽　雷　亮　潘　淙

前　言

随着火力发电技术的发展，单机容量为 600MW 和 1000MW 的超临界和超超临界火电机组正迅速成为新建火力发电厂的主力型机组。这些新机组投产运营后，由于单机容量增大和新技术的应用，对设备的检修工艺和管理体制提出了新的要求。科学的检修工艺和管理体制将为设备安全、稳定、长周期运行提供可靠的技术和管理保障。根据当前技术人员对超（超）临界火电机组检修技术的迫切需求，作者有针对性地编写了《超（超）临界火电机组检修技术丛书》。本丛书共分五个分册，分别是《锅炉设备检修》、《汽轮机设备检修》、《电气设备检修》、《热工控制设备检修》、《辅助设备检修》。

本丛书由山东省电力学校张效胜担任编委会主任，张伟和王焕金担任编委会副主任。全套丛书由山东省电力学校张磊组织编写和统稿。

本丛书可作为超（超）临界火电机组生产运行、检修维护人员的培训教材，也可供从事超（超）临界火电机组设计、制造、安装工作的技术人员和大中专院校热动类专业师生参考。

在丛书的编写期间，得到了国内各发电集团公司的大力支持，在此深表感谢！

由于水平所限，加之时间仓促，收集资料不全，难免有不妥之处，恳请读者批评指正。

编委会

2011 年 4 月

本 书 前 言

为保证超(超)临界锅炉安全、经济、低污染运行,尽快了解和掌握这些锅炉的机组特性和检修技术显得日益重要。据统计,在火力发电厂中,锅炉事故约占全厂总事故的 70%,常见的主要事故有四管爆破、燃烧不稳、空气预热器漏风、风机振动等,而这些事故与检修质量又有很大的直接关系。随着锅炉容量的增大,对大机组检修技术也提出了越来越严格的要求。火力发电厂的设备检修质量管理科学化是现代企业组织生产和管理的重要手段,也是我国电力企业坚持自力更生方针、走向管理现代化的一项重要技术经济政策。做好发电厂的检修质量管理工作是保证发电设备安全、经济运行的重要措施之一,也是设备全过程管理中的重要环节。如何更科学地管理好设备,提高设备利用率,降低检修费用,已成为摆在电力企业面前不容回避的问题。为此,研究怎样做好发电设备的检修质量管理,特别是怎样运用现代设备管理的思想与方法做好发电设备的检修十分必要。

本书由北京京能国际能源股份有限公司单志栩,山东省电力学校张磊、陈媛、张立华,华电国际山东百年电力发展股份有限公司徐鹤飞合编,北京京能国际能源股份有限公司副总裁金生祥担任本书主审。

本书在编著的过程中,得到了上海纳尔通耐磨材料有限公司刘开义先生、华北电力科学研究院季诚先生、北京紫泉能源环境技术有限公司严仁敏先生的悉心指导与帮助,在此表示感谢!同时向单俊先生、鄂春艳女士致敬!

由于编者水平所限,加之时间仓促,疏漏与不妥之处在所难免,恳请读者批评指正。

编 者

2012 年 6 月

目　　录

第一章　超(超)临界锅炉设备特点

第一节　超(超)临界锅炉机组技术特点

一、超(超)临界火电机组的参数、容量及效率

火电厂工质用的是水，常规条件下对水进行加热，当水的温度达到给定压力下的饱和温度时，将产生相变，水开始从液态变成汽态，出现一个饱和水与饱和蒸汽两相共存的区域，这时尽管加热仍在进行，但汽水两相的温度不再上升，直至液态水全部蒸发完毕，干饱和汽才继续升温，成为过热蒸汽。但当温度超过临界温度 t_c 值时，水的液相就不存在了，与临界温度相对应的饱和压力称为临界压力 p_c，临界点的压力和温度是水的液相和汽相能够平衡共存的最高值，为固有物性常数。水的临界参数为：$t_c=374.15℃$，$p_c=22.129MPa$。在临界点以及超临界状态时，将看不见蒸发现象，水在保持单相的情况下从液态直接变成汽态。一般将压力大于临界点 p_c 的范围称为超临界区，压力小于 p_c 的范围称为亚临界区。从物理意义上讲，水的物性只有超临界和亚临界之分，如前所述，超超临界和超临界只是人为的一种区分。

超临界机组的典型参数为 24.1MPa/538℃/566℃，对应的发电效率约为 41%～42%。超超临界参数实际上是在超临界参数的基础上向更高压力和温度提高的过程。通常认为超超临界是指压力达到 30～35MPa、温度达到 593～600℃或者更高的参数，并具有二次再热的热力循环。还有一种观点认为，温度 566℃事实上一直是超临界参数的准则，任何超临界新蒸汽温度或再热蒸汽温度超过这一数值时也被划为超超临界参数范畴，或者称为提高参数的超临界机组。在国外的技术资料上，Ultra Supercritical（USC）通常用来代表这类参数的机组，中文译成超超临界，也可理解为优化的或高效的超临界机组。当水的状态参数达到临界点时（压力为 22.129MPa、温度为 374.15℃），水的完全汽化会在一瞬间完成，即在临界点时饱和水和饱和蒸汽之间不再有汽、水共存的二相区存在，两者的参数不再有区别。由于在临界参数下汽水密度相等，因此在超临界压力下无法维持自然循环，即不能采用汽包锅炉，直流锅炉成为唯一的形式。

提高蒸汽参数，同时发展大容量机组是提高常规火电厂效率及降低单位容量造价最有效的途径。与同容量亚临界火电机组的热效率相比，在理论上采用超临界参数可提高效率 2%～2.5%，采用超(超)临界参数可提高 4%～5%。目前，世界上先进的超临界机组效率已达到 47%～49%。

二、超（超）临界火电机组的运行灵活性与可靠性

目前，先进的大容量超（超）临界机组具有良好的启动、运行和调峰性能，能够满足电网负荷的调峰要求，并可在较大的负荷范围（30％～90％额定负荷）内变压运行，变负荷速率多为5％/min。美国《发电可用率数据系统》1980年的分析报告中公布了71台超临界机组和27台亚临界机组的运行统计数据，表明这两类机组的平均运行可用率、等效可用率和强迫停运率已无差别，据美国EPRI的统计，容量为600～835MW、具有二次中间再热的超临界机组整机可用率已达90％，1300MW二次中间再热的燃煤超临界机组整机可用率为92.3％，有的还要高一些；有1台ABB公司制造的1300MW超临界机组甚至创造过安全运行605天的记录。以玉环1、2号机组为代表的1000MW超（超）临界机组，其2007年可用率更是高达94％，尤其是玉环2号机组2007年度的连续安全运行天数高达257天，同时从国内引进的几台超（超）临界机组的运行情况看，也说明了这一点，即目前投运的超（超）临界机组的运行可靠性指标已经不低于亚临界机组，有的甚至更高。

三、超（超）临界机组的投资造价比较

提高蒸汽参数将使机组的初投资有所增加，这是因为压力提高后，很多设备和主蒸汽管道的壁厚要相应增加，或者说要选用性能和价格更高一些的材料，而温度提高后，则要使用更多价格昂贵的合金钢材。一般认为超临界机组的造价比亚临界机组增加3％～10％，超（超）临界机组又比常规超临界机组高，但由于世界各国的具体情况不同，且各个电站的设计和辅机配套方案等也有所不同，因此造价增加的幅度不同。

由于电厂的运行成本主要取决于燃料成本，超（超）临界机组的效率高，可抵偿一些造价略高的影响，因此运行成本有可能比亚临界电厂低。

根据国外超（超）临界火电机组的技术统计，20世纪90年代以来投产的超（超）临界机组的机组效率高达43％～48％，供电煤耗为260～290g/kWh，比同容量的常规超临界机组效率提高了4％～5％，比亚临界机组效率高8％～10％。因此，我国如能在今后10年内，使超（超）临界机组容量的比例提高至20％，则可使全国火电机组平均供电煤耗下降约20g/kWh，10年可节约标煤约3.6亿t，折合CO_2排放约2亿t。

四、水冷壁管圈形式

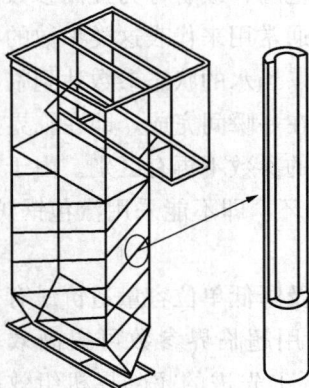

传统的观念认为，只有螺旋管圈水冷壁（见图1-1）才能满足全炉膛变压运行的要求，但是目前世界上已投运的超（超）临界锅炉的水冷壁大多数为下炉膛采用螺旋管圈，上炉膛采用垂直管圈（见图1-2），如ALSTOM（EVT）、日立、石川岛播磨等公司，这种水冷壁系统对于光管水冷壁获得足够的冷却能力是十分必要的。其优点是：可以采用较大口径的光管水冷壁管；可以有效地补偿沿炉膛断面上的热偏差；不需要根据热负荷分布进行平行管系中复杂的流量分配；在低负荷下仍能保持平行管系流动的稳定性。

螺旋管圈水冷壁的缺点是显而易见的，如结构复杂、流动

图1-1 螺旋管圈水冷壁（光管）　阻力大和现场安装工作量大（见图1-3）。因而日本三菱公司在

亚临界控制循环锅炉设计制造经验基础上，开发出了一次上升垂直管圈水冷壁变压运行超临界锅炉，其特点是采用内螺纹管来防止变压运行至亚临界区域时，水冷壁系统中发生膜态沸腾，以及在水冷壁管入口处设置节流圈，使管内流量与其吸热相适应。垂直管圈的优点是结构简单，便于吊挂，厂内组装率高，工地焊接工作量小（见图 1-4），此外系统水阻力小，给水泵的功耗降低；缺点是水冷壁管径细，热敏感性强，因此对运行控制的要求高，对煤种变化的适应性较差。

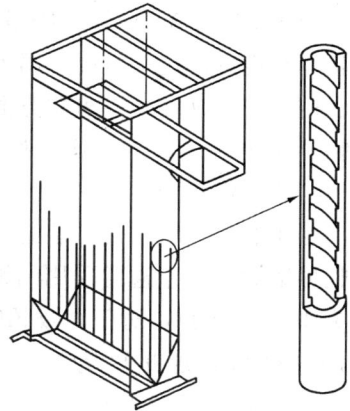

图 1-2 垂直管圈水冷壁（内螺纹）

Mitsui Babcock 公司在生产传统螺旋管圈直流锅炉的基础上，研究开发了低质量流速的垂直管圈直流锅炉，并认为后者是目前最佳可用技术。垂直管圈的优点有：正的流量特性、本生负荷降低到 20%，从而使锅炉具有更好的运行特性；不需要辅助支吊系统、管间温差较小，从而使锅炉初投资较低；压降小，使得动力消耗少，管子容易更换，从而使运行费用较低。综合以上优点，采用垂直管圈锅炉的电厂可以进一步降低发电成本。姚孟电厂 1 号锅炉的改造选择了 Mitsui Babcock 公司的垂直管圈直流锅炉，成为世界上第一台低质量流速的垂直管圈直流锅炉，具有正的流量特性。

Mitsui Babcock 公司参加欧盟支持的 ISB-2000 计划，开发适合发展中国家的设计，考虑到现有材料的限制，优化蒸汽参数，进行 600MW 级的 30MPa/600℃/620℃ 的螺旋管圈、垂直内螺纹管圈水冷壁锅炉和新奇炉型（卧式垂直内螺纹管圈锅炉）的设计。

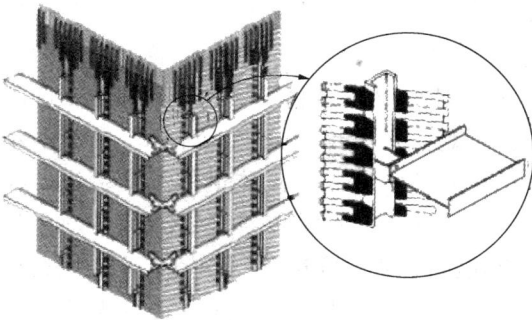

图 1-3 螺旋管圈水冷壁结构

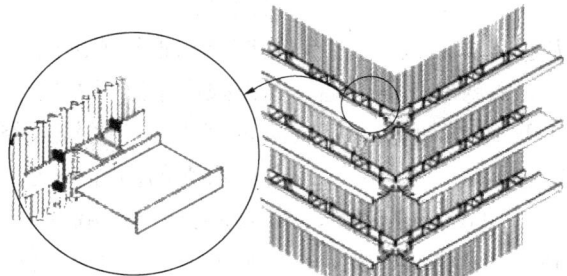

图 1-4 垂直管圈水冷壁结构

五、承压部件材质的选择

由于超临界锅炉的主蒸汽和再热蒸汽温度为 538～566℃，超超临界机组主蒸汽和再热蒸汽温度提高到 580℃以致近几年的 600℃ 及 600℃以上，因此锅炉高温受热面不仅要求有高热强性，即高温下的高蠕变强度和持久强度，还应具有优良的抗烟侧高温腐蚀和抗蒸汽侧高温氧化的性能。20 世纪 80 年代以来，各国在开发这类高热强钢方面已取得了显著的成绩，日本已开发出一系列性能优良且经过长期运行考验的新钢种，如用于高温过热器和再热器管的 Super304H（18Cr10Ni3Cu，日本牌号为 Sus304JIHB）、HR3C（25Cr20NiNb，日本牌号为 Sus310JIYB）和 TP347HFG 等。这些钢种都具有高的热强性（即高温蠕变强度），而且具有良好的抗烟侧高温腐蚀和抗蒸汽氧化的性能，其中含 Cr、Ni 最多的 HR3C 在热强性、抗高温腐蚀和蒸汽氧化方面最为突出，已成功应用于汽温为 600/600℃ 的百万千瓦级超超临界锅炉中。TP347HFG 和 Super304HFG 则可用于蒸汽温度为 566～580℃ 的超临界和超（超）临界锅炉中。

　　由于制造，特别是安装的要求，锅炉水冷壁必须是由无需焊后热处理的材料制成，现代超临界锅炉水冷壁通常采用的钢种为 T22/13CrM044。这种材料就水冷壁而言，最高许用温度为 460～470℃，对于高效超临界锅炉，当主蒸汽参数为 28MPa/580℃/580℃ 时，水冷壁采用这种材料还是可行的。在超（超）临界锅炉水龄壁的管材方面，又开发了 HCM2A（T23，即在 T22 的基础上加 1.5% 的钨）以及 HCM12（T122）。前者可用于汽温为 600℃ 的超（超）临界锅炉，后者可用于汽温达 650℃ 的超（超）临界锅炉或者用于普通超临界锅炉的末级过热器。此外，三菱和住友钢铁公司联合开发了 ASME Code Case 2328 的 18% Cr 细晶粒奥氏体钢，即在原 TP347H 的基础上加钨、氮等成分，其高温强度比普通的 TP347H 高 15%，且具有良好的抗蒸汽氧化层剥落的性能，适用于过热器分隔屏管，已在日本三隅等 1000MW USC 锅炉中取得良好的运行业绩。

　　低合金 Cr-Mo 钢的最大不足是其高温蠕变断裂强度低，随着参数的提高管壁厚度增加，提高了成本和工艺复杂性，也降低了运行灵活性。日本新研制的 HCM2S 钢不仅具有优于常规低铬铁素体钢的高温蠕变强度，而且具有优于 2.25Cr-1Mo 钢的可焊性，也不需要焊前预热和焊后热处理。

　　HCM2S 钢已获得 ASME 规范认可，列为 SA213-T23 钢，可替代 T22 钢用于更高的蒸汽参数。对于过热器、再热器出口集箱及其连接管道。当前所用的 P22/X20CrMoV121 钢，从技术方面认为在合理的壁厚和管径范围内，其极限许用温度略高于 550℃。若采用改善的 9%Cr 钢 P91 做集箱，其极限许用温度可超过 580℃。若用 P91 替代 P22，尽管其焊接性能不及 P22，但壁厚可减薄 50% 以上。经济效益十分可观。在集箱领域中，对 P91 的进一步改进，新一代 9%～12% 铬系钢的高温蠕变、断裂强度已经进入奥氏体钢的温度范围，在 600℃ 的汽温条件下，其壁厚可比 P91 减薄 40%，如 E911、NF616 和 HCM12A 等。对于过热器、再热器管束，在 600/600℃ 的汽温条件下，其最高管壁温度达到 650～670℃，因此选用奥氏体是十分必要的，如 TP347H、TP347HFG、Super304H 等，甚至部分高温段采用 20－25Cr 系的奥氏体钢，如 HR3C、NF709、TempaloyA-3。这种材料给予了足够的蠕变断裂强度，且由于含 Cr 高能很好地抗高温腐蚀。奥氏体钢在受到热疲劳时易出问题，但若用于管束，由于口径小、管壁薄，因此产生热疲劳的可能性不大。

　　欧洲国家为了配合火力发电厂 700/700℃ 的规划，近年来也开发了一些可用于超（超）临界机组的高热强钢，如 Vollourec & Mannesmann 钢管公司开发了用于水冷壁的 7CrMoVTiB1010（T24，即在 10CrMo910 的基础上加入 Ti、N、Nb 及 B 等成分），在奥氏体方面，德国开发了 X3CrNiMoN1713，但尚未应用于锅炉，欧洲（德国、丹麦）的超（超）临界锅炉高温过热器、再热器的管材基本采用日本开发的已有长期运行业绩的钢种，如 TP347HFG、P91 和 P92 等。

六、二次中间再热的调温方式和受热面的合理配置

采用二次再热可使机组的热效率提高 1%～2%，但也造成了调温方式和受热面布置的复杂性。二次再热锅炉同样有 Π 型和塔式两种炉型。对于 Π 型布置的炉型，一、二次再热器的冷段和低温过热器分别布置在尾部 3 个分烟道中，热段布置在水平烟道中，通过摆动式燃烧器、烟气挡板和烟气再循环调节来达到设计汽温。对于塔式布置的炉型，一、二次再热器上、下间隔布置，一次再热蒸汽温度可采用摆动燃烧器或少量喷水调节，使用烟气再循环来调节二次汽温。烟气再循环有冷、热两种。热烟气从空气预热器入口处取出，这意味着空气预热器在再循环回路之外；冷烟气则取自空气预热器出口处，那么这台空气预热器就存在空气流和烟气流之间出力的不平衡，为此还需开发出一种再循环空气预热器。

七、超（超）临界机组的启动特点

超临界和超（超）临界锅炉与亚临界自然循环锅炉的结构和工作原理不同，启动方法也有较大的差异。超（超）临界锅炉与自然循环锅炉相比，有以下启动特点：

（1）设置专门的启动旁路系统。直流锅炉的启动特点是在锅炉点火前就必须不间断地向锅炉进水，建立足够的启动流量，以保证给水连续不断地强制流经受热面，使其得到冷却。

一般高参数、大容量的直流锅炉都采用单元制系统，在单元制系统启动中，汽轮机要求暖机、冲转的蒸汽在相应的进汽压力下具有 50℃ 以上的热度，其目的是防止低温蒸汽送入汽轮机后凝结，造成汽轮机的水冲击，因此直流锅炉需要设置专门的启动旁路系统来排除这些不合格的工质。

（2）配置汽水分离器和疏水回收系统。超（超）临界机组运行在正常范围内时，锅炉给水靠给水泵压头直接流过省煤器、水冷壁和过热器，直流运行状态的负荷从锅炉满负荷到直流最小负荷，直流最小负荷一般为 25%～45%。低于该直流最小负荷时，给水流量要保持恒定。例如在 20% 负荷时，最小流量为 30% 意味着在水冷壁出口有 20% 的饱和蒸汽和 10% 的饱和水，这种汽水混合物必须在水冷壁出口处分离，干饱和蒸汽被送入过热器，因而在低负荷时超（超）临界锅炉需要汽水分离器。疏水回收系统是超（超）临界锅炉在低负荷工作时必需的另一个系统，它的作用是使锅炉安全可靠地启动及热损失最小。

（3）启动前锅炉要建立启动压力和启动流量。启动压力是指直流锅炉在启动过程中水冷壁中工质具有的压力。启动压力升高，汽水体积质量差减小，锅炉水动力特性稳定，工质膨胀小，并且易于控制膨胀过程，但启动压力越高，对屏式过热器和再热过热器的保护越不利。启动流量是指直流锅炉在启动过程中锅炉的给水流量。

八、内、外置式汽水分离器的控制方式

超（超）临界机组具有外置式汽水分离器和内置式汽水分离器。外置式汽水分离器国内很少采用。内置式汽水分离器在湿态和干态下的控制是不相同的，而且随着压力的升高，湿、干态的转换是内置式汽水分离器的一个显著特点。

（1）内置式汽水分离器的湿态运行。如前所述，当锅炉负荷小于 35% 时，超（超）临界锅炉运行在最小水冷壁流量，所产生的蒸汽要小于最小水冷壁流量，此时汽水分离器为湿态运行，汽水分离器中多余的饱和水通过汽水分离器液位控制系统控制排出。

（2）内置式汽水分离器的干态运行。当锅炉负荷大于35％以上时，锅炉产生的蒸汽大于最小水冷壁流量，过热蒸汽通过汽水分离器，此时汽水分离器为干式运行方式，汽水分离器出口温度由煤水比控制，即由汽水分离器湿态时的液位控制转为温度控制。

（3）汽水分离器湿、干态运行转换。在湿态运行过程中，锅炉的控制参数是分离器的水位和维持启动给水流量；在干态运行过程中，锅炉的控制参数是温度控制和煤水比控制。在湿、干态转换中可能会发生蒸汽温度的变化，故在此转换过程中必须保证蒸汽温度的稳定。

第二节　典型超(超)临界锅炉简介

一、典型超临界锅炉简介

下面以某电厂DG1900/25.4-Π1型超临界直流锅炉为例，详细介绍超临界锅炉的技术特点。

该锅炉为超临界参数、变压螺旋管圈型直流锅炉，一次再热、单炉膛、尾部双烟道结构，采用挡板调节再热蒸汽温度，固态排渣，全钢构架，全悬吊结构，平衡通风，露天布置，燃用晋南、晋东南地区贫煤和烟煤的混合煤种。

该锅炉整体布置见图1-5。

（一）锅炉技术规范

1. 锅炉主要设计参数（见表1-1）

2. 锅炉主要性能参数（见表1-2）

（二）锅炉主要系统及设备

1. 水冷壁

炉膛为全焊接膜式水冷壁，由下部螺旋盘绕上升水冷壁和上部垂直上升水冷壁两个不同的结构组成。螺旋管与垂直管之间由过渡段水冷壁和水冷壁过渡段集箱转换连接。炉膛水冷壁整体布置见图1-6。

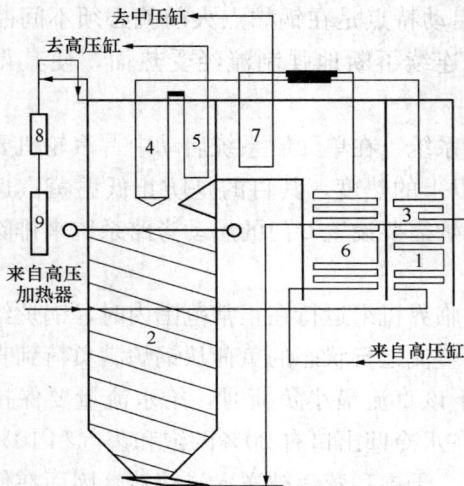

图1-5　DG1900/25.4-Π1型超临界直流锅炉整体布置

1—省煤器；2—炉膛；3—低温过热器；4—屏式过热器；5—末级过热器；6—低温再热器；7—高温再热器；8—汽水分离器；9—贮水罐

表1-1　　　　　　　　　锅炉主要设计参数

名　称	单　位	B-MCR	BRL
锅炉蒸发量	t/h	1900	1807.9
过热器出口蒸汽压力	MPa	25.4	25.3
过热器出口蒸汽温度	℃	571	571
再热蒸汽流量	t/h	1607.6	1525.5
再热器进口蒸汽压力	MPa	4.71	4.47
再热器出口蒸汽压力	MPa	4.52	4.29

名　　称	单　位	B-MCR	BRL
再热器进口蒸汽温度	℃	322	316
再热器出口蒸汽温度	℃	569	569
省煤器进口给水温度	℃	284	280

表 1-2 　　　　　　　　　　　锅炉主要性能参数

项　　目	单　位	数　值	项　　目	单　位	数　值
锅炉保证热效率（BRL 工况，按低位发热量）	%	93.72	炉膛出口过量空气系数		1.14
			空气预热器出口烟气修正前温度	℃	123
炉膛容积热负荷	kW/m³	83.11	空气预热器出口烟气修正后温度	℃	118
炉膛截面热负荷	MW/m²	4.95			
空气预热器出口热一次风温度	℃	313	空气预热器入口一次风空气温度	℃	27
空气预热器出口热二次风温度	℃	327	空气预热器入口二次风空气温度	℃	20

经省煤器加热后的给水，通过炉右侧单根下水连接管（$\phi457.2\times62$mm，SA106C）引至两个下水连接管分配集箱（$\phi368.3\times68$mm，SA106C），再由 32 根螺旋水冷壁引入管（$\phi127\times19$mm，SA106C）引入两个螺旋水冷壁入口集箱（$\phi190.7\times38$mm，SA106C）。

炉膛下部冷灰斗水冷壁和中部水冷壁均采用螺旋盘绕膜式管圈，组成宽 19 419.2mm、深 15 456.8mm、高 67000mm 的炉膛。从水冷壁进口到折焰角水冷壁下一定距离（标高 52 608.9mm）处，螺旋水冷壁管全部采用六头、上升角为 60°的内螺纹管，共 456 根，管子规格 $\phi38.1\times6.7$mm，材料为 SA-213T2。冷灰斗的倾斜角度为 55°，除渣口的喉口宽度为 1.2432m。冷灰斗以外的中部螺旋盘绕管圈，倾角为 19.471°，管子节距为 50.8 mm。冷灰斗管

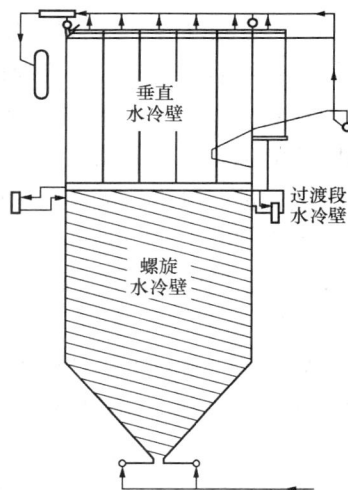

图 1-6　炉膛水冷壁整体布置

屏、螺旋管屏膜式扁钢厚 6.4mm，材料为 15CrMo，采用双面坡口形式。炉膛上部垂直上升水冷壁管采用 $\phi31.8\times9.1$mm，材质为 SA-213T2 的管子，总数 988 根（前墙 378 根，左、右侧墙各 305 根），管子间节距均为 50.8mm。炉膛中部螺旋水冷壁与炉膛上部垂直水冷壁之间由过渡段水冷壁及集箱过渡转换。

2. 过热器、再热器和调温装置

（1）过热器。过热器受热面由四部分组成：第一部分为顶棚过热器、后竖井烟道四壁及后竖井分隔墙；第二部分是布置在尾部竖井后烟道内的水平对流过热器；第三部分是位于炉膛上部的屏式过热器；第四部分是位于折焰角上方的末级过热器。

过热器系统按蒸汽流程分为顶棚过热器、包墙过热器或分隔墙过热器、低温过热器、屏式过热器及末级过热器；按烟气流程依次为屏式过热器、高温过热器、低温过热器。整个过

热器系统布置了一次左右交叉，即屏式过热器出口至末级过热器进口进行一次左右交叉，有效地减少了烟气侧流过锅炉宽度上的不均匀的影响。锅炉设有两级四点喷水减温，每级喷水分两侧喷入，每侧喷水均可单独控制，可有效减小左右两侧蒸汽温度偏差。

来自启动分离器的蒸汽由连接管进入顶棚过热器入口集箱（$\phi381\times84mm$，SA335P12）。顶棚过热器上设有专供检修炉膛内部的绳孔。在炉膛上部屏式过热器区域，顶棚管规格为 $\phi76.2\times16.7mm$，数量为 170 根，材质为 SA-213T2，节距为 114.3mm，扁钢厚 9mm，材质为 15CrMo；在炉膛上部高温过热器区域，管规格变为 $\phi63.5\times11mm$，数量为 170 根，材质为 SA-213T2，节距为 114.3mm，扁钢厚 9mm、材质为 15CrMo；在水平烟道高温再热器区域，管规格变为 $\phi57\times9.9mm$，数量为 170 根，材质为 SA-213T2，节距为 114.3mm，扁钢厚 9mm、材质为 15CrMo；在后竖井区域，管规格为 $\phi57\times9.9mm$，数量为 170 根，材质为 SA-209T1a，节距为 114.3mm，扁钢厚 6.4mm、材质为 15CrMo。

蒸汽从顶棚出口集箱（$\phi298.5\times68mm$，SA335P12）通过 48（$\phi101.6\times17mm$，SA335P12）/14（$\phi88.9\times15mm$，SA335P12）/2 根（$\phi127\times22mm$，SA335P12）连接管分别引入水平烟道两侧包墙，后竖井两侧包墙、中隔墙及前、后包墙入口集箱（$\phi190.7\times40mm$，SA335P12），通过包墙管加热后汇入包墙出口集箱。

所有包墙过热器均为全焊接膜式壁结构，包墙系统管子材质均为 SA-213T2，扁钢材质均为 15CrMo。水平烟道侧包墙由 43 根规格为 $\phi31.8\times9.5mm$ 管子组成，节距为 63.5mm；后竖井前包墙、中隔墙下部由 169 根 $\phi38.1\times9.4mm$ 的管子组成管屏，节距为 114.3mm，上部烟气进口段均拉稀成前后两排，光管布置，前排管子承载，规格为 $\phi45\times12.9mm$，后排管子为 $\phi38.1\times9.4mm$，节距为 228.6mm；后竖井侧包墙由 148 根 $\phi34\times8.4mm$ 的管子组成管屏，节距为 101.6mm；后竖井后包墙由 169 根 $\phi38.1\times9.4mm$ 的管子组成管屏，节距为 114.3mm。

后竖井下部环形集箱引出汽吊管，前烟道吊挂管支吊低温再热器蛇形管，后烟道吊挂管支吊低温过热器、省煤器蛇形管，重量由汽吊管吊杆传递到炉顶大板梁上。汽吊管共 336 根，节距为 228.6mm，管子规格随低温再热器、低温过热器、省煤器管外径的不同而变径，蒸汽经汽吊管后进入前后烟道吊挂管出口集箱（$\phi339.7\times58mm$，SA335P12）。

低温过热器蛇形管布置在后竖井后烟道内，分为水平段和垂直出口段。蒸汽从汽吊管前后烟道出口集箱两侧端部由连接管（$\phi339.7\times58mm$，SA335P12）引出后，分别合并成单侧单根连接管（$\phi457.2\times72mm$，SA335P12），再从两端送入低温过热器进口集箱（$\phi482.6\times85mm$，SA335P12），整个低温过热器为顺列布置，蒸汽与烟气逆流换热。

低温过热器水平段共 1 段，由 4 根管子绕成，共 168 排，管排横向节距为 114.3mm，管段下部分管子规格为 $\phi45\times7.1mm$，管段上部分管子规格为 $\phi45\times7.9mm$，材质为 SA-213T12；低温过热器垂直段管子与水平段出口管相连，由水平段的两排管合成垂直段的一排管，起降低烟速、减小磨损作用，管子规格为 $\phi45\times7.9mm$，材质为 SA-213T12，横向节距为 228.6mm，共 84 排。在吹灰器附近，低温过热器蛇形管管排上均设置有防蚀盖板。

低温过热器水平段管组通过包墙过热器汽吊管悬吊在大板梁上，垂直出口段通过与低温过热器出口集箱（$\phi546.1\times107mm$，SA335P12）相连而由集箱悬吊在大板梁上。

经过低温过热器加热后，蒸汽经低温过热器出口连接管（$\phi508\times88$mm，SA335P12）、一级减温器（$\phi508\times88$mm，SA335P12）及屏式过热器进口连接管（$\phi495.3\times81$mm，SA335P12）后引入屏式过热器分配集箱（$\phi558.8\times103$mm，SA335P12），分配集箱与每片屏式过热器进口集箱（$\phi298.5\times58$mm，SA335P12）相连。

屏式过热器布置在炉膛上部区域，为全辐射受热面，在炉深方向布置了两排。两排屏之间紧挨着布置，每一排管屏沿炉宽方向布置 13 片屏，共 26 片。屏式过热器管屏的横向节距 $S_1=1371.6$mm，纵向节距 $S_2=57$mm，炉内受热面管子均采用 SA-213TP347H 材料。每片屏由 24 根管组成，管屏入口段与出口段采用不同的管子壁厚，内外圈管采用不同的管子规格。管屏入口段管子规格为：最外圈管 $\phi50.8\times8.4$mm，其余管 $\phi45\times7.4$mm。管屏出口段管子规格为：最外圈管 $\phi50.8\times12.3$mm，其余管 $\phi45\times10.8$mm。屏式过热器蛇形管均由集箱承重，并由集箱吊杆传至大板梁上。

高温过热器蛇形管由位于折焰角上部的一组悬吊受热管组成，沿炉宽方向布置有 31 片，管排横向节距 $S_1=609.6$mm，管子纵向节距 $S_2=57$mm，每片管屏由 20 根管子并联绕制而成，炉内受热面管子的材质均为 SA-213TP347H。管屏内、外圈管采用不同的管子规格，管屏最外圈管为 $\phi50.8\times8.9$mm，其余管为 $\phi45\times7.8$mm。高温过热器蛇形管屏入口段重量由中间两排管承重并传递到入口集箱（集箱底部两排管接头设计为平行的斜向开孔）上，其余管子重量均通过 BHK 公司 U 形承重块逐根传递到中间两管。管屏出口段重量由一过渡梁支撑，由吊杆传递到高温过热器出口集箱上。

蒸汽从高温过热器入口集箱（$\phi609.6\times128$mm，SA335P22）经蛇形管加热后进入高温过热器出口集箱（$\phi609.6\times108$mm，SA335P91），品质合格的蒸汽由连接管（$\phi540\times80$mm，SA335P91）从出口集箱两端引出，上行后合并进入单根蒸汽导管（$\phi575.1\times84$mm，SA335P91）送入汽轮机高压缸。

（2）再热器。汽轮机高压缸排汽通过连接管（$\phi635\times17$mm，SA-106C）从两端进入低温再热器进口集箱（$\phi685.8\times28$mm，SA-106C）。低温再热器蛇形管由水平段和垂直段两部分组成，根据烟温的不同和系统阻力的要求，低温过热器的不同管组采用了不同的节距和管径。水平段分三组水平布置于后竖井前烟道，由 6 根管子绕制而成，每组之间留有足够的空间便于检修使用，低温再热器横向节距 $S_1=114.3$mm，炉宽方向共布置 168 排。下面两组管子规格为 $\phi57\times4.5$mm，管排的纵向节距 $S_2=76$mm，材质为 SA-210C。每组管子分两部分：下部分管子规格为 $\phi50.8\times4.5$mm，材质为 SA-210C；上部分管子规格为 $\phi50.8\times5$mm，材质为 15GrMoG。低温再热器出口垂直段由两片相邻的水平蛇形管合并而成，横向节距为 228.6mm，排数为 84 排，管子规格为 $\phi50.8\times4.8$mm，材质为 12Cr1MoVG。低温再热器水平段由包墙过热器吊挂管悬支撑并传递到大板梁，低温再热器垂直出口段重量由中间三排管承重并传递到出口集箱（集箱底部排管接头设计为平行的斜向开孔）上，其余管子重量均通过 U 形承重块逐根传递到中间三管。低温再热器出口集箱悬吊在大板梁上。再热蒸汽经过低温再热器加热后进入低温再热器出口集箱（$\phi711.2\times45.6$mm，SA335P11），并经连接管（$\phi711.2\times45.6$mm，SA335P11）、再热器减温器（$\phi711.2\times45.6$mm，335P11）后从两端引入高温再热器。

9

为防止吹灰蒸汽对受热面的冲蚀，在吹灰器附近蛇形管排上均设置有防磨盖板。高温再热器布置于末级过热器后的水平烟道内，蒸汽从高温再热器进口集箱（$\phi736.6\times43$mm，SA335P11）经蛇形管屏加热后进入高温再热器出口集箱（$\phi736.6\times43$mm，SA335P11），蛇形管屏共 84 片，每片管屏由 10 根管子并绕成 U 形，管子规格为 $\phi50.8\times4.5$mm，横向节距为 228.6mm，纵向节距为 70mm。炉内受热面管子均为 SA-213TP347H 材料。

高温再热器蛇形管屏入口段重量由中间 4 排管承重并传递到入口集箱（集箱底部两排管接头设计为平行的斜向开孔）上，其余管子重量均通过 BHK 公司承重块逐根传递到中间两管。管屏出口段重量由一过渡梁支撑，由吊杆传递到高温过热器出口集箱上。

为防止吹灰蒸汽对受热面的冲蚀，在吹灰器附近蛇形管排上均设置有防磨盖板。为减小流量偏差，使同屏各管的壁温比较接近，在高温过热器进口集箱上设置了 $\phi41.8$、$\phi23$ 两种规格的节流孔。

（3）调温装置。过热器的蒸汽温度由水煤比和两级喷水减温来控制。水煤比的控制温度取自设置在汽水分离器前的水冷壁出口集箱上的三个温度测点。两级减温器均布置在锅炉的炉顶罩壳内，第一级减温器位于低温过热器出口集箱与屏式过热器进口集箱的连接管上，第二级减温器位于屏式过热器与末级过热器进口集箱的连接管上。每一级各有两只减温器，分左、右两侧分别喷入，可分左、右分别调节，减少烟气偏差的影响。两级减温器均采用多孔喷管式，喷管上有许多小孔，减温水从小孔喷出并雾化后，与相同方向流动的蒸汽进行混合，达到降低汽温的目的，调温幅度通过调节喷水量加以控制。一级减温器在运行中起保护屏式过热器的作用，同时也可调节低温过热器左、右侧的蒸汽温度偏差；二级减温器用来调节高温过热汽温度及其左、右侧汽温的偏差，使过热蒸汽出口温度维持在额定值。

再热蒸汽温度的调节是通过布置在低温再热器和省煤器后的平行烟气挡板来调节的，通过控制烟气挡板的开度大小来控制流经后竖井水平再热器管束及过热器管束的烟气量多少，从而达到控制再热器蒸汽出口温度的目的。在满负荷时，过热器侧烟气挡板全开，再热器侧烟气挡板部分打开；当负荷逐渐降低时，过热器侧挡板逐渐关小，再热器侧挡板开大，直至锅炉运行至最低负荷，再热器侧全部打开。

再热器事故喷水减温器布置在低温再热器至高温再热器间的连接管道上，分左、右两侧喷入，减温器喷嘴采用多孔式雾化喷嘴。再热器喷水仅用于紧急事故工况、扰动工况或其他非稳定工况，正常情况下通过烟气调节挡板来调节再热器汽温，另外在低负荷时还可以适当增大炉膛进风量，作为再热蒸汽温度调节的辅助手段。

3. 燃烧器

锅炉采用中速磨直吹式制粉系统，每炉配 6 台磨煤机，其中 1 台备用，煤粉细度 200 目筛通过量为 80%。采用前后墙对冲燃烧方式，24 只 HT-NR3 燃烧器分三层布置在炉膛前后墙上，沿炉膛宽度方向热负荷及烟气温度分布更均匀。

燃烧器一次风喷口中心线的层间距离为 4957.1mm，同层燃烧器之间的水平距离为 3657.6mm，上层一次风喷口中心线距屏底距离为 27322.3mm，下层一次风喷口中心线距冷灰斗拐点距离为 2397.7mm，最外侧燃烧器与侧墙距离为 4223.2mm，能够避免侧墙结渣及发生高温腐蚀。燃烧器上部布置有燃尽风（OFA）风口，12 只燃尽风风口分别布置在前后墙上。中间 4 只燃尽风风口距最上层一次风中心线距离为 7004.6mm，两侧靠前后墙 2 只燃尽风风口距最上层一次风中心线距离为 4272.3mm。

4. 空气预热器

采用 32 号、Ⅵ型回转式空气预热器，每台锅炉配置两台三分仓空气预热器。转子直径为 13506mm，正常转数为 0.99r/min。空气预热器采用反转方式，即一次风温低，二次风温高，受热面自上而下分为三层。热端和中间段蓄热元件由定位板和波形板交替叠加而成，钢板厚 0.6mm，材料为 QZ15-A.F。冷端蓄热元件由 1.2mm 厚垂直大波纹的定位板和平板构成，采用低合金耐腐蚀钢板。

空气预热器采用先进的径向、轴向和环向密封系统，径向、轴向密封采用双密封，密封周界短，效果好，并配有性能可靠、带电子式敏感元件、具有自动热补偿功能的密封间隙自动跟踪调节装置，在运行状态下热端扇形板自动跟踪转子的变形来调节间隙，以减少漏风。

5. 省煤器

省煤器位于后竖井后烟道内低温过热器的下方，沿烟道深度方向顺列布置。给水从炉右侧单侧进入省煤器进口集箱（$\phi508\times88$mm，SA106C），经 168 排省煤器蛇形管，进入省煤器出口集箱（$\phi508\times88$mm，SA106C），然后从炉右侧通过单根下水连接管引入螺旋水冷壁。

省煤器蛇形管由 $\phi50.8\times7.1$mm（SA210C）光管组成，4 管圈绕，横向节距为 114.3mm。省煤器分上下两组逆流布置，上组布置在后竖井下部环形集箱以上包墙区域，下组布置在后竖井环形集箱以下护板区域。

省煤器系统自重通过后竖井包墙下部环形集箱引出的汽吊管悬吊，汽吊管吊杆将荷载直接传递到锅炉顶部的钢架上。

为防止省煤器管排的磨损，在省煤器管束与四周墙壁间设有阻流板，在每组上两排迎流面及边排和弯头区域均设置有防磨盖板。

省煤器进口集箱位于后竖井环形集箱下护板区域，穿护板处集箱上设置有防旋装置，进口集箱由生根于烟气调节挡板处的支撑梁支撑。

6. 启动循环系统

启动循环系统由启动分离器、贮水罐、水位控制阀（361 阀）等组成。

启动分离器布置在炉前，垂直水冷壁混合集箱出口，采用旋风分离形式，分离器规格为 $\phi876\times98$mm（保证内径为 $\phi680$mm），材料为 SA-336F12，直段高 2.890m，总长为 4.08m，数量为 2 个。经水冷壁加热以后的工质分别由 6 根连接管沿切向向下倾斜 15°进入两分离器，分离出的水通过连接管进入分离器下方的贮水罐，蒸汽则由连接管引入顶棚入口集箱。分离器下部水出口设有阻水装置和消旋器。启动分离器贮水罐的规格为 $\phi972\times111$mm（保证内径为 $\phi750$mm），材料为 SA-336F12，直段高 17.5m，总长为 18.95m，数量 1 个。启动分离器和贮水罐端部均采用锥形封头结构，封头均开孔与连接管相连。

贮水罐上部蒸汽连接管、下部出水连接管上各布置有 1 个取压孔，后接 3 个并联的单室平衡容器，水、汽侧平衡容器——对应提供压差给差压变送器，进行贮水管的水位控制。储水管上有设定的高报警水位、361 阀全开水位及正常水位（上水完成水位）、361 阀全关水位及基准水位，根据各水位不同的差压值来控制贮水罐水位控制阀（361 阀）以调节水位，贮水罐中水流在锅炉清洗及点火初始阶段被排出系统外及循环到冷凝器中。

从该机组试运和投产后的运行情况来看，600MW 超临界锅炉能够适应设计煤质的要求，锅炉各系统运行稳定，各项指标均达到设计要求。

二、典型超(超)临界锅炉简介

下面以某电厂 DG3000/26.15-Π1 型超临界直流锅炉为例，详细介绍超(超)临界锅炉的技术特点。

该锅炉为单炉膛、倒 U 型布置、平衡通风、一次中间再热、前后墙对冲燃烧、尾部双烟道，复合变压运行。

该锅炉整体布置见图 1-7。

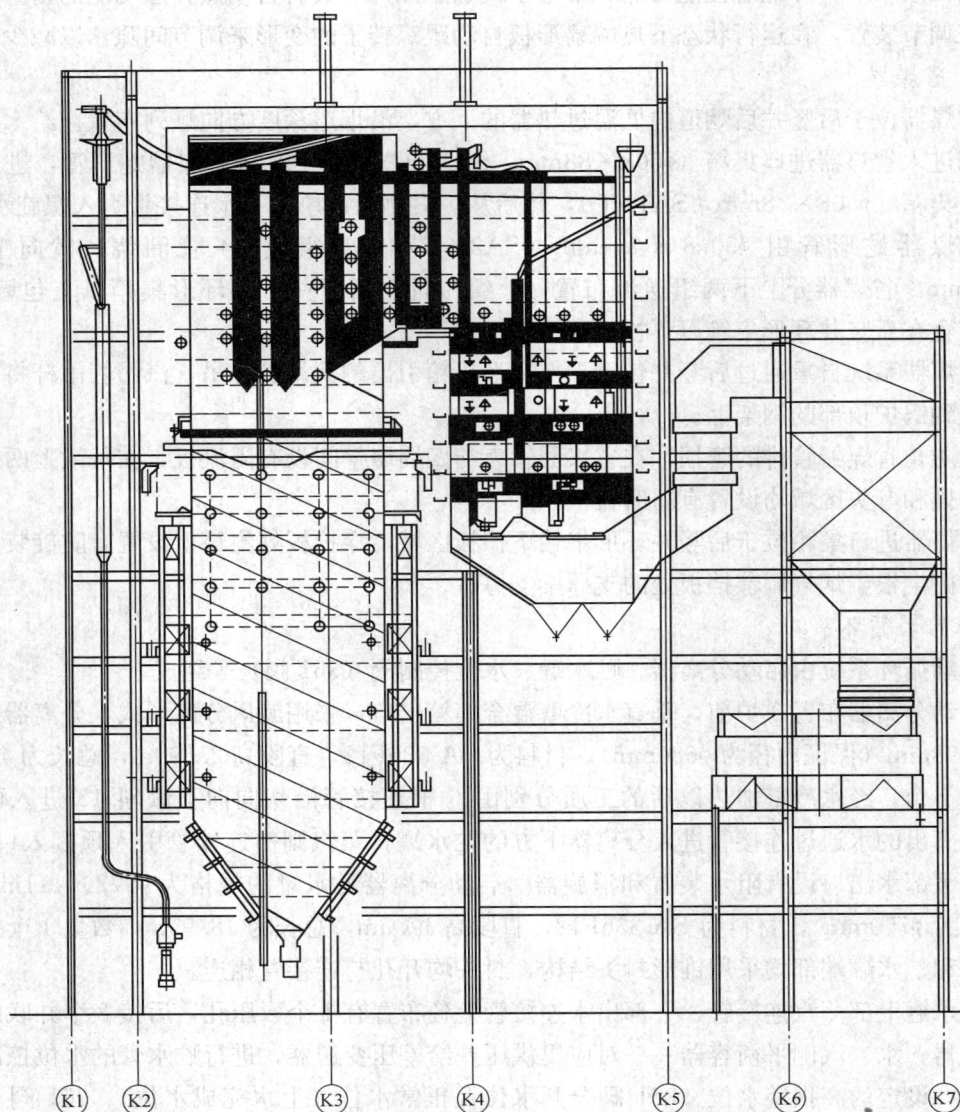

图 1-7　锅炉整体布置

（一）锅炉技术规范

1. 锅炉主要设计参数（见表1-3）

表1-3　　　　　　　　　　　　　锅炉主要设计参数

名　　称	单　位	B-MCR	BRL
锅炉蒸发量	t/h	3070	2923.8
过热器出口蒸汽压力	MPa	26.25	26.13
过热器出口蒸汽温度	℃	605	605
再热蒸汽流量	t/h	2473.2	2349.6
再热器进口蒸汽压力	MPa	5.22	4.95
再热器出口蒸汽压力	MPa	5.02	4.76
再热器进口蒸汽温度	℃	354	348
再热器出口蒸汽温度	℃	603	603
省煤器进口给水温度	℃	300	298

2. 锅炉主要性能参数（见表1-4）

表1-4　　　　　　　　　　　　锅炉主要性能参数（BMCR）

项　目	单位	数值	项　目	单位	数值
锅炉保证热效率（BRL 工况，按低位发热量）	%	94	空气预热器出口热二次风温度	℃	359
			炉膛出口过量空气系数		1.14
炉膛容积热负荷	kW/m³	80	省煤器出口过量空气系数		1.15
炉膛截面热负荷	MW/m²	4.5	省煤器出口烟气温度	℃	369
有效的投影辐射受热面热负荷（EPRS）	kW/m²	244	空气预热器出口烟气修正前温度	℃	130
			空气预热器出口烟气修正后温度	℃	125
燃烧器区域面热负荷	MW/m²	1.65	空气预热器入口一次风空气温度	℃	30
空气预热器出口热一次风温度	℃	351	空气预热器入口二次风空气温度	℃	25

（二）锅炉主要系统及设备

1. 水冷壁

炉膛宽度为33973.4mm，深度为15558.4mm，高度为64000mm，冷灰斗的角度为55°，除渣口的喉口宽度约为1.20m。炉膛水冷壁分上、下两部分，下部水冷壁采用全焊接的内螺纹管螺旋上升膜式管屏，上部水冷壁采用全焊接的垂直上升膜式管屏，保证了炉膛的气密性，也减少了工地的焊接工作量。螺旋围绕水冷壁与上部垂直水冷壁的过渡方式为中间混合集箱形式。由于同一管带中管子以相同方式绕过炉膛的角隅部分和中间部分，吸热均匀，因此水冷壁出口的介质温度和金属温度非常均匀，使得锅炉具有优良的燃料适应性和负荷适应性，为机组调峰及安全可靠地运行提供了保证。

螺旋管圈水冷壁部分的刚性梁由垂直刚性梁和水平刚性梁构成网格结构，刚性梁体系及炉墙等的自重荷载完全由垂直搭接板支吊，采用了可膨胀的带张力板垂直刚性梁支承系统，下部炉膛和冷灰斗的荷载能传递给上部垂直水冷壁。刚性梁和水冷壁之间不直接焊接，可以

13

相对滑动，以防止附加热应力的产生，保证炉膛安全可靠地运行。炉膛水冷壁采用悬挂结构，整个水冷壁和承压件向下膨胀，由于水冷壁的四周壁温比较均匀，因此水冷壁与垂直搭接板之间相对胀差较小，刚性梁与水冷壁可相对滑动。

水冷壁中介质流向朝上。经省煤器加热后的给水通过下降管及下水连接管进入炉膛水冷壁。从水冷壁进口到折焰角水冷壁下一定距离的炉膛下部水冷壁（包括冷灰斗水冷壁）采用螺旋盘绕膜式管圈。水由螺旋水冷壁出口管引出到炉外，进入螺旋水冷壁出口集箱，再由连接管引到混合集箱，充分混合后由连接管引到垂直水冷壁进口集箱，然后进入垂直水冷壁。炉膛上部水冷壁采用结构和制造较为简单的垂直管屏，由上部管屏、折焰角管屏、水平烟道包墙管屏和凝渣管屏四部分组成。工质经上部水冷壁汇入上部水冷壁出口集箱后，由连接管引入水冷壁出口汇集集箱，再由连接管引入启动分离器。

2. 过热器、再热器和调温装置

（1）过热器。过热器及再热器受热面的布置采用了辐射—对流型，这种布置方式可确保锅炉在负荷变化范围内达到额定的蒸汽参数，并获得良好的汽温特性。过热器受热面由四部分组成：第一部分为顶棚、后竖井烟道四壁及后竖井分隔墙；第二部分是布置在尾部竖井后烟道内的水平对流过热器；第三部分是位于炉膛上部的屏式过热器；第四部分是位于折焰角上方的末级过热器。

过热器系统按蒸汽流程分为顶棚过热器、包墙过热器/分隔墙过热器、低温过热器、屏式过热器及高温过热器；按烟气流程依次为屏式过热器、高温过热器、低温过热器。过热汽温采用煤水比和二级喷水减温调节，过热蒸汽管道在屏式过热器与高温过热器之间进行一次左右交叉，以减小两侧汽温偏差。

来自启动分离器的蒸汽由连接管导入高烟温辐射区域的顶棚过热器，蒸汽从顶棚过热器出口集箱经连接管进入包墙过热器，包墙过热器为全焊接膜式壁结构，分为两侧包墙、中隔墙及前、后包墙。经过包墙系统加热后的蒸汽进入低温过热器，低温过热器布置在后竖井烟道的后烟道内，分为水平段和垂直出口段。整个低温过热器顺列布置，蒸汽与烟气逆流换热。低温过热器水平段管组通过省煤器吊挂管悬吊在大板梁上，垂直出口段通过低温过热器出口集箱悬吊在大板梁上。水平段由 3 根管子绕成，共 296 排，管排横向节距为 114.3mm，规格为 $\phi57$，材质为 SA-213T12、SA-213T22；低温过热器垂直段管子与水平段出口管相连，由水平段的两排合成垂直段的一排，以降低烟速、减小磨损，规格为 $\phi50.8$，材质为 SA-213T22，横向节距为 228.6mm，共 148 排。

经过低温过热器加热后，蒸汽经大口径连接管及一级减温器后引入屏式过热器分配集箱，分配集箱与每片屏式过热器进口集箱相连，每片屏式过热器出口集箱与汇集集箱相连，蒸汽在汇集集箱中混合，并经过第二级减温器后进入末级过热器。辐射式屏式过热器布置在上炉膛区，沿炉深方向布置了两排，每一排管屏沿炉宽方向布置 19 片屏，共 38 片。沿炉膛深度方向的两片屏紧挨布置，为保证管屏平整，防止管子出列和错位及焦渣的生成，屏式过热器布置有定位滑块等结构、管屏相对固定。屏式过热器管屏由 $\phi45$ 和 $\phi50.8$ 的管子绕成，横向节距 $S_1=1714.5mm$，纵向节距 $S_2=57mm$，炉内受热面管子除外三圈采用 HR3 外，其余均采用 Super304H。

末级过热器为高温过热器，蒸汽在此达到额定参数，经出口集箱及蒸汽导管进入汽轮机高压缸。末级过热器由位于折焰角上部的一组悬吊受热管组成，沿炉宽方向布置 36 片，管排横向节距 $S_1＝914.4mm$，纵向节距 $S_2＝57mm$，每片管屏由 24 根管子并联绕制而成，管子规格为 $\phi45$，炉内受热面管子的材质为外三圈采用 HR3C ，其余采用 Super304H。

（2）再热器。再热器由位于尾部前烟道的水平对流低温再热器及位于高温过热器后的高温再热器组成，通过尾部双烟道平行烟气挡板调节再热蒸汽温度。

再热器系统按蒸汽流程依次分为低温再热器和高温再热器，低温再热器布置在后竖井前烟道内，高温再热器布置在水平烟道内末级过热器后。再热器汽温采用尾部平行烟气挡板调节，低温再热器与高温再热器之间设有事故喷水减温器。

汽轮机高压缸排汽通过连接管进入低温再热器进口集箱，流入低温再热器加热后进入出口集箱，在集箱内进行轴向混合后经左右交叉导管进入高温再热器。低温再热器由水平段和垂直段两部分组成。水平段由包墙过热器支撑，分四组水平布置于后竖井前烟道内，每组由 6 根管子绕制而成，组与组之间留有足够的空间便于检修使用；垂直段由两片相邻的水平蛇形管合并而成，通过低温再热器出口集箱悬吊在大板梁上。低温再热器沿炉宽方向共布置 296 排，水平段横向节距 $S_1＝114.3mm$，下面两组管子规格 $\phi57$，管排的纵向节距 $S_2＝76mm$，材质为 SA-209T1A；上两组管子规格为 $\phi57$，管排的纵向节距 $S_2＝76mm$，材质为 SA-209T1A 和 SA-213T22；垂直段出口横向排数为 148 排，横向节距为 228.6mm，管子规格为 $\phi50.8$，材质为 SA-213T22。高温再热器布置于末级过热器后的水平烟道内，共 98 片管屏，每片管屏由 12 根管子绕成 U 形，管子规格为 $\phi50.8$，横向节距 342.9mm，纵向节距 70mm。炉内受热面管子外三圈采用 HR3C，其余为 Super304H。

正常情况下，通过控制布置在低温再热器和省煤器后的平行烟气挡板的开度大小，来控制流经后竖井水平再热器管束及过热器管束的烟气量，从而达到控制再热器蒸汽出口温度的目的。满负荷时，过热器侧烟气挡板全开，再热器侧烟气挡板部分打开，随着负荷逐渐降低，过热器侧挡板逐渐关小，再热器侧挡板开大，直至锅炉运行至最低负荷，再热器侧全部打开。

再热器事故喷水减温器布置在低温再热器至高温再热器间连接管道上，减温器喷嘴采用多孔式雾化喷嘴，分左右两侧喷入。再热器喷水仅用于紧急事故工况、扰动工况或其他非稳定工况。

（3）主蒸汽温度调节。在低温过热器至屏式过热器之间，屏式过热器至末级过热器之间的连接管上共设有两级喷水减温装置。减温水引自省煤器出口，同一级减温设左右两个喷水点，分别用单独的调节阀调节左右两侧减温管路上的喷水量，以消除左右侧汽温偏差。喷水点示意图如图 1-8 所示。

3. 燃烧器

燃烧器采用前后墙对冲分级燃烧技术。在炉膛前后墙各分 3 层布置低 NO_x 旋流式 HT-NR3 煤粉燃烧器，每层布置 8 只燃烧器，全炉共设有 48 只燃烧器。在最上层燃烧器的上部布置了燃尽风喷口（AAP）。每只燃烧器设有点火/启动油枪，用于锅炉点火、稳燃和启动。油枪总输入热量相当于 30%B-MCR 锅炉负荷。锅炉采用前后墙对冲燃烧，燃烧器采用新型

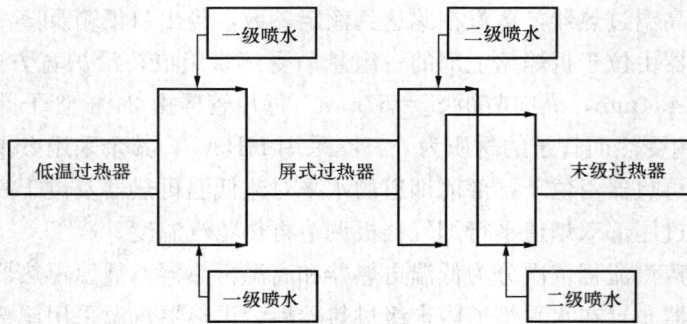

图 1-8 喷水点示意图

的 HT-NR3 低 NO_x 燃烧器。燃烧器分 3 层，每层共 8 只，前后墙各布置 24 只 HT-NR 燃烧器。在前后墙距最上层燃烧器喷口一定距离处布置有一层燃尽风喷口，每层 10 只。燃烧系统共布置有 20 只顶二次风喷口，48 只 HT-NR3 燃烧器喷口，共 68 个喷口。

每个煤粉燃烧器均设有点火/启动油枪，点火燃料为 0 号轻柴油，可用于点火、稳燃和锅炉启动。油枪采用机械方式雾化。油燃烧器前都设有快关阀，阀门装设位置靠近燃烧器，可在控制室中进行远距离操作。

煤粉燃烧器上装设火检装置，可满足 FSSS 的要求。锅炉运行期间，从每只燃烧器出来的火焰工况用火焰监测装置连续不断地进行监视，提供该只燃烧器火焰的遥控指示到主控室中。

4. 空气预热器

空气预热器采用 ALSTOM K.K. 作为技术支持方，由 ALSTOM K.K. 负责空气预热器的方案设计、性能设计和整套施工图纸设计，并向东方锅炉提供空气预热器的性能担保。ALSTOM K.K. 提供关键部件的制造检查和安装技术指导服务。东方锅炉负责空气预热器施工图纸的转换设计和产品制造，以及安装技术服务。空气预热器采用东方锅炉与 ALSTOM K.K. 的双铭牌。

空气预热器设计考虑了将来上脱硝装置后烟气对其换热元件的影响。冷段换热元件采用耐腐蚀低合金钢材料，以防止发生预热器的低温腐蚀，板型为 NF6（大波纹板型），换热元件厚度为 1.2mm，换热元件高度为 300mm；中温段换热元件采用耐腐蚀低合金钢材料，板型为 DU，换热元件厚度为 0.6mm，换热元件高度为 1150mm；高温段换热元件采用优质碳钢材料，板型为 DU，换热元件厚度为 0.6mm，换热元件高度为 1150mm。换热元件的材质和板型选择能满足在各工况下烟气露点对壁温的要求，防止空气预热器冷段发生低温腐蚀和堵灰。空气预热器中温段和低温段采用考登钢，可满足装设脱硝装置后，空气预热器防腐等特殊要求。

5. 省煤器

省煤器布置在尾部后竖井水平低温过热器的下方。后竖井省煤器、水平低温过热器均通过省煤器吊挂管悬吊在大板梁上。省煤器布置在尾部竖井下部，由下向上分为一级管组和二极管组两段，均采用 $\phi57\times8mm$、材质为 SA-210C，4 管圈绕。上下管组各共 296 片，管屏间距为 114.3mm。

6. 锅炉启动系统

锅炉的循环系统由内置式启动分离器、贮水罐、启动再循环泵、下降管、下水连接管、水冷壁上升管及汽水连接管等组成，在负荷不小于 25%B-MCR 后直流运行，启动分离器入口具有一定的过热度。内置式启动分离器采用旋风分离形式，布置在炉前垂直膜式水冷壁出口，承受锅炉运行压力。负荷较低时，为了保证水循环的安全，水冷壁管内需要保持一定的流速，这时水冷壁管内的工质流量大于锅炉的蒸发量，水冷壁出口的工质是汽水两相流，分离器起到汽水分离的作用，将分离的蒸汽直接送至过热器，锅炉运行特性接近自然循环汽包炉。随着锅炉负荷逐渐提高，水冷壁出口的工质逐渐达到饱和温度乃至过热，进入纯直流状态运行。到超临界压力时，已经没有汽水两相之分了。后两种情况下分离器只是流通元件，呈干式运行状态，无水位。

分离器做成两只，分开布置，和贮水罐由连接管连接，从而减小了分离器的直径和壁厚，在频繁启停和滑压运行时，温度变化引起的热应力可控制在较小范围内，缩短启停时间，提高负荷变化率。启动分离器和贮水罐端部均采用锥形封头结构，封头均开孔与连接管相连。启动分离器内设有阻水装置和消旋器，尺寸规格为 $\phi1060\times120$mm，总高度为 4.7m。启动分离器贮水罐只设一个，尺寸规格为 $\phi1102\times126$mm，总高度为 24m。

经水冷壁加热以后的工质分别由 6 根连接管沿切向逆时针向下倾斜 15° 进入分离器，分离出的水通过连接管进入分离器下方的贮水罐。贮水罐通过控制贮存水位为分离器提供较稳定的工作条件，并且不让蒸汽进入疏水启动循环系统，其容积较大，作为启动分离器排水的临时贮存地，将保持一定的水位。贮水罐内设有高水位、正常水位和低水位三个水位控制值，由再循环泵流量调节阀、贮水罐水位控制阀调节。

分离器贮水罐的疏水从贮水罐出口连接管引出，经过贮水罐水位控制阀后到疏水扩容器，然后流入凝结水箱，通过两台疏水泵流到凝汽器（水质合格时）或系统外（水质不合格时）。疏水管道主要用作锅炉放水和控制分离器贮水罐水位。

总体来看，超临界和超(超)临界压力锅炉主要运行参数已经达到了设计要求，取得了突破性进展，是世界和我国火力发电机组的主要发展方向之一。但是超临界和超(超)临界锅炉在设备、设计、施工、调试、运行等方面不可避免地存在一些问题。因此，及时对锅炉进行检查修理，始终保持其良好的健康状态，是保证电厂安全、经济运行的重要环节。

第二章　超(超)临界锅炉本体设备检修

超(超)临界锅炉本体设备主要包括过热器、再热器、省煤器、水冷壁、减温器、锅炉压力容器、膨胀指示器、吹灰器、捞（干）渣机、空气预热器以及燃烧器等。

第一节　超(超)临界锅炉受热面结构

为了更好地进行锅炉受热面检修，有必要了解超(超)临界锅炉受热面的结构。锅炉受热面包括水冷壁、过热器、再热器和省煤器，俗称"四管"。

下面以某电厂 1000MW 超(超)临界锅炉受热面为例，简单介绍超(超)受热面结构特点及检修规程。

一、水冷壁的结构及特点

水冷壁是锅炉的主要蒸发受热面，布置在炉膛四周，其主要作用是吸收炉膛火焰的辐射热，使水冷壁管内的水受热产生蒸汽；其次是保护炉墙，当用敷管式炉墙时还起悬挂炉墙的作用。

水冷壁主要由水冷壁管、上下集箱、下降管、汽水混合物上升管及刚性梁等组成。

（1）水冷壁系统结构特性。炉膛水冷壁分上、下两部分，下部水冷壁采用全焊接的螺旋上升膜式管屏，螺旋水冷壁管采用了内螺纹管，上部水冷壁采用全焊接的垂直上升膜式管屏。螺旋围绕水冷壁与上部垂直水冷壁的过渡方式采用中间混合集箱形式。螺旋管圈水冷壁部分，刚性梁由垂直刚性梁和水平刚性梁构成网格结构，刚性梁体系及炉墙等的自重荷载完全由垂直搭接板支吊。炉膛水冷壁采用悬挂结构，整个水冷壁和承压件向下膨胀，由于水冷壁的四周壁温比较均匀，因此水冷壁与垂直搭接板之间相对胀差较小，刚性梁与水冷壁相对滑动。

（2）水冷壁系统流程。经省煤器加热后的给水，通过锅炉两侧的下水连接管进入炉膛水冷壁。从水冷壁进口到折焰角下一定距离的炉膛下部水冷壁（包括冷灰斗水冷壁）采用螺旋盘绕膜式管圈。螺旋水冷壁出口管引出到炉外，进入螺旋水冷壁出口集箱，再由连接管引到混合集箱，充分混合后，由连接管引到垂直水冷壁进口集箱。上炉膛水冷壁采用结构和制造较为简单的垂直管屏，由上部管屏、折焰角管屏、水平烟道包墙管屏和凝渣管四部分组成。水冷壁出口工质汇入上部水冷壁出口集箱后，由连接管引入水冷壁出口汇集集箱和分离器进口汇集集箱，再由连接管引入启动分离器。

二、省煤器的结构及特点

省煤器是锅炉利用尾部烟气的余热来加热锅炉给水的锅炉受热面。省煤器位于后竖井后烟道内，沿烟道宽度方向顺列布置，由水平段蛇形管和垂直段吊挂管两部分组成，两部分之间通过叉形管过渡。省煤器垂直段吊挂管对布置在后烟道上部的低温过热器蛇形管屏起吊挂作用。省煤器采用大口径光管，与烟气以逆流方式换热，采用4根管圈绕制而成，分上、下两组布置，管组间留有足够的空间，便于检修、清扫。

省煤器系统流程特点：自给水管路出来的水进入位于尾部后竖井烟道下部的省煤器进口集箱，受热面由省煤器蛇形管组成。给水自下而上流经省煤器进口集箱，进入省煤器蛇形管主受热面，再通过省煤器吊挂管到锅炉上部的省煤器出口集箱。从锅炉两侧引出下水连接管进入水冷壁系统。

三、过热器的结构及特点

过热器是用来将饱和蒸汽加热成一定温度过热蒸汽的热交换设备。过热器按其传热方式可分为对流式过热器、辐射式过热器及半辐射式过热器；按其布置方式可分为立式过热器、卧式过热器及墙式过热器等。

过热器系统布置特点：来自启动分离器的蒸汽由连接管导入顶棚，然后从顶棚出口集箱经连接管进入包墙过热器。包墙过热器分两侧包墙、中隔墙及前、后包墙，包墙为全焊接膜式壁结构。经过包墙系统加热后的蒸汽经左、右两侧的包墙出口混合集箱充分混合后，由锅炉两侧引入低温过热器进口集箱。低温过热器布置在后竖井烟道的后烟道内，分为水平段和垂直出口段。整个低温过热器为顺列布置，蒸汽与烟气逆流换热。蒸汽经过低温过热器加热后，经大口径连接管及一级减温器引入屏式过热器混合集箱，混合集箱与每片屏式过热器进口分配集箱相连。辐射式屏式过热器布置在上炉膛区，在炉深方向布置了2排，每一排管屏沿炉宽方向布置19片屏，共38片。每片屏式过热器出口分配集箱与出口汇集集箱相连，蒸汽在汇集集箱中混合，并经第二级减温器后，进入高温过热器。高温过热器是由位于折焰角上部的一组悬吊受热管组成，沿炉宽方向布置36片。经过高温过热器后，蒸汽达到额定参数，经出口集箱及蒸汽导管进入汽轮机高压缸。

四、再热器的结构及特点

再热器是用来加热从汽轮机高压缸排出的中温中压蒸汽，使汽温达到额定温度的热交换设备。再热器与过热器的结构一样，其布置形式同过热器类似，也分立式、卧式及墙式三种。其不同之处在于再热器加热的蒸汽压力较低，比体积较大，所以再热器采用多管圈布置，且采用薄壁管，从传热面积来看，再热器比过热器大得多。再热系统包括低温再热器和高温再热器。

再热系统布置特点：从汽轮机来的蒸汽经过再热冷段管道进入到低温再热器加热，加热后的再热蒸汽通过低温再热器出口集箱进入高温再热器进口集箱，经过高温再热器再加热后进入高温再热器出口集箱，通过管道送到汽轮机。高温再热器布置在水平烟道上方，共98片管排，每片12根管子U形弯制而成，通过进出口小集箱吊挂在顶板梁上。低温再热器布置于尾部烟道中隔墙和前包墙之间，共分五段出厂，低温再热器垂直段148排，水平蛇行管段分4级，每级管排296片。每片管排设计6根管子环绕形成，支撑在中隔墙和前包墙管排上。

五、减温器的结构及特点

大容量锅炉过热器的减温器均采用喷水式减温器，过热器系统一般采用二级或三级减温，再热器系统采用事故喷水减温。

喷水式减温器的常见结构有带水容室的文丘里式、旋涡文丘里式及多孔喷管式等。喷水式减温具有结构简单、调节灵敏、容易实现自动化等优点，但由于是将水直接喷入蒸汽中，故对水的品质要求比较高。

1. 带水容室的文丘里式喷水减温器

带水容室的文丘里式喷水减温器是在文丘里式管喉部设有一个环形的水容室，并在喉部开有多排 $\phi2\sim\phi3$ 的小孔，减温水进入水容室，通过这些小孔喷入文丘里式管中与蒸汽混合。带水容室的文丘里式喷水减温器的优点是减温水与蒸汽混合较好；缺点是结构复杂，安装、检修困难。其结构如图 2-1 所示。

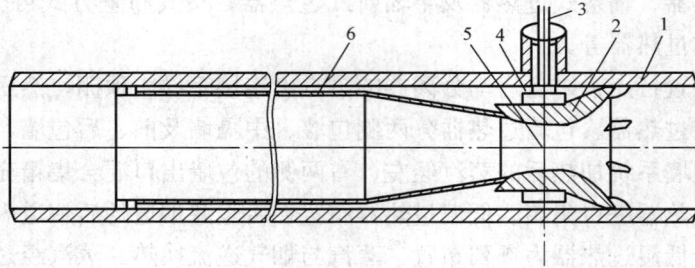

图 2-1　带水容室的文丘里式喷水减温器

1—减温器集箱；2—文丘里管；3—缩口喷孔（$\phi3$）；4—环形水室；5—减温水管；6—混合管

2. 旋涡文丘里式喷水减温器

旋涡文丘里式喷水减温器是在文丘里式管端部设有一个雾化质量较好的旋涡喷嘴，减温水通过旋涡喷嘴雾化后进入文丘里式管与蒸汽混合。旋涡文丘里式喷水减温器具有结构简单，减温水与蒸汽混合较好的优点；缺点是其旋涡喷嘴为悬臂式结构，容易产生振动而发生断裂等严重问题。其结构如图 2-2 所示。

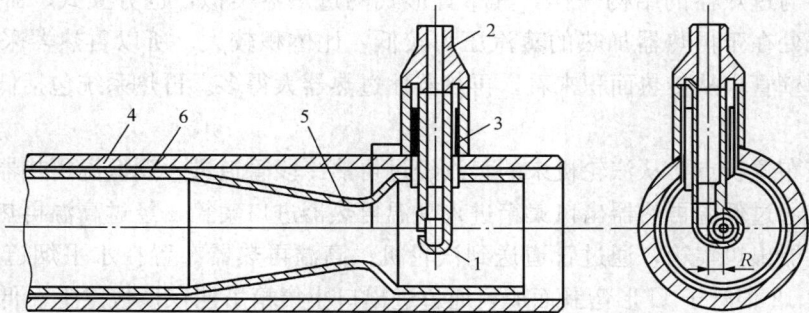

图 2-2　旋涡文丘里式喷水减温器

1—漩涡式喷嘴；2—减温水管；3—支撑钢碗；4—减温器集箱；5—文丘里管；6—混合管

3. 多孔喷管式喷水减温器

多孔喷管式喷水减温器是在减温器集箱上装设有一个立式多空喷管，其侧面或端面开有几排 $\phi 4 \sim \phi 6$ 的小孔，侧面开孔喷管式喷水减温器的减温水通过多孔喷管喷入减温器文丘里式管喉部。多孔喷管式喷水减温器结构简单，但雾化质量较差，减温器集箱内需要很长的保护套筒。其侧面开孔式结构如图 2-3 所示。

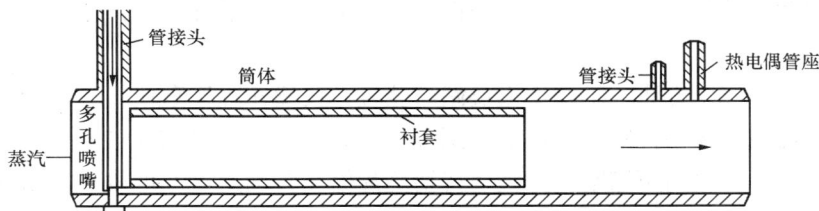

图 2-3　多孔喷管式喷水减温器

第二节　超(超)临界锅炉受热面检修

一、受热面检修的主要工具

锅炉受热面检修的工具很多，这里主要介绍受热面换管常用工具的特点及使用方法。常用的工具有电动无齿锯、气动割管机、坡口机、角向磨光机、炉膛脚手架、检漏仪等。

1. 电动无齿锯

电动无齿锯是利用电动机带动树脂切割片对钢管、型钢等钢材进行切割的工具，按质量的大小分为固定式电动无齿锯和移动式电动无齿锯两种。

固定式电动无齿锯质量较大，体积也较大，移动很不方便，电动机采用 380V 电源，一般固定在车间内，适用于切割大口径管件及型材。其特点是结构简单、使用方便、切割速度快；缺点是不便移动，需要使用 380V 动力电源。

移动式电动无齿锯体积小，质量轻，移动方便，电动机采用 220V 电源，可以随身携带，适用于切割小口径管件及型材。其特点是结构简单、携带方便、更换锯片比较容易，现场随地可用；缺点是动力小，切割能力差。

固定式电动无齿锯的使用方法：摆正无齿锯；将被割件平放在无齿锯的据床上，定位夹紧；抬起锯片，启动电源，待锯片转动正常后，轻放锯片进行切割；切割过程中，稍向下用力，直至将被割件切断；关闭电源，待锯片停止转动后，抬起锯片。

在使用电动无齿锯进行切割时，除了遵守《电业安全工作规程》(以下简称《安规》)中关于使用电动工具的有关规定外，还应注意以下几点：①使用前，详细检查树脂切割片，不完整的锯片不允许使用；②使用一段时间后，锯片直径减少到一定程度时，应更换锯片；③更换锯片时，必须可靠地切断电源；④使用者应戴上护目镜，并且注意切割时火星飞溅的方向，要求火星飞溅的方向无人员和可燃物品。切割时，用手握住锯片把手向下用力，要随着锯片移动，不要强力下压，以防夹锯，严重时会将锯片夹死，甚至造成锯片碎裂，发生危险。在切割时，若感觉锯片的转速明显下降时，应立即抬起锯片，待锯片转速正常后，再进行切割。使用移动式电动无齿锯切割受热面管子时，应由熟练人员操作，在专用的滑道上进行，并由专人负责监护。

2. 气动割管机

气动割管机是利用压缩空气作为动力，驱动气动马达，带动较薄的树脂切割片进行切割钢管的机器。气动割管机主要用来切割受热面管子。其特点是：安全性好，可以在潮湿的地方使用，没有触电的危险；使用灵活、弹性好，不易发生像电动无齿锯锯片碎裂的危险，操作难度较小。

气动割管机的使用方法：①操作人员站好位置，按操作程序拿住气动割管机，启动压缩空气开关，待切割片转动正常后，对准切割位置进行切割，手持气动割管机顺着割口移动，直至将管子切断；②关闭压缩空气开关，待切割片停止转动后，方可放下气动割管机。

气动割管机的注意事项与电动无齿锯类似。

3. 坡口机

坡口机是用来加工受热面管子坡口的机器，有电动驱动和气动驱动之分，也有外卡式和内卡式之分。电动驱动和气动驱动的差别前面已有叙述，这里主要说明外卡式和内卡式的特点。

外卡式坡口机的优点是夹管比较方便，效率高；缺点是刀具更换不方便，车出的铁屑容易落入管内。内卡式坡口机的优点是更换刀具方便，车出的铁屑不易落入管内；缺点是夹管不如外卡式方便，操作不好容易使内卡落入管内。

坡口机的使用方法：①根据受热面管子的规格，选用规格合适的坡口机；②选配好合适的刀具和夹具；③检查管子的切口应平齐，否则应用工具进行修整；④将坡口机夹在管子上，旋紧夹具，调节进刀旋钮，将车刀离开管口几毫米；⑤合上开关，待刀具旋转正常后，调节进刀旋钮开始加工坡口，进刀速度不要太快；⑥随着铁屑的撤出，缓慢进刀，直至将坡口车好；⑦调节进刀旋钮，将刀具离开管口；⑧关闭开关，待刀具停止转动后，松开夹具，卸下坡口机。

坡口机的使用注意事项：①使用前应检查刀具是否锋利；②夹具一定要夹紧，使用内卡式坡口机，调节夹具要防止调过头，以免夹具落入管内；③合上开关前，一定要检查刀具是否离开管口，否则容易将车刀崩坏；④更换车刀时，必须拔下电源插头；⑤在坡口的车制过程中，若发现坡口机的转数急剧减慢，说明进刀量过大，应及时减少进刀量，防止崩坏刀具或损坏坡口机。使用电动坡口机应遵守《安规》中关于使用电动工具的有关规定。

4. 角向磨光机

角向磨光机是用来磨制坡口或打光金属表面的手持式小型电动工具，一般使用 $\phi100\sim\phi150$ 的钹型砂轮片。其优点是使用方便、灵活；缺点是对操作人员的水平要求较高。角向磨光机的使用方法：①将需要磨制的管子固定住，防止其晃动；②磨制前注意周围是否有人或易燃物品；③操作者戴好护目镜和手套，单手持角向磨光机，用另一只手打开开关；④待角向磨光机转动正常后，双手持角向磨光机进行磨制；⑤磨制完成后，关闭电源开关，待角向磨光机停止转动后，方可将角向磨光机放下。

除了需要遵守《安规》中关于使用电动工具的有关规定外，使用角向磨光机时还应注意以下几点：①使用前，必须检查砂轮片是否完整，不完整的砂轮片禁止使用；②更换砂轮片时必须拔下电源插头；③磨制容易晃动的管子时，必须将管子可靠固定住，严禁磨制晃动的管子；④使用角向磨光机时应远离人员，且附近无可燃物；⑤磨制有豁口的管子时，应使砂轮片顺着豁口的一侧缓慢磨制，严禁将砂轮片完全放入豁口内同时磨制豁口两侧，防止管子豁口将砂轮片夹住而造成飞车，伤害操作人员或损坏角向磨光机。

5. 炉膛脚手架

在停炉检修时，工作人员只能从锅炉底部捞渣机出口进入炉内，炉上部及中间部位没有检修人孔门，炉膛中间部位水冷壁管的检修只能是停炉期间依靠吊篮或升降平台把工作人员从底渣系统运到上方；工作量较大时可以搭设满堂脚手架。

6. 检漏仪

针对锅炉的轻微泄漏，采用氦质谱检漏方法，能够及时、准确地发现漏点，尽可能降低锅炉泄漏带来的损失，更具有实用价值。氦质检漏仪广泛应用于电厂真空查漏，在锅炉检漏技术方面具有一定的示范意义。

（1）氦质谱检漏仪的示踪气体通常选用氦气，因氦气在空气中的含量极少，只占约二十万分之一，这样氦气的本底值就小，有利于发现极微量的氦气；氦分子小、质量轻、易扩散、易穿越漏孔，既易于检测，也易于清除；氦离子荷质比小，易于进行质谱分析；氦气是惰性气体，化学性质稳定，不会腐蚀和损伤任何设备；氦气无毒，不凝结，极难溶于水。

（2）与常规水压查漏相比，氦质谱检漏技术具有快速、准确、灵敏度高及无损伤性等方面的优点。采用水压查漏，现场实际操作复杂，对水质、水温、升压方式、升压设备等方面都有一定要求，而且在轻微泄漏时，漏点不容易被发现。在某些情况下，大面积拆除保温，从工期和费用等方面均值得考虑。通过氦质谱检漏仪跟踪氦气浓度梯度变化，可快速、准确地查找到被保温覆盖的焊缝微裂纹。

二、超(超)临界受热面管子的检修

（一）超(超)临界锅炉水冷壁检修

1. 准备工作

（1）停炉前检查统计水冷壁系统存在的缺陷，并做好详细的记录。

（2）准备检修用工器具、仪器、量具及材料、备品。

（3）准备架杆、架板、炉膛内起吊设施，并运至现场。

（4）在炉膛温度降至60℃以下时，方可进入搭设脚手架或根据需要搭设吊架，要求脚手架牢固，符合《安规》要求。

（5）在炉膛内装设足够数量的临时性固定照明，要求内部照明设施绝缘良好、固定牢固。

（6）组装调试炉内爬升器。

2. 水冷壁清灰及检查

（1）清理喷燃器处结焦。要求水冷壁表面无积灰、结焦。

（2）清焦完毕后，宏观检查喷燃器、吹灰器及各观察孔周围的水冷壁管有无明显胀粗、裂纹、腐蚀、磨损等现象，并联系金属组进行测厚检查，做好记录。要求管子胀粗不得超过管径的 3.5%，管子局部腐蚀或损伤深度不大于壁厚的 10%，最深不得大于壁厚的 1/3。

（3）用手触摸喷燃器附近的管子的弯头有无鼓包、损伤及局部缺陷。要求管子局部鼓包外径不得大于管子原径的 3.5%，管子局部腐蚀或损伤深度不大于壁厚的 10%，最深不得大于壁厚的 1/3。

（4）检查冷灰斗出口处水冷壁管磨损情况及密封鳍片有无裂纹现象。要求各焊缝无裂纹、咬边、气孔及腐蚀情况。

（5）宏观检查各处水冷壁鳍片，应无裂纹开焊现象，特别是应重点关注水冷壁鳍片与管子之间裂纹是否有向管侧发展的倾向，若存在这种现象，应割除鳍片并打磨干净后，联系金属组进行表面探伤以确定裂纹的情况，视情况由金属组决定对其进行割管或焊补处理。

3. 水冷壁割管

（1）按化学组要求确定割管位置及数量。要求对割下的管段注明管割位置，介质流向做好记录。

（2）校对内外位置，拆掉炉墙护板保温。

（3）做好准备工作，并搭设好牢固的脚手架。

（4）在割管部位划线，并做好记录。要求对割下的管段注明割管位置，做好记录。

（5）切割鳍片，其长度应比切割管子长度上下各多出 100mm，新管子应到金属组作光谱分析。要求割鳍片时不伤及管壁，防止熔渣落入管内。

（6）打磨管子上、下坡口配制新管段，两端管口可留 2～3mm 焊接间隙。坡口 $\alpha = 30°\sim 35°$，钝边厚度 $P = 0.5\sim 2mm$，对口间隙 $b = 2\sim 3mm$。配制新管段应进行通球试验，试验标准见表 2-1。

表 2-1　　　　　　　　　　　　　通 球 试 验 标 准　　　　　　　　　　（mm）

部　位	规　格	弯曲半径	球　径
上部前墙和侧墙水冷壁	$\phi 31.8\times 7.5$	47.5	11.76
上部后墙水冷壁	$\phi 31.8\times 6.4$	147	13.3
后水悬吊管	$\phi 76.2\times 20$	230	30.77
中部前墙和侧墙螺旋水冷壁	$\phi 38.1\times 7.5$	150	19.28
冷灰斗螺旋水冷壁	$\phi 38.1\times 7.5$	150	19.28

（7）在管子焊接组装之前，将焊口附近两端 10～15mm 范围内处理光滑，用砂布打磨露出金属光泽。

（8）用对口钳把两端管口对好焊接。对接管口端面与管中心线垂直，其偏斜度不大于管径的 1%，且不超过 2mm，不能强行对口。对接管口内口应平齐，局部错口不超过壁厚的 10%，且不大于 1mm；工作时不能将东西掉入管内，离开现场时管口必须贴封条。

（9）焊接完毕，联系金属组进行探伤检查，做好记录，合格后，恢复鳍片。鳍片恢复时应注意双面开坡口，焊缝不得有裂纹、气孔、夹渣现象，焊缝两侧咬边不超过焊缝全长的 10%，且不大于 40mm，其深度不大于 0.5mm。

（10）锅炉水压试验合格后，方可恢复炉墙。

4. 常用备品配件 (见表2-2)

表2-2 常用备品配件

序号	名 称	规 格 (mm)	材 质	单 位	数 量
1	垂直水冷壁前墙、侧墙管	φ31.8×7.5	SA213T12	kg	100
2	垂直水冷壁前墙鳍片	厚9	12Cr1MoV	kg	100
3	垂直水冷壁后墙鳍片	厚9	12Cr1MoV	kg	100
4	水平烟道侧墙鳍片	厚9	12Cr1MoV	kg	100
5	垂直水冷壁后墙管	φ31.8×6.4	SA213T12	kg	100
6	炉膛出口凝渣管	φ76.2×20	SA213T22	kg	300
7	水平烟道底部水冷壁管	φ31.8×6.4	SA213T2	kg	200
8	垂直水冷壁后墙管	φ31.8×6.4	SA213T2	kg	200
9	水平烟道侧墙管	φ31.8×6.4	SA213T2	kg	200
10	水平烟道底部水冷壁鳍片	厚6.4	15CrMo	kg	100
11	冷灰斗螺旋水冷壁管子	φ38.1×7.5	SA213T2	kg	200
12	冷灰斗螺旋水冷壁鳍片	厚6.4	15CrMo	kg	100
13	中部螺旋水冷壁管子	φ38.1×7.5	SA213T2	kg	400
14	中部螺旋水冷壁鳍片	厚6.4	15CrMo	kg	200

5. 消耗材料 (见表2-3)

表2-3 消 耗 材 料

序号	名 称	规 格	单 位	数 量	备 注
1	磨光机片	φ100	只	20	
2	切割王片	φ100	只	15	
3	电磨头	标准	只	20	
4	坡口机刀	30°	只	50	
5	水溶纸		包	10	
6	电焊线		m	100	
7	氧气		瓶	10	
8	乙炔		瓶	5	
9	防尘口罩		只	10	
10	平光眼镜		只	5	
11	气焊眼镜		只	2	
12	氩气		瓶	10	
13	焊条		kg	5	根据鳍片材料选择
14	焊丝		kg	5	根据水冷壁管材选择
15	碘钨灯管	1000W	只	10	
16	胶皮	2mm	kg	50	

6. 检修工器具（见表 2-4）

表 2-4　　　　　　　　　　　　检 修 工 器 具

序 号	名 称	规 格	单 位	数 量
1	角向磨光机	$\phi100$ 220V	只	2
2	切割王	$\phi100$ 220V	只	1
3	电磨	标准	只	1
4	坡口机	$\phi32$ 220V	只	1
5	坡口机	$\phi38$ 220V	只	1
6	对口器		只	4
7	氧气表		只	1
8	乙炔表		只	1
9	氧气乙炔带		套	1
10	氩气表		只	1
11	氩气带		套	1
12	逆变焊机		台	1
13	活络扳手	12in	把	1
14	撬棍		把	2
15	手锤		把	2
16	扁铲		把	2

（二）超(超)临界锅炉省煤器检修

1. 检修准备工作

（1）准备省煤器防磨瓦、省煤器管子、其他备品材料及工器具。要求准备工作充分、具体。

（2）安装 36V 以下的行灯照明。

（3）准备用压缩空气进行清灰的工具。要求对积灰情况做好记录。

（4）省煤器处温度低于 60℃ 以下时，方可打开省煤器的人孔门。

（5）检查管子外壁积灰及管夹损坏情况，并做好记录。

2. 省煤器积灰清扫

（1）省煤器处温度降至 40℃ 以下时，方可进行清灰工作。

（2）开启引风机，自上而下清扫省煤器。

（3）用 0.6～0.8MPa 压缩空气逐排吹扫管子外壁积灰。要求省煤器管壁及管排积灰吹扫干净，清扫后无积灰和其他杂物。

3. 省煤器检查与检修

（1）用游标卡尺测量省煤器管的胀粗和磨损情况。要求胀粗不得超过原直径的 3.5%，必要时用测厚仪测量管子壁厚，磨损超过壁厚 1/3 时应更换，更换新管段时，其长度不得小于 200mm，局部损伤、腐蚀深度不超过管壁厚的 10%，最深不大于壁厚的 1/3。

（2）检查省煤器的支承和固定夹持装置。要求管排整齐，管夹牢固，管排间隙均匀，误差不大于±5mm，个别管子弯曲突出不超过 20mm。

（3）检查调整防磨装置，对已经磨损和脱落的防磨瓦要更换新的，对歪斜、扭曲的防磨瓦要进行校正。

（4）检查均流板磨损情况。要求均流板完整，无脱落、磨损。

（5）检查管子有无腐蚀、磨损、鼓包、变色等缺陷，对管子外壁磨损较为严重的部位应增设防磨瓦。

（6）省煤器其他检查。要求吊架、管夹、支承件及防磨装置完整无缺。

4. 省煤器割管

（1）按化学组要求及检查情况确定割管的位置。要求切割点距弯头或集箱外壁不小于100mm，两焊口间距不小于 200mm。

（2）用机械切割法割下取样检查管段。

（3）切割下的管段要做好记录，标明排数及部位，并送化学及金属组进行检查。

（4）打磨管子坡口，配制新管并焊接，恢复割开的管夹，新管弯头处在焊接前也应探伤。管子不能强行对口，加工管子坡口时按下列要求制作：坡口 $\alpha=30°\sim35°$，钝边厚度 $P=0.5\sim2mm$，对口间隙 $b=2\sim3mm$。若管口不能及时焊接，应将管口封堵好，并贴封条。对接管口应与管子中心线垂直，其偏斜度不大于管径的1%，最大不超过 1.5mm；对接管口内外壁平齐，错口不得超过 1mm。

（5）焊后须经金属探伤合格。要求焊缝不得有裂纹、夹渣、未焊透等缺陷，咬边不大于焊缝两侧全长的 10%，深度不大于 0.5mm。

（6）有水压试验要求的，在水压试验无异常后方可恢复防磨瓦。

5. 常用备品配件（见表2-5）

表 2-5　　　　　　　　　　　常用备品配件

序号	名　称	规　格（mm）	材　质	单　位	数　量
1	水平段省煤器管	$\phi57\times8$	SA210C	kg	200
2	垂直段省煤器管	$\phi57\times8.6$	SA210C	kg	200
3	垂直段省煤器管	$\phi57\times8.7$	SA210C	kg	200
4	省煤器裤衩管	$\phi63.5\times11.6\sim\phi57\times8.7$	SA210C	只	20
5	省煤器防磨瓦直段	$\phi57\times3$	1Cr18Ni9Ti	m	400
6	省煤器防磨瓦外弯	$\phi57\times3$	1Cr18Ni9Ti	只	200
7	省煤器防磨瓦内弯	$\phi57\times3$	1Cr18Ni9Ti	只	200
8	省煤器防磨瓦卡	$\phi57\times3$	1Cr18Ni9Ti	只	200

6. 消耗材料（见表2-6）

表 2-6　　　　　　　　　　　消耗材料

序号	名　称	规　格	单　位	数　量	备　注
1	磨光机片	$\phi100$	只	20	
2	切割王片	$\phi100$	只	15	

续表

序号	名 称	规 格	单 位	数 量	备 注
3	电磨头	标准	只	20	
4	坡口机刀	30°	只	50	
5	水溶纸		包	10	
6	电焊线		m	100	
7	氧气		瓶	10	
8	乙炔		瓶	5	
9	防尘口罩		只	10	
10	平光眼镜		只	5	
11	气焊眼镜		只	2	
12	氩气		瓶	10	
13	焊条		kg	5	根据防磨瓦材料选择
14	焊丝		kg	5	根据省煤器管材选择
15	碘钨灯管	1000W	只	10	
16	胶皮	2mm	kg	100	

7. 检修工器具（见表 2-7）

表 2-7 检 修 工 器 具

序号	名 称	规 格	单 位	数 量
1	角向磨光机	$\phi100$ 220V	只	2
2	切割王	$\phi100$ 220V	只	1
3	电磨	标准	只	1
4	坡口机	$\phi57$ 220V	只	1
5	对口器		只	4
6	氧气表		只	1
7	乙炔表		只	1
8	氧气乙炔带		套	1
9	氩气表		只	1
10	氩气带		套	1
11	逆变焊机		台	1
12	活络扳手	12in	把	1
13	撬棍		把	2
14	手锤		把	2
15	扁铲		把	2

（三）超（超）临界锅炉过热器检修

1. 准备工作

（1）准备检修用工器具、材料、备品、配件。要求各种工器具、材料、备品准备充足。

(2) 装设足够量的 36V 以下电压等级的行灯。

(3) 准备好搭脚手架用的架杆、架板、铁丝，并运至现场。要求脚手架牢固，并符合《安规》要求。

(4) 准备清扫受热面积灰用的工器具。

(5) 工作区温度降至 60℃ 以下时，方可进入搭脚手架。

2. 清扫积灰

(1) 清灰工作沿烟道由前向后顺着烟气流向进行清扫。

(2) 用 0.6～0.8MPa 的压缩空气清扫积灰。水平烟道积灰可先用铁锨清理，然后用压缩空气等吹扫，或用消防水冲洗干净。要求过热器清扫后，烟道及管子表面无积灰。清灰人员要戴防尘口罩及防风镜，清扫水平烟道积灰时要系牢安全带。清扫积灰时，炉外应有专人监护，开启引风机，调节烟气挡板，保持负压在 100Pa 左右。

3. 过热器检修

(1) 宏观检查各级过热器是否有弯曲、鼓包、重皮、变色、碰伤、裂纹、腐蚀磨损等情况。管子局部腐蚀不得大于管壁厚的 10%；管子局部磨损面积不得大于 10cm^2，磨损厚度不得超过管壁厚的 1/3。

(2) 用游标卡尺在检修记录卡片指定的位置测量管径，检查管子磨损与胀粗情况，并做好记录。管子胀粗合金钢管不能超过原直径的 2.5%，碳钢管不能超过原直径的 3.5%。

(3) 必要时对包墙过热器、吹灰器区域的过热器管，配合金属组进行测厚检查。

(4) 对弯曲超过标准的管子要进行校直，弯曲严重的管子要进行更换。

(5) 检查、调整、更换过热器夹持、固定、支承、吊挂装置。防磨瓦要仔细检查，对发现有反转、鼓起现象的要更换，换新防磨瓦时要由专业焊工施焊。要求各管排整齐，固定牢固，间隙均匀，误差不得超过±5mm，个别管子弯曲突出不得大于 20mm，管排中各管子不得接触。定位、夹持、支承、防磨装置完整。

(6) 检查焊口有无裂纹、咬边、砂眼等缺陷，必要时重新焊接，不得补焊。

4. 过热器割管

(1) 根据化学组要求确定割管位置，在指定位置将过热器管割下，割下管段应注明割管位置，做好记录。切割点距离弯头起点或集箱壁至少大于 100mm，两焊口间距要大于 200mm。

(2) 割管时碳钢管可用火焊切割，合金钢管要用锯割。管子割下后若不能及时恢复，要加临时封堵，并贴上封条，以免杂物落入。

(3) 割下的管段应注明割管位置，做好记录，并送金属、化学组进行检查试验。

(4) 将余下的管子打磨好坡口，参考割下的管段并根据实际尺寸配制新管。新管坡口 α ＝30°～35°，钝边厚度 P＝0.5～2mm，对口间隙 b＝2～3mm。新管子须经金属光谱分析，并且有金属光谱分析报告单。

(5) 管子焊接前将焊口两端管子卡好，留有适当的对口间隙，调整管子中心不偏斜、管口不错口。对接管口两端面与管子中心线垂直，其偏斜度不大于管径的 1%，且不大于 2mm，管子不能强力对口，保证在无应力下焊接。对接管口内壁应平齐，局部错口不得超过壁厚的 10%，且不大于 1mm。

（6）由焊工按技术要求对管子进行焊接。焊接角变形在距焊缝中心 200mm 处偏斜差不大于 1mm。焊缝边应圆滑过渡到母材，不得有裂纹、未焊透、气孔和夹渣等现象，咬边不超过两侧焊缝全长的 10%，且不大于 40mm，深度不大于 0.5mm。焊缝外形尺寸：加强面高度为 1.5~2.5mm，焊缝宽度比坡口增宽 2~6mm，单侧增宽 1~4mm。

（7）合金钢管焊接前后要按规程要求进行热处理，焊后对焊口要进行探伤。

（8）恢复管夹持等定位固定及防磨装置。

（9）水压试验检查。

5. 集箱检查

（1）集箱、吊挂杆、吊架、集箱处管座焊口检查，要求吊杆、吊架完整，无晃动、脱落。

（2）各集箱工艺孔、探伤孔，温度测点，膨胀指示器检查，要求无泄漏，焊口无砂眼、气孔、咬边。

6. 常用备品配件（见表 2-8）

表 2-8　　　　　　　　　　常用备品配件

序号	名　称	规　格（mm）	材　质	单　位	数　量
1	顶棚前段管子	ϕ63.5×10.7	SA213T12	kg	100
2	顶棚中段、后段管子	ϕ57×9.3	SA213T2	kg	100
3	顶棚鳍片、包墙鳍片	厚12、厚6.4	材质15CrMo	kg	各100
4	前包墙下部管屏	ϕ38.1×6.5	SA213T2	kg	200
5	中隔墙下部管屏	ϕ38.1×6.5	SA213T2	kg	200
6	后包墙	ϕ38.1×6.5	SA213T2	kg	200
7	后竖井侧包墙	ϕ38.1×6.5	SA213T2	kg	200
8	前包墙上部管屏	ϕ57×16.5	SA213T12	kg	100
9	水平烟道侧墙管子	ϕ31.8×6.4	SA213T2	kg	100
10	中隔墙上部散管	ϕ45×8.9	SA213T2	kg	100
11	低温过热器水平段下组管子	ϕ57×9.4	SA213T12	kg	200
12	低温过热器水平段上组管子上段	ϕ57×12.2	SA213T22	kg	200
13	低温过热器水平段上组管子下段	ϕ57×10.4	SA213T12	kg	200
14	低温过热器垂直段	ϕ50.8×11.3	SA213T22	kg	100
15	低温过热器进口集箱吊挂管	ϕ57×18.3/ϕ50.8×11.4	SA213T22	kg	100
16	屏式过热器最外圈	ϕ48.6×7.7	SA213T22	kg	100
17	屏式过热器管子	ϕ45×7.1	SA213T22	kg	100
18	屏式过热器最外圈	ϕ48.6×7.9	HR3C	kg	100
19	屏式过热器最外圈	ϕ50.8×9	HR3C	kg	100
20	屏式过热器最外圈	ϕ50.8×8.2	HR3C	kg	100
21	屏式过热器最外圈	ϕ50.8×10.3	HR3C	kg	100

序号	名　称	规　格（mm）	材　质	单　位	数　量
22	屏式过热器最外圈	$\phi 50.8 \times 11$	HR3C	kg	100
23	屏式过热器最外圈	$\phi 48.6 \times 9.9$	HR3C	kg	100
24	屏式过热器最外圈	$\phi 48.6 \times 8.6$	HR3C	kg	100
25	屏式过热器外两圈	$\phi 45 \times 7.3$	HR3C	kg	100
26	屏式过热器外两圈	$\phi 45 \times 9.2$	HR3C	kg	100
27	屏式过热器外两圈	$\phi 45 \times 8.0$	HR3C	kg	100
28	屏式过热器管子	$\phi 45 \times 7.1$	SUPER304H	kg	200
29	屏式过热器管子	$\phi 45 \times 6.7$	SUPER304H	kg	200
30	屏式过热器管子	$\phi 45 \times 8.3$	SUPER304H	kg	100
31	屏式过热器最外圈	$\phi 48.6 \times 8.6$	SA213T92	kg	100
32	屏式过热器管子	$\phi 45 \times 8$	SA213T92	kg	100
33	高温过热器最外圈	$\phi 48.6 \times 6.2$	SA213T91	kg	100
34	高温过热器管子	$\phi 45 \times 6.2$	SA213T91	kg	100
35	高温过热器最外圈	$\phi 48.6 \times 6.5$	HR3C	kg	100
36	高温过热器最外圈	$\phi 50.8 \times 7.6$	HR3C	kg	100
37	高温过热器最外圈	$\phi 50.8 \times 6.8$	HR3C	kg	100
38	高温过热器最外圈	$\phi 50.8 \times 10$	HR3C	kg	100
39	高温过热器最外圈	$\phi 50.8 \times 10.6$	HR3C	kg	100
40	高温过热器最外圈	$\phi 48.6 \times 9.5$	HR3C	kg	100
41	高温过热器外两圈	$\phi 45 \times 6$	HR3C	kg	100
42	高温过热器外两圈	$\phi 45 \times 8.8$	HR3C	kg	100
43	高温过热器管子	$\phi 45 \times 5.7$	SUPER304H	kg	200
44	高温过热器管子	$\phi 45 \times 5.6$	SUPER304H	kg	200
45	高温过热器管子	$\phi 45 \times 8$	SUPER304H	kg	100
46	高温过热器管子	$\phi 45 \times 8.2$	SUPER304H	kg	100
47	高温过热器管子	$\phi 45 \times 8.2$	SA213T92	kg	100
48	高温过热器最外圈	$\phi 48.6 \times 8.9$	SA213T92	kg	100
49	过热器防磨瓦直段	$\phi 57 \times 3$	1Cr18Ni9Ti	m	400
50	过热器防磨瓦外弯	$\phi 57 \times 3$	1Cr18Ni9Ti	只	200
51	过热器防磨瓦内弯	$\phi 57 \times 3$	1Cr18Ni9Ti	只	200
52	过热器防磨瓦卡子	$\phi 57 \times 3$	1Cr18Ni9Ti	只	200
53	过热器防磨瓦直段	$\phi 51 \times 3$	1Cr18Ni9Ti	m	400
54	过热器防磨瓦外弯	$\phi 51 \times 3$	1Cr18Ni9Ti	只	200
55	过热器防磨瓦内弯	$\phi 51 \times 3$	1Cr18Ni9Ti	只	200
56	过热器防磨瓦卡子	$\phi 51 \times 3$	1Cr18Ni9Ti	只	200
57	过热器 M 型滑块组件			只	100
58	过热器 L 型滑块组件			只	100

7. 消耗材料（见表2-9）

表2-9   消 耗 材 料

序号	名　称	规　格	单　位	数量	备　注
1	磨光机片	$\phi100$	只	30	
2	切割王片	$\phi100$	只	20	
3	电磨头	标准	只	40	
4	坡口机刀	30°	只	80	
5	水溶纸		包	20	
6	电焊线		m	200	
7	氧气		瓶	10	
8	乙炔		瓶	5	
9	防尘口罩		只	10	
10	平光眼镜		只	5	
11	气焊眼镜		只	2	
12	氩气		瓶	10	
13	焊条		kg	5	根据防磨瓦材料选择
14	焊丝		kg	5	根据过热器管材选择
15	碘钨灯管	1000W	只	10	
16	胶皮	2mm	kg	100	

8. 检修工器具（见表2-10）

表2-10   检 修 工 器 具

序号	名　称	规　格	单　位	数　量
1	角向磨光机	$\phi100$ 220V	只	2
2	切割王	$\phi100$ 220V	只	1
3	电磨	标准	只	1
4	坡口机	$\phi57/\phi51/\phi45$ 220V	只	各1
5	对口器		只	4
6	氧气表		只	1
7	乙炔表		只	1
8	氧气乙炔带		套	1
9	氩气表		只	1
10	氩气带		套	1
11	逆变焊机		台	1
12	活络扳手	12in	把	1
13	撬棍		把	2
14	手锤		把	2
15	扁铲		把	2

（四）超（超）临界锅炉再热器检修

1. 准备工作

（1）准备工器具、备品、材料。要求工器具完好，经检验合格，材料、备品齐全。

（2）装设足够量的低压行灯等照明装置。要求照明灯具按《安规》要求装设。

（3）架杆、架板等杆架材料运到现场。

（4）工作区温度降至 60℃ 以下时，方可进入搭设脚手架。脚手架要保证安全可靠，符合《安规》要求，经安监人员验收合格。

2. 再热器清扫及检查

（1）再热器受热面管子处的积灰清扫与过热器清扫方法相同。要求再热器清扫后管壁不得有积灰。

（2）宏观检查再热器管是否有弯曲、鼓包、重皮、变色、碰伤、裂纹、腐蚀等现象。

1）管子胀粗不得超过原管直径的 2.5%。

2）管子磨损不得大于原壁厚的 1/3，面积不大于 $2cm^2$。

3）各管排排列整齐、间隙均匀，误差不超过 ±5mm。

4）管子弯曲不得突出 20mm，管排中管子不得接触。

（3）检查再热器的管排固定支撑、定位滑块管夹装置有无开裂、损坏、松弛或脱焊等现象。要求定位、夹持、支撑、防磨、均流装置应完整无损。

（4）管子磨损与胀粗检查，用游标卡尺按检修卡片指定的位置测量检查胀粗与磨损情况，对磨损情况要特别注意管子弯头部分，胀粗现象往往发生在高温区。

（5）检查管子焊口是否有裂纹、砂眼、咬边现象。

（6）检查防磨装置是否完整，有无翻转、凸起等现象。

（7）检查吹灰器附近管子是否完好，有无减薄现象。

3. 再热器检修

（1）修复管排定位、固定装置。定位与支承固定装置修复后，要符合图纸要求，不得妨碍管子之间的自由膨胀。

（2）修复调整飞灰磨损、吹灰器吹坏或脱落的防磨瓦，无法修复时，更换局部磨损严重的管段。防磨瓦与管子要贴紧，其间隙最大不超过 1mm。要求防磨瓦顺汽流方向，防磨瓦之间应留有膨胀间隙，且不能与管子外壁焊接。

（3）清理管屏间的杂物。

（4）对管子外壁局部损坏或不大的凹坑，可用火焊补焊，补焊后应采取消除应力的措施。

4. 再热器割管检修

（1）根据化学和金属监督人员的要求，确定割管检查位置。切割点距弯头起点大于 100mm，两焊口间距离大于 200mm。

（2）用锯割法将检查管段割下，检查内部腐蚀及结垢情况，做好记录，然后送化学和金属组检查。

（3）将弯头距焊口两侧 15mm 范围内用砂布打磨出金属光泽，焊口处两端内外壁打磨光洁。

（4）用对口器卡好两个焊接口，调整好管子对口间隙，并将管子对中，防止偏斜和错口。要求管子对口有间隙，不能强行对口，并应在无应力下焊接。

（5）焊工施焊时，应按焊接工艺要求进行。新管段须经光谱分析，并有化学元素分析报告单，弯管尺寸符合图纸要求，坡口加工及对口要求为坡口 $\alpha＝30°\sim35°$，钝边厚度 $P＝0.5\sim2mm$，对口间隙 $b＝2\sim3mm$。对口时，两根管子的外壁相对错位不得超过 0.5mm。焊接角度变形应符合要求，焊缝不得有裂纹、夹渣、未焊透等缺陷，咬边不大于焊缝全长的 10%，深度不大于 0.5mm，须经金属探伤合格。

5. 常用备品配件（见表 2-11）

表 2-11　　　　　　　　　　常 用 备 品 配 件

序号	名　称	规　格 （mm）	材　质	单　位	数　量
1	低温再热器水平段下三组管	$\phi57\times4.2$	SA209T1A	kg	200
2	低温再热器水平段上组管下部分	$\phi57\times4.2$	SA209T1A	kg	200
3	低温再热器水平段上组管上部分	$\phi57\times5.7$	SA213T22	kg	100
4	低温再热器垂直段管	$\phi50.8\times6$	SA213T22	kg	200
5	炉内管段内 9 圈	$\phi50.8\times3.2$	SUPER304H	kg	400
6	炉内管段外 3 圈	$\phi50.8\times3.2$	HR3C	kg	200
7	炉内管段出口内 9 圈	$\phi50.8\times4$	SUPER304H	kg	200
8	炉内管段出口外 3 圈	$\phi50.8\times4$	HR3C	kg	200
9	再热器防磨瓦直段	$\phi57\times3$	1Cr18Ni9Ti	m	400
10	再热器防磨瓦外弯	$\phi57\times3$	1Cr18Ni9Ti	只	200
11	再热器防磨瓦内弯	$\phi57\times3$	1Cr18Ni9Ti	只	200
12	再热器防磨瓦卡子	$\phi57\times3$	1Cr18Ni9Ti	只	200
13	再热器防磨瓦直段	$\phi51\times3$	1Cr18Ni9Ti	m	400
14	再热器防磨瓦外弯	$\phi51\times3$	1Cr18Ni9Ti	只	200
15	再热器防磨瓦内弯	$\phi51\times3$	1Cr18Ni9Ti	只	200
16	再热器防磨瓦卡子	$\phi51\times3$	1Cr18Ni9Ti	只	200
17	再热器 M 型滑块组件			只	100
18	再热器 L 型滑块组件			只	100

6. 消耗材料（见表 2-12）

表 2-12　　　　　　　　　　消 耗 材 料

序号	名　称	规　格	单　位	数　量	备　注
1	磨光机片	$\phi100$	只	30	
2	切割王片	$\phi100$	只	20	
3	电磨头	标准	只	40	

续表

序号	名　称	规　格	单　位	数　量	备　注
4	坡口机刀	30°	只	80	
5	水溶纸		包	20	
6	电焊线		米	200	
7	氧气		瓶	10	
8	乙炔		瓶	5	
9	防尘口罩		只	10	
10	平光眼镜		只	5	
11	气焊眼镜		只	2	
12	氩气		瓶	10	
13	焊条		kg	5	根据防磨瓦材料选择
14	焊丝		kg	5	根据再热器管材选择
15	碘钨灯管	1000W	只	10	
16	胶皮	2mm	kg	100	

7. 检修工器具（见表2-13）

表2-13　　　　　　　　检修工器具

序号	名　称	规　格	单　位	数　量
1	角向磨光机	ϕ100　220V	只	2
2	切割王	ϕ100　220V	只	1
3	电磨	标准	只	1
4	坡口机	ϕ57/ϕ51 220V	只	各1
5	对口器		只	4
6	氧气表		只	1
7	乙炔表		只	1
8	氧气乙炔带		套	1
9	氩气表		只	1
10	氩气带		套	1
11	逆变焊机		台	1
12	活络扳手	12in	把	1
13	撬棍		把	2
14	手锤		把	2
15	扁铲		把	2

三、受热面管子的更换方法

受热面管子有很多，其换管方法也各不相同，这里主要介绍膜式水冷壁、省煤器的立式对流过热器的换管方法。

1. 膜式水冷壁管子的更换方法

膜式水冷壁管子之间由鳍片组成，换管较光管麻烦。膜式水冷壁换管时，最好更换鳍片管，这样能减少工作量，还能避免用钢板代替鳍片与膜式水冷壁管焊接所产生的问题。

膜式水冷壁管子的更换方法如下：

(1) 根据水冷壁的换管位置，接好足够亮度的照明，搭设好脚手架。

(2) 拆除炉外换管部位的外护板、保温等。

(3) 清除炉内水冷壁换管部位的焦渣，保持管子表面清洁。

(4) 用气割将所有换管的鳍片割开，再把换管割口部位的鳍片上、下各切去 100mm，注意切割时不要伤及管子本身。

(5) 用专用的割管机进行割管，先割管子下部，割完后用薄金属片将下口堵上；再割上部，将管子割下，标上记号移出炉外。

(6) 用坡口机或角向磨光机加工上、下管口坡口，加工时将下管口用易溶纸堵上，加工好后取出易溶纸，用软木塞堵上。

(7) 选好合适的管子配制，配置好的管段应比割下的上、下管口间距短 4~5mm，确保对口间隙满足焊接要求。

(8) 去掉软木塞，将配制好的管子放入割管处，对口焊接，焊接时炉内、炉外各安排一名焊工进行对焊，并要求一次焊完。

(9) 焊口焊完后待温度降下来，再进行无损探伤，焊口不合格时应及时处理。

(10) 焊口合格后进行鳍片的焊接工作：若更换的是鳍片管，则可直接进行鳍片的焊接工作；若更换的是光管，则需要配制合适的扁钢代替鳍片，放在管子之间的空隙处进行焊接。需要注意的是换管焊口区域的切口，应重点进行恢复，尤其注意管子与钢板之间的焊接。

(11) 恢复炉外拆除的保温、护板等，拆除炉内的脚手架。

2. 省煤器管排中间单根管子的更换方法

省煤器管排中间单根管子出现严重的缺陷时，需要将有缺陷的管子进行更换，其更换的方法如下：

(1) 根据换管位置，接好足够亮度的照明，清理换管部位附近的积灰，在换管管排的两侧铺好专用的胶皮，防止工具或其他东西落入管排之间。

(2) 用气割割开管排之间的定位装置和吊架，留出起吊管排的空间；支撑式结构的省煤器应将支撑架下部的焊点割开。

(3) 悬吊布置的省煤器，用割管机将悬吊管割下一段，其长度视省煤器管排的高度而定。将割下的悬吊管制作好坡口，留下备用；将管排上的悬吊管制作好坡口，并用软木塞堵上。

(4) 在被割管排的正上方焊接临时吊架，准备好手拉葫芦等起重工具。

(5) 用割管机将换管的省煤器管排与省煤气出入口集箱连接的管子割开。

(6) 用手拉葫芦将换管的省煤器管排两侧的管排向两边拉开一些，使被换管的省煤器管排容易吊出。

（7）用手拉葫芦将换管的省煤器管排吊起，起吊应缓慢进行，在起吊过程中随时检查管排上升情况，防止管排被卡住受拉变形。起吊直到换管露出一段高度为止，然后将手拉葫芦链锁死。

（8）找出有缺陷的管子，用割管机将有缺陷的部分割下，标上记号移出烟道外。如果被换管较长或被换管含有弯头，则应先用气割将管排支撑架或悬吊管卡割开，再用割管机进行割管。

（9）制作管排上管口和出入口集箱上管口的坡口备用。

（10）根据被割的管子配制合适的管子，加工好坡口，放在被割管的位置对口进行焊接。若配制的管子含有弯头，则应经过检验合格后，再进行换管工作。

（11）对焊口进行无损探伤，不合格时应及时处理。

（12）焊口合格后，将割下的支撑架或悬吊管吊卡焊上。

（13）松开手拉葫芦，将管排放入原位。

（14）焊接省煤器出入口集箱连接的管子，并经探伤合格。

（15）取出软木塞，焊接省煤器悬吊管，并经探伤合格。

（16）恢复省煤器吊卡。

（17）撤除手拉葫芦等起重工具，拆除临时吊架；将省煤器管排之间的定位装置复位。

（18）清点工具，清扫现场，撤除专用胶皮及照明。

3. 过热器中间管子的更换方法

墙式过热器中间管子的更换方法与膜式水冷壁管子的更换方法类似；卧式过热器中间管子的更换方法与省煤器中间管子的更换方法相同；屏式过热器由于其屏间间距较大，屏式过热器中间管子的更换比较方便，不进行叙述。这里主要介绍管排间距比较小的立式对流过热器中间管子的更换方法，具体如下：

（1）根据换管部位，接好足够亮度的照明，搭设好脚手架。

（2）清除换管部位管子的焦渣与积灰，保持管子清洁。

（3）摘除换管部位附近管排间的梳型定位卡子，或用气割与电焊将换管部位附近管排间的定位装置割掉，使换管部位的管排可以向两侧摆动。

（4）确定换管管排，用两台1t的手拉葫芦将被换管管排两侧的管排向两侧拉开一段距离，留出换管空间。

（5）找出有缺陷的管子，在换管的上、下位置搭好临时脚手架。

（6）如果被换管较长，应用气割或电焊将被换管处的管间定位卡子割掉。

（7）如果被换管位置靠近锅炉顶棚，换管空间狭小，或被换管包含弯头时，由于位置窄，不利于焊口焊接，此时应用气割或电焊将被换管上部弯头处的吊卡以及管间定位卡子割掉；连同弯头一起更换，并将焊口位置设置在管排中部有利于焊接的位置。

（8）用割管机割管，先割管子下口，割完后用薄金属片赌注下口，再割上口，将管子拿下，标上记号移出炉外。

（9）用坡口机加工坡口，注意下管口不要落入东西，坡口加工好后用软木塞将下管口堵住。

(10) 根据割下的管子，配制合适的管子，制作好坡口，注意管子长度应满足对口间隙要求。

(11) 取下软木塞，将新管与原割管口处对口焊接，并对焊口进行相应的热处理。

(12) 焊口检验，合格后将管间定位卡恢复。

(13) 拆除焊口位置的临时脚手架，撤去拉管排的手拉葫芦，将管排恢复原位。

(14) 恢复管排上不得弯头吊卡。

(15) 加装管排梳型定位卡子；恢复管排间的定位装置。

(16) 清理现场，拆除脚手架，撤去照明。

四、受热面管子弯曲的处理方法

锅炉受热面管子由于热膨胀受阻或管间定位卡子烧损都有可能使受热面管子弯曲。立式受热面管子严重弯曲时会使管子突出管排，造成管排受热不均，出现热偏差，甚至造成管子过热，引起炉管爆破。卧式受热面管子严重弯曲时，也会使管子突出管排，阻碍烟气流通，使突出的管子磨损加快，严重时造成管子泄漏。因此，对于受热面弯曲严重的管子，必须进行较直。受热面管子较直的方法有炉内较直法和炉外较直法两种。

1. 炉内较直法

锅炉受热面管子弯曲不太严重且管子较细时，由于较直的难度较小，可采用炉内直接较直。其方法如下：

(1) 先找出管子弯曲变形的原因，并且将原因消除，不能消除时可采取临时补救措施，防止管子再次发生弯曲变形。

(2) 用气割或电焊将弯曲管子的管间定位卡子割掉。

(3) 用氧气乙炔焰在管子的弯曲变形处进行加热，加热时应随时注意加热温度，管子微微变红时即可，防止管子过烧。

(4) 加热的同时用撬棍等工具向相反方向校正弯曲的管子，校正时应多点进行，防止校正过头而使管子向另一方向弯曲。

(5) 管子较直后冷却，管子不再有明显的弯曲变形时，加装新的管间定位卡子。

2. 炉外较直法

锅炉受热面管子弯曲比较严重或管子较粗时，由于较正的难度较大，可采用炉外较直法较正，即将弯曲变形的管子割下，拿到炉外进行校正。炉外较直法的操作程序如下：

(1) 先找出管子弯曲变形的原因，并将原因消除，不能消除时可采用临时补救措施，防止管子再度发生弯曲变形。

(2) 用气割或电焊将弯曲管子的管间定位卡子割掉，使弯曲的管子可以较方便地取下来。

(3) 用割管机将管子的弯曲部分割下来，标上记号移出炉外。

(4) 加工炉内管子坡口，下管口用软木塞堵住。

(5) 将弯曲变形的管子放在校正平台上，用专用的校正工具进行校正，必要时辅以氧气乙炔焰加热校正。

(6) 管子较直并冷却后，确认管子不再有弯曲变形时，加工管子坡口。

（7）将管子送入炉内对口焊接。

（8）焊口检验合格后，加装新的管间定位卡子。

五、锅炉受热面管子磨损的处理方法

检查锅炉受热面管子发生磨损时，应及时查找原因，采取可靠措施，防止磨损加剧。如果磨损比较严重，磨损量超过原管子壁厚的1/3以上且磨损面积较大时，或锅炉受热面管子发生大面积磨损时，应进行换管；若磨损较轻，磨损量未超过原管子壁厚的1/3或磨损面积较小时，可采取以下方法进行处理。

1. 防磨瓦法

防磨瓦法就是将与受热面管子相配合的防磨瓦加装在管子磨损的地方，用防磨瓦代替管子的磨损，以达到延长管子使用寿命的目的。防磨瓦法适用于管子普遍磨损但磨损量较小的部位。使用防磨瓦法应注意，防磨瓦的尺寸应符合要求，加装时应将防磨瓦与管子靠严，并且加装要牢固，无松动现象。防磨瓦一定要加正，不允许出现偏斜现象，以防加剧管子的磨损。防磨瓦法也可用于吹灰孔附近的管子，防止管子被吹灰器吹蚀。

2. 补焊法

在受热面管子发生局部磨损，且磨损比较严重但磨损面积不大时，可采用对磨损处进行补焊的方法处理。可采用火焊、电弧焊或氩弧焊进行修补加强，补焊完后用角向磨光机将补焊部位打磨圆滑、光亮。这种方法可以在不换管的情况下，延长受热面管子的使用寿命。

3. 喷涂法

喷涂法就是利用喷涂技术在受热面管子易于磨损的部位喷涂一层耐磨涂料，来提高管子抗磨能力的一种方法。该方法适用于烟气温度较低的尾部垂直烟道的受热面，对于未磨损或磨损较轻的管子使用喷涂法效果较好。

六、锅炉承压部件裂纹的处理方法

锅炉承压部件裂纹主要发生在锅炉的扩容器、各受热面的集箱以及大口径管道上的焊口、弯头、三通等设备上，尤其是与受热面集箱相连接的受热面管子或管道的角焊口最容易产生裂纹。当锅炉承压部件的裂纹比较长且比较深时，应及时进行更换，彻底消除这一隐患。

当承压部件的裂纹比较浅时，可采取以下方法进行处理：

（1）打磨法。对于集箱及大口径厚壁管道出现的小裂纹，可用打磨法进行处理，即使用角向磨光机将裂纹磨掉，边缘光滑过渡，用着色法检验确定裂纹已被磨掉，否则继续打磨，直至将裂纹全部抹掉。根据磨去的深度，对照原始壁厚，进行强度校核，强度校核无问题后，对打磨处不做其他处理。

（2）挖补法。对于集箱及大口径厚壁管道出现较深的裂纹，或其他薄壁容器、管道以及小口径管子出现的裂纹，可采用挖补法进行处理。其具体方法是：先用钻头在裂纹两端钻出止裂孔，钻孔深度超过裂纹深度2～3mm，再用角向磨光机将裂纹磨去，用着色法检查确认裂纹全部磨掉后，用电焊进行补焊，最后用角向磨光机将补焊处磨光。如果补焊的是合金管件，则在焊前应进行预热，焊后应进行热处理。

七、锅炉受热面管子固定装置的检修方法

受热面管子固定装置有许多种，常见的有吊卡、管间卡、管夹、固定拉钩、支撑架等。受热面管子固定装置一般由耐热钢制造，其冷加工性能与焊接性能都比较差，所以当受热面管子固定装置出现缺陷时一般不易修复。如果管子定位装置变形很小或开裂，可用补焊的方法进行处理；如果变形严重，则只能采取更换的方法进行处理。这里介绍具有代表性的三种受热面管子固定装置的更换方法。

1. 顶棚吊卡的更换方法

光管式顶棚过热器管子以及立式对流受热面上部的弯头是用吊卡吊挂在顶棚过热器上方横梁上的。当吊卡烧损或更换弯头而将吊卡割开时，需要更换顶棚吊卡。其更换方法如下：

（1）炉膛内接好照明，搭设脚手架，确定吊卡损坏区域。

（2）拆除吊卡损坏处顶棚过热器上部的耐火层、保温层与密封层，露出损坏的吊卡。

（3）将吊卡损坏处管间的耐火材料清除干净，保持管子与吊卡清洁。

（4）用临时吊架将更换吊卡处的管子固定住，注意加装临时吊架的位置应躲开原吊卡的位置，防止加装新吊卡时出现困难。

（5）用电焊将损坏的吊卡割除，再次清理吊卡的管子，使两侧的管子能相对活动，便于新吊卡顺利穿入。

（6）将新吊卡穿入管子并挂在横梁挂钩上，合拢后用电焊焊牢，或直接将吊卡焊在横梁上。

（7）拆除临时加装的吊架，清理管子与吊卡。

（8）恢复顶棚过热器上部的耐火层、保温层及密封层。

（9）拆除炉内搭设的脚手架，撤去照明。

2. 立式受热面管间卡的更换方法

立式对流受热面管子之间一般采用管间固定卡固定，也有采用钢筋和扁钢板固定管子的，它们均采用耐热钢制造。在长期承受高温的运行中，管间卡会出现开焊变形甚至烧损等缺陷，如果开焊变形不严重，可用手锤将其打合后用电焊焊牢，必要时用氧气乙炔焰加热。如果开焊变形比较严重或烧损，则应将其更换，具体更换方法如下：

（1）接好照明，搭脚手架。

（2）清洗管间卡上部管子表面，使表面光洁、无焦渣。

（3）在旧管间卡上安装临时专用夹管工具。

（4）调整好管子节距，将临时专用夹管工具夹紧，防止管子间距发生变化，造成新管间卡安装困难。

（5）用电焊将旧管间卡割下。

（6）在原位置安装新管间卡，靠紧用电焊焊牢。

（7）拆下临时安装的专用夹管工具。

（8）拆除脚手架，撤去照明。

3. 过热器管间固定拉钩更换方法

现将原来的固定拉钩割下，再用角向磨光机将管磨光；校正变形的管子，用夹具固定，

安装固定拉钩，使之可靠挂合，用电焊将固定拉钩焊牢，最后对焊点进行热处理。

第三节　超(超)临界锅炉空气预热器检修

一、空气预热器的作用

空气预热器是利用排烟余热来加热空气的一种热交换设备。它在锅炉中所起的作用有以下几点：

（1）收回排烟气余热，降低排烟热损失。在现代热力发电厂中普遍利用汽轮机抽汽来预热给水，因此给水在进入省煤器之前就达到了相当高的温度（120～215℃）。在这种情况下，只利用省煤器来降低排烟温度就受到了一定的限制。因此，如再加装空气预热器，就可以再次降低排烟温度，减少排烟热损失。锅炉排烟温度每降低 50℃，锅炉效率可增高 2％～2.5％。同时，由于排烟温度的再次降低，也进一步改善了引风机的工作条件。但为了防止空气预热器有被腐蚀的可能，因此排烟温度也不可太低，通常不应低于 120℃。

（2）提高空气温度，改善燃烧条件。由于提高了空气温度，加速和改善了燃烧过程（尤其是在燃用湿燃料时），从而减少了机械和化学未完全燃烧损失，使燃烧效率提高。同时由于高温空气进入炉内，使燃烧较完全，就可以减少炉内的过剩空气量，因而降低了排烟热损失和通风设备的耗电量。这些都间接地提高了锅炉的热效率。

（3）采用了空气预热器之后，由于冷空气被加热，使炉膛温度升高，辐射传热增强，增加了锅炉的蒸发量。如果让蒸汽产量维持不变，则蒸发受热面可以相对地减少。

（4）供给制粉系统用来干燥燃煤和输送煤粉的热风。

二、超（超）临界锅炉空气预热器设备部件介绍

下面以某电厂 1000MW 机组的三分仓回转式空气预热器为例介绍空气预热器各设备部件及检修方法。

（一）转子

空气预热器转子采用模数仓格结构，每个仓格等分为 20°，为布置双密封结构，每个仓格又分隔为两个仓格，全部蓄热元件分装在 18 个模数仓格内，每个模数仓格利用一个定位销和一个固定销与中心筒相连接。由于采用这种结构，大大减少了工地的安装工作量，并减少了转子内焊接应力及热应力。中心筒上、下两端分别用 M64 和 M39 螺栓连接上轴与下轴，形成空气预热器的旋转主轴。相邻的模数仓格之间用螺栓互相连接，热段蓄热元件由模数仓格顶部装入，冷段蓄热元件由模数仓格外周上所开设的门孔装入。更换冷段蓄热元件用的拉钩，以备检修时使用。转子上、下端最大直径处所设的弧形 T 型钢（为旁路密封零件）与上端最大直径处的转子法兰平面均须利用空气预热器本身旋转和刀架来加工，其中转子法兰平面是热态下运行测量转子热变形的基准面。

（二）蓄热元件

热段蓄热元件由压制成特殊波形的钢板构成（其中高温段元件材质为低碳钢，中温段材质为考登钢），按模数仓格内各小仓格的形状和尺寸制成各种规格的组件。每一组件都是由一块具有垂直大波纹和扰动斜波的定位板，与另一块具有同样斜波的波纹板一块接一块地交

替层叠捆扎而成。钢板厚 0.6mm。

冷段采用低合金耐腐蚀钢蓄热元件，也按仓格形状制成各种规格的组件，每一组件都是由一块具有垂直大波纹的定位板与另一块平板交替层叠捆扎而成。

所有热段和冷段蓄热元件组件均用扁钢、角铁焊接包扎，结构牢固，并可颠倒放置。如果冷段蓄热元件下缘遭受腐蚀，则在检修时取出，清理后颠倒再重新放入转子内使用，直至深度腐蚀。当蓄热元件严重腐蚀并显著影响排烟温度或运行安全（如经常有被腐蚀的残片脱落）时，需将冷段蓄热元件更换。

（三）壳体

空气预热器壳体呈圆弧形，由 3 块主壳体板、2 块副壳体板、2 块侧壳体板、8 块圆弧板组成。主壳体板与下梁及上梁连接，通过主壳体板将空气预热器的部分设备重力荷载传递给下梁，并最终传递到支撑钢梁上。主壳体板内侧设有圆弧形的轴向密封装置，外侧有若干个调节点，可对轴向密封装置的位置进行调整。副壳体板上的四个膨胀支座可传递小部分空气预热器重量至支撑钢梁。副壳体板也是上、下连接烟道的一部分。驱动侧壳体板设有安装驱动装置的机座框架。检修侧壳体板是安装时吊装模数仓格的大门，吊装模数仓格时要将此处面板拆除，吊装完成后再复原。检修侧壳体板也是蓄热元件的检修门。梁和副壳体板的底面设有膨胀支座，以适应空气预热器壳体的径向膨胀。膨胀支座采用三层复合自润滑材料的平面摩擦副作为膨胀滑动面。此外，在每对膨胀支座的内侧还装有挡块，以限制预热器的水平位移，并作为径向膨胀的导向块。

（四）梁、扇形板及烟风道

上梁、下梁与主壳体板连接组成的框架是支承空气预热器转动件的主要结构。上梁和下梁分隔了烟气和空气，上部小梁和下部小梁又将空气分隔成一次风和二次风，分别形成烟气和一、二次风进、出口通道。上、下梁及上、下小梁都装有扇形板，扇形板与转子径向密封片之间形成了空气预热器的主要密封——径向密封。扇形板可作少量调整，其与梁之间有固定密封装置分别设在烟气侧和二次风侧。

下梁断面是双腹板梁结构，下梁中心放置推力轴承，支承全部转动重量。梁的两端与锅炉的支撑钢架相连。下梁中心部分设有加强的支承平面，供检修时放置千斤顶用，顶起转子，对推力轴承进行检修。下部小梁断面呈矩形空心梁，一端与下梁相连，另一端与主壳体板底部相连。每块冷端扇形板有 3 个支点，全部支承在下梁或下部小梁上。每个支架采用不同厚度的垫片组合，可对扇形板的位置略加调整，以适应密封的要求。下梁及下部小梁上装有导向杆，每块扇形板 2 只，可防止扇形板在烟风压差下的水平移动。下梁与中心筒下轴动、静配合处设有密封装置。下梁中心部分设有检修平台。

上梁断面呈船形结构，中心部位放置导向轴承。梁的两端坐落在主壳体板的顶端。上部小梁断面呈矩形空心梁，一端与上梁相连，另一端与主壳体板顶部相连。每块热端扇形板也有 3 个支点，内侧 1 个点，外侧 2 个点。内侧支点是一个滚柱，支承在中心密封筒上，而中心密封筒则吊挂在导向轴承的外圈上，可随主轴热膨胀上下移动，从而保证了热端扇形板内侧可"跟踪"转子的变形，避免径向密封片内侧的过度磨损。外侧两个支点通过吊杆与控制系统中的执行机构相连，运行时由该系统对热端扇形板进行程序控制，自动适应转子"蘑菇状"变形。上梁及上部小梁也装有防止扇形板水平移动的导向杆,每块扇形板2只。上梁与中心筒上轴动、静配合处设有空气密封装置。空气密封装置的密封空气引自一次风机的出口,维持密封装置中的空气压力高于空气预热器出口的空气压力。

上、下部烟道及风道上分别设有人孔门;下部烟风道内还设有供检修行走的调节平台。

(五)密封系统

空气预热器采用先进的径向—轴向、径向—旁路双密封系统。所谓双密封系统,就是每块扇形板在转子转动的任何时候至少有两块径向和轴向密封片与相应的密封部件相配合,形成两道密封。这样就可以使密封处的压差减小1/2,从而降低漏风。根据理论计算及实践经验表明,直接漏风可下降30%左右,这是目前国内外采用的成熟技术。

径向密封片厚1.5mm,用耐腐蚀钢板制成,沿长度方向分成两段,用螺栓连接在模数仓格的径向隔板上。由于密封片上的螺栓孔为腰形孔,因此径向密封片的高低位置可以适当调整。

轴向密封片也由1.5mm厚的耐腐蚀钢板制成,也用螺栓连接在模数仓格的径向隔板上,沿转子的径向可以调整。

径向密封片与扇形板构成径向密封;轴向密封片与轴向密封装置构成轴向密封。所有这些密封结构联合形成了一个连续封闭的密封系统。

此外,在转子外圈上、下两端还设有一圈旁路密封装置,防止烟气或空气在转子与壳体之间"短路",同时它作为轴向密封的第一道防线,也起到了一定的密封作用。旁路密封片为1.2mm厚的耐腐蚀钢板,与转子外周的"T"形钢圈构成旁路密封,在扇形板处断开,断开处另设旁路密封件,与旁路密封装置相接成一整圈。

(六)导向与推力轴承

导向轴承采用双列向心球面滚子轴承SKF21392CAK/W33,内圈固定在上轴套上,外圈固定在导向轴承座上,随着空气预热器主轴的热膨胀,导向轴承座可在导向轴承外壳内做轴向移动。导向轴承配有空气密封座,可接入密封空气对导向轴承进行密封和冷却。轴承外壳支承在上梁中心部分,轴承采用油浴润滑,润滑油牌号为ISO VG460,容量约为100L(单台预热器)。导向轴承座通过四个吊杆螺栓与中心密封筒相连,使其与轴承座同时随主轴膨胀而移动。导向轴承上留有装吸油及供油管的位置,并设有放油管、油位计以及热电阻的接口。

推力轴承采用推力向心球面滚子轴承SKF294/1000EF,内圈通过轴承法兰(94YR62-3)与下轴固定,外圈坐落在推力轴承座(94YR62-5-0)上,推力轴承座通过上、下垫板支撑在下梁底板上。轴承采用油浴润滑,润滑油不循环,润滑油牌号为ISO VG1500,容量为600L(单台空气预热器)。推力轴承座上设有进油口、放油口、通气孔、油位计以及热电阻的接口。

(七)导向轴承的润滑系统

导向轴承采用DGXYZ-36D型稀油站装置。推力轴承不采用油站,但轴承油池中装有热电阻,向DCS系统提供轴承油温信号。导向轴承稀油站置于上梁外侧,进油管与导向轴承吸油管相连,出油管与导向轴承注油管相连,组成一半封闭油循环系统。稀油站的控制由

DCS 系统完成。冷却水为一般工业用水，压力 p 为 $0.3\sim0.6$MPa。正常情况下冷却水耗量约为 400kg/min。油泵启动温度为 55℃，停泵温度为 45℃，超温报警温度为 70℃。

三、超（超）临界锅炉空气预热器检修方法

（一）清灰

用压缩空气清扫壳体表面、转子表面及扇形板处积灰，要求各部件表面无积灰，蓄热元件无堵灰。

（二）各部间隙测量方法

（1）测量上部径向间隙：调整上部扇形板至基准位置，气动盘车对密封片编号，使 18 格密封片逐一通过一块扇形板，并测量 A、B、C、D、E、F、G、H 点间隙，做好记录。要求测量准确，记录清楚，用油漆编号。

（2）测量下部径向间隙：气动盘车对密封片编号，并测量 J、K 点每块扇形板与每条密封片的距离，并做记录。

（3）测量轴向间隙：对密封片编号，气动盘车测量每块轴向密封板两侧 N、P 点与各密封片的距离，并做记录。

（三）各部间隙调整方法

1. 热端径向密封间隙调整方法

（1）调整热端扇形板外端水平。要求扇形板吊挂牢靠，两边水平，偏差不大于 0.5mm。

（2）根据测量数据对密封片逐一调整，变形严重者更换，使各处间隙值与要求一致。各点间隙位置及数据见图 2-4。

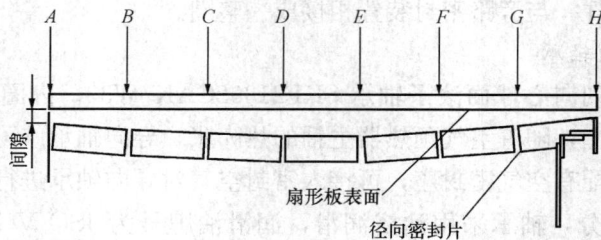

A	B	C	D	E	F	G	H
1.0	4.0	5.5	6.0	5.5	4.5	3.0	1.0

图 2-4　热端径向密封间隙位置及数据（单位：mm）

（3）配合热工调节扇形板。

（4）检查扇形板密封，漏风处焊补。

2. 冷端径向密封间隙调整方法

（1）调整冷端扇形板水平。扇形板定位销牢固，两边水平，偏差不大于 0.5mm。

（2）调整密封片使各密封片两侧到扇形板距离符合要求，其中内侧 J 点为 0 mm，外侧 K 点为 55.0mm。

（3）检查扇形板密封，漏风处焊补。

3. 轴向、旁路密封间隙调整方法

(1) 调整轴向密封片，变形严重者更换。

(2) 调整轴向密封板，使两侧与密封间隙达到标准，其中上端 N 点为 18.0mm，下端 P 点为 9.0mm。

(3) 轴向调整螺栓、锁紧螺栓检查紧固，消除检修孔漏风。

(4) 检查调整旁路密封片，变形严重者更换，其中热端间隙 M 点为 9.0mm，冷端 Q 点为 2.0mm。

图 2-5 为冷端径向、轴向、旁路密封间隙位置及数据。

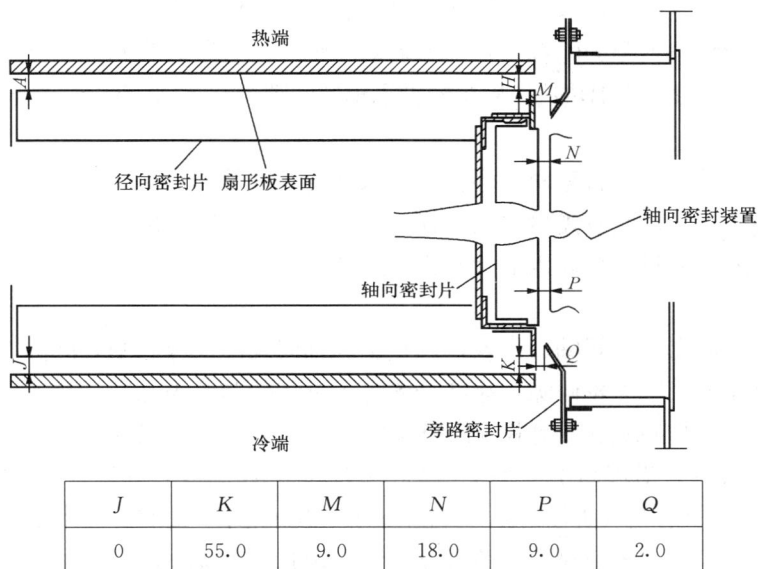

J	K	M	N	P	Q
0	55.0	9.0	18.0	9.0	2.0

图 2-5　冷端径向、轴向、旁路密封间隙位置及数据（单位：mm）

（四）变速箱解体检修

1. 解体

(1) 测量联轴器数据并记录，拆联轴器。要求测量准确，记录清楚。

(2) 拆除主电动机（气动马达），并拆下转向器，检查转向器有无渗漏油现象，是否工作正常，有无卡涩。

(3) 拆下下部斜门，将斜门上积灰清理干净。

(4) 测量大齿轮各部数据。要求大齿轮齿根与围带啮合间隙不小于 25/32in，大齿轮下端面与围带下法兰大于 1/2in 大齿轮。

(5) 退下大齿轮。

(6) 拆卸各轴承润滑油管接头，并封口。

(7) 拆开箱体各轴承压盖，测量原始数据并记录。

(8) 测伞形齿轮水平度及齿隙。

(9) 吊出各轴、齿轮、轴承，放于指定位置。

2. 清洗检修

（1）用煤油清洗箱底内部。

（2）清洗拆下的齿轮、轴承。

（3）用刮刀、细砂布清理箱体和端盖等各接合面。

（4）检查各部件有无损坏，箱体有无裂纹，齿轮有无毛刺。要求内部各部件清洗干净，无任何污物。

3. 各部件修复

（1）更换损坏的部件。各结合面无裂纹、麻坑及划痕，否则用油石修磨。

（2）检查轴承变色脱皮，保持架损坏明显，有擦痕时应更换。

（3）检查各轴承与轴颈的配合。各轴承内套与轴颈配合紧力为 0.02～0.05mm。

（4）更换各轴承时可用加热法。输出轴轴承轴向间隙为 0.3～0.6mm，径向间隙为 0.05～0.1mm。

（5）更换输出轴油封及石墨密封环。新装入油封及弹簧完整。

（6）修磨各齿轮。齿轮应光滑、无磨损，对磨损超过 1/4 者应更换。

（7）更换输入轴油封。新装入油封及弹簧完整。

4. 装复

（1）装输入、输出及中间轴、齿轮，调整轴承轴向间隙及齿轮啮合间隙符合要求。

（2）用千分表测量锥齿轮侧隙，涂红丹粉检查锥齿轮与伞齿轮啮合情况，并调整。锥齿轮侧隙为 0.26mm。齿轮接触斑点沿齿长和齿高不得小于 50%，且靠近小端圆柱齿接触斑点沿齿长不应小于 20%，沿齿高不应小于 40%。结合面涂密封胶，并用定位销定位。

（3）用压铅法检查各轴承轴向间隙，并配制垫子，做好记录。轴承轴向间隙为 0.35～0.50mm。

（4）装复轴承压盖，装油封。压盖螺栓均匀，油封完整无损。

（5）恢复各轴承润滑油管，紧固合适，不出现渗漏油现象。

（6）大齿轮、轴套装复。大齿轮水平度（2/1000）比围带下端水平度大 1/2in，齿轮齿损比围带销啮合间隙大 25/32in。

（7）变速箱加油（ISO VG320）。油质须经化验合格。

（8）装复转向器，并检查转向器是否缺油，油位低于规定值的须进行加油。

（9）电动机、气动马达找正。联轴器靠背轮圆距、面距不大于±0.05mm。

（10）装复联轴器及其缓冲胶垫。

（11）检查箱体润滑油泵运转正常，无异声和漏油现象。

（五）空气预热器上部烟侧支撑检修

（1）在烟道内搭设牢固的脚手架。

（2）在各支管上加装防磨瓦。防磨瓦焊接在支撑上，焊缝≥50mm/m。

（六）空气预热器上轴承润滑系统检修

（1）将轴承室、油管道存油放净。

（2）拆去上轴承罩，用水平仪测量轴的垂直度，做记录；测量轴承座、法兰与壳体相对位置，并做记录。罩壳位置做标记，记录水平度不大于 1/1000。

（3）导向轴承检查，要求轴承滚子的所有旋转面不得有刮痕、裂纹、碎屑等现象。

（4）润滑油系统检修。消除管道漏油、漏水。

（5）清洗轴承室、油管道、冷油器滤油器。

（6）油循环系统检修。拆除活节，消除漏油。

（7）油过滤器滤芯更换。

（8）油泵检查、更换。

（9）加注 ISO VG460 油约 100L 至正常油位，油须化验合格。

（七）空气预热器下轴承及润滑油系统检修

（1）将轴承室及管道内的存油放净。

（2）拆除下轴承端盖，检查轴承滚子的所有旋转面不得有刮痕、裂纹、碎屑等现象。

（3）测量轴的垂直度和轴承座的水平度。水平度≤0.5/1000。

（4）加 ISO VG1500 油 600L 至正常位置。

（八）转子椭圆度测量

用磁性表座将千分表固定在外壳上，气动盘车，使围带销依次通过千分表，记录每个数值，最大值与最小值之差即为转子椭圆度。椭圆度≤3mm。

（九）转子轴向跳动测量

用千分表测量转子法兰 T 型钢，每仓格测一中心点，跳动度≤0.4/1m。

（十）冷端蓄热元件检修、更换及加固支撑

（1）清灰后，详细检查蓄热元件的堵灰与腐蚀情况，以及磨损情况，做记录。

（2）用专用挂钩从检修门进行冷端蓄热元件更换。

（3）在冷端蓄热元件全部取出后，对下部支撑磨损严重的部位进行焊补加固。

（十一）扇形板提升装置检修

（1）拆下驱动电动机地脚螺栓，将电动机卸下。

（2）拆下离合器，检查内部部件有无损坏。

（3）卸开联轴器，检查联轴器有无损坏现象。

（4）蜗轮箱解体检修，拆蜗轮箱端盖、主轴。

（5）清洗、检查、测量主轴及蜗轮。要求主轴外观无毛刺、裂纹等缺陷。

（6）清洗蜗轮箱内蜗杆及两端轴承，测量、记录并进行仔细检查。蜗杆弯曲≤0.15mm，轴承转动灵活、无异常。蜗杆轴承外圈与轴向调整盖间隙为 0.10～0.15mm。

（7）检查蜗轮、蜗杆无磨损及轮齿断裂现象，蜗轮、蜗杆轮齿啮合良好，轮齿磨损超过原厚度的 1/3 时应更换新备品。

（8）装复蜗轮箱，并调整蜗杆轴向间隙。蜗轮、蜗杆啮合接触面积≥70%，齿顶间隙为1.25～1.5mm，齿侧间隙为 0.5～1mm。各部件组装后转动灵活，无摩擦、振动异声。

（9）在蜗轮箱内加装红钼超润滑脂。主轴轴封及蜗轮箱油封密封良好，端面结合面涂抹密封胶。

（10）装复主轴齿型联轴器，要求联轴器找正符合标准。

（11）装复超越离合器，吊装电动机。

（12）装复后试转各部件转动灵活，无异声、卡涩等异常缺陷。

（十二）冲洗灭火装置检修

（1）检查各管道应无堵塞，阀门开关灵活，无泄漏现象。

（2）检查各管道喷嘴有无堵塞现象，对堵塞的喷嘴予以疏通。

（3）检查、测量、冲洗管道，对磨损超过规定厚度的予以更换。

（十三）人孔门密封及现场清扫

要求人孔门密封完好，无漏风、漏热现象，现场整洁。

（十四）常用备品配件（见表2-14）

表 2-14 　　　　　　常 用 备 品 配 件

序号	名　称	规　格	材　质	单　位	数　量
1	润滑油	ISO VG1500		L	1200
2	润滑油	ISO VG460		L	200
3	润滑油	ISO VG320		L	200
4	径向密封片			组	2
5	轴向密封片			组	2
6	旁路密封片			块	10
7	密封片固定螺栓			只	50
8	密封片固定螺母			只	50
9	输入轴油封			只	2
10	输出轴油封			只	2
11	轴承压盖密封胶			盒	2

（十五）消耗材料（见表2-15）

（十六）检修工器具（见表2-16）

表 2-15 　消 耗 材 料

序号	名　称	规　格	单　位	数　量
1	塑料布		kg	20
2	破布		kg	10
3	松锈剂		瓶	6
4	电焊线		m	100
5	氧气		瓶	4
6	乙炔		瓶	2
7	防尘口罩		只	10
8	平光眼镜		只	5
9	气焊眼镜		只	2
10	焊条	J422 ϕ3.2	kg	2
11	焊条	J422 ϕ2.5	kg	2
12	碘钨灯管	1000W	只	10
13	胶皮	2mm	kg	50

表 2-16 　检 修 工 器 具

序号	名　称	规　格	单　位	数　量
1	角向磨光机	ϕ100 220V	只	2
2	氧气表		只	1
3	乙炔表		只	1
4	氧气乙炔带		套	1
5	活络扳手	12in	把	1
6	撬棍		把	2
7	手锤		把	2
8	扁铲		把	2
9	焊机		台	1
10	倒链（1t）		台	2
11	倒链（2t）		台	2
12	螺丝刀		把	2
13	大锤		把	2

第四节　超(超)临界锅炉压力容器检修

超（超）临界锅炉压力容器包括很多，本节主要介绍扩容器、直流锅炉启动分离器、汽—汽热交换器等锅炉压力容器检修。

一、锅炉扩容器检修

锅炉扩容器是由钢板卷制而成的圆筒形压力容器，其主要作用是将锅炉派出的高温高压汽水送入扩容器内扩容降压、降温，并将这部分汽水进行回收利用。锅炉扩容器按其用途可分为定期排污扩容器、连续排污扩容器、疏水扩容器等。

（一）定期排污扩容器的检修

锅炉排污分为两种，即定期排污和连续排污。定期排污扩容器也称定期排污膨胀器。定期排污扩容器是将锅炉定期排污水或压力比定期排污扩容器更高的排出的废热水，经过减压、扩容分离出二次蒸汽和废热水。二次蒸汽排入大气或作为热源利用，废热水一般经排污降温池排入下水系统。定期排污扩容器结构简单，其筒身上部安放一通向大气的排气管，下部安放一通向地沟的排水管，筒身一般不安放压力表和安全阀。

1. 定期排污扩容器的检修方法

（1）入孔门搭设脚手架，开启入孔门，通风冷却。

（2）入孔门密封结合面、入孔门及螺栓检查。

（3）筒身内壁及内部其他部位锈垢与腐蚀检查。

（4）筒身内壁及内部其他部位焊口着色或超声检查。

（5）扩容器内部各管口检查、疏通。

（6）扩容器内部防磨板、裙板检查，如有损坏，应进行更换。

（7）扩容器排大气管及其支架检查。

（8）扩容器筒身支座检查。

（9）对上述检查发现的缺陷逐一进行处理。

（10）确认内部缺陷处理完且无杂物后，封闭入孔门，拆除脚手架。

2. 定期排污扩容器的检修注意事项

（1）必须确认与定期排污扩容器相连的运行系统已经隔绝，并已加锁。

（2）容器内有人工作时，容器外必须设专人监护。

（3）使用行灯电压不得超过 12V，行灯变压器必须设置在容器外。

（4）使用电火焊时，应加强通风。

（5）使用电动工具或电弧焊时，容器外应设立刀闸，必要时可立即切断电源。

（6）进入容器内工作前，必须用胶皮将下部放水管口盖住，防止杂物落入管中。

（7）封闭入孔门前，必须检查内部情况，确认无异常后方可封闭。

（二）连续排污扩容器的检修

连续排污扩容器也称连续排污膨胀器，是与锅炉的连续排污口连接的，用于将锅炉的连续排污减压扩容，排污水在连续排污膨胀器内绝热膨胀分离为二次蒸汽和废热水，并在膨胀器内经扩容、降压、热量交换，然后排放。二次蒸汽由专门的管道引出，废热水通过浮球液位阀或溢流调节阀自动排走，热能可以得到回收再利用。连续排污量随锅炉给水负荷变化自动调节，保持相对稳定的排污率。因此，将二次蒸汽和废热水作为热源加以利用，可以回收部分锅炉连续排污损失的热量，提高锅炉效率。

由于连续排污扩容器是一个蓄热体，因此连续排污扩容器较定期排污扩容器结构复杂，在其筒身上不但有向上的排气管、向下的放水管，而且还有压力表、安全阀等设备。连续排污扩容器送出的热量主要供给生产现场的需要，如检修和运行班组的浴池、北方地区锅炉与汽轮机厂房的暖气等。

连续排污扩容器的检修方法如下：

（1）在连续排污扩容器周围搭设脚手架，拆除筒身的保温，露出金属表面。

（2）用着色法或超声波法检查筒身的纵向及横向焊口。

（3）检查筒身上部的法兰密封情况，如果密封面有问题，则应解体重新密封。

（4）检查筒身所有管子的角焊口。

（5）检查连续排污扩容器的安全阀，必要时进行解体检修。

（6）压力表检查、校对。

（7）连续排污扩容器筒身的支座检查。

（8）对上述检查发现的问题逐一进行处理。

（9）恢复连续排污扩容器的保温。

（10）连续排污扩容器投入运行后，对安全阀进行校验工作。

（11）拆除脚手架。

（三）疏水扩容器的检修

疏水扩容器主要是用来接纳来自停止运行后锅炉的过热器、再热器以及大口径蒸汽管道的输水，疏水扩容器将这些疏水收集后，集中送到锅炉除盐水箱中，达到回收输水的目的。

疏水扩容器的检修方法与定期排污扩容器的检修方法类似。

二、直流锅炉启动分离器检修

直流锅炉启动分离器是直流锅炉启动过程中进行汽水分离，并保护锅炉的过热器、再热器等设备安全的圆筒形设备。

（一）检查项目

1. 启动分离器内部主要检查项目

（1）用观察法和放大镜法检查启动分离器入孔门密封结合面以及入孔门情况。

（2）通知化学部门检查启动分离器内部的结垢与腐蚀情况。

（3）用着色法检查启动分离器筒身内壁纵向及横向焊口情况。

（4）用观察法和放大镜法检查启动分离器内部其他各处焊口情况。

（5）用观察法检查启动分离器内部各管口、管子及其固定装置情况，必要时进行疏通或加固。

（6）用观察法检查启动分离器内部的旋风分离器以及顶帽的固定情况，必要时重新进行加固。

（7）用观察法检查启动分离器内部的清洗孔板、波形干燥器及其固定装置。

（8）用观察法和放大镜法检查启动分离器内部下降管口的焊口及隔栅情况。

（9）用观察法检查启动分离器内部的排污及加热装置等。

2. 启动分离器外部检查项目

（1）用观察法检查启动分离器入孔门密封螺栓及其支架。

（2）用观察法检查启动分离器支座或启动分离器悬吊装置。

（3）用观察法检查启动分离器膨胀情况及膨胀指示装置。

（4）用观察法、放大镜法和着色法或超声波法检查启动分离器外部连接的各种管道的焊口情况。

（5）用观察法检查启动分离器和与其相连接的各种管道的保温情况。

（6）用观察法检查启动分离器的水位计、压力表计、温度测点等。

（7）用观察法检查启动分离器上的管道、阀门等设备的支吊装置等。

（8）将透明胶管内注水，利用连通器的原理检查启动分离器的水平情况。

（二）检修方法

启动分离器的检修方法如下：

（1）开启动分离器入孔门，检查启动分离器。

（2）将波形干燥器内旋风分离器标号，拆除，移出厂房外进行清扫。

（3）将波形干燥器内波形干燥器标号，拆除，移出厂房外进行清扫。

（4）检查旋风分离器底座是否有开焊变形情况，如果有，应进行补焊、校正处理。

（5）检查波形干燥器固定架是否有开焊变形情况，如果有，应进行补焊、校正处理。

（6）检查旋风分离器筒身、顶帽是否有开焊变形情况，如果有，应进行补焊、校正处理。

（7）检查波形干燥器是否有开焊变形情况，如果有，应进行补焊、校正处理。

（8）按后拆先装的顺序，将波形干燥器进行回装。回装时，从开始装时就应将波形干燥器各连接螺栓拧紧，防止最后一个波形干燥器安装时出现困难。用扁铲将螺栓的丝扣剔坏，或用氩弧焊将螺栓丝扣点死，防止螺栓松动、脱落。

（9）按顺序对旋风分离器进行回装，拧紧螺栓，并用扁铲将螺栓的丝扣剔坏，或用氩弧焊将螺栓丝扣点死，防止螺栓松动、脱落。

（10）按顺序回装集水箱，清洗孔板等设备。

（11）清理波形干燥器内部，将工具及剩余的螺栓、螺母、垫片等清理干净。

（三）启动分离器检修的安全注意事项

（1）启动分离器检修工作开始前，必须隔绝所有与启动分离器有关的汽水系统，并将有关的汽水阀门关闭且加锁。

（2）当启动分离器温度降至40℃以下时，方可进入启动分离器内工作。

（3）进入启动分离器的工作人员必须穿专用衣服，衣服口袋中不允许有物品（如钥匙等）。

（4）进入启动分离器工作前，必须用专用的胶皮铺设在下降管管口处，防止东西落入下降管。

（5）进入启动分离器工作前，带入的工具、备件或材料应进行登记，并应使用工具袋、备件盒等，不允许将工具、备件随便乱放。

（6）启动分离器内工作照明电压不得高于 12V，行灯变压器必须装设在启动分离器外部。

（7）进入启动分离器工作应加强通风，保持启动分离器内氧气充足，尤其是启动分离器内进行点火焊作业时，更应加强通风。

（8）启动分离器内有人工作时，启动分离器外必须设专责监护人，并应随时与启动分离器内的工作人员进行联络。

（9）启动分离器内使用电弧焊时，启动分离器外应在电焊线上设立刀闸，必要时可立即切断电源。

（10）工作结束，离开启动分离器时，应用临时活动金属网将启动分离器入孔门封住，必要时可贴上封条，防止无关人员进入。

（11）封闭入孔门之前，必须详细检查启动分离器内是否有遗漏的工具、备件、材料等物品，只有确认启动分离器内无任何无关东西和人员后，方可封闭入孔门。

三、锅炉汽—汽热交换器的检修

锅炉汽—汽热交换器是利用过热蒸汽加热再热蒸汽的表面式热交换设备。汽—汽热交换器在现代锅炉中使用得不多，分为圆筒式和管式两种结构。

比较常见的是圆筒式汽—汽热交换器，过热蒸汽是从汽—汽热交换器筒身的管内通过，再热蒸汽是从汽—汽热交换器筒身的管间流动，在再热蒸汽的入口管处设有三通阀，用以调节再热蒸汽进入汽—汽热交换器的流量，从而达到调节再热蒸汽温度的目的。

圆筒式汽—汽热交换器的检修方法如下：

（1）在汽—汽热交换器周围搭设脚手架，拆除筒身保温。

（2）打开入孔门，检查入孔门密封结合面、入孔门和螺栓。

（3）检查汽—汽热交换器筒身内部结垢及腐蚀情况。

（4）检查汽—汽热交换器筒身的纵向及横向焊口情况。

（5）检查汽—汽热交换器筒身相连接的各种管子的角焊口。

（6）检查汽—汽热交换器筒身内部蛇形管情况。

（7）检查汽—汽热交换器筒身内部输水管。

（8）检查汽—汽热交换器过热器入口小集箱各部焊口。

（9）检查汽—汽热交换器再热器管道与三通阀。

（10）检查汽—汽热交换器筒身的支吊装置。

（11）对上述检查项目中发现的缺陷逐一进行处理。

（12）恢复并检查汽—汽热交换器筒身保温，拆除脚手架。

四、锅炉压力容器的定期检验

锅炉压力容器应根据其安全状况定期进行检验，一般随机组大小修合理安排。其检查项目前面已介绍过，除了对压力容器的内外部检查外，还应对压力容器进行耐压试验。

　　锅炉压力容器的耐压试验是指压力容器在停止运行时，有目的地对其进行超过高工作压力的水压试验。锅炉压力容器的耐压试验必须在其外部检查和内部检查合格后方可进行，耐压试验一般每 6 年进行一次。但如果出现下列情况之一时，必须安排做压力容器耐压试验：

　　（1）新安装压力容器。

　　（2）停止运行两年以上又重新投入运行。

　　（3）运行参数超过原设计标准。

　　（4）压力容器内部无法进行检验。

　　（5）压力容器筒身进行过较大的处理。

　　（6）使用部门对压力容器的安全性有怀疑。

　　对于扩容器、汽—汽热交换器等压力容器应根据其使用年限及安全状况，并结合锅炉大小修，酌情安排其耐压试验。

第五节　超(超)临界锅炉炉水循环泵检修

一、概述

　　炉水循环泵的主要作用是保证锅炉水循环，为大容量高参数锅炉确保良好的循环回路创造条件。它能够保证锅炉蒸发受热面内水循环的安全可靠，缩短机组的启动时间，减少热损失，提高锅炉低负荷工况的适应性，满足高峰负荷时调节的需要。比较有代表性的生产炉水循环泵厂家有西德的 KSB 泵公司、英国的海伍德—泰勒公司、日本三菱重工公司和美国 CE 公司属下的 CE-KSB 公司。

　　炉水循环泵的特点：各种高压炉水循环泵都是将泵的叶轮和电动机转子装在同一主轴上，置于相互连通的密封压力壳体内，泵与电动机结合成一整体，不同于通常泵与电动机之间的连接结构，没有轴封，这就从根本上消除了泵泄漏的可能性。炉水循环泵的基本结构是电动机轴端悬伸一只单个泵轮的主轴结构，电动机与壳体由主螺栓和法兰来连接，整个泵体和电动机以及附属的阀门等配件完全由锅炉下降管的管道支撑。

　　电动机的定子和转子用耐水的绝缘电缆作为绕组且浸沉在高压冷却水中，电动机运行时所产生的热量由高压冷却水带走，高压冷却水通过电动机轴承的间隙，既是润滑剂，又是轴承的冷却工质。泵体与电动机被隔离为两个腔室，中间虽有间隙，但不设密封装置，使压力可以贯通。但泵体内的炉水与电动机腔内的冷却水是两种不同的水质，两者不可混淆。由于电动机的绝缘材料是一种聚乙烯材料，不能承受高温，当温度超过 80℃时，绝缘性能就会明显恶化，因此围绕电动机四周的高压冷却水温度必须加以限制。由于绕组及轴承的间隙极小，因此冷却水中不得含有颗粒杂质。

　　推力轴承由推力瓦块、推力盘、止推座组成。推力盘用优质钢材制成，并作为电动机冷却水强制循环用的辅助叶轮，从冷却水中吸入高压冷却水，维持高压冷却水在电动机内自下而上流动，通过轴承、线圈等需要冷却的部件，然后进入冷却器，把从电动机内部吸收的热量传给低压冷却水。由于电动机的推力轴承和支撑轴承都是水润滑，而且润滑膜非常薄，因此无论泵是否运行，冷却水都不得中断。如果电动机停运，强制循环流动也随之停止，这时对于冷却器还要像平常那样通以低压冷却水，以便高压冷却水能继续循环，从而防止电动机过热。

为了使炉水循环泵电动机腔出口的冷却水温度不超过 60℃，就必须有一套可靠的冷却水系统，以消除由于电动机在运行时绕组的铜损和铁损发热、转动部件的摩擦生热，以及从高温泵壳侧传过来的热量而造成电动机升温的不安全影响。冷却水继而流经电动机的转子和定子绕组及轴承间隙，从电动机上端的出水口流出，经外置的高压冷却器冷却后可循环使用。

二、炉水循环泵结构

（一）LUVAC300-415/1 型单吸单出无轴封（日本三菱公司制造）

1. 设计规格和规范

（1）高压冷却器和冲洗水冷却器（见表 2-17）。

表 2-17　　　　　　　　　高压冷却器和冲洗水冷却器

项　目	单　位	高压冷却器		冲洗水冷却器	
		一次侧	二次侧	简体部分	管子部分
冷却面积	m²	11		7	
冷却水量	m³/h	5.8	7.26	1.1	2.16
入口温度	℃			37.5	176
出口温度	℃			63.9	41.5
设计温度	℃	250	100	50	200
设计压力	MPa	20.48	0.98	0.588	21.756
试验压力	MPa	30.72	1.47	0.882	32.634

（2）泵与电动机（见表 2-18）。

表 2-18　　　　　　　　　泵　与　电　动　机

	项　目	单　位	规　范
泵	形式		LUVAC300-415/1 型单吸单出
	制造厂		日本三菱
	容量	m³/h	2630
	总扬程	m	40
	所需吸入静压差	m	15
	工作介质		炉水
	工作温度	℃	355
	工作压力（吸入端）	MPa	18.82
	效率		80%
电动机	形式		LUV4/4D-0.5 三相鼠笼式转子可潜（湿式）电动机
	额定功率	kW	240
	额定转速	r/min	1475
	电源	V	380
	电流	A	494
	温度	℃	电动机跳闸温度 65℃，电动机报警温度 60℃以上
	效率	%	86

2. 炉水循环泵的主要结构

（1）泵壳体。泵壳体是承受高温、高压的部件之一。泵壳为一球体，这种球体的结构特点是壁厚较薄，相应热应力最小。但由于较大的球体内腔与泵叶轮流向不相吻合，因此壳体比较笨重。

（2）轴承。在电动机轴的上下端各装有一只支撑轴承，在轴的下端还装了一只推力轴承，而泵侧不装轴承。支撑轴承是用油润滑的滑动轴承，在接触轴侧喷涂一层硬质材料，泵在运行时的轴向推力及所有转动部分的重量均由油润滑的双向推力轴承承受。

（3）主螺栓。主螺栓是连接泵壳与电动机的重要部件。

（4）热屏。热屏的作用是使泵壳中的高温炉水与电动机腔内的冷却水隔开，并阻止热量的传递。

（5）电动机绝缘绕组。湿式电动机是炉水循环泵的动力，导线材料必须有足够的电阻值、良好的机械耐温性，以及充分的化学稳定性。

（6）炉水循环泵冷却系统。该系统用于满足炉水循环泵电动机腔内的水温不超过 60℃ 的要求，并起到轴承润滑作用。

（二）单吸双排式

1. 设计规格和规范

单吸双排式炉水设计规格和规范循环泵见表 2-19。

表 2-19　　　　　　　　　　　　单吸双排式炉水循环泵

项　目		单位	规　格	项　目		单位	规　格
炉水泵	形式		单吸双排	电动机	电压	V	6000
	容量	m³/h	2179		电流	A	28
	总扬程	m	31.1		温度	℃	434
	工作介质		炉水	隔热体所需冷却水量		m³/h	
	工作温度	℃	369	隔热体所需冷却压力		MPa	
	工作压力	MPa	19.8	电动机冷却水量		m³/h	1.25～4.11
电动机	形式		湿定子，鼠笼感应式	最大冲水温度		℃	54
	容量	kW	210	最压冷却器进口温度		℃	35～40
	转速	r/min	1450				

2. 炉水循环泵的主要结构

单吸双排与单吸单出两种泵的结构基本相同，只是泵壳的出口管结构不相同，单吸单出的出口管是径向布置，泵壳体内部与泵叶轮流向吻合紧密，结构比较紧凑。

三、炉水循环泵的检修

各种高压炉水循环泵的主要检修项目大同小异，但检修前最好仔细阅读制造商提供的维修指导手册或火力发电厂家提供的维修指导手册。

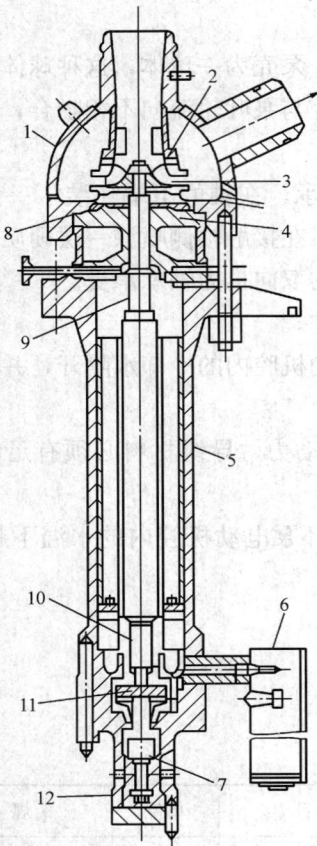

图 2-6　炉水循环泵剖面图

1—泵壳；2—扩压管；3—叶轮；4—热屏；5—电动机；
6—接线盒；7—磁性过滤器；8—中间板；9—上部径向
轴承；10—下部径向轴承；11—推力板；12—分离器

下面以某公司生产 LUVAC300-415/1 型炉水循环泵（见图 2-6）为例，介绍炉水循环泵的检修。

（一）检修项目

（1）炉水循环泵解体。

（2）泵体叶轮、入口管检查，磨损超标时更换。

（3）支撑轴承、推力轴承检查、测量，磨损超标时更换。

（4）转子检查，测量轴弯曲度。

（5）定子绕组检查绝缘。

（6）过滤器、冷却器、滤网解体检查，冲洗干净。

（7）出口阀解体检修。

（8）冷却水系统冲洗检修。

（二）检修工艺

1. 安全措施

（1）确认停炉泄压已完毕，泵壳温度降到 60℃ 以下，切断高压、低压冷却水系统，打开电动机下部的排阀，确认没有水。

（2）开出工作票，切断电源，挂上"禁止操作"牌，确认无误后，方可开工。

2. 准备工作

（1）炉水循环泵检修时的一般工具（见表 2-20）。

表 2-20　　　　　　　　　　炉水循环泵检修时一般工具

序号	工具名称	规　格	数量	用　途
1	手拉葫芦	10t	4台	拆装炉水循环泵
2	手拉葫芦	5t	1台	拆装炉水循环泵
3	手拉葫芦	1t	2台	拆装炉水循环泵
4	钢丝绳	3/4in×10m	4根	拆装炉水循环泵
5	钢丝绳	3/4in×6m	4根	拆装炉水循环泵
6	钢丝绳	3/4in×12m	4根	拆装炉水循环泵
7	钢丝绳	3/4in×4m	4根	拆装炉水循环泵
8	钢丝绳	3/4in×2m	4根	拆装炉水循环泵
9	大锤	18lb	2把	拆卸螺母
10	放热手套		2副	手拧螺母
11	彩色塑料	4m×8m	2张	铺盖炉水循环泵

序号	工具名称	规　　格	数量	用　　途
12	方枕木（V形槽）	200mm×200mm×200mm	6根	垫平炉水循环泵
13	气泵	VY－0.6/7	1台	拆装锁紧螺母
14	气动扳手	M36、M30	各1把	
15	内径千分尺	50～600mm	1套	测量
16	电阻加热器		1套	拆卸热屏
17	一般常用扳手		若干	
18	一般测量工具			
19	拖板车	支撑10t重物	1台	
20	测温仪	0～500℃	1件	
21	液压螺栓张紧器	HTT5550	1台	松紧螺母

（2）炉水循环泵检修专用工具（见表2-21）。

表2-21　　　　　　　　　　　　　炉水循环泵检修专用工具

序号	工具名称	数量	备　　注	序号	工具名称	数量	备　　注
1	螺栓加热器	16只	用于双头螺栓	15	起重螺栓	2只	用于止推轴承箱、电动机壳盖
2	开关箱	1只	用于双头螺栓	16	起顶螺栓	2只	用于试验盖
3	扳手	2把	用于双头螺栓	17	起顶螺栓	4只	用于热屏
4	泵壳盖	1只	保护泵体	18	打桩工具（A）	1个	用于锁紧套
5	试验盖	1只	用于电动机静水压力试验	19	打桩工具（B）	1个	用于锁紧套
6	双头螺栓	16只	用于电动机静水压力试验	20	打桩工具（C）	1个	用于锁紧套
7	六角螺母	32只	用于电动机静水压力试验	21	叶轮拆卸板	1只	用于叶轮拆卸
8	垫片	32只	用于电动机静水压力试验	22	轴塞	1只	用于叶轮拆卸
9	试验水压泵	1台	用于电动机静水压力试验	23	起重螺栓	1只	用于叶轮拆卸
10	吊环	12只	用于电动机壳盖、泵壳盖	24	内六角螺钉	2只	用于叶轮拆卸
11	吊环	2只	用于试验盖	25	内六角螺钉	2只	用于推力盘拆卸
12	吊环	12只	用于止推轴承箱	26	推力盘拆卸板	1只	用于推力盘拆卸
13	吊环	12只	用于端盖	27	轴塞	1只	用于推力盘拆卸
14	吊环	24只	用于端子盒盖	28	起顶螺栓	1只	用于推力盘拆卸

3. 拆卸

（1）在炉水循环泵底部（距离电动机最下面1m处）搭设一个平台，以便拆卸连接螺母和管路。

（2）将炉水循环泵体及其上方入口三通管路两侧拆除2m长的保温侧，以便吊装炉水循环泵时栓钢丝绳。

（3）把炉水循环泵及工作的地方吹扫干净，装上照明灯。

（4）由电气人员拆除端子盒内的电缆接头并做好标记，热工人员从电动机的法兰上拆除温度监测装置。

（5）用钢印在各部位法兰处打好记号，将高压冷却器、热屏的低压冷却水管和流量监控器一起拆下，再拆卸充水、排水法兰。

（6）拆除电动机与高压冷却器的连接装配管，管口用干净的布包好，拆下高压冷却器，运至宽敞平坦处，用枕木垫好水平放置。

（7）在炉水循环泵下法兰面圆周上均匀分布4点，用内径千分尺测出与上法兰的距离，并记录，以备在回装时检测之用。

（8）把炉水循环泵法兰连接螺栓露出的螺纹部分用钢丝或什锦锉清理干净；用钢印在螺母上打记号。

（9）在炉水循环泵入口正上方三通拆除保温层的部位，用两根 3/4in×10m 的钢丝绳分别挂一个 10t 手拉葫芦，用两根 3/4in×2m 钢丝绳将炉水循环泵吊住。

（10）再用 3/4in×10m、3/4in×2m 的两根钢丝绳，紧贴挂 10t 手拉葫芦，挂两个 10t 手拉葫芦，也将炉水循环泵吊住，用于二次起吊炉水循环泵，吊炉水循环泵的钢丝绳一定要与炉水循环泵法兰垂直。在炉水循环泵正下方地面做好安全围栏，并有专人负责。

（11）把 16 根专用加热棒塞入 16 个双头螺栓的孔内，利用螺栓塞拧紧加热棒。如果双头螺栓的数量不够，可用 8 个（至少 8 个）螺栓，每隔一个拧紧加热棒。把连接电缆的接地接触式插头插到接线盒里，连接接线盒的主电缆，接线盒最好每根加热棒都有各自的开关。

（12）在 16 个加热棒中，接通每隔一个加热棒的电源（即相间接通 8 个加热棒），加热 8 个螺栓。在加热过程中，螺栓的表面温度不得超过 300℃，用测量仪监测，加热过程的最长时间不得超过 1h。当温度达到 260～280℃时，戴上专用手套，用专用扳手拧紧螺母即可。

（13）断开加热棒电源，使螺栓温度下降到室温，接通余下的 8 个加热棒，在达到所需温度后，戴上手套用专用的扳手拧紧螺母。

（14）拆下螺栓加热装置后，卸下螺母，放好后以防丢失。拆除平台，从泵壳上脱开电动机，保持法兰平面平行，直到扩散器脱离泵壳为止。用手拉葫芦把炉水循环泵落送至地面，稳放到拖车上，送到检修间。将吊着的炉水循环泵体放下来时，务必小心，不要损坏端子盒。当热屏紧紧地卡在泵壳内时，可用三把焊炬在泵壳法兰的外周边均匀加热，此时低压冷却水应流过热屏的冷却通道。应先从泵壳座位上拉出热屏，而不是从电动机壳体座位上拉出。

4. 泵侧部件的拆卸检修和质量要求

（1）准备好叶轮螺母拆卸用板件、叶轮起重螺栓等专用工具、外卡千分尺、内径千分尺及一般量具。

（2）把炉水循环泵组件运到有龙门式起重机（10t）的清洁检修间。炉水循环泵横放时，用 V 形方枕木支撑，并将枕木垫平稳。

（3）在扩压器、入口环、热屏和中间隔板上做好记号，以便组装时安装在原来的位置。先弯曲锁紧垫圈，然后卸下螺母、螺栓，将扩压器和入口环一起拆下。

（4）用铜棒将叶轮螺母锁紧垫松开，用气动扳手松下紧固螺栓。用专用塞子塞进轴孔内，且用拆卸板安装在叶轮上拧起重螺栓，将叶轮从轴上拉出。

（5）卸下中间隔板、热屏和上部的滑动轴承，拆卸热屏式过热器过程中，如起重螺栓拆不下，可用电阻加热器把热屏加热，温度不允许超过 100℃，加热后即可拆下热屏。

（6）用砂布将叶轮、扩压器、入口环、热屏、中间隔板的水锈、垢及杂物消除干净。检查泵壳、扩压器、入口环的磨损情况，检查防磨圈的固定螺栓是否松动。如松动，适当紧固螺栓。防磨环间隙测量超过 2.2mm（直径间隙）时应更换，测量叶轮扩压器之间的间隙，如超过 3mm，应更换。

（7）检查叶轮叶片轮廓各部位磨损，有无明显汽蚀、裂纹等，测量叶轮主轴的配合情况。若过分松动，则加工镶配；如叶轮磨损超过厚度的 1/3 时，应更换。

（8）测定中间隔板的间隙，叶轮处允许值不大于 2.0mm（半径间隙），转轴处的允许值不大于 2.0mm（半径间隙），如超标，应更换。

5. 下部轴承及转子的拆卸检查和质量要求

（1）用钢印在止推轴承箱上的螺母、法兰上打上记号，用大锤加呆扳手或液压螺栓拉伸装置拆下螺母（拆卸时不要伤到电源箱）。利用止推轴承上的提升环，将底部的半个止推轴承一起拆下。

（2）拆开推力盘锁紧垫圈，用气动扳手松开紧固螺栓。把专用塞棒塞进推力盘孔内，装上拆卸压板，用起重螺栓将推力盘拉出来，将推力盘用干净的白布包好。

（3）拆下推力盘上部止推轴承的法兰内六角螺母，做好记号，将整个底部滑动轴承和推力盘的上部止推轴承一起拆下。

（4）用起重机和 1t 手拉葫芦从泵体中抽出转子，在抽转子的过程中注意不要损坏电动机绕组和线圈端头，转子抽出后放在专用的托架上。

（5）从下部止推轴承箱中拆下入口环及下部止推轴承，用干净的白布包好。

（6）进行法兰螺栓检查时，随意检查两个螺栓，进行金属探伤，检查有无裂纹，特别是螺栓和螺纹尾部区域。

（7）主轴检验。检查两轴套表面有无擦伤、裂痕现象，轴套与轴连接杆是否紧密，有无转动的情况，必要时进行修整。检查弹簧卡环是否损坏，如损坏，应进行更换。

（8）将轴颈套均匀分出 5 个断面，在每个断面两个相互垂直的直径处测量椭圆度（≤0.03mm）。在每个断面两个相互垂直的直径处分 4 个方向，用百分表测量断面的晃度，轴弯曲度为晃度的 1/2，轴的最大弯曲不得超过 0.1mm（全长）。

（9）测量转子的外径与定子之间的间隙，标准值为 2.55～2.73mm（直径间隙）。

（10）上下轴承检查。拆卸上下轴承的螺栓，取出上下轴承组件，清洗上下轴承座的轴瓦和轴颈套（煤油清洗），检查轴套表面是否光滑，有无裂痕、凹痕、毛刺、裂纹等现象，根据缺陷情况确定是否更换。测量轴套外径和轴承衬内径，计算出轴承的间隙，其值不允许超过 0.35mm，超标时应更换。更换新的间隙值为 0.17mm。

（11）推力轴承检查。用煤油或 SD-25 清洗剂清洗下部的轴承座、止推块、推力盘，检查扣环的磨损、紧固情况。检查上下止推块、对接销的磨损、裂纹及表面是否光滑等情况。止推块表面有轻微的划痕是允许的，但如有严重划痕，则该止推块必须更换。将更换的止推块在磁性台上研磨，保持与其他的止推块厚度一致。对接销如有磨损，则更换。测量组合后的轴承座及推力盘的厚度，计算出推力间隙值，如不符合标准，可以通过增减止推调整垫圈的厚度来调整，若超过 3mm，则更换上下止推块。

6. 分离器组件的拆卸、检修、清洗及质量要求

（1）用钢印在压盖螺母及法兰上打上记号，旋下螺母，卸下盖板，拆下内六角螺栓。将分离器插入件从止推轴承外壳抽出来，拆下过滤器的两个锁紧螺母，将细孔过滤器和磁棒一起拆下来。

（2）拆卸螺母。将旋风分离器和粗过滤网一起拆下来，用清洗剂将拆下的过滤网、磁棒清洗干净，检查过滤网、磁棒应完整、无破损，否则更换。分离器壳体内部用水冲洗干净。

（3）安装。按照拆卸相反顺序进行安装，将过滤器组件回装入止推壳体，用内六角螺栓固定；清洁法兰面，更换新的 O 形圈，对准相应记号，将法兰盖就位；将螺栓上的螺纹涂上一层铅粉或硅脂，装上螺母，用手拧紧；装上液压螺栓张紧装置，8 个螺栓对称，4 个一组，张紧压力等级分别为 40、80、120、160MPa。

7. 高压冷却器和冲水冷却器解体检修、冲洗、安装及质量要求

（1）用钢印在螺栓及法兰上打上记号，拆除高压冷却器上下两侧端盖的法兰，连接螺栓，并取下上下端盖。

（2）抽出冷却水管，冲洗干净，检查冷却水管焊接部位有无腐蚀及裂纹。如发现异常，送到金属检验部门进行着色检查，根据情况采取补救措施。

（3）对上下两侧端盖内部进行检查、清扫，法兰部位应平整，无凹痕、裂纹等缺陷，对壳侧内壁进行清洗，并涂上防锈涂料。

（4）按拆卸的相反顺序进行安装。对密封垫圈必须进行检查，如有损伤，则须更换。安装好后，必要时须对高压冷却器及冲洗水冷却器进行水压试验（高压侧试验压力为 32.63MPa，时间为 5min）。

8. 组装

（1）大修检查后，按拆卸时相反的顺序回装，安装时各零件要对上原来打印的记号，所有压力固定垫圈、O 形圈都要更换新的。

（2）按图纸装配螺栓锁紧装置，用二硫化钼涂抹双头螺栓、螺纹和垫圈。

（3）螺栓拧紧载荷，确保止推轴承箱的螺母拧到 11 个分刻度（紧固力为 4606N·m），过滤器法兰盖上的螺母拧到 3.5 个分刻度（紧固力为 8336N·m）。假如不能拧到上述刻度（力矩），则 O 形圈不能正常工作，容易发生漏水。

（4）组装完毕后，应该在叶轮侧主法兰上装上百分表（磁性），转动主轴测量同心度偏差，其允许值为＜0.1mm，并做好记录。

9. 电动机与泵壳体的装配（利用加热棒拧紧螺栓的方法）

（1）把组装、打压完毕的炉水循环泵放在拖车上，盖上塑料布，运到现场。在泵重新装配前，先用外径千分尺测量螺旋型垫圈的厚度，并做好记录，将垫圈槽及泵壳体法兰面清理干净。

（2）为了确定初始拧紧位置，在组装前，在泵壳体和泵体上下法兰圆周上等分出 4 点，

测量出图 2-7 所示部件间的尺寸 B、C、D、T，其中 T 为螺旋型垫圈的厚度。然后按式（2-1）计算出法兰之间的初始距离 A，即

$$A=C+T-(B+D) \quad (2-1)$$

（3）把螺栓型垫圈正确地装入垫圈槽内，泵体叶轮部分用塑料布盖好，同时确认泵壳上的配合完好无损。

（4）检查手拉葫芦、钢丝绳，确保没有问题后，方可起吊炉水循环泵。

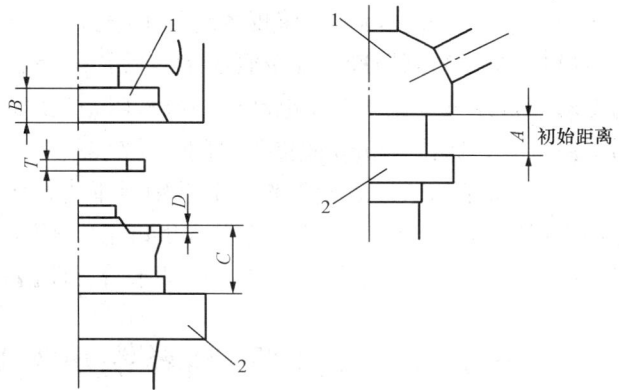

图 2-7　泵壳体和泵体上下法兰初始距离
1—泵壳体；2—泵体

（5）起吊炉水循环泵至管路泵壳附近，在原来的位置上搭设平台，撤去塑料布，用二硫化钼涂抹双头螺栓。双头螺栓穿过炉水循环泵法兰过程中，如碰到硬点，则要及时调整，不要强行穿螺栓。

（6）当炉水循环泵装到泵壳上时，首先均匀地拧上螺母，对准记号，并用专用的短扳手对称地（十字交叉）拧紧螺母（对称拧紧），同时测量上下法兰圆周上均匀分布 4 点的距离，作为锁紧螺母的依据。螺母紧到使螺旋型垫圈与泵壳的密封面齐平为止。

（7）用内径千分尺测初始距离，并确认测量的 A 值，在按式（2-1）计算的（$A\pm 0.1\text{mm}$）范围内。然后在每个螺母与炉水循环泵法兰之间做一个记号，作为热紧的初始位置。

（8）将 16 根加热棒塞入双头螺栓的孔中，利用螺纹塞拧紧加热棒，把连接电缆的接地接触式插头插到接线盒里，连接接线的主电缆。

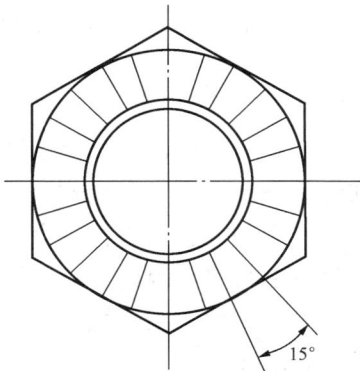

图 2-8　螺母分刻度

（9）接通每隔一个加热棒（对称）的电源（共 8 根），使 8 个双头螺栓升温，一开始对加热的 8 个螺母，只拧过 17 个分刻度即可。螺母分刻度见图 2-8。加热过程中螺栓表面湿度不得超过 300℃，加热过程不得超过 1h。

（10）断开加热棒电源，使螺栓温度降到室温，接通剩下 8 个双头螺栓中的加热棒电源。在达到所需温度后，拧过 35 个分刻度，拧紧螺母即可。

（11）断开上述 8 个加热棒电源，接通第一组 8 个加热棒电源，加热到 260～280℃，不允许超过 300℃，分别拧紧这些螺母，再拧过 18 个分刻度，总共达到 35 个分刻度。

（12）拆下螺栓加热装置，卸下连接炉水循环泵吊环的钢丝绳，装复高压冷却装置及管路。对密封钢圈和垫圈必须进行检查，如有损伤，应进行更换，各部法兰平面要清洗干净。

（13）由电气人员装复端子盒内电缆接头，热工人员装复温度监测装置，拆除手拉葫芦、

钢丝绳、平台、安全围栏，将现场清扫干净。

（14）泵足浴高压冷却器及管子组装后，确保法兰之间的垫圈位置正确，立即注入清洁的冷却水，并且要完全关闭电动机的放水门、汽水门、高压冷却器排水门。进行 30.72MPa 的水压试验，保持 30min 或更长时间，无泄漏。

（15）泵组的试运质量验收。上下轴承垂直、水平两个方向振动值小于 0.06mm；高压冷却水温度不高于 60℃，热屏冷却水出口温度不高于 45℃，高压冷却器低压冷却水出口温度不高于 41.5℃；泵组的上下法兰冷却水管无泄漏；运转中的泵组无异声。

第六节　超(超)临界锅炉燃烧器及点火装置检修

煤粉燃烧器是将一次风煤粉混合物及二次风送入炉膛进行燃烧的装置，是锅炉的主要部件之一，其结构和布置对于锅炉组织合理的燃烧具有重要的作用。燃烧器的结构和布置方式应保证良好的着火条件，应使一、二次风很好地混合，并使火焰充满整个炉膛，此外还应满足阻力小、调节灵活、制造安装方便等要求。煤粉燃烧器按其一、二次风的流向可分为直流式煤粉燃烧和旋流式煤粉燃烧两种。

煤粉炉的点火装置除了在锅炉启动时利用其点燃主燃烧器的煤粉气流外，在运行中当锅炉负荷过低或煤质变差引起燃烧不稳定时，还可利用点火装置维持燃烧稳定。

目前，世界能源资源日益紧张，传统的大油枪点火方式已不能适应日益紧张的石油资源供应形势，等离子点火技术的突破性进展以及微油点火技术的出现，使我国的电站节油技术又迈向了新阶段。在短短几年时间内，等离子点火技术和微油点火技术已成为现代大型机组锅炉点火和稳燃过程中的主流节油技术。

一、直流式煤粉燃烧

煤粉燃烧器的一次风和二次风都是直流运动的燃烧器，称为直流式煤粉燃烧。由于直流式煤粉燃烧器的一、二次风是直线运动，它们进行混合的效果要比旋流式煤粉燃烧器差得多，因此直流式煤粉燃烧一般布置在锅炉炉膛的四角，在燃烧器喷口中心形成一个或两个假想的切圆。

（一）直流式煤粉燃烧器的结构

常见直流式煤粉燃烧器的结构如图 2-9 所示。

直流式煤粉燃烧器一般布置在锅炉炉膛的四角，每一角沿纵向排列数个燃烧器。直流式煤粉燃烧器分为固定式和摆动式。为了适应锅炉不同负荷

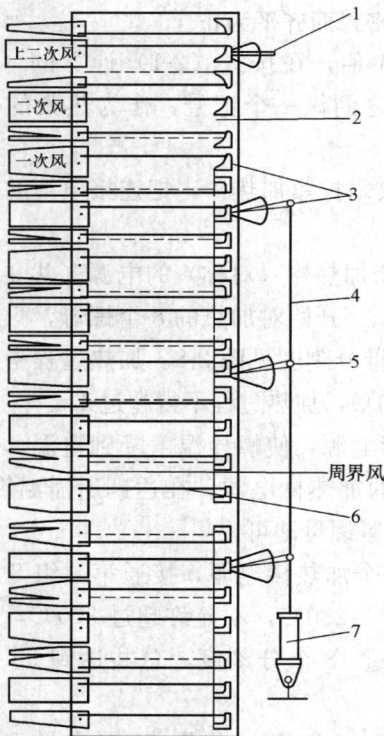

图 2-9　均等式配风直流式煤粉燃烧器结构
1—手动柄；2—传动连杆；3—曲轴；4—主动连杆；5—传动手柄；6—喷嘴连杆；7—汽缸推动器

变化的要求，现代大型锅炉直流式煤粉燃烧器大都采用摆动式。摆动式直流式煤粉燃烧器每一组所有的一次风喷口、二次风喷口以及油燃烧器喷口组成一个整体，由一个气动装置驱动，带动整组所有喷口上下摆动，达到调节炉膛火焰中心高度的目的。

可以看出，一、二次风是相间布置，并且每两个一次风之间布置两个二次风，二次风的数量远远超出一次风的数量，这样可以加强直流式煤粉燃烧一、二次风的混合效果，强化煤粉燃烧。有的直流式煤粉燃烧在最上层的一、二次风口上部布置有三次风，用于加强煤粉的燃烧。

摆动式直流式煤粉燃烧器的摆角一般为±30°。

固定式直流式煤粉燃烧器的喷口是固定的，不可调节，一般情况下喷口呈水平布置，少数也有呈向上一定角度的倾斜式喷口。

直流式煤粉燃烧器一、二次风的配风结构分为均等式配风结构和分级式配风结构。

1. 均等式配风直流式煤粉燃烧器结构

均等式配风直流式煤粉燃烧器结构如图2-9所示。这种结构的特点是：一、二次风喷口相间布置，两个一次风喷口之间均等布置一个或两个二次风喷口。这种布置有利于煤粉与空气的充分混合，对燃烧比较有利。采用均等式配风结构的直流式煤粉燃烧器适用于燃用褐煤及烟煤。

2. 分级式配风直流式煤粉燃烧器结构

分级式配风直流式煤粉燃烧器结构如图2-10所示。这种结构的特点是：将两个或三个一次风喷口集中布置在一起，在一次风喷口的上方布置二次风，二次风喷口一般分几层间隔布置，这样布置的目的是把二次风分级送入炉膛，使一次风与二次风混合得较晚，使煤粉着火推迟。待全部着火以后，再分批地送入二次风，使空气与着火燃烧的煤粉火炬强烈混合，促使煤粉的燃烧和燃尽。采用分级式配风结构的直流式煤粉燃烧器适用于燃用贫煤及无烟煤。

（二）直流式煤粉燃烧器的检查与检修方法

1. 检查项目

（1）一次风粉管弯头磨损及密封检查。

（2）一次风喷口磨损及烧损变形检查。

（3）一次风管磨损检查。

（4）一次风喷口摆动连接机构检查。

（5）二次风喷口烧损变形检查。

（6）二次风喷口摆动连接机构检查。

（7）二次风风道挡板开关及风道挡板驱动机构检查。

（8）三次风喷口烧损变形检查。

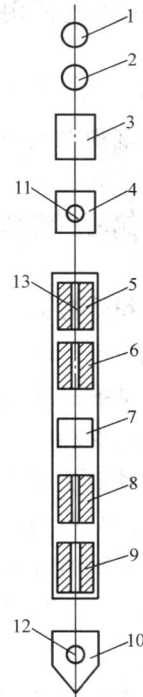

图2-10 分级式配风直流式煤粉燃烧结构

1—上三次风；2—下三次风；3—上上二次风；4—上下二次风；5、6、8、9—一次风；7—中二次风；10—下二次风；11、12—油燃烧器；13—夹心风

（9）三次风风道挡板开关及风道挡板驱动机构检查。

（10）二次风道、三次风道密封检查。

（11）一次风、二次风、三次风喷口平行度检查。

（12）燃烧器摆动机构各连杆、销轴、安全销以及气动装置检查。

（13）油燃烧器、点火装置及气动装置检查。

（14）燃烧器火焰检测冷却风、消防设施等设备检查。

（15）燃烧器整体吊挂装置检查。

（16）燃烧器整体保温检查。

2. 检修前的准备工作

（1）解列油燃烧器系统，关闭油燃烧器来油门、来汽门。

（2）解列消防系统，关闭燃烧器消防门。

（3）解列压缩空气系统，关闭燃烧器气动装置来气门。

（4）拆除燃烧器上的热工设备，关闭有关电源及气源。

（5）炉膛内部搭设好脚手架或移动升降平台。

（6）准备好检修所用的各种工器具，如大锤、手锤、撬棍、手拉葫芦、电动扳手、千斤顶、活扳手、钢丝绳扣、电焊机、电焊工具、气割工具等。

（7）准备好检修所用的消耗性材料，如螺栓松动剂、砂布、清洁用布、铁线、氧气、乙炔等。

3. 检修方法

（1）用气割割除燃烧器附近的围栏、护板、平台、消防管道、冷却风管道，铺设临时的围栏、平台等。

（2）用手拉葫芦将来粉管弯头吊住，松开来粉管弯头两端的夹扣螺栓，卸下夹扣，放在可靠位置。

（3）将来粉管弯头卸下，检查来粉管弯头的磨损情况，并对重点部位进行测厚，如果磨损严重，应该更换。

（4）用电动扳手或活扳手卸下燃烧器外护板螺母，拆下外护板，标上记号，放在一旁；拆除燃烧器处的保温棉被，放在一旁。

（5）用电动扳手或活扳手松开燃烧器内护板螺母，卸下内护板，标上记号，放在一旁。

（6）用手拉葫芦将一次风管吊住，用活扳手卸下一次风管下部支座螺栓。

（7）卸下一次风管喷口摆动拉杆销轴，用铁线将拉杆绑在一次风管上。

（8）用几个拉手葫芦同时作业，相互协调，将一次风管从燃烧器上抽出，注意不要碰到燃烧器其他部件。检查一次风管及其喷口，清理喷口处的焦渣。如果一次风管磨损严重或喷口烧损变形严重，应该进行更换；如果一次风管磨损不严重或喷口烧损不严重，则进行修补，将裂纹处开出坡口用电弧焊进行补焊处理。

（9）清理所有二次风、三次风喷口处的焦渣与积灰，检查二次风、三次风喷口的烧损情况。如果烧损情况不严重，则利用补焊法进行处理；如果烧损严重，应进行更换。更换方法：①拆除二次风（或三次风）护板；②用手拉葫芦将二次风（或三次风）喷口吊住，拆下二次风（或三次风）喷口上的摆动销轴及所有拉杆、连杆销轴；③将二次风（或三次风）喷口卸下；④换新二次风（或三次风）喷口，用手拉葫芦将其就位；⑤将喷口摆动销轴、拉杆销轴、连杆销轴装复；⑥卸下手拉葫芦。

（10）检查所有一次风、二次风、三次风喷口的拉杆，应无明细变形，调节螺栓调节灵活、无卡涩。如果拉杆严重变形或调节螺栓锈死，不可松动，则应进行更换；如果变形不严重，应进行校正；如果调节螺栓较紧不易调节，则可用螺栓松动剂或柴油浸泡使之松动。

（11）检查所有一次风、二次风、三次风喷口的传动轴套，应转动灵活，否则用千斤顶等工具将传动轴套拆下，清除轴套和传动轴上的锈垢，装复轴套使之转动灵活。

（12）检查所有一次风、二次风、三次风喷口的摆动销轴，如有移位，应将其复位，并在其端部焊一限位挡板，防止移位；检查所有一次风、二次风、三次风喷口的连杆，应无明显变形，否则拆下校正；检查所有一次风、二次风、三次风喷口的连杆销轴，应无明显变形、缺损现象，开口销完整、齐全，否则应进行更换。

（13）检查所有二次风、三次风风道挡板的开关情况及挡板驱动装置，挡板的实际开关状态应与外部的指示相符，否则进行校正，必要时可将挡板卸下检修后，再进行校正。

（14）检查燃烧器外部摆动的驱动装置及其拉杆、连杆、销轴、安全销等连接机构，应无明显变形、缺损现象，尤其是安全销更应重点检查其是否发生明显变形，如果发现有严重变形，应进行更换。

（15）确认所有一次风管及其喷口、二次风喷口及其风道、三次风喷口及其风道的缺陷全部消除后，进行一次风管的回装工作，按拆卸的相反顺序进行回装。

（16）回装一次风管，加装一次风管支座螺栓；加装一次风管喷口拉杆销轴；按原位置装复燃烧器内护板；装复二次风、三次风护板；安装保温棉被；按原位置装复燃烧器外护板。

（17）检查所有一次风、二次风、三次风喷口的平行度，并与外部的指示装置进行对照，如果有不平行现象，则应校正外部指示位置，并以外部指示为基准。调节各风喷口拉杆的调节螺栓，使它们相互平行，角度与外部指示相符合。

（18）回装来粉管弯头，套好密封胶圈，加好夹扣，将所有螺栓均匀紧固，保持各螺栓紧力均匀，使弯头连接严密不漏。

（19）拆除临时铺设的围栏、平台，恢复燃烧器附近的栏杆、护板、平台、消防管道、冷却管道等。

（20）清理现场，撤去起重工具；进行燃烧器摆角试验。

（三）直流煤粉燃烧器检修的注意事项

（1）燃烧器检修工作开工前，必须办理好工作票，将与燃烧器有关的电源、气源切断。

（2）在使用拉手葫芦、钢丝绳扣等起重工具前，应进行检查，不合格的起重工具严禁使用。

（3）在栓挂钢丝绳扣时，对吊点的选择应注意其强度，应优先选择强度比较高的锅炉钢架作为吊点。选用带有明显棱角的钢架作为吊点，必须在棱角处垫块厚胶皮，防止钢丝绳被卡坏。

（4）抽出或回装一次风管过程中，同时使用几个手拉葫芦，应由专人负责指挥，钢丝绳一定要捆紧锁住，防止钢丝绳脱口。倒换手拉葫芦时，应注意协调好，防止单个手拉葫芦受力时一次风管发生摆动而造成碰撞，甚至发生危险。

（5）作业人员登高作业时，必须系好安全带。

（6）新配件在安装前，必须进行检查测量，不合格的配件应进行修复或退回，防止安装时出现装配不上的现象。

（7）安装所有喷口摆动销轴、拉杆、连杆时，作业人员一定要配合好，防止挤伤作业人员的手指，尤其是更换二次风（或三次风）喷口或燃烧器气动装置连杆销轴以及安全销时，更应引起注意。

（8）检查处理二次风、三次风通道挡板时，必须将挡板驱动装置关闭。

（9）燃烧器摆角调试前，应明确气动装置是否正常，尤其是驱动气泵工作是否正常，防止燃烧器摆角达不到要求，而原因又一直查不清楚的情况发生。

二、旋流式煤粉燃烧器

锅炉燃烧器的二次风（或三次风）旋转进入炉膛与一次风混合进行燃烧，这样的煤粉燃烧称为旋流式煤粉燃烧器。旋流式煤粉燃烧器有多种形式，按二次风（或三次风）进入方式分，有蜗壳式和叶片式之分；按叶片形式分，又有固定式和可调式之分。旋流式煤粉燃烧器按一次风的进入形式分，有直流式和旋流式之分。

（一）叶片式旋流煤粉燃烧器

叶片式旋流煤粉燃烧器通过安装在二次风通道的旋流叶片，使二次风（或三次风）产生旋转，进入炉膛，与一次风混合进行燃烧。按其叶片形式可分为轴向可调叶轮式、径向叶片可调式、单层固定叶片式及双层固定叶片式四种。

径向叶片可调式旋流煤粉燃烧器的结构如图 2-11 所示。

从图中可以看出，径向叶片可调式旋流煤粉燃烧器的二次风是通过安装在二次风通道周围一圈的径向可调式叶片，来调节其旋流强度的。一次风管从这些叶片中间穿过，这些旋流

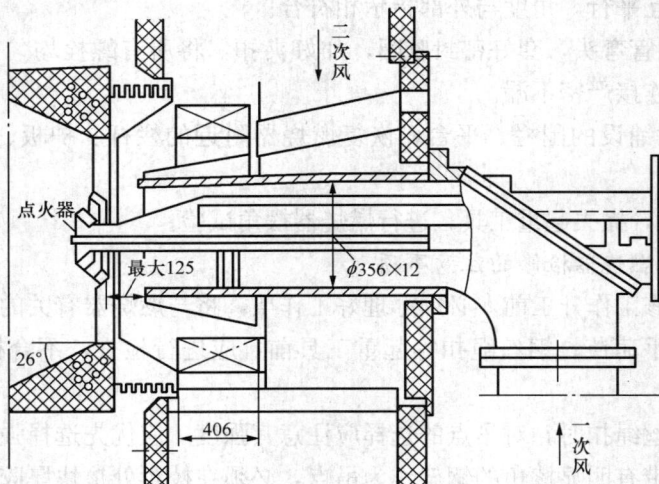

图 2-11　径向叶片可调式旋流煤粉燃烧器（单位：mm）

叶片通过二次风道外的调节机构进行调节。

单层固定叶片式旋流煤粉燃烧器的结构与轴向可调叶轮式旋流煤粉燃烧器的结构类似，不同之处在于，单层固定叶片式旋流煤粉燃烧器二次风旋流叶片是固定在二次风道上的，一般呈圆柱形，并且不可调节。

双层固定叶片式旋流煤粉燃烧器是在单层固定叶片式旋流煤粉燃烧器二次风旋流叶片外，再加一层旋流叶片，形成双层旋流叶片，里层称为二次风旋流叶片，外层称为三次风旋流叶片。为了安装方便，将这两层旋流叶片均制成圆锥形，呈契状套在一次风管上。

（二）旋流式煤粉燃烧器的检查与检修方法

1. 检查项目

（1）检查旋流式煤粉燃烧器的来粉管、一次风壳、一次风管的磨损情况，必要时对重点部位进行测厚。

（2）检查旋流式煤粉燃烧器一次风管喷口的磨损及烧损变形情况。

（3）检查旋流式煤粉燃烧器中心风管及其喷口的磨损及烧损变形情况。

（4）检查旋流式煤粉燃烧器的二次风蜗壳、二次风（或三次风）箱以及风道膨胀节的密封情况。

（5）检查旋流式煤粉燃烧器的二次风（或三次风）旋流叶片及其调节机构情况。

（6）检查旋流式煤粉燃烧器的二次风（或三次风）道挡板及其驱动机构情况。

（7）检查旋流式煤粉燃烧器所有的二次风蜗壳、二次风（或三次风）箱、二次风（或三次风）道的支吊装置情况。

（8）检查旋流式煤粉燃烧器的中心风管道及挡板情况。

（9）检查油燃烧器的油枪、点火装置、驱动装置等。

（10）检查旋流式煤粉燃烧器上方的三次风（或四次风）旋流叶片、喷口及其风道情况。

（11）检查旋流式煤粉燃烧器的消防管道、冷却风道等设施。

（12）检查旋流式煤粉燃烧器各处的保温情况。

2. 检修前的准备工作

同直流式煤粉燃烧器检修前的准备工作。

3. 检修方法

由于旋流式煤粉燃烧器种类繁多，因此检修方法也较多，这里选取具有代表性的双蜗壳式、轴向可调叶轮式、径向叶片可调式三种分别进行介绍。

（1）双蜗壳式旋流煤粉燃烧器的检修方法。

1）在炉膛内搭设牢固的脚手架，接好足够亮度的照明。

2）用气割割除燃烧器附近的围栏、护板、平台、消防管道、冷却风道，铺设临时围栏、平台等。

3）清除燃烧器所有喷口处的焦渣与积灰，拆除燃烧器的所有外部保温。

4）拧下中心风箱、中心管法兰螺栓，拆除中心风箱，抽出中心风箱管。检查中心风箱管的磨损情况，发现磨损应进行补焊；如果磨损严重，应进行更换。检查中心风管喷口的烧损变形情况，如果发生轻微裂纹或变形，应进行补焊或校正；如果烧损变形严重，应进行更换。

5）检查油燃烧器的油枪、点火装置、火焰检测装置等，应无明显变形现象，否则应进行校正或更换。

6）用手拉葫芦将一次风蜗壳吊住，拆除一次风蜗壳与一次风管法兰间的连接螺栓和一次风蜗壳与来粉管法兰间的连接螺栓，卸下一次风蜗壳。检查一次风蜗壳的磨损情况，对磨损不严重的进行修补，对磨损严重的应进行更换。

7）检查一次风管磨损情况，如果磨损情况不严重，应用弧形板进行修补；如果磨损严重，应进行更换。

8）检查一次风管喷口的烧损变形情况，如果变形不严重，应进行补焊校正；如果烧损变形严重，则应进行更换。

9）用手拉葫芦将需要更换的一次风管吊住，用气割将一次风管与二次风蜗壳连接处割开，将一次风管卸下。

10）检查二次风蜗壳、风道以及膨胀节的变形与密封情况，如果有变形，应进行校正并加固；如果有漏风情况，应对漏风处进行修补，对膨胀节重新进行密封并加固。

11）检查二次风通道的挡板情况，应开关灵活，其开度应与外部指示相符。如果挡板轻微变形或与指示不符，应进行校正；如果挡板变形严重，应将其拆下更换，然后重新进行校正。

12）检查二次风蜗壳、二次风道的吊挂装置，如果有明显变形，应查明原因并予以消除，同时校正变形的吊挂装置；如果变形严重，应更换吊挂装置。

13）按拆卸的相反顺序进行回装，先装复一次风管及其喷口，用扇形钢板将一次风管固定在二次风蜗壳上。

14）安装一次风蜗壳，在一次风蜗壳与一次风管法兰处和一次风蜗壳与来粉管法兰处加好石棉垫，再用螺栓将其紧固、严密连接。

15）回装中心管，在中心管与一次风蜗壳的法兰间加好石棉垫，用螺栓将它们紧固、严密连接。

16）安装中心风管，加好垫片，拧紧螺丝。安装好油枪套管、点火装置套管、火焰检测套管装置等。

17）调整好一、二次风通道间隙，紧好定位装置，焊牢，进行测量，并做好记录。

18）拆除临时铺设的围栏、平台，恢复割除的围栏、护板、平台、消防管道、冷却风管道等，对燃烧器进行保温工作。

19）对检修后的燃烧器进行空气动力实验。

20）所有工作完成以后，清理现场，拆除脚手架，撤除照明。

（2）轴向可调叶轮式旋流煤粉燃烧器的检修方法。

1）在炉膛内搭设牢固的脚手架，接好足够亮度的照明。

2）用气割割除燃烧器附近的围栏、护板、平台、消防管道、冷却风道，铺设临时围栏、平台等。

3）清除燃烧器所有喷口处的焦渣与积灰，拆除燃烧器的所有外保温。

4) 卸下中心管喷口，检查中心管喷口的烧损变形情况，如果烧损变形严重，应进行更换。

5) 拧下中心管压盖螺栓，抽出中心管与防磨套管，检查中心管与防磨套管的磨损情况，如果磨损不严重，可将中心管与防磨套管转一个方向继续使用；如果磨损严重，应进行更换。

6) 用手拉葫芦将一次风壳吊住，拧下一次风壳与来粉管连接法兰螺栓和一次风壳与一次风管连接法兰螺栓，卸下一次风壳。检查一次风壳及其附近的磨损情况，如果磨损不严重，对其进行补焊，并将其调换方向继续使用；如果磨损严重，应进行更换。

7) 用手拉葫芦将一次风管吊住，拧下二次风箱正面圆法兰螺栓，将一次风管连同二次风叶轮以及二次风箱板一同卸下。检查二次风喷口以及一次风管支架情况，如有损坏，应进行修复，必要时进行更换。

8) 检查一次风管的磨损情况，如果磨损情况不严重，应用弧形板进行补焊，继续使用；如果磨损严重，应进行更换。

9) 检查一次风管喷口的烧损变形情况，如果变形情况不严重，对其进行补焊校正；如果烧损变形严重，应进行更换。

10) 将一次风管喷口从一次风管上卸下，拆下叶轮调节机构，将二次风旋流叶轮卸下。检查叶轮调节丝杠、链轮等调节机构，如有卡涩、变形、调节不灵活等缺陷，应进行校正或校活，必要时更换有问题的零件。

11) 检查二次风旋流叶轮，应无明显变形，滑动小轮及定位卡完好。如果叶轮轻微变形，可用氧气乙炔焰进行校正；如变形严重，则进行更换。

12) 用气割将一次风管与二次风箱的连接处割开，将一次风管卸下，检查一次风管内的中心管支架，如果磨损严重，应将其更换。

13) 检查二次风箱、风道及其膨胀节的密封情况，必要时进行修补和加固。

14) 检查二次风道挡板的开关情况，应开关灵活，开度与外部指示相符，否则应进行校正或校活，必要时将挡板拆卸检修，再进行校正。

15) 检查二次风箱及风道的吊挂装置，如果有明显变形，应查明原因并予以消除，对变形处进行处理，必要时可更换部分吊挂装置。

16) 确认燃烧器所有缺陷都已处理完毕，按拆卸的相反顺序进行回装，将二次风叶轮装进二次风道内，并临时固定。在二次风箱的前面板法兰处加好石棉垫绳，将二次风箱前面板装在风箱上，用螺栓拧紧，注意不要碰坏叶轮调节机构。

17) 将一次风管穿入风箱中，并使一次风管穿过叶轮，将一次风管架在支架上，再将叶轮调节机构连在叶轮上，使叶轮可以在一次风管上来回移动。将一次风管喷口套在一次风管上固定住。调整好一次风管的轴向距离及其水平情况，用扇形钢板将其固定住二次风箱上，用电弧焊焊牢。

18) 在一次风管法兰上加好石棉垫，安装一次风壳，调整好角度，用螺栓将一次风壳和一次风管连接上。在一次风壳与来粉管法兰之间加好石棉垫，用螺栓连接起来。调整好一次风壳挡板，并将其定位。

19）将防磨套管套在中心管上，在一次风管合适的位置上安装好中心管支架，将中心管穿入一次风壳及一次风管内，并使其穿入一次风管内的中心管支架中。用螺栓将中心管压盖压紧，最后将中心管喷口安装在中心管上并固定住。

20）拆除临时铺设的围栏、平台，恢复割除的围栏、护板、平台、消防管道、冷却风道等，对燃烧器进行保温工作。

21）对检修后的燃烧器进行空气动力实验。

22）所有工作完成后，清理现场，拆除脚手架，撤除照明。

（3）径向叶片可调式旋流煤粉燃烧器的检修方法。

1）在炉膛内搭设牢固的脚手架，接好足够亮度的照明。

2）用气割割除燃烧器附近的围栏、护板、平台、消防管道、冷却风道，铺设临时围栏、平台等。

3）清除燃烧器所有喷口处的焦渣与积灰，拆除燃烧器的所有外部保温。

4）用手拉葫芦将来粉管弯头吊住，卸下弯头卡扣，将弯头卸下；检查弯头磨损情况，如果磨损严重，应进行更换。

5）卸下油燃烧器的油枪及其驱动装置，卸下点火装置及火焰检测装置等。

6）拧下中心管与一次风蜗壳的连接螺栓；再卸下中心风风门，用手拉葫芦将中心管抽出。检查中心管的磨损情况和中心管喷口的烧损情况，如果磨损或烧损情况不严重，应进行修补、校正；如果磨损或烧损变形严重，则进行更换。

7）用手拉葫芦将一次风蜗壳吊住，卸下一次风蜗壳与一次风管外法兰的连接螺栓，将一次风蜗壳吊下。检查一次风蜗壳的磨损情况，如果磨损不严重，应进行补焊，继续使用；如果磨损严重，应进行更换。

8）用手拉葫芦将一次风管吊住，卸下一次风管内法兰与二次风箱法兰的连接螺栓，将一次风管抽出。检查一次风管的磨损情况和一次风管喷口的烧损变形情况，如果一次风管的磨损或喷口的烧损情况不严重，则应对其进行补焊或校正，继续使用；如果一次风管磨损或喷口烧损情况严重，应进行更换。

9）检查二次风径向挡板及其驱动机构，应调节自如、无卡涩。如果因挡板变形或其他原因造成挡板调节不灵活时，应将变形的挡板更换，消除挡板驱动机构的卡涩，必要时可将整个二次风径向挡板机构拆卸进行检修。

10）检查二次风通道的支吊装置与密封情况，检查一次风管支架情况与二次风喷口情况，如果有问题，应进行处理。

11）检查二次风道的风箱挡板开关情况以及挡板驱动机构情况，如果挡板开关不到位或开关不灵活，应查明卡涩部位，消除卡涩，使之灵活好用，必要时可将挡板解体进行处理。

12）按拆卸的相反顺序进行回装，将一次风管喷口安装在一次风管上，将一次风管穿入二次风箱放在支架上，在一次风管内法兰与二次风箱法兰之间加好密封盘根，用螺栓将它们连在一起。

13）在一次风管外法兰上加好石棉垫片，用手拉葫芦将一次风蜗壳吊起，调整好方向，用螺栓将一次风蜗壳与一次风管连接起来。

14）用手拉葫芦将来粉管弯头吊起与一次风蜗壳对正，加好密封胶圈，用卡扣卡上，并将卡扣螺栓拧紧，保持各螺栓受力均匀。

15）在中心管法兰上加好石棉垫片，用手拉葫芦将中心管穿入一次风蜗壳与一次风管中，用螺栓将中心管与一次风蜗壳连接起来；再将中心风门与中心管连上。

16）安装油燃烧器油枪、油枪驱动装置，点火装置及火焰检测装置等设备。

17）拆除临时铺设的围栏、平台，恢复割除的围栏、护板、平台、消防管道、冷却风道等；对燃烧器进行保温工作。

18）对检修后的燃烧器进行空气动力试验。

19）所有工作完成以后，清理现场，拆除脚手架，撤除照明。

（三）旋流式煤粉燃烧器检修的注意事项

旋流式煤粉燃烧器检修的注意事项与直流式煤粉燃烧器检修的注意事项基本相同，但由于旋流式煤粉燃烧器的结构比直流式煤粉燃烧器的结构复杂，因此旋流式煤粉燃烧器的检修过程比直流式煤粉燃烧器复杂。除了直流式煤粉燃烧器检修的注意事项外，还应注意以下几点：

（1）拆卸所有带法兰的螺栓时，必须用记号笔标出同一螺栓所穿的两法兰孔的位置，便于回装时按原孔位置回装，防止回装时出现两法兰螺栓孔对不正位置而造成安装困难。

（2）安装一次风管、中心管时，应注意使它们与二次风通道同心，并保持其喷口与水冷壁外表面的距离符合图纸设计要求。

（3）回装一次风管和一次风壳时，应注意有的有旋向要求，防止装错而造成返工。

三、燃烧器一、二次风通道挡板

燃烧器一、二次风通道挡板的作用是调节燃烧器一、二次风的风量，目的是适应锅炉正常燃烧的需要以及锅炉不同负荷的要求。当某一个燃烧器投入运行时，需要将该燃烧器的一、二次风挡板开大或全开；当某一个燃烧器不投入运行时，需要将该燃烧器的一、二次风挡板关小或全关，以达到强化燃烧和节省厂用电的目的。

（一）燃烧器一、二次风通道挡板的种类

常用的风道挡板有闸板式和翻板式两种。闸板式挡板一般用于一次风通道的关断和二次风通道的调节与关断；翻板式挡板常用于二次风通道的调节与关断，也用于烟道烟气量的调节与关断。

（二）燃烧器一、二次风通道挡板的检修

1. 闸板式挡板的检查项目

（1）检查挡板的驱动机构及其支持结构。

（2）检查挡板的开关指示装置。

（3）检查挡板的内外滑道及汽缸拉杆的密封情况。

（4）检查挡板的本体及其盘根的密封情况。

（5）检查挡板处风道的漏风及磨损情况。

（6）检查挡板的压紧装置情况。

2. 翻板式挡板的检查项目

（1）检查挡板的驱动机构及其支持结构。

（2）检查挡板的开关指示装置。

（3）检查各挡板间的同步情况与连接装置。

（4）检查挡板本体磨损、变形及其密封情况。

（5）检查挡板轴与风道的密封情况。

3. 闸板式挡板的检修方法

（1）在挡板外合适的位置搭设脚手架，拆除挡板驱动装置附近的保温。

（2）将驱动装置拆下，解体进行检修；打开一、二次风道入孔门。

（3）卸下挡板的外框螺栓，将挡板外框拆下；卸下挡板的连杆，用手拉葫芦将挡板吊下。

（4）检查挡板拉杆的密封情况，必要时可更换密封盘根。

（5）检查挡板本体及其密封盘根情况，如果挡板有磨损情况，应进行修补；如果盘根有损坏现象，应进行更换。

（6）检查挡板的滑道情况，如果滑道有变形，应进行修复校正，必要时可更换滑道或滑轮等部件。

（7）检查挡板附近风道的漏风情况，如有漏风，应进行修补。

（8）检查挡板的压紧装置是否好用，必要时解体进行修理。

（9）检查挡板外部的指示装置，如果指示不准确，应进行校正；如果指示装置缺损，应进行修复或更换。

（10）确认挡板及其附件的缺陷已经处理完毕后，回装挡板；连接拉杆，调整好挡板位置，将挡板外框封闭。

（11）将挡板驱动装置装复，校对挡板的开关行程。

（12）对挡板进行开关实验，如果达不到开关要求，应重新进行修理、校对。

（13）如果实验合格，则恢复风道外部的保温，封闭入孔门，拆除脚手架。

4. 翻板式挡板的检修方法

（1）在挡板外合适的位置搭设脚手架，拆除挡板驱动装置附近的保温。

（2）将驱动装置拆下，解体进行检修；打开二次风道入孔门。

（3）检查挡板轴与挡板的变形及磨损情况，如果有变形，应进行校正，可将挡板解体，将挡板轴卸下进行校直处理，必要时更换挡板轴；如果有磨损现象，应对磨损处进行修补。

（4）检查挡板外部调节连杆情况，如有变形或损坏，应进行校正或更换。

（5）检查各挡板的同步情况，如果有不同步情况，则应调节外部连杆螺栓进行校正。

（6）检查挡板轴的转动情况及其挡板轴处的密封情况，如果挡板轴转动不灵活，应解体进行检修，使之灵活；如果挡板轴处漏风，应将压盖拆下，更换密封盘根。

（7）检查挡板外部的指示装置，如果指示不准确，应进行校正；如果指示装置缺损，则进行更换。

(8) 确认挡板缺陷已经处理完毕后,将挡板驱动装置连上,校对挡板的开关行程。

(9) 对挡板进行开关实验,如果达不到开关要求,应重新进行修理、校对。

(10) 如果实验合格,则恢复各处的保温。

(11) 封闭入孔门,拆除脚手架。

四、等离子煤粉点火装置检修

(一)等离子煤粉点火设备组成

典型的超(超)临界锅炉等离子点火设备由等离子燃烧器、等离子发生器(见图2-12)、限流电抗器、高频引弧柜、等离子电源控制柜等组成。辅助系统由冷炉制粉系统、压缩空气系统、冷却水系统、热控系统、图像监控及火检(包括保护风系统)系统、一次风速在线测量系统等组成。

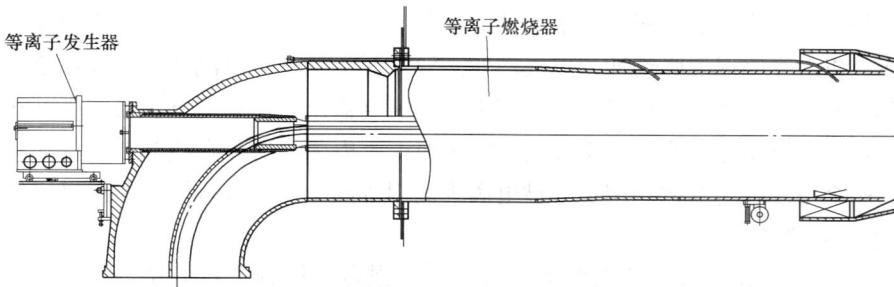

图 2-12 等离子点火设备外形图

(1) 等离子发生器。等离子发生器是产生高温等离子体的设备,与等离子燃烧器(或等离子点火燃烧器)匹配点燃一定范围煤质的煤粉。在等离子点火系统中,等离子发生器运行的稳定性将直接影响锅炉点火的效果和点火过程中锅炉的安全。它由阴极组件、稳弧线圈、阳极支架、冷却水组件、载体风组件、拉弧电机、发生器支架、前旋流环、后支撑环及衬套等组成(见图2-13)。

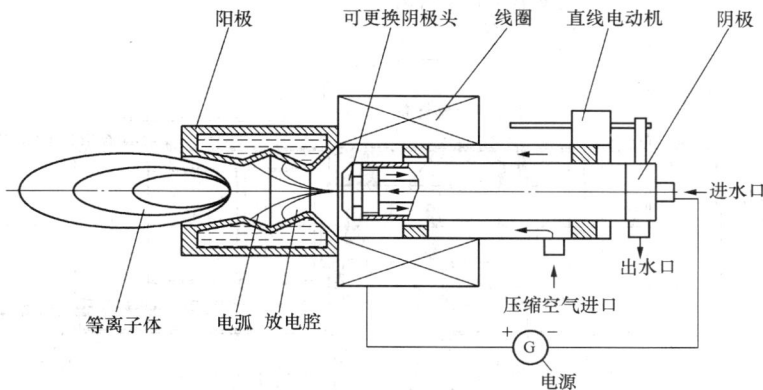

图 2-13 等离子发生器结构图

(2) 电源柜及供电系统。将三相380V电源整流成直流,用于产生等离子体。该系统由直流电源柜(含整流变压器)、冷却风机、直流平波电搞器组成。

(3) 等离子燃烧器。等离子燃烧器与等离子发生器配套使用点燃煤粉。

（4）辅助系统。辅助系统由冷却水、空气的供给系统组成。

（5）控制系统。控制系统由 PLC、CRT、通信接口和数据总线构成，实现装置的全数字自动控制。

（6）风粉系统。煤粉由新增小粉斗通过给粉机、混合器进入一次风管，由热风送入等离子燃烧器。

（7）输送弧筒。输送弧筒使用于轴向插入等离子点火系统中，其功能是把等离子发生器产生的高温等离子体输送到等离子燃烧器或等离子点火燃烧器的指定位置，使煤粉与等离子体混合，从而点燃煤粉。等离子输送弧筒是消耗件，因煤质不同，寿命差别很大。

（二）等离子点火系统工作原理

1. 等离子发生器工作原理

等离子发生器由线圈、阴极、阳极组成。阴极和阳极由高电导率、高导热率及抗氧化的特殊材料制成，以承受高温电弧的冲击。线圈在高温情况下具有抗直流高压击穿的能力。电源采用全波整流，并具有恒流性能。其点火原理为：在一定输出电流条件下，当阴极前进同阳极接触后，系统处在短路状态，当阴极缓缓离开阳极时产生电弧，电弧在线圈磁场的作用下被拉至喷管外部。压缩空气在电弧的作用下，被电离为高温等离子体，进入燃烧器点燃煤粉。

2. 等离子燃烧器煤粉点火原理

直流电流在一定介质气压的条件下引弧，并在强磁场控制下获得稳定功率的定向流动空气等离子体，该等离子体在点火燃烧器中形成 $T>4000K$ 的梯度极大的局部高温"火核"，煤粉颗粒通过该等离子"火核"时，迅速释放出挥发物、再造挥发分，并使煤粉颗粒破裂粉碎，从而迅速燃烧，达到点火并加速煤粉燃烧的目的。等离子体内含有大量的化学活性粒子，如原子（C、H、O）、离子（O^{2-}、H^+、OH^-）和电子等，它们可加速热化学转换，促进燃料完全燃烧。

图 2-14 为交流等离子燃烧器结构原理图。

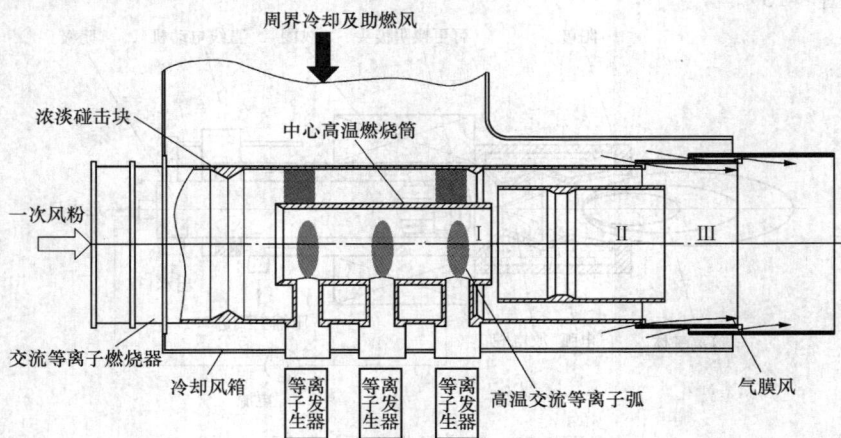

图 2-14 交流等离子燃烧器结构原理图

（三）等离子设备检修

1. 等离子发生器检修

（1）阴极的检修。

1）阴极的拆卸。松开后盖紧固螺钉，打开后盖，向上推开电动机挂钩，卸掉电缆，松开进、回水接头，卸掉进、回水管，拿下电锁，缓慢地向后拖出阴极。

2）阴极尾座检修。电源的负极与进、回水接头均在此处，且是阴极的主要受力点。阴极尾座结构比较复杂，且是铜铸而成，因此在拆阴极时或换阴极头时，应注意保护，以防损坏，应用0号砂布打去电源负极接线柱接线面的氧化层，以减小电源的接触电阻。

3）阴极冷却进水导管检修。冷却进水导管起着冷却水导向作用，在一定的压力下，将冷却水喷向阴极头，对阴极头进行冷却。若冷却水流通不畅，将会影响阴极头的冷却效果，从而缩短阴极头的使用寿命。在每次检查或更换阴极头时，都应检查导管是否通畅，有无杂物及生锈结垢等情况，如生锈结垢严重，则应更换，以保障冷却水导管畅通。

4）清擦阴极头（电子发射头）。用细砂纸清擦阴极头前端面，使其表面光亮呈原金属色。如阴极头烧损严重，应予更换；如表面粗糙，有银白色的麻点，则证明阴极头或阳极有漏水的地方，应通水检查。通水检查的方法：取下阴极，接上进、回水管，打开冷却水阀至规定值，检查阴极漏水的地方，如果从密封垫向外漏水，则紧阴极头，如从阴极头的其他地方漏水，则需更换阴极头。如果阴极头没有漏水的地方，检查阳极漏水。更换阴极头时要用专用工具，防止阴极导管变形和密封面的损坏。

5）出现阴极头烧损面光滑，颜色发黑，则证明载体空气含油，应更换滤芯。若系统无滤油装置，则应加装滤油装置。

6）阴极的安装。安装时，应缓慢地旋转着向里插入，不要用力过猛，以防损坏前旋流环、后支承环，插入后按下挂钩，接上进、回水管及电缆，打开水阀，压力调到规定水压，检查接头是否有漏水的地方，然后盖上后盖。

（2）前旋流环、后支撑环及衬套的检修。

1）前旋流环、后支撑环及衬套检修随机组小修进行；更换阴极头时进行检查。

2）衬套对前旋流环进行定位，对阳极支架起保护作用。衬套内部有陶瓷绝缘层，应检查绝缘层的完整性，保持其表面清洁。

（3）阳极的检修。

1）阳极检修随机组小修进行；装置故障时检修。更换阴极头时进行检查。

2）检查阳极密封胶圈，若老化，则予以更换。

3）检查是否漏水。

4）将阳极支架与阳极的接触处用砂纸打磨干净。

5）阳极的安装。阳极内部冷却水道有走向，安装时进、回水有方向要求，水口深的为回水，浅的为进水口，进水口安装在阳极支架的下方，阳极密封圈要上好，螺丝要对角上，阳极安装完后一定要检查接口处是否漏水。确定没有漏水的地方，把发生器推到或摇到原位。

（4）稳弧线圈的检修。

1）稳弧线圈检修随机组小修进行；装置故障时检修。

2）检查线圈接头处是否漏水，若漏水，则紧固接头螺丝，更换接头和尼龙管。

3）线圈在冬天要注意防冻。锅炉停炉时，用压缩空气吹净等离子发生器中的剩水。

4）等离子发生器在系统通上水后，检查线圈的回水管是否有回水，如果回水管长时间没有回水，则说明线圈堵塞。

（5）拉弧电动机的检修。

1）阴极检修随机组小修进行；装置故障时检修。

2）检查拉弧电动机的挂钩胶木完整，无损坏的地方，否则应更换。

3）紧固拉弧电动机在阳极支架上的固定螺丝。

4）检查拉弧电动机 24V 电源线有无松动，紧固拉弧电动机接线。

5）拉弧电动机损连接销完好（严禁用铁丝、焊条等替代原厂连接销，否则将导致阴极枪体和拉弧电动机之间起弧烧发生器）。

6）触摸屏（DCS）和就地阴极前进后退方向正确，标牌与动作方向一致。

7）触摸屏（DCS）设定的间隙与实际阴极后退的距离一致。

（6）等离子发生器进/回水软管、进气管及支架的检修。

1）等离子发生器进/回水软管、进气管及支架检修随等离子燃烧器检修进行；装置故障时检修。

2）检查等离子发生器进/回水软管、进气管完整、无破损。

3）等离子发生器进/回水软管、进气管走向合理，不影响介质的流动。

4）调整等离子发生器支架的调整螺丝，使等离子发生器推进及推出无卡涩，等离子发生器与燃烧器结合紧密、不受力。

2. 输送弧筒的检修

（1）更换阳极或阳极检修及小修或临修时进行检查。

（2）用手电筒从发生器插入处观察输送弧筒是否弯曲及磨损，若磨损或弯曲，则进行更换。

（3）抽出等离子发生器，旋下输送弧筒外法兰与弯头法兰连接螺栓，抽出损坏的输送弧筒，进行更换，恢复等离子发生器。

3. 等离子燃烧器检修

（1）阴极检修随机组小修进行；装置故障时随时检修。

（2）除了燃烧器常规检修项目外，等离子燃烧器或等离子点火燃烧器还要检查以下项目：

1）燃烧器的中心筒、二级筒、三级筒是否有结焦或烧损现象，若有，则进行即时清焦或补焊。

2）燃烧器壁温测量热电偶是否良好、显示值是否准确，若损坏，则应立即更换，以免壁温超温而烧损燃烧器。

3）检查浓缩装置的磨损情况。

4. 辅助系统的检修

（1）载体风系统的检修。

1）压缩空气系统的检修随机组小修进行；装置故障时检修。

2）校验压力表、校验压力开关的定值。

3）用500V绝缘电阻表检查压力开关接线的绝缘。

4）清洗载体风过滤网。

5）载体风系统中有油水分离器的，油水分离器使用4000h（根据现场实际）后，应拆下法兰螺栓和自动排水器，将不锈钢气压网清洗干净后恢复，拆卸过滤器时一定要在无压情况下进行。

6）系统使用载体风机的，载体风机执行电厂定期检查制、设备轮换制。

（2）冷却水系统的检修。

1）冷却水系统的检修随机组小修进行；装置故障时检修。

2）校验压力表和压力开关的定值。

3）用500V绝缘电阻表检查压力开关接线的绝缘情况。

4）清洗冷却水过滤网。

5）冷却水泵（管道泵）执行电厂定期检查制、设备轮换制。

五、微油点火系统检修

（一）微油点火系统构成

微油点火系统主要由强化燃烧气化小油枪、煤粉燃烧器及浓缩装置、辅助系统（包括油系统、压缩空气系统、助燃风系统）、检测与控制系统以及制粉系统等构成。图2-15为微油点火系统组成框图。

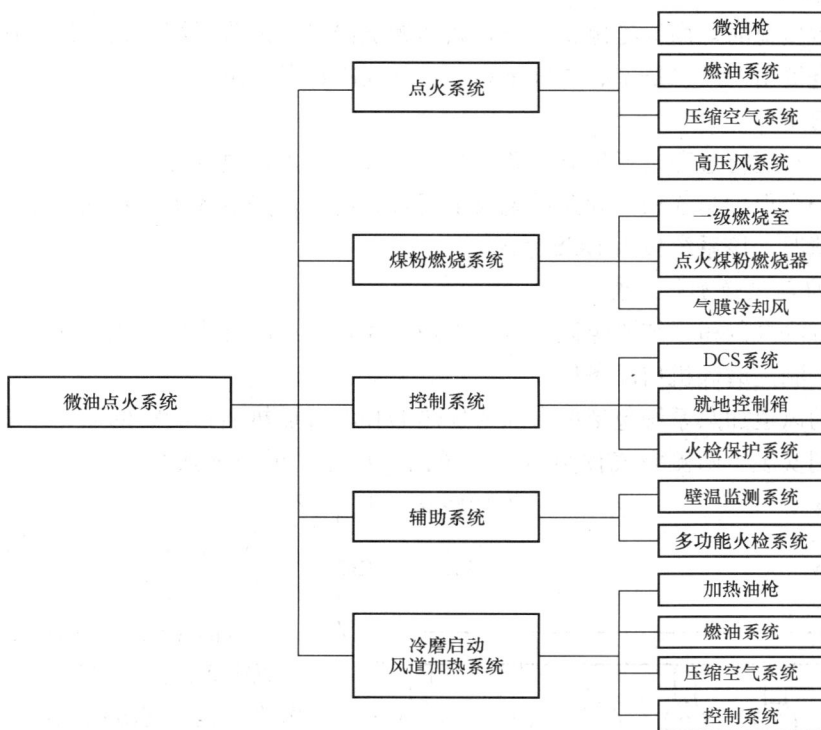

图2-15 微油点火系统组成框图

1. 微油枪

微油枪包括主油枪与辅助油枪，每只燃烧器都配有主油枪与辅助油枪各一只。主油枪由进油管、进气管、燃油加热管、压缩空气加热管、高压风旋流发生器、油喷嘴及点火装置等组成；辅助油枪由多级雾化旋流喷嘴、油气导管等组成。

2. 燃油系统

一定要保证油压的稳定，并且保证油质的清洁，防止堵塞。微油燃烧器燃油系统由炉前轻油供油管路引出，包括截止阀、电动调节阀、两级油过滤器、电磁气动阀、就地压力表和压力变送器、燃油流量计、不锈钢管道、高压油软管、微油枪等。

3. 压缩空气系统

压缩空气作为微油枪雾化气源，取自现场杂用压缩空气气源，经减压、过滤，确保气源压力稳定、清洁，系统可根据现场情况布置。

4. 高压风系统

高压风为微油枪提供使油完全燃烧所需要的部分氧量。

5. 煤粉燃烧系统

与锅炉大油枪不同，微油燃烧器采用微油点火技术，其特点是微油枪与煤粉燃烧器集成在一起，即煤粉燃烧器后部安装经过改造、特殊设计的微油枪，微量油经加热管加热后气化燃烧，产生高温火焰，直接点燃通过燃烧器的煤粉气流，从而取代锅炉大油枪在点火、助燃运行过程的作用。

锅炉正常负荷时，微油枪停止运行，微油燃烧器又作为普通煤粉燃烧器工作。

微油燃烧器由一级燃烧室、二级燃烧室、气膜冷却风等组成。

6. 控制系统

控制系统对运行过程进行控制，并对过程参数（压力、温度等）进行采集与监测，实现炉膛和设备安全保护与连锁，确保系统安全运行。记录过程参数历史数据，便于分析和研究系统的运行情况。该系统接入 DCS 系统。

7. 冷磨启动风道加热系统

为实现直吹式制粉系统机组微油点火冷炉启动，采用混合式燃油风道加热器，提高磨煤机进口风温，满足磨煤机启动条件。

冷磨启动风道加热系统包括两台风道加热器和配置加热油枪所需的油、压缩空气及高压风系统，分别安装于两侧空气预热器一次风出口风道。风道加热系统安装位置示意图见图2-16。

（二）微油点火工作原理

1. 微油气化油枪点火工作原理

微油点火是利用压缩空气的高速射流将燃油直接击碎，雾化成超细油滴并燃烧，同时用燃烧产生的热量对燃料进行初期加热、扩容、后期加热，在极短的时间内完成油滴的蒸发

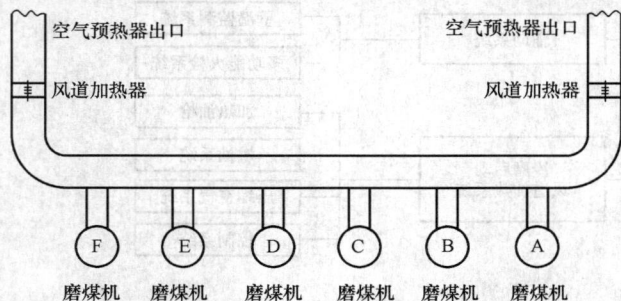
图 2-16　风道加热系统安装位置示意图

气化，使油枪在正常燃烧过程中直接燃烧气体燃料，从而大大提高燃烧效率及火焰温度。气化燃烧后的火焰刚性极强，传播速度超过声速，火焰呈完全透明状，中心温度高达 1500～2000℃，可作为高温火核在煤粉燃烧器内直接点燃煤粉，从而实现电站锅炉启动、停止以及低负荷稳燃中以煤代油的目的。

2. 燃烧器直接点燃煤粉工作原理

微油气化油枪燃烧形成的高温火焰，使进入一次室的浓相煤粉颗粒温度急剧升高、破裂粉碎，并释放出大量的挥发分迅速着火燃烧，然后由已着火燃烧的浓相煤粉在二次室内与稀相煤粉混合，并点燃稀相煤粉，实现煤粉的分级燃烧，燃烧能量逐级放大，达到点火并加速煤粉燃烧的目的，大大减少煤粉燃烧所需的引燃能量，并满足锅炉启、停及低负荷稳燃的需求。

(三) 检修项目及检修工艺要求

1. 微油气化油枪拆装

微油气化油枪所有检修只需打开后盖板即可；安装时注意区分油管与火检冷却风管、压力冷风管，不可接错，否则无法正常使用。

2. 微油气化油枪接线

(1) 微油气化油枪上的高能点火枪通过预制电缆直接接到控制箱的高能点火发生器上。

(2) 微油气化油枪内的火焰探头上两根引出线分别接到点火控制箱内端子上，并有严格的极性要求。

(3) 微油燃烧器内的热电偶安装在旋风板上，热电偶的引出线直接与 K 型补偿导线连接（注意极性）。

3. 日常维护

在锅炉正常运行情况下，需定期对油枪进行清扫（主要是清洁点火电极、火检探头及旋风板）。因为锅炉在运行中可能发生瞬时正压的情况，会造成点火器电极及油枪火检探头污染而无法正常点火，所以需要定期清扫，时间间隔根据实际情况安排。定期（推荐一年一次）清理一级过滤器与二级过滤器，清洗时避免用手直接接触滤网，滤网置于干净的清洗液（0 号柴油）中冲洗。

(四) 一般故障与排除方法（见表 2-22）

表 2-22　　　　　　　　　　微油点火系统一般故障与排除方法

故障现象	故障原因	排除方法
油枪不着火	1. 油枪油嘴滤网堵塞。 2. 油喷嘴堵塞。 3. 点火电极不打火。 4. 油阀未开启或油压过低	1. 清洁油枪油嘴滤网。 2. 清洁油头喷嘴。 3. 参阅 "点火电极不打火"。 4. 开启油阀并参阅 "油压过低"
火焰温度低，燃烧效果欠佳	油枪喷气间隙调整不当，间隙过小或过大	调整喷气间隙在 2mm 左右

故障现象	故障原因	排除方法
油枪喷油雾化效果欠佳	1. 油压过低。 2. 油枪油嘴滤网堵塞。 3. 油喷嘴堵塞	1. 参阅"油压过低"。 2. 清洁油枪油嘴滤网。 3. 清洁油喷嘴
无火检信号	1. 火检探头被污染。 2. 接头或线路接触不良	1. 清洁火检探头。 2. 检查接头及线路
点火电极不打火	1. 高能点火器损坏。 2. 电极粘污造成短路	1. 更换高能点火器。 2. 清洁电极
油压过低	过滤器堵塞	清洁过滤器
燃烧器壁温过高	周界风未开启或开度过小	开启或调整周界风

第七节　超（超）临界锅炉吹灰器系统检修

超（超）临界锅炉吹灰器分为长伸缩式吹灰器、半伸缩式吹灰器、炉膛吹灰器、吹灰汽源减温减压站等设备及系统，现分别进行介绍。

一、长伸缩式吹灰器

RL-SL 型长伸缩式吹灰器主要由大梁、齿轮箱、行走箱、吹灰管、阀门、开阀机构、前部托轮组及炉墙接口箱等构成。RL-SL 型长伸缩式吹灰器主要用于锅炉屏式过热器、高温过热器、高温再热器、低温再热器及低温过热器区域受热面管排的积灰清理。

（一）准备工作

（1）检查设备缺陷，做好修前记录。记录应真实。

（2）所有工作应确认吹灰器管路上所有阀门均已关闭，管道内已泄压，电动机电源已切断。

（3）准备工器具、备品备件。

（4）准备倒链、钢丝绳。工器具、起吊工具应检验合格。

（二）提升阀解体检修

（1）拆除法兰螺栓。

（2）用涨钳将提升阀与开阀机构连接销子挡圈取下，拆下连接销子。

（3）拆除与吹灰器箱体连接板组件的四个连接螺母，取下提升阀。提升阀取下时，应将蒸汽管口用专用封堵遮盖。

（4）用专用工具拆下阀杆顶部卡片，取下弹簧。

（5）用铜棒将阀杆、阀芯打出。

（6）检查提升阀法兰平面、阀芯阀座、阀杆阀体和阀门情况。阀芯阀座应无吹损、拉毛现象；阀杆应完好，弯曲度符合要求；阀体内外无砂眼；提升阀法兰表面应无贯穿沟痕。

（7）研磨阀芯、阀座。阀芯、阀座无裂纹、麻点，密封面光亮如镜面。

（8）清洗各零部件。

（9）拧下提升阀阀杆填料螺母和填料压环，检查填料磨损情况，必要时进行更换。

（10）组装与上述操作顺序相反，各螺纹处应涂防锈润滑脂。

（三）内外管拆卸

（1）拆下提升阀，取出吹灰器内管对开环，卸下吹灰器后部箱体支架，取下中间托架；卸下吹灰器箱体下面的加强板。

（2）拆下外管与跑车的六个 M20 对接法兰螺栓，将吹灰器外管与跑车脱离，将吹灰器外管向炉墙位置推至吹灰器中间。

（3）将内管推入填料室，使内管从跑车填料室前部脱离，然后将吹灰器内管向后从外管中脱出，将吹灰器内管缓慢放至锅炉平台上。

（4）检查吹灰器内管应表面光洁，无划痕、损伤，否则按粗糙度进行打磨。

（5）用倒链吊住外管，从法兰处前移吹灰枪，使外管前端脱开炉墙接口箱口，然后把外管放在平台上。

（6）检查吹灰器外管，喷嘴无堵塞、变形，喷嘴焊封无裂纹、脱焊，嘴口尺寸应符合要求，吹灰器外管挠度符合规定要求。

（7）组装与上述拆卸顺序相反。

（四）行走填料箱更换填料

（1）手动将吹灰器填料箱向前移动 0.3m 左右，以得到较大空间。

（2）用扳手将填料压盖螺栓拆下，用撬棍将填料压盖撬开，清理旧填料。

（3）清理填料室内腔及压盖等零部件。不要损伤内管，填料室要擦净，各零部件打磨出金属光泽。

（4）将新填料套入并逐圈压紧，开口填料的切口为 45°，每圈之间切口错开 90°～180°。填料装好后，均匀上紧压盖，操作几次后再拧紧到合适范围，不能过紧。

（5）新填料加好后，应根据运行情况定期进行填料压盖螺栓紧固，使填料始终处于涨盈状态。

（五）吹灰器各部件润滑

（1）对吹灰器的大梁轨道，由于锅炉房大量积灰，吹灰器行走箱的轨道要用压缩空气进行吹扫或用钢丝刷进行清理，特别是在锅炉检修（或类似情况）之后。

（2）对吹灰器的齿轮箱，出厂时已加注长效综合润滑剂。在运行 5 年之后，应对齿轮箱进行彻底清洗，并重新加注润滑油。

（3）对吹灰器大梁内的齿条，应根据被污染程度，对齿条在规定间隔时间（大约 1 年）内进行清理和润滑，同时对齿轮和齿条的磨损情况进行检查。

（4）对旋转驱动链条，必须每年清理一次并润滑。

（5）吹灰器各部件润滑参照 PS/RK/RL/V04 型吹灰器润滑要求。

（六）吹灰器齿轮箱及行走填料箱拆卸与安装

（1）联系热工人员电动机拆线。

（2）拆下内、外管及旋转驱动链条。

（3）拆除与吹灰器箱体连接板组件。

（4）吊住齿轮箱，缓慢放至格栅平台上。

（5）安装与上述操作顺序相反。

二、半伸缩式吹灰器检修

RK-SB 型半伸缩式吹灰器主要由大梁、齿轮箱、行走箱、吹灰管、阀门、开阀机构、前部托轮组及炉墙接口箱等构成。RK-SB 型半伸缩式吹灰器主要用于锅炉省煤器和低温再热器区域受热面管排的积灰清理。

（一）准备工作

（1）检查设备缺陷，做好修前记录。记录要真实。

（2）所有工作应确认吹灰器管路上所有阀门均已关闭，管道内已泄压，电动机电源已切断。

（3）准备工器具、备品备件。

（4）准备倒链、钢丝绳。工器具、起吊工具应检验合格。

（二）提升阀解体检修

（1）拆除法兰螺栓。

（2）用涨钳将提升阀与开阀机构连接销子挡圈取下，拆下连接销子。

（3）拆除与吹灰器箱体连接板组件的四个连接螺母，取下提升阀。提升阀取下时应将蒸汽管口用专用封堵遮盖。

（4）用专用工具拆下阀杆顶部卡片，取下弹簧。

（5）用铜棒将阀杆、阀芯打出。

（6）检查提升阀法兰平面、阀芯阀座、阀杆阀体和阀门情况。阀芯阀座应无吹损、拉毛现象；阀杆应完好，弯曲度符合要求；阀体内外无砂眼；提升阀法兰表面应无贯穿沟痕。

（7）研磨阀芯、阀座。阀芯、阀座无裂纹、麻点，密封面光亮如镜面。

（8）清洗各零部件。

（9）拧下提升阀阀杆填料螺母和填料压环，检查填料磨损情况，必要时进行更换。

（10）组装与上述操作顺序相反，各螺纹处应涂防锈润滑脂。

（三）内外管拆卸

（1）拆下提升阀，取出吹灰器内管对开环，卸下吹灰器后部箱体支架，取下中间托架；卸下吹灰器箱体下面的加强板。

（2）拆下外管与跑车的 4 个 M20 对接法兰螺栓，将吹灰器外管与跑车脱离，将吹灰器外管向炉墙位置推至吹灰器中间。

（3）将内管推入填料室，使内管从跑车填料室前部脱离，然后将吹灰器内管向后从外管中脱出，将吹灰器内管缓慢放至锅炉平台上。

（4）检查吹灰器内管应表面光洁，无划痕、损伤，否则按光洁度进行打磨。

（5）用倒链吊住外管，从法兰处前移吹灰枪，使外管前端脱开炉墙接口箱口，然后把外管放在平台上。

（6）检查吹灰器外管，喷嘴无堵塞、变形，喷嘴焊封无裂纹、脱焊，嘴口尺寸应符合要求，吹灰器外管挠度符合规定要求。

（7）组装与上述拆卸顺序相反。

（四）行走填料箱更换填料

（1）手动将吹灰器填料箱向前移动 0.3m 左右，以得到较大空间。

（2）用扳手将填料压盖螺栓拆下，用撬棍将填料压盖撬开，清理旧填料。

（3）清理填料室内腔及压盖等零部件。不要损伤内管，填料室要擦净，各零部件打磨出金属光泽。

（4）将新填料套入并逐圈压紧，开口填料的切口为 45°，每圈之间切口错开 90°～180°。填料装好后，均匀上紧压盖，操作几次后再拧紧到合适范围，不能过紧。

（5）新填料加好后，应根据运行情况定期进行填料压盖螺栓紧固，使填料始终处于涨盈状态。

（五）吹灰器各部件润滑

（1）对吹灰器的大梁轨道，由于锅炉房大量积灰，吹灰器行走箱的轨道要用压缩空气进行吹扫或用钢丝刷进行清理，特别是在锅炉检修（或类似情况）之后。

（2）对吹灰器的齿轮箱，出厂时已加注长效综合润滑剂。在运行 5 年之后，应对齿轮箱进行彻底清洗，并重新加注润滑油。

（3）对吹灰器大梁内的齿条，应根据被污染程度，对齿条在规定间隔时间（大约 1 年）内进行清理和润滑，同时对齿轮和齿条的磨损情况进行检查。

（4）对旋转驱动链条，必须每年清理一次并润滑。

（5）吹灰器各部件润滑参照 PS/RK/RL/V04 型吹灰器润滑要求。

（六）吹灰器齿轮箱及行走填料箱拆卸与安装

（1）联系热工人员电动机拆线。

（2）拆下内、外管及旋转驱动链条。

（3）拆除与吹灰器箱体连接板组件。

（4）吊住齿轮箱，慢慢放至格栅平台上。

（5）安装与上述操作顺序相反。

三、炉膛吹灰器检修

V04 型炉膛吹灰器主要由机架、螺旋管、内管、开阀机构、喷头、进汽阀、空气阀、吹灰器驱动和控制系统等组成。

炉膛吹灰器是为清洁墙式受热面而设计的，其基本元件是一个装有两个文丘里喷嘴的喷头。当吹灰器从停用状态启动后，喷头向前运动，到达其在水冷壁管后的吹扫位置，同时阀门打开，喷头按所要求的吹扫角度旋转。喷头旋转完规定的圈数后，吹扫介质的供给被切断，同时喷头缩回到在墙箱中的初始位置。喷头的前后和旋转运动是通过螺旋管实现的。

（一）内管填料的更换

（1）填料更换必须在阀门关闭，吹灰器电动机不能开启的情况下进行。

（2）拧下元宝螺母后，取下侧面罩壳。

（3）松开填料盒压盖，将螺旋管前推 100mm，以推出旧的填料。

（4）仔细消除所有残留的填料碎片。

（5）将填料环依次放入填料室，并仔细将填料压盖推到位，且要保证填料环的切口错列布置，否则密封环可能损坏或变形，从而影响整个密封效果。

（6）填料环就位后，再将填料盒拧紧。

（7）吹灰器工作数次后，填料密封需再次拧紧。

（8）将侧面罩壳复位。

（二）阀杆填料的更换

（1）填料更换必须在阀门关闭、吹灰器电动机不能开启的情况下进行。

（2）拧下元宝螺母后，取下侧面罩壳。

（3）松动挡圈，将开阀压杆移开。

（4）从阀杆上拆下挡片，取出弹簧压盖和弹簧。为确保阀杆固定不下落，用铁丝穿在阀杆头部的小孔里固定。

（5）旋下填料螺母，拉出填料盖。

（6）从填料室中取出旧的填料环，仔细消除残留的填料碎片。

（7）将新的填料环依次放入填料室，保证填料环的切口呈错列布置。

（8）重新填料压盖，适度拧紧填料盒螺母。

（9）将阀杆复位，再依次插上阀门弹簧、弹簧护圈和挡片。

（10）装好开阀机构后压杆，调节固定螺栓，保证压杆与阀杆间有 $1\sim2mm$ 的间隙。

（11）吹灰器投运数次后，填料密封需再次拧紧。

（12）侧面罩壳复位。

（三）吹灰器进汽阀门检修

（1）确定吹灰器管道中的阀门已关闭和电动机都不能开动。

（2）拧下元宝螺母后，取下侧面罩壳。

（3）松开阀门和吹灰管路之间的法兰。

（4）取下安全环，拉出开阀机构后压杆。

（5）松开吹灰器阀门连接板上的固定螺栓。

（6）从内管上取下阀门，过程中要注意法兰垫片，再依次取下对开锁定环以及内管上的滑键。提升阀取下时，应将蒸汽管口用专用封堵遮盖。

（7）用专用工具拆下阀杆顶部卡片，取下弹簧。

（8）用铜棒将阀杆、阀芯打出。

（9）检查提升阀法兰平面、阀芯阀座、阀杆阀体和阀门情况。阀芯阀座应无吹损，拉毛现象；阀杆应完好，弯曲度符合要求；阀体内外无砂眼；提升阀法兰表面应无贯穿沟痕。

（10）研磨阀芯、阀座。阀芯、阀座无裂纹、麻点，密封面光亮如镜面。

（11）清洗各零部件。

（12）将更换的零件按上述相反的顺序安装，并注意检查垫片和填料是否有损坏，是否需要更换。各螺纹处应涂防锈润滑脂。

（四）内管的拆卸与更换

（1）确定吹灰器管道中的阀门已关闭和电动机都不能开动。

（2）拧下元宝螺母后，取下侧面罩壳。

（3）松开阀门和吹灰管路之间的法兰。

（4）取下安全环，拉出开阀机构后压杆。

（5）松开吹灰器阀门连接板上的固定螺栓。

（6）从内管上取下阀门，过程中要注意法兰垫片和阀体与内管之间的垫片，再依次取下对开锁定环以及内管上的滑键。

（7）移开吹灰器阀门后，即可松开四个固定螺栓，从机架上拆下连接板。

（8）从螺旋管上的填料盒中拉出内管，注意不要损坏研磨过的内管表面。

（9）将更换的零件反顺序装配，并注意检查垫片和填料是否有损坏，是否需要更换。

（五）螺旋管和喷头的拆卸和更换

（1）首先要确定吹灰器管道中的阀门已关闭和电动机都不能开动。

（2）拧下元宝螺母后，取下侧面罩壳。

（3）松开阀门和吹灰管路之间的法兰；如有必要可将空气阀拧在空气管道上。

（4）取下安全环，拉出开阀机构后压杆。

（5）松开吹灰器阀门连接板上的固定螺栓。

（6）此时可从内管上取下阀门，过程中要注意法兰垫片和阀体与内管之间的垫片，再依次取下对开锁定环以及内管上的滑键。

（7）移开吹灰器阀门后，即可松开四个固定螺栓，从机架上拆下连接板。

（8）从螺旋管上填料盒中拉出内管，注意不要损坏研磨过的内管表面。

（9）将带喷头的螺旋管从运转螺母中旋出，然后从螺旋管上取下喷头。

（10）将更换的零件反顺序装配，并注意检查垫片和填料是否有损坏，组装时应避免损坏管子，喷嘴在装到原先的位置。为避免开始吹扫时冷凝水直接吹到管子上，造成吹损，喷头必须根据管子的节距进行预调。

（11）调整喷头时，需使用以下设备：一个带气泡的水平仪量角器；一根可以插入喷嘴的锥形杆。

（12）在阀门关闭的情况下，转动凸轮盘直至开阀压杆触到阀杆，用量角器量出约 $10°$ 的角。

（13）将锥形杆插入喷嘴，并把量角器固定到正确角度。转动未拧紧的喷头（使用连杆或其他辅助装置），直到水平仪呈水平为止。此过程中凸轮盘位置不能改变。

（14）喷头焊于此位置。

（六）各部件润滑

（1）对吹灰器的齿轮箱，出厂时已加注长效综合润滑剂。在运行 5 年之后，应对齿轮箱进行彻底清洗，并重新加注润滑油。

（2）运转螺母每 3 个月加一次润滑油脂，润滑油嘴位于轴套上。

（3）链条轴承驱动必须每年清理一次并润滑。

（4）螺旋管视污染程度清洗和润滑。

（5）吹灰器各部件润滑参照 PS/RK/RL/V04 型吹灰器润滑要求。

四、吹灰汽源减温减压站

（一）减温减压站概述

1000MW 机组的吹灰器管路根据锅炉对吹灰器介质的不同品质要求设置了独立的管路系统。锅炉本体吹灰器用的蒸汽抽自锅炉末级过热器进口集箱，汽源压力为 26.5MPa，温度为 538℃；减温水取自再热器减温水总管，喷水压力为 14.2MPa，温度为 192℃；管路系统的吹扫蒸汽压力和流量裕度为设计值的 110%，以满足长伸缩式吹灰器、半伸缩式吹灰器、炉膛吹灰器和空气预热器吹灰器的吹灰要求；空气预热器吹灰器用辅助蒸汽汽源压力为 1.5MPa，温度为 350℃。辅助汽源站是为锅炉启动时供空气预热器吹灰器吹灰而设置的。

（二）吹灰汽源减温减压站安全阀检修

（1）吹灰汽源减温减压站安全阀解体检查。

（2）拆下扳手装置，旋出保护罩螺钉，拆下保护罩。

（3）测量阀杆露出调整螺母部分高度。

（4）旋下调节螺母，测量调整螺杆高度，并做好记录。

（5）拆除阀盖与阀座连接螺栓，取下阀盖托板、弹簧导向套、阀杆与阀芯清理检查，测量弹簧自由长度，弹簧无裂纹、严重锈蚀和变形，两端面平整，各圈之间距离均匀；导向套光洁、无毛刺；阀杆表面光滑，无锈蚀、无毛刺、无磨损，阀杆弯曲度不大于 0.05mm。

（6）测量调节圈行程，拆去调节圈固定螺钉，旋出调节圈，做好记录。

（7）测量垫片尺寸。

（8）用细砂布磨光阀芯、阀座后，再用研磨砂研磨，然后用透平油研磨，最后用红丹粉检查密封面。阀芯、阀座无麻点、裂纹、凹坑等缺陷。

（9）复装。先装入阀芯后再装弹簧，旋紧门盖螺栓，按拆卸逆序复装。

（10）热态整定，联系运行人员一起整定。安全阀的开启压力按要求整定值进行整定。

（三）吹灰汽源减温减压站调节阀检修工艺及质量标准

1. 吹灰汽源减温减压站调节阀拆卸

（1）联系热工拆除气动阀门气源及执行控制机构。

（2）卸下阀杆与传动杆连接器。

（3）松开盘根压盖及压板。

（4）松开调节阀盖螺栓。

（5）平稳吊起执行机构及门盖。

（6）抽出阀杆及阀芯，拆卸上垫片，取出套筒，再取下垫片及缠绕垫片。

（7）彻底清理阀体内部，检查阀杆、阀芯及套筒。

2. 吹灰汽源减温减压站调节阀检查内容

（1）检查阀杆、阀芯冲蚀情况。阀杆无锈蚀、麻点、沟痕，最大弯曲度为 0.10mm；阀芯无毛刺、沟痕。

（2）检查阀体内部冲蚀情况及盘根室情况；盘根、垫片规格、材质正确、完整。

（3）检查气动执行机构及套筒。套筒表面光洁，无毛刺、沟痕。

（四）吹灰汽源减温减压站调节阀的复装

（1）各部件检查、清理维修好，先装入套筒及缠绕垫片。

（2）阀杆和阀芯连接好，放入阀体内部。

（3）吊门盖及执行机构紧固螺栓；门盖法兰四周间隙均匀，螺栓紧力相同。

（4）复装阀杆与传动杆连接器及盘根。

（5）联系热工调试。

（五）吹灰汽源减温减压站各截止阀检修

（1）阀门拆卸前准备好检修工具、备品备件、有关图纸及记录表格。

（2）拆卸前做出阀门行程标记。

（3）将手轮或电动头拆下。

（4）松开法兰螺栓，取下阀体与阀盖固定键，转动框架 $90°$，然后抽出阀杆阀盖。尽量避免强行拆卸。

（5）把拆下的各零部件放入盘内，并把原阀体封好。各零件摆放整齐，严禁乱放。

（6）阀门检查修理：

1）阀体检查。

2）阀杆检查。阀杆应无弯曲、裂纹、砂眼、锈蚀、冲刷，丝扣完好。

3）阀杆螺母检查。阀杆螺母无严重磨损、无咬丝，与阀杆配合灵活。

4）填料箱检查。填料箱内壁光滑，无纵向沟道，无腐蚀麻点，深度不超过 0.5mm。

5）阀座、阀辨检查。阀座与阀辨无锈蚀、裂纹、麻点，粗糙度 $0.4\mu m$，吃线接触 1mm。

6）其他零部件检查及清理、除锈。零件无锈、齐全。

（7）阀门的组装：

1）按与拆卸时相反的顺序进行组装。

2）填料垫圈不歪斜。垫圈与阀杆的间隙应为 0.15～0.2mm；格兰与阀杆及填料箱间隙为 0.1～0.2mm。

3）填料规格、材质正确。盘根切口成 $45°$角，并不应有间隙，邻圈错开 $90°$～$180°$，盘根中间放入 1mm 铅粉。

4）格兰螺丝应对面轮紧。格兰压入填料箱约 1/3。

5）阀门装后做手动开关试验，电动门配合热工调行程。阀门开关灵活，无卡涩现象，能全开全关，水压试验严密。

（8）清理现场。

第八节　火力发电厂过热器管剩余寿命评估方案

在火力发电厂中，锅炉受热面爆管的事故率最高，其中锅炉过热器爆管又是受热面爆管中的主要类型，所以防止过热器管事故是火力发电厂金属监督的任务之一。如何预测并充分利用高温锅炉管的剩余寿命，及时修补或更换超前使用的零部件，避免事故的发生是目前国内外金属界研究的主要方向。

过热器管产生损伤的主要机理有短时过热、长期蠕变、高温热腐蚀和异种钢焊接等。这些失效方式可分为两种类型：①与时间相关的破坏方式；②与时间弱相关的方式，如短期过热。显然，对后者的剩余寿命估算，其实际意义较小，因其整个寿命过程与大修的间隔相比，比例非常小，所以仅靠金属监督及检查是不够的，更重要的是预防和运行调整。因此，剩余寿命的估算主要针对前者情况，以长期蠕变、高温热腐蚀和异种钢焊接失效为主。过热器、再热器管的寿命评估主要着眼于超温引起的长时过热状态的评估、高温氧化程度的评估和异种钢焊接接头寿命的评估。

一、评估资料

（一）设计、运行及检修资料

（1）受热面管设计、制造资料，包括锅炉竣工图、强度计算书、锅炉质量说明书、设计说明书、使用说明书、热力计算书、水循环计算书、汽水阻力计算书、设计修改技术资料及汽水系统等。

（2）受热面管安装资料，包括锅炉受热面组合、安装及找正记录和验收签证、安装焊接工艺评定报告、热处理报告及现场组合、安装焊缝的检验记录和检验报告等。

（3）受热面管在役运行检验记录。

1）锅炉投运时间、累计运行时间，启停次数，事故、超温、超压情况，受热面管损坏及缺陷处理，受热面管重大技术改造及变更的图纸、资料，技术改造方案及审批文件、设计图纸、计算资料及施工技术方案、质量检验和验收签证等。

2）大修中的锅炉受热面管监督检验情况，包括管壁厚度减薄情况、管径胀粗情况、管子更换情况、管子磨损、腐蚀情况以及焊缝射线探伤或超声波探伤情况等。

（二）受热面管现状检查

根据机组的运行方式和受热面管的现状检查情况，确定受热面管材料发生的主要损伤机理，以选择合适的剩余寿命预测技术。

受热面管现状检查内容：管径、壁厚、内外表面腐蚀、氧化垢层等情况检查；复膜金相检查；局部磨损检查。

二、过热器管壁应力计算

过热器管道运行过程中由于承受内压而引起的应力可用 Lame 方程来计算，计算公式为

$$\sigma_\theta = \frac{pr_i^2(r_o^2 + r^2)}{r^2(r_o^2 - r_i^2)}（周向应力） \tag{2-2}$$

$$\sigma_r = \frac{-pr_i^2(r_o^2 - r^2)}{r^2(r_o^2 - r_i^2)} \tag{2-3}$$

$$\sigma_z = \mu(\sigma_r + \sigma_0) = 2\mu\frac{Pr_i^2}{r_o^2 - r_i^2}（轴向应力） \tag{2-4}$$

$$\sigma = \frac{pd}{2t}（平均直径周向应力） \tag{2-5}$$

式中　p——作用在管子上的内压力；

　r_i、r_o——管子的内径、外径；

r——管子厚度方向任一点的直径；

t——管子厚度。

三、过热器管寿命评估程序和方法

(一) 寿命评估程序

图 2-17 为无超标缺陷过热器管道寿命评定程序图，图 2-18 为带超标缺陷过热器管道寿命评定程序图。

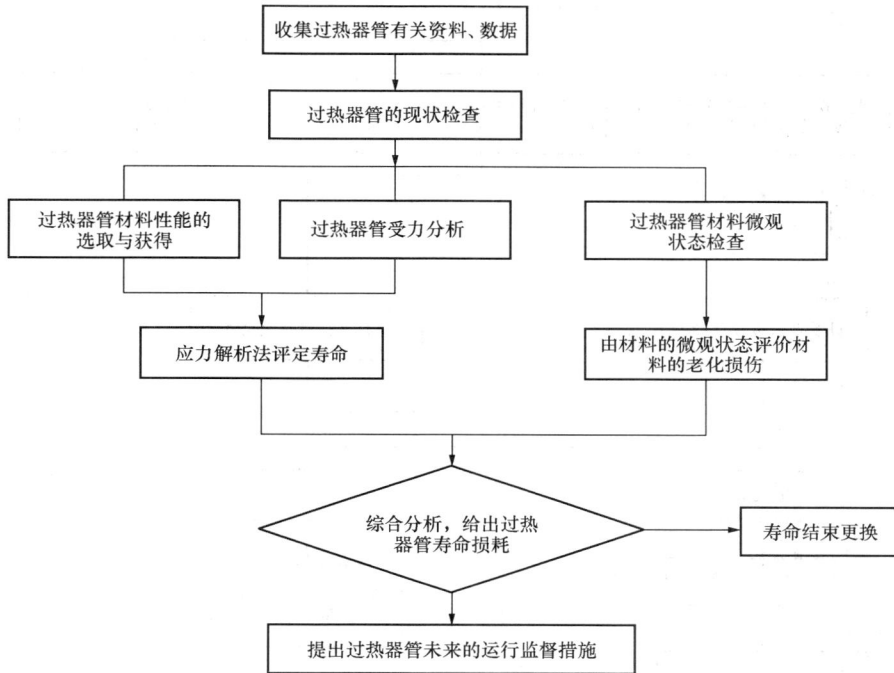

图 2-17　无超标缺陷过热器管道寿命评定程序图

(二) 寿命评估方法

对于运行导致的损伤评定，可采用传统的分阶段探讨的方法（三级评定法）。

(1) 一级评定的基本参数有：管子的设计规格尺寸（根据图纸）；设计压力 p 和温度 T；材料的性能参数；最低蠕变断裂性能。寿命损耗分段（LFE）可按下式计算，即

$$\mathrm{LFE} = \frac{t}{t_{\mathrm{R}}} \tag{2-6}$$

式中　t——在应力 σ 和 T 下的运行小时数；

　　　t_{R}——在应力 σ 和 T 下的最小断裂寿命。

(2) 如果剩余寿命低于延长服役的预期值，则需要进行二级评定，必须考虑到偏离设计波动的运行温度对寿命的影响。二级评定不同于一级，所采用的温度为运行记录温度，并累计每一温度区间里的寿命损耗分数总和，即

$$\mathrm{LFE} = \sum_{i}^{n} \frac{t_{\mathrm{i}}}{t_{\mathrm{iR}}} = \frac{t_{\mathrm{x}}}{t_{\mathrm{xR}}} + \frac{t_{\mathrm{y}}}{t_{\mathrm{yR}}} + \frac{t_{\mathrm{z}}}{t_{\mathrm{zR}}} \tag{2-7}$$

式中　t_{x}、t_{y}、t_{z}——对应于金属温度 T_{x}、T_{y}、T_{z} 和工作应力为 σ_{x}、σ_{y}、σ_{z} 时的运行小

时数；

t_{xR}、t_{yR}、t_{zR}——各相应断裂时间。

则剩余寿命为

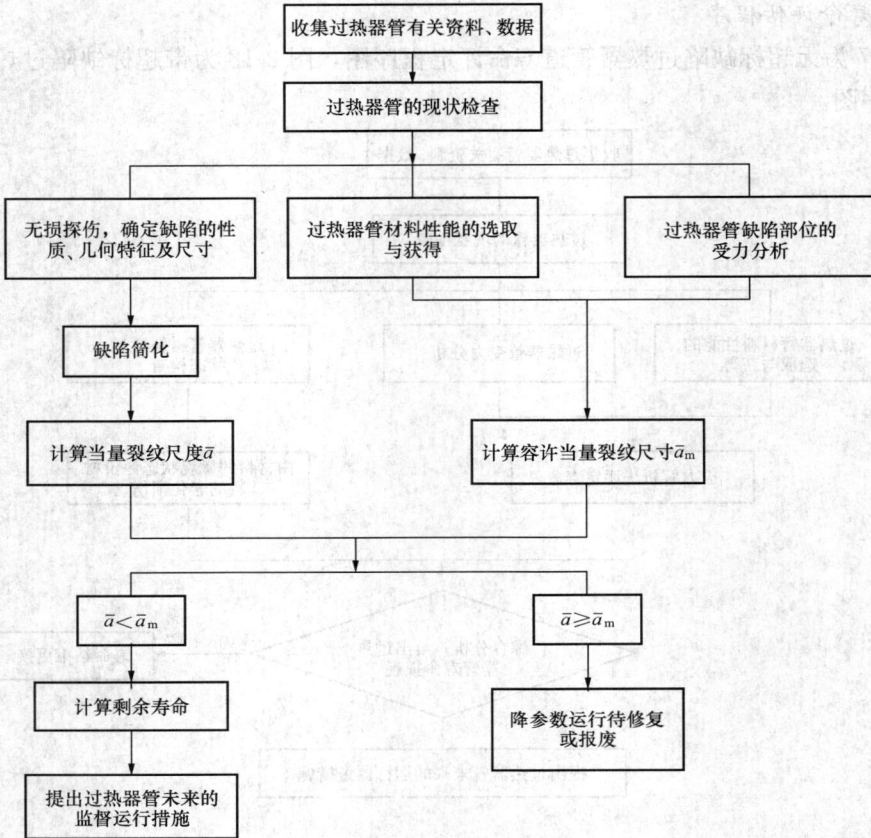

```
                        ┌─────────────────────────┐
                        │   收集过热器管有关资料、数据   │
                        └─────────────────────────┘
                                    │
                        ┌─────────────────────────┐
                        │     过热器管的现状检查        │
                        └─────────────────────────┘
                                    │
        ┌───────────────┬───────────┴───────────┬─────────────────┐
┌──────────────────┐ ┌──────────────────┐ ┌──────────────────┐
│ 无损探伤，确定缺陷的性 │ │ 过热器管材料性能的选取 │ │ 过热器管缺陷部位的  │
│ 质、几何特征及尺寸    │ │ 与获得            │ │ 受力分析          │
└──────────────────┘ └──────────────────┘ └──────────────────┘
        │
┌──────────────────┐
│      缺陷简化       │
└──────────────────┘
        │
┌──────────────────┐              ┌──────────────────────┐
│ 计算当量裂纹尺度$\bar{a}$ │              │ 计算容许当量裂纹尺寸$\bar{a}_m$ │
└──────────────────┘              └──────────────────────┘
        │                                   │
┌──────────────────┐              ┌──────────────────────┐
│  $\bar{a} < \bar{a}_m$   │              │   $\bar{a} \geqslant \bar{a}_m$    │
└──────────────────┘              └──────────────────────┘
        │                                   │
┌──────────────────┐              ┌──────────────────────┐
│    计算剩余寿命      │              │ 降参数运行待修复        │
└──────────────────┘              │ 或报废               │
        │                         └──────────────────────┘
┌──────────────────┐
│ 提出过热器管未来的   │
│ 监督运行措施        │
└──────────────────┘
```

图 2-18　带超标缺陷过热器管道寿命评定程序图

$$t_{nr} = (1 - LFE) \times t_{fR} \qquad (2-8)$$

式中　t_{fR}——预计温度和应力下的断裂寿命。

（3）如果过热器或再热器的剩余寿命达不到延长寿命期，则需进行三级评定。

四、过热器管寿命评估技术

（一）过热情况下的剩余寿命计算方法

对于过热器管，如果只有过热这一情况作用于受热面管，则主要以高温蠕变理论为基础进行计算。

（1）炉管在长期高温作用下内壁会出现氧化膜，可通过测量内壁氧化层厚度计算出其平均当量运行温度。

1）以测量内壁氧化层厚度为基础进行计算，比较适用于长期过热方式，可采用 Labor-elec 公式，即

$$T = \frac{a}{\lg t + b - 2\lg(0.4678X)} - 273.15 \tag{2-9}$$

式中 a——壁厚，mm；

    t——运行时间，h；

    X——内壁氧化膜厚度，mm；

    b——常数值。

2）与上述方法相同，但方程式表达不一样，以 Aptech 公式计算，即

$$T = \frac{\lg X - C_1}{C_2 + C_3 \lg t} \tag{2-10}$$

式中 X——内壁氧化膜厚度，mm；

    t——运行时间，h；

C_1、C_2、C_3——常数，须由试验确定。

3）以评定显微组织球化级别为基础进行计算，比较适用于短时过热方式，可采用球化方程式，即

$$t = Ae^{\frac{b}{T}} \tag{2-11}$$

式中 t——到一定球化程度所需时间，h；

    A——球化常量；

    b——材料常数；

    T——金属当量运行温度，K。

（2）利用拉尔森—米列尔公式计算剩余寿命，即

$$LMP = T(20 + \lg t_r) \times 10^{-3} \tag{2-12}$$

式中 t_r——蠕变断裂寿命，h；

    T——绝对温度，K。

LMP 值是与应力相关的，也可写出式（2-13），即

$$T_1(20 + \lg t_{r1}) = T_2(20 + \lg t_{r2}) \tag{2-13}$$

式（2-13）中，当发生爆管时，T_1 为爆管管壁当量温度，t_{r1} 为爆管段运行时间，T_2 为评估管当量温度，t_{r2} 为评估管运行时间；当未发生爆管时，T_1 为炉管允许使用温度，t_{r1} 为允许使用时间，T_2 为评估管当量温度，t_{r2} 为评估管运行时间。

（二）过热和腐蚀共同作用下的剩余寿命计算方法

在高温作用下，炉管不仅受到单一的失效方式损伤，而且可能受到多种失效方式的共同作用。对于过热器管，最常见的方式有高温热腐蚀与过热共同作用。

如果评估管附近管段已有爆管情况发生，则需要分别测量并计算评估管和已爆管的管壁减薄率，利用已爆管段的数据来计算评估管的蠕变寿命，同时建立寿命评估方程进行计算。如果评估管所在同一部件附近管段未有爆管情况发生，而经过现场检查，发现其受到过热和腐蚀作用，则可利用评估管的计算圆周应力来计算蠕变断裂寿命。

（三）在磨损情况下的剩余寿命计算方法

由于磨损造成的过热器管失效，管壁金属温度并不超过其蠕变温度，所以对其进行寿命估算可采用常温下强度校核的方法。管壁减薄率按下式计算，即

$$c = (W_1 - W_2)/H \tag{2-14}$$

式中　c——管壁减薄率，mm/h；

　　　W_1——前次测得的管壁厚度，mm；

　　　W_2——目前管壁厚度，mm；

　　　H——前次壁厚至今经历的时间，h。

评估管的剩余寿命可按下式进行，即

$$t = \frac{W_2(\sigma_y - p) - p(D - 2W_1)}{c(2\sigma_y - p)} \tag{2-15}$$

式中　D——管径，mm。

（四）异种钢焊接失效的剩余寿命计算方法

异种钢焊接失效的剩余寿命评定采用三级评定法，且至少要进行二级评定。二级评定根据已有资料，对异种钢焊口进行单轴蠕变试验，按下式分析其寿命 t_f、应力 σ、温度 T 的关系如，即

$$\frac{10^3}{T} = c + 0.21\log\sigma + 0.58\log t_f \tag{2-16}$$

若工作应力和温度已知，则可从式（2-16）推算出其运行寿命。若历史记录中有系统超负荷的记载，则在三级评定中进行更精确的分析。在三级评定时，需要用热电偶及其他方法测得金属温度，对系统要进行详细检查（磁粉、超声和/或射线），从中取几个最危险部位的试样进行金相检验。

五、寿命评估报告

寿命评估报告的主要内容包括：

（1）机组及过热器管概况。

（2）过热器管道的各项检测、试验结果与状态评估意见。

（3）过热器管道的应力分析结果。

（4）寿命评估采用的材料性能数据、评估方法和评估结果。

第九节　碳化钨包镀技术

一、碳化钨包镀技术原理简介

采用穿透热焊工艺将碳化钨、镍、铬、硼结合成既有碳化钨的强度，又抗腐蚀的优异保护层，包镀层冶金结合强度大于 483MPa，不发生缺口、爆裂和剥落的现象。碳化钨包镀层见图 2-19。

（一）碳化钨包镀层技术参数

（1）镀层与机筒结合力：483MPa。

（2）材料组分：70%碳化钨+30%聚四氟乙烯。

（3）镀层表面硬度：72HRC。

（4）镀层微观结构分布均匀。

(5) 内部晶粒结合力强。

(6) 可控的镀层厚度。

(7) 镀层内部无任何连通的气孔。

(二) 碳化钨包镀层显微照片说明

(1) 包镀层。碳化物均匀地分布在稠密的碳化钨镀层中，形成高抗磨损保护层，能够在温度高达 1900°F 的环境中连续运转，包镀层没有互相连通的小孔，因此具有优异的抗腐蚀和耐冲击性能。在提供耐侵蚀保护时，1.5mm 的镀层可提供相当于 25mm 的碳化铬焊接涂层或 75mm 的碳钢。碳化钨包镀层见图 2-20。

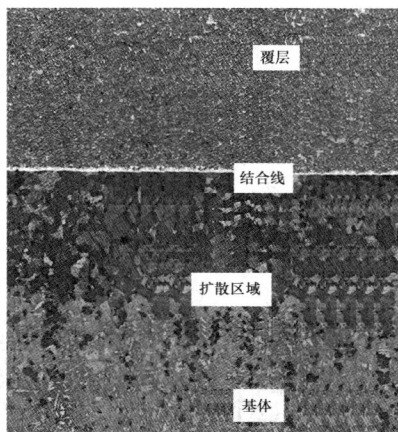

图 2-19 碳化钨包镀层（一）

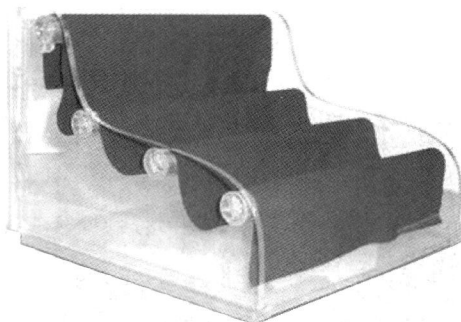

图 2-20 碳化钨包镀层（二）

(2) 结合层。真正的冶金结合层（大于 483MPa）和高度的粒子间结合力使得包镀层非常牢固，能够防止产生缺口、剥落和爆裂。

(3) 扩散区。形成最小的渗透，确保基底材料在结合层下的扩散区仍保持其原来的一致性。

(4) 基底材料。经包镀后的炉管仍可再作热处理，以便于恢复基底材料原来的机械性能。

二、碳化钨包镀技术应用介绍

以下以美国伊利诺州发电厂流化床锅炉管为例进行介绍。

1. 电厂技术参数

(1) 每年发电 90 亿 kWh。

(2) 每日消耗 9.6t 混煤。

(3) 10 台燃煤锅炉。

(4) 160MW 的 10 号机组是国家首台商用规模的常压流化床燃煤锅炉。

(5) 10 号机组只采用来自伊利诺州的高硫煤作为燃料。

(6) 10 号机组的蒸发器区域采用 SA210-1/57.15mm 外径×5.59mm 壁厚的内置式螺纹管。

（7）1～9 号机组采用低 NO_x 排放的燃烧器。

（8）1 号机组正在评估选用非催化还原技术。

2. 侵蚀问题

最初的 10 号机组鼓泡硫化床锅炉管涂有 1mm 厚的 15Cr、4.5Fe、4Si 的合金层，其余为 Ni 金属热熔喷涂层。使用两年后，机组由于喷涂层磨蚀故障导致锅炉管渗漏。修复后，每 4～5 个星期出现锅炉管渗漏，使机组被迫停机，其原因是由于喷涂层抗磨蚀性差和喷涂层脱落，使管道基底材料外露所致，见图 2-21。

3. 包镀技术防磨防爆解决方案

（1）在 10 号机组安装了三种管道保护材料进行评估。

1）3.5mm 的高铬金属堆焊。

2）1mm 热喷涂。

3）Kennametal 0.76mm 碳化钨包镀。

（2）使用两年后，堆焊和热喷涂层失效，需要拆除试验管段，见图 2-22。

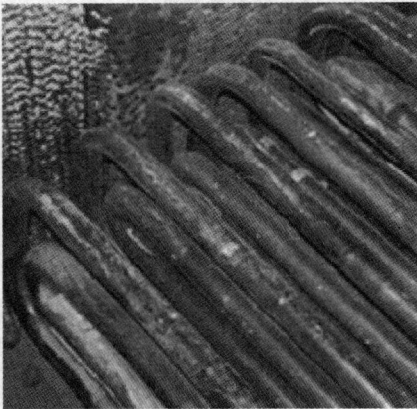

图 2-21 10 号机组鼓泡硫
化床锅炉管磨蚀情况

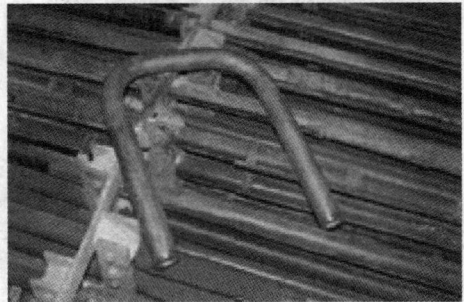

图 2-22 堆焊和热喷涂层
失效后拆除试验管段

（3）通过涡流测量 Kennametal 碳化钨保护层发现，没有出现可测量的涂层厚度变薄的情况。

（4）估计炉管使用寿命大于 15 年。

第十节　奥氏体不锈钢管内氧化皮形成原理及检测技术

随着火力发电机组蒸汽参数的提高、超（超）临界机组的投产和运行，锅炉高温段广泛采用了奥氏体结构不锈钢。机组运行后发现了奥氏体不锈钢氧化皮问题，而过热器、再热器管道内壁的氧化导致锅炉局部过热、超温爆管以及汽轮机叶片固体颗粒侵蚀，降低了机组可用率，带来发电机组安全隐患。目前一些大型发电企业已经下发文件，明确规定在检修期间，必须对奥氏体不锈钢管内氧化皮进行检测。本节介绍的技术采用了国家发明专利，经过现场实际检验，可以快速、直观、准确、高效地检测奥氏体不锈钢管内氧化皮和管内铁磁性物质，为机组正常运行和新机启动保驾护航。

一、氧化皮无损检测方法的意义

20 世纪 90 年代开始，我国的火电机组蒸汽温度突破超临界 540/566℃限制，超（超）临界火电技术大批出现，主蒸汽和再热蒸汽温度达到 600/600℃以上，主蒸汽压力达到 26.05MPa 以上。主蒸汽参数的提高使机组效率提高，供电煤耗下降到 280g/kWh 左右，也对过热器、再热器的材料提出了更高的要求。为了能满足高温高压工况下对金属材料的强度要求，高参数机组（也包括一些亚临界机组）在锅炉关键受热部位，特别是高温段锅炉管道，广泛采用了奥氏体结构的不锈钢。这些机组运行后发现了奥氏体不锈钢氧化皮问题，而过热器、再热器管道内壁的氧化导致锅炉局部过热、超温爆管，以及汽轮机叶片固体颗粒侵蚀（SPE），降低了机组可用率，带来发电机组安全隐患。

目前许多发电企业开始重视对氧化皮形成机理的研究，以及对锅炉运行期间影响氧化皮生成和脱落的运行参数的控制。一些大型发电企业已经下发文件，明确要求在机组检修期间，必须对奥氏体不锈钢管内氧化皮进行检测。

随着国内 600、1000MW 等级大型发电机组的投产，锅炉过热器、再热器管道内壁氧化问题日益突出，事故屡有发生，迫切需要对其管道内氧化皮进行检测。目前对于管内脱落的氧化皮比较有效的检测办法是射线检测和割管检查。射线检测法的优点是直观，对管道本身没有损伤，但是射线对人体有危害，检查只能在锅炉内没有其他施工的特殊时段进行。射线检测每一处测试操作耗时较长，效率非常低；当管内氧化皮堆积数量较少时，因为对射线的吸收较少，在底片上没有明显变化而难以判断；限于炉内条件，有些部位不具备放置射线机的条件。割管检查的优点是能够直接地观察和测量管内氧化皮堆积的形状和数量；缺点是对受热管道造成物理性损伤，需补焊，通常只用于已基本确定氧化皮堆积情形严重的管道。这两种方法的成本，折合到每一根管道都是比较高的。对于工期要求很高的发电企业，无论是在基建阶段还是检修期间，目前常用的这两种方法都不理想。因此，研究和探索准确、高效的氧化皮无损检测方法和设备，对于安全、高效的电力生产具有非常重要的意义。

二、氧化皮形成和脱落原因分析

锅炉受热面管道内壁的氧化和剥落问题，在国内外的锅炉上很早就有所发现。但是因为当时锅炉参数低，所使用的材料多为碳钢或低合金钢，其氧化膜与基体晶格结构相近、结合紧密、膨胀系数相近，所以不易脱落；即使脱落，也是点蚀状脱落，不会大面积脱落，造成后续隐患。经过国内外学者、专家的研究，奥氏体不锈钢氧化皮形成和脱落的机理目前已经比较清楚。

热力系统管道内壁发生的高温氧化，是氧化性气体（水蒸气）在高温条件下与金属材料中的铁发生化学反应的过程，即

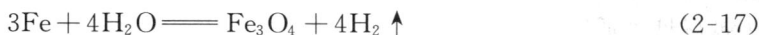

$$3Fe + 4H_2O \Longrightarrow Fe_3O_4 + 4H_2 \uparrow \tag{2-17}$$

从显微组织结构而言，奥氏体不锈钢的金属晶格为面心立方晶格，氧化膜的晶格为体心立方晶格，所以奥氏体不锈钢的氧化膜与基体结合不紧密，造成氧化膜较易脱落。

水蒸气在氧化金属过程中释放的氢质子除了产生氢气以外，还可以在氧化膜中形成氢缺

陷，或穿过氧化层直接在金属基底反应；同时氢气在金属基体和氧化膜界面处累积会产生很高的氢压，因而进一步促进了氧化膜的生长和剥落。金属在水蒸气中氧化形成氧化膜与在氧气中氧化形成氧化膜的主要差异在于水蒸气氧化存在氢缺陷。

另外，氧化皮的主要成分是大量 Fe_3O_4 和少量 Fe_2O_3，而铁氧化物 Fe_3O_4 与奥氏体不锈钢母材晶格形式、热膨胀系数之间有较大差异。当氧化层达到一定厚度，且温度有较大变化时，由于热膨胀系数相差较大，氧化皮很容易从金属本体剥离。

这就是为什么一般情形下金属氧化所生成的氧化膜黏附力较高，而奥氏体不锈钢在水蒸气条件下氧化却很容易发生氧化膜剥落的原因。

表 2-23 是热膨胀系数对照表。

表 2-23 热膨胀系数对照表

材料	TP304	TP347H	Fe_3O_4	Fe_2O_3	FeO	$FeO \cdot CrO_3$
线膨胀系数 ($\times 10^{-6}$ m/℃)	19.1	18.9	9.1	14.9	12.2	5.6

大量的实际运行和相关研究还发现，氧化皮的脱落存在下列规律：

（1）奥氏体不锈钢管的氧化皮剥离仅限于外层，而铬钼钢的氧化皮则内外层一起剥离。

（2）在降温过程中氧化皮由于受到压应力，易于发生剥落，特别是在 350℃ 附近会剧烈剥落。

（3）在较高温度下剥落的氧化皮为片状，在较低的温度下剥落的氧化皮为粉状。

（4）氧化皮在升温过程中，在 200～300℃ 时也会发生氧化皮的剥落，但剥离量比降温过程少。

因为自身重力和管道流通阻力的原因，脱落的氧化皮一大部分堆积在垂直布置的管道下弯头等部位，正常的蒸汽流动只能带走极少数体积稍小的氧化皮，即使启动时的多次蒸汽吹扫也不能清除干净。管内堆积的氧化皮减小了蒸汽流通面积，降低了管道换热能力，使得受热面管道得不到可靠的冷却，严重时可能导致管道超温、爆管等一系列问题。另一小部分脱落的氧化皮则随汽流进入汽轮机侧，可能引起主蒸汽阀门卡涩以及汽轮机喷嘴、叶片的固体颗粒侵蚀，严重时损伤汽轮机叶片；脱落的氧化皮进入凝结水以后，则会造成铁含量超标，污染汽水品质。

三、检测原理

如果在磁场中放入一种物质，就会发现这种物质会使其所占据空间的磁场发生变化。这就是说，物质在磁场中由于受磁场的作用而表现出一定的磁性，这种现象称为磁化。通常把能被磁化的物质称为磁介质，实际上包括空气在内的所有物质都能被磁化，因而都是磁介质。根据物质磁化后对磁场的影响，可以把物质分为三大类：使磁场减弱的物质称为抗磁性物质；使磁场略有增强的物质称为顺磁性物质；使磁场剧烈增加的物质称为铁磁性物质。

实践表明奥氏体不锈钢是顺磁性材料，即非铁磁性物质；而氧化皮（Fe_3O_4）具有强铁磁性，是铁磁性物质。利用两种材料的物理性能差异，可以实现对奥氏体不锈钢管内氧化物的检测。

铁磁性物质与顺磁性物质有很大的差别，对于铁磁性物质，不太大的磁场便会使其强烈磁化。磁化曲线表征了铁磁性物质在外磁场的作用下所具有的磁化规律，磁化曲线就其特征来说可以分为四个阶段，如图 2-23 所示。

铁磁性物质在原始状态下，内部虽分为若干个自发磁化区，即磁畴，但当 $H=0$ 时，各磁畴的总磁化强度等于零，即

$$\sum MV_i\cos\theta_i = 0 \qquad (2\text{-}18)$$

式中　M——磁化强度矢量；

$\quad V_i$——第 i 个磁畴的体积；

$\quad \theta_i$——第 i 个磁畴的磁化强度矢量 M 与某一特定方向间的角度。

当加上外磁场 H 时，铁磁体开始被磁化，沿着 H 方向出现不等于零的磁化强度 δM_H。显然有式（2-19），即

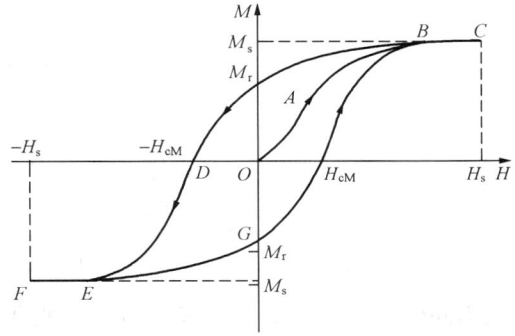

图 2-23　铁磁性物质的磁化曲线

$$\delta M_H = \sum (M\cos\theta_i\delta_{V_i} + MV_i\sin\theta_i\delta_{\theta_i} + V_i\cos\theta_i\delta_M) \qquad (2\text{-}19)$$

式中　δ_{V_i}——当 i 个磁畴体积的变量；

$\quad \delta_{\theta_i}$——第 i 个磁畴角度的变量；

$\quad \delta_M$——磁化强度变量。

式（2-19）中第一项代表接近于外磁场方向的磁畴长大对于总磁化的贡献。这个过程是通过磁畴间界壁的位移来进行的，称为畴壁位移过程；第二项代表磁化矢量 M 的方向改变对于总磁化的贡献，称为转动过程；第三项代表 M 本身数值的增加，即在单位体积内正自选磁矩的增加，称为顺磁过程。

经以上研究表明，测量外磁场 H、内部含有氧化皮的奥氏体不锈钢管的磁化强度 M_H，再减去奥氏体不锈钢管本身的磁化强度，得到氧化皮带来的磁化强度 δM_H，即可以判断管内氧化皮的多少；通过对不同管材、不同厚度管道、不同氧化皮形式的磁化强度和质量对应关系的标定，可以对管内氧化皮的质量进行测量。

针对现场实际测量发现的问题，有关学者在原有设计的基础上不断改进，在国家知识产权局注册了改进的氧化皮测量装置的传感器，其发明专利号为 ZL200710121994.2。这一专利使得对奥氏体不锈钢管内氧化皮数量的测量可以覆盖较大的动态范围，既可以保证在氧化皮数量较少时能够灵敏地进行测量，也可以保证在管内氧化皮数量较多时后续测量不至于饱和。

四、检测仪器简述

（一）信号检测框图

氧化皮或管内异物的基本检测框图见图 2-24。

如图 2-24 所示，对被测物锅炉不锈钢管施加一个特殊设计的低频电磁场，由于管内氧化皮或其他异物具有铁磁性，会感应出一个与上述电磁场相关的电磁场，通过特殊设计且安

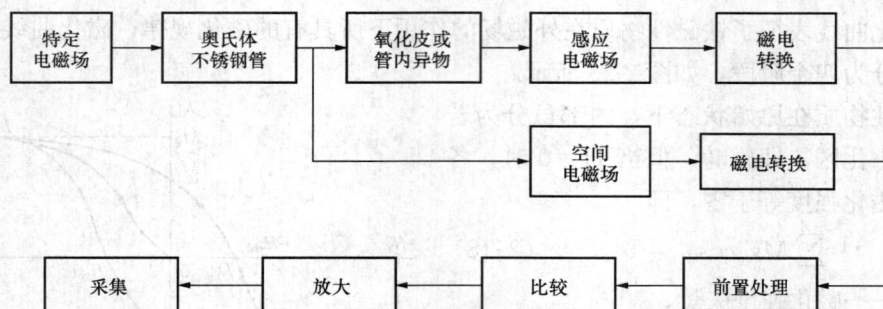

图 2-24 信号检测框图

放在不同位置的专用磁电转换元件——霍尔原件，将此磁场转换为与之对应的多路弱电信号；与此同时，另一路磁电转换元件获得与没有氧化皮的空间磁场对应的弱电信号。将上述信号经过相同的前置处理后进行比较，以去除可能的电磁干扰和本体噪声，提取有用的信号。

（二）检测系统

由华北电力科学研究院作为科研项目立项的 OMD-100 型氧化皮/清洁度检测系统采用了国家发明专利（专利号为 ZL200710121994.2），结合了华北电力科学研究院各相关专业的研究成果，集成了相关企业多年工业仪器仪表开发的专业经验。检测装置主要包括 OMD-100 氧化皮检测仪、OT 系列专用传感器、后续分析处理软件。OMD-100 氧化皮检测仪采用了先进的微电子技术、计算机技术、FPGA 技术、SMT 工艺和检测技术，其性能稳定、可靠，信噪比高，能实时有效地检测金属材料内部铁磁性材料的多少，是一款实用性很强的多功能、数字化、便携式电磁检测设备，可以为大型火力发电厂实时检测金属材料的氧化情况和管内清洁度提供切实有效的手段。

检测仪器的结构框图见图 2-25。

检测仪器按其功能分为电源管理、传感器接口（管理及供电）、模拟信号调理、信号采集、通信及网络、键盘管理、存储管理、显示适配和中央控制单元共九个部分。图 2-26 和图 2-27 为检测仪器外形图。

五、定量测试分析

经过大量的调查研究，发现在我国目前已运行或即将投运的 600、1000MW 机组中，采用奥氏体不锈钢的高温过热器和再热器的管道主要有 44.5、51、54、57、60、63.5mm 等不同直径。为便于观察和测量，这里选择不同管径、不同壁厚的组合，定制了有机玻璃试管。有关资料表明，不锈钢和有机玻璃对于电磁场的磁导率相差不到 0.1%，所以可以认为，在有机玻璃管道中的测试可以反映不锈钢管道的测试情况。

在不同管径、不同壁厚的标准试管内放入不同数量的氧化皮，分别测量和记录氧化皮的质量和传感器的信号输出。表 2-24 是采用某电厂 660MW 机组的现场氧化皮粉末，在直径 44.5mm、壁厚 5mm 的有机玻璃管内测试获得的一组数据。

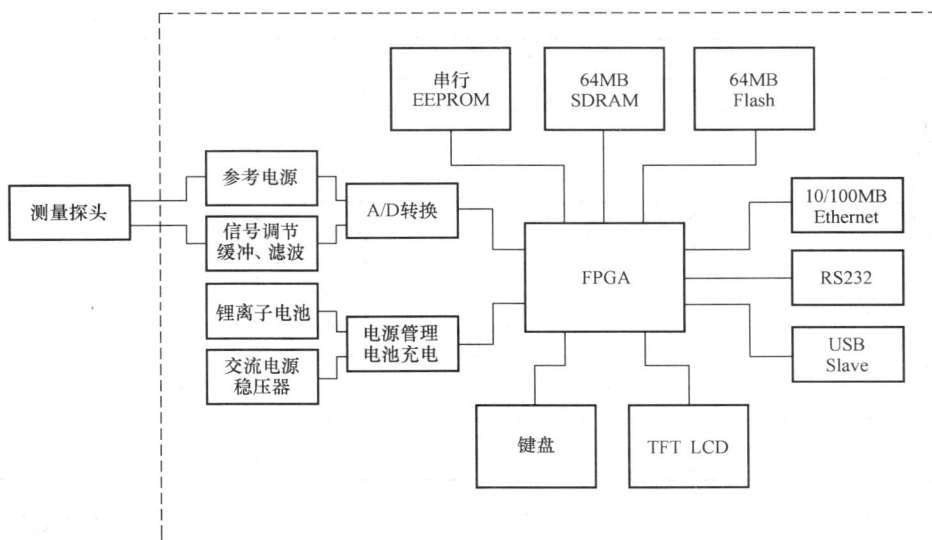

图 2-25 检测仪器的结构框图

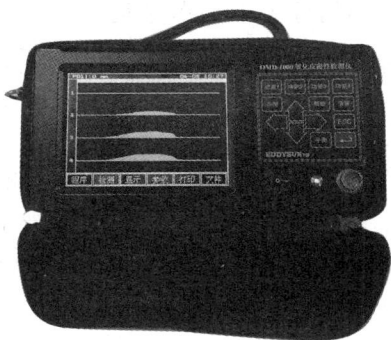

图 2-26 检测仪器外形图

图 2-27 专用传感器外形图

表 2-24　　　　　　　　　　　　　氧化皮的质量和传感器的信号输出数据

序号	质量（g）	通道1（mV）	通道2（mV）	通道3（mV）
1	1	4	5	3
2	2	7	8	4
3	4	12	13	7
4	6	13	16	10
5	8	14	19	12
6	10	16	23	13
7	12	19	25	14
8	14	22	30	17
9	16	25	32	21

序号	质量（g）	通道 1（mV）	通道 2（mV）	通道 3（mV）
10	18	27	35	24
11	20	29	37	25
12	22	30	41	27
13	24	31	43	28
14	26	32	45	30
15	28	34	45	35
16	30	35	46	37
17	32	37	47	39
18	34	39	47	41
19	36	40	48	42
20	38	42	49	44
21	40	42	50	45
22	42	41	49	45

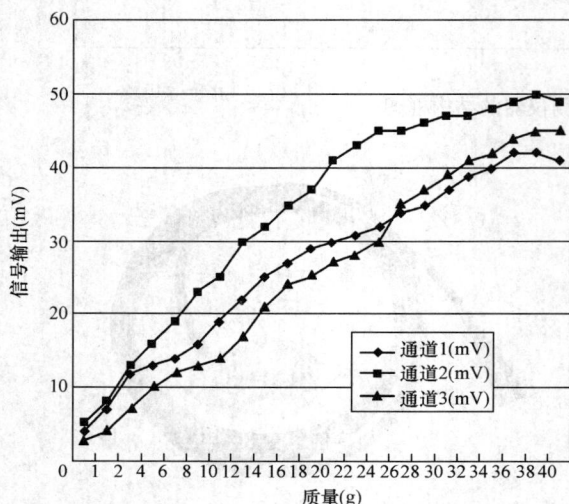

图 2-28　不同通道的电压—质量曲线

将表 2-24 中的数据绘制成曲形，直观地反映传感器输出与氧化皮质量之间的对应关系，见图 2-28。可以看出，输出信号大小基本随氧化皮质量的增加而变大。如果简单使用所测电压（毫伏值），可以用于定性和半定量测量氧化皮数量的多少。

实际测试中，由于测试原理的缘故，对测试结果造成影响的因素很多，例如氧化皮状态不同（粉末、鳞状、片状，潮湿或干燥，质量密度不同），因为长期运行管材发生物理变化，管道加工（焊接、热处理等）过程和管道外壁氧化都会使管道带有弱磁性，而电子原件的安装偏差以及自身的非均匀性都会影响到所测量的表征磁场强度的弱电信号大小。即使在现场标定，每一组管道之间也存在一些偏差；对于工业现场应用而言，氧化皮数量非常精准的定量测量可能也并非是必要的。

六、现场实测情况

本检测仪以全新的快捷检测方式，直观地给出管道内氧化皮的堆积形状。仪器配有多种不同型号的传感器，以适应于不同管径奥氏体不锈钢管内氧化皮或清洁度的检测需要。

仪器的突出优点如下：

（1）无损测试分析。

（2）灵敏度高，测量范围大。

（3）检测准确、高效，显示直观。

（4）不会干扰其他检修、检查工作。

（5）无辐射、无噪声、无污染。

（6）抗干扰能力强，不受炉内其他工作的影响。

（7）不需要对管道表面进行任何预处理。

由于基建期管道施工时有焊接、打磨等工作，因此在管道内经常会掉进打磨的铁屑，焊接的焊条、焊丝和焊渣以及其他工具、器件等，这些通常在吹管后还会遗留在管道内部，并且带来隐患。一般这些材料具有铁磁性，所以也可以通过本检测仪测出。

这种技术和设备在国内多套 600MW 亚临界、超（超）临界和 1000MW 等级超（超）临界锅炉的检修期间和基建阶段都进行了大量测试，取得了非常好的效果，受到有关领导和工程技术人员的高度赞誉。典型用户包括浙江乌沙山电厂、广东潮州电厂、江苏吕四电厂、福建宁德电厂、山东邹县电厂、华能南京电厂、国华盘山电厂、岱海电厂、华能伊敏电厂、山东日照电厂、华能上安电厂、宁夏灵武发电厂、宁夏宁东电厂等。

（一）实例 1——大修检查

图 2-29～图 2-32 是在某电厂 600MW 超临界机组大修期间使用本仪器检查和测量，发现末级过热器管多处管内氧化皮堆积严重。图 2-29 和图 2-31 是测量时的显示图形，图 2-30 和图 2-32 是现场射线检查拍片再经过数字化处理以后的效果图。通过图形对比表明，OMD100 型测试仪测量结果非常准确、直观。

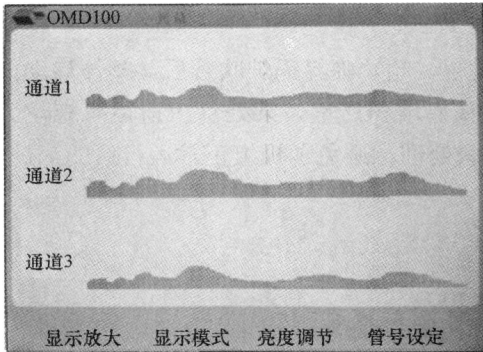

图 2-29 仪器测量的图形显示（末级过热器 5-16）

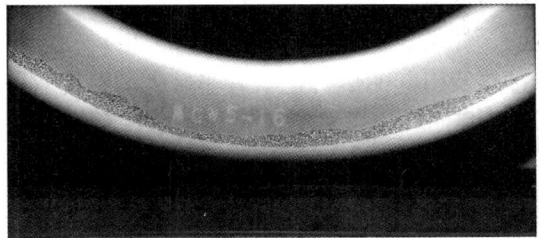

图 2-30 射线法数字化处理后的图形（末级过热器 5-16）

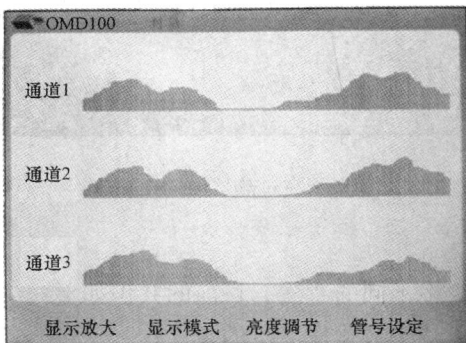

图 2-31 仪器测量的图形显示（末级过热器 10-19）

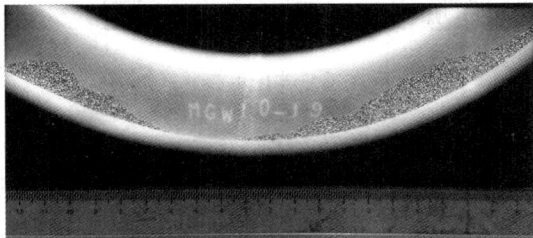

图 2-32 射线法数字化处理后的图形（末级过热器 10-19）

（二）实例 2——基建期检查

某电厂一期扩建工程（2×1000MW）3 号机组锅炉吹管后，整体启动前，使用本仪器检查发现，末级过热器管及三级过热器管弯头有 5 处铁磁性物质（为施工遗留的铁屑、焊渣等）堆积比较严重（见图 2-33），另一处发现管内遗留有螺丝刀（见图 2-34）。现场射线检查拍片显示，OMD100 型氧化物测试仪测量结果非常准确。本次检测避免了现场机组正常运行后的锅炉爆管，具有非常好的经济效益，受到高度评价。

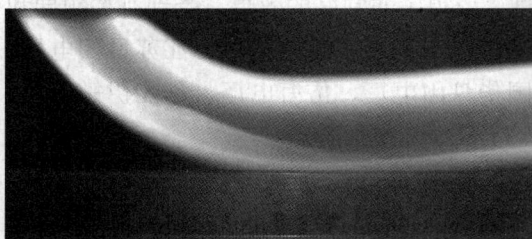

图 2-33　锅炉吹管后
仍然铁屑堆积严重

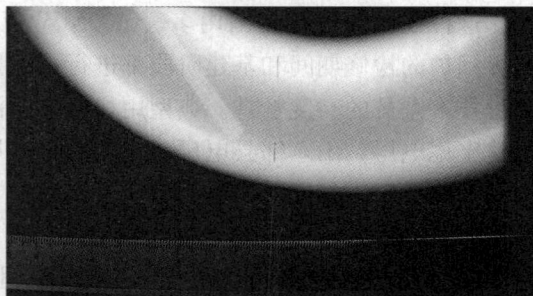

图 2-34　遗留在过
热器管内的螺丝刀

（三）实例 3——基建期检查

图 2-35 和图 2-36 是在某电厂 2 号机组 660MW 超（超）临界锅炉吹管后，整体启动前，使用本仪器检查和测量发现，末级过热器管内多处铁屑堆积严重，某处管内遗留有螺丝刀、钢筋、焊条、仪表头、塑料管等。电厂立即进行消缺处理，避免了机组正常运行后的锅炉局部过热及引起的爆管，具有非常大的经济效益。

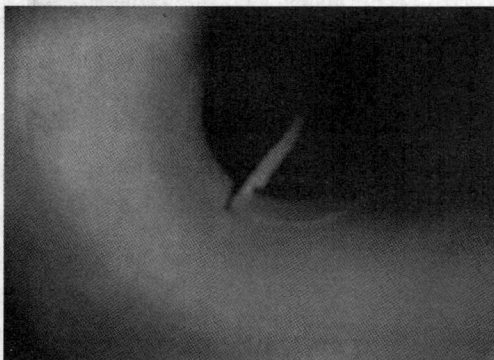

图 2-35　遗留在过热器内的杂物　　　　图 2-36　遗留在过热器内的杂物

七、氧化皮的防范重点

关于氧化皮的防范，在学术界和电力行业还存在很多不同的看法。目前的共识如下：

（1）虽然无法完全防止氧化皮的生成，但可以大大减少氧化皮产生的条件。

（2）不能让生成的氧化皮随意脱落，即减少氧化皮剥落的条件。

（3）即时排毒：让氧化皮有控制地脱落到外面去，不能堵管、损害汽轮机。

（4）逢停必检：采用专用仪器对过热器、再热器管道内壁的氧化皮情况进行检测，问题严重的要割管处理。

总结起来就是，一方面要强化启动、停机、运行管理，在建立完善制度、正确制定措施、严格执行规程的基础上，通过规范操作、精确控制来防止超温和汽温突变，减少和避免问题。另一方面，要加强主动检测，及时处理，避免爆管和更大的损失。

具体运行过程中，需要注意以下问题：

（1）重点关注监测和控制金属壁温。

1）保证壁温测点设计、安装全面，并严格具有代表性，超温能被及时监测。

2）烟温控制/汽温控制。

3）蒸汽流量和流速控制。

（2）控制机组启停时的温度变化速率。

1）强制冷却时。

2）强制升温时。

（3）注意负荷波动时燃烧的控制。奥氏体不锈钢管内氧化皮是大型汽轮发电机组普遍存在的问题，目前已得到各发电企业的高度重视。本设备和技术可用于机组大修或小修期间，快速测量奥氏体不锈钢管内氧化皮情况；也可用于在基建期间锅炉吹管后、机组整体启动前，检查锅炉不锈钢管内异物，特别是铁磁性物质；还可用于检查金属处理工艺是否合格、鉴别金属材料等。从机组运行参数控制和加强主动检测两个角度对氧化皮问题高度重视，对大型火力发电机组的安全稳定运行有着非常重要的意义。

第三章　超(超)临界锅炉辅机检修

第一节　超(超)临界锅炉辅机检修基本技术

随着超(超)临界机组运行参数的不断提高,超(超)临界锅炉辅机的运行参数也随之提高。大型机组保护的功能设置日趋完善,锅炉辅机故障引发机组 RB 成功的事例很多,较之以往未造成直接和间接的经济损失,但是对锅炉辅机检修的基本技术还应引起高度重视。

一、直轴技术

(一)分析主轴弯曲的原因

在电站锅炉辅助设备中,转动机械占有相当大的比重。大型的转动机械中主轴是转动设备的重要组成部件,因此电站锅炉检修作业时,经常会遇到转动设备主轴弯曲现象。

主轴弯曲的原因有以下几个方面:

(1)制造过程中(一般指锻造加工与热处理时)内部应力没有消除好,运行中由于振动及时效作用等原因应力消失,便出现弯曲。

(2)主轴锻造时由于材质不均匀、材质膨胀系数不一致,热态(指稳定热态)运行中会产生热弯曲。

(3)机组发生故障,使轴产生永久性弯曲。

(二)主轴找弯曲的方法

通常在车床上或专用平台上测量主轴弯曲。在专用平台上进行时,将轴两端合适的轴颈处装上轴承,用 V 型铁架支撑好,使轴保持水平状态,并且不允许有轴向窜动。通常将轴分成几个测量段,将测量段打磨光洁,并将轴圆周分成 12 等份,用石笔画出标记。把千分表装在表架上,表架安放稳固,最好用 3 块表同时测量(两端各 1 块,中间 1 块),同时读取 3 块表的读数,这样可以保证测量的准确性。测量时,要盘转主轴两周,测得两次数值,两次测量值的误差不应太大。当误差过大时,要查明原因。然后根据千分表的测量值绘制主轴的弯曲曲线图,如图 3-1 所

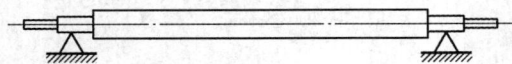

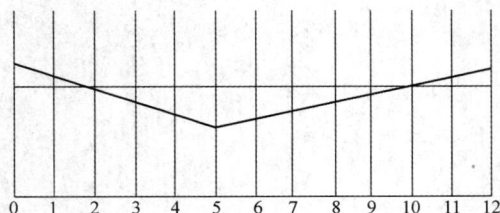

图 3-1　主轴弯曲曲线图

示。根据曲线图找出最大弯曲部分，并求出最大弯曲值，然后在轴的对应部位做出准确标记。

（三）直轴的工艺方法

由于主轴加工工作量大且价值高，主轴弯曲后应尽可能修复，以降低生产成本。下面介绍几种直轴方法。

1. 捻打法

捻打法简便易行，直轴后也不需加热处理，是一种常用的直轴工艺方法。

直轴时，将轴弯曲的突起部位向下放在坚实的支柱上，并加硬垫木或经过退火处理的铜垫，再用专用工具将靠近支柱的轴头牢固拉紧，轴的另一端悬空。必要时可在轴的端部挂上重物或用螺栓及压板等加压，使弯曲处金属伸长。捻打时不宜用重力打，而是振打，以使金属内部分子内聚力减低。当轴的直径和弯曲度都不大时，可不挂重物或加压力，如图 3-2 所示。

捻打直轴的捻打工作顺序如下：

（1）用捻棒压住轴的弯曲部分。一般用硬质铜棒作捻棒，捻棒下端的弧形必须与轴面相符，且没有棱角，以免损伤轴面，也可以用黄铜棒作捻棒。

（2）用 1～2 磅重的手锤打捻棒时仅用锤本身的重力落下即可。

（3）受打击的范围为轴圆周周长的 1/3，此范围可以预先在轴面上划好。

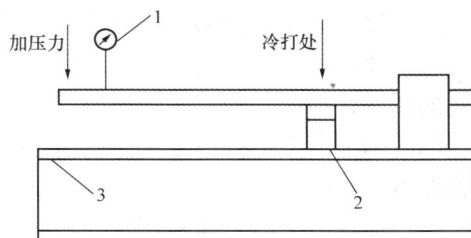

图 3-2　捻打直轴法
1—千分表；2—支柱；3—专用平台

（4）此 1/3 圆弧的中点为捻打起点，分左右均匀稳定捻打，中间部分捻打的次数多一些，两边捻打的次数要少一些。

（5）每捻打一次应用千分表检查轴弯曲度的变化，判断已调直多少。

（6）若弯曲发生在轴肩处，应用专用捻棒压住轴肩，用手锤振打专用捻棒，捻棒圆弧应与轴肩相符。

总之，在捻打过程中要经常用千分表检测，越到捻打后期越小心，不要捻打过头。

2. 局部加热法

局部加热法是对轴弯曲的突起部位快速局部加热。在这种情况下，轴被加热部分金属层的应力超过屈服点，以此来消除因局部摩擦引起弯曲的同样应力。

直轴所需的应力大小可用以下两种方法调节：一是增加被加热的金属层深度；二是增加加热面积。这两种方法都与加热速度和金属组织膨胀阻力的大小有关。因此，加热区域的尺寸、加热的时间长短、加热深度的大小应根据加热直轴的经验，按轴弯曲度的大小确定。加热区域应是椭圆形或长方形，一般尺寸选择如下：长度为轴圆周周长的 1/4 或 0.3D；宽度（沿轴向）为 30～40mm 或 0.1D～0.15D（D 为加热处直径）。

使用标准的 1 号火嘴时，标定的加热时间与轴的直径和弯曲度有关。表 3-1 中列出的时间为最小值，仅供第一次加热时参考，第二次加热时应根据第一次加热的经验和轴弯曲变化值而定。

局部加热法直轴的方法如下：

（1）轴弯曲突起的部位朝上放置在专用支架上。

表 3-1　　　　　　　　　　　直轴加热时间表　　　　　　　　　　　　　　（h）

轴径（mm） ＼ 弯曲度（mm）	0.2	0.4	0.6	0.8	1.0	1.2	1.4	1.6	1.8	2.0	2.2	2.6
100	3.0	3.5	4.0	4.5	5.0	5.5	6.0	6.5	7.0	7.5	8.0	9.0
150	3.5	4.0	4.5	5.0	5.5	6.0	6.5	7.0	7.5	8.0	8.5	10.0
200	4.0	4.5	5.0	5.5	6.0	7.0	7.5	8.0	9.0	10.0	12.0
250	4.5	5.0	5.5	6.0	6.5	7.0	8.0	9.0	10.0	11.0	12.0	14.0
300	5.0	5.5	6.0	7.0	8.0	9.0	10.0	11.0	12.0	13.0	14.0	16.0
350	6.0	7.0	8.0	9.0	10.0	11.0	12.0	13.0	14.0	15.0	16.0	18.0

（2）轴上需加热的部分要用石棉布包起来，然后将应加热部位的石棉布按规定的加热区域尺寸去掉，成一椭圆或长方形开孔，再用石棉布按开孔尺寸和形状做一孔盖，用于加热后盖在加热区，使轴自然、均衡冷却。

（3）轴的下半部分稍浸水，使用乙炔气烤把加热，氧气的压力维持在 0.5MPa。当主轴的直径小、轴弯曲度也小时，可以采用较小的 2 号或 3 号火嘴加热。

（4）加热时，应当从石棉布开孔的中间部位开始，然后逐渐扩展至轴露出的全部表面。不应在某一点上停止火嘴不动，应均匀、周期地移动火嘴，时而反复地回到圆弧中心，使加热部位的温度达到 600～700℃，呈暗樱桃红色，时间长短可根据表 3-1 或由个人经验确定。

（5）加热完毕后，立即将加热部位（开孔处）用石棉布盖上，待轴自然、均衡地冷却到 50～60℃时，可将石棉布去掉用空气加快冷却。

（6）冷却到室温后，用千分表测量轴的弯曲度，绘制新的曲线图，尚未达到直轴要求时，可连续重复一次。

局部加热法直轴一般要求超过轴的弯曲度 0.05～0.08mm，这个超过的数值在退火过程中往往会减少或全部消失。

3．热力机械法

热力机械法就是局部加热加压法。

热力机械法与局部加热法的不同之处在于，在局部加热之前，把轴的突起部位朝上放置，利用机械加压工具事先在加热处的附近施加压力，使轴的加热部位先产生应力。当加热时，轴向上弯曲遇到附加的阻力，因而在加热处的金属提前超过屈服点，从而加快了直轴的过程，可以取得良好的效果。此方法直轴速度快，效果比较理想，而所用的专用设备比局部加热法复杂一些。

4．内应力松弛法

内应力松弛法是在轴最大弯曲部位将整个圆周加热至 600～700℃，随后用加压措施把轴压弯（与轴原来的弯曲方向相反）并持续一段时间，再去掉压力。将轴保温缓慢冷却至室温，就完成了一次直轴过程。若未达到直轴标准，可再次重复进行，直到达到直轴标准为止。

二、轴承检修

电站锅炉辅机检修中常会接触到轴承。轴承是辅机设备中转动机械的重要组成部件，可分为滑动轴承和滚动轴承两大类。轴承检修就是检查轴承，寻找缺陷，分析损坏原因，修复并进行正确的装配，以提高轴承的使用寿命。

（一）滑动轴承检修

滑动轴承俗称轴瓦，广泛用于锅炉辅机中的钢球磨煤机、各种大型离心风机和变速齿轮箱等。

1. 轴承合金的概念

轴承合金也称乌金、白合金，是由多种元素熔化在一起形成的固体，用于浇铸支撑轴颈的轴瓦，故称合金瓦或乌金瓦。将固体轴承合金装入容器内加热，然后将熔化后的液体倒入轴瓦的瓦体内，待冷却凝固后，可进行机械加工，这一工序叫做合金瓦的浇铸。

2. 轴承合金的性能

轴承合金应具备摩擦系数小，不能研轴，良好的适形性和嵌塑性，以及足够的强度等特性。为了满足摩擦系数小和有足够的强度，在轴承合金中就需要含有比较硬的材料，而要满足适形性和嵌塑性则需要含有比较软的材料。这样，按上述要求选用的多种元素组成的合金就形成了软基体内含硬质点的化合物。

当轴旋转时，软的基体很快被磨凹，而硬质点突出在表面上来承受轴的挤压，起着抗磨损的作用，而凹下的地方可以贮存润滑油，从而保证了良好的润滑，以减少摩擦。同时软的基体组织又具有抗冲击、抗振及较好的磨合性能。

3. 轴承合金的种类

一般常用的轴承合金分为以下两种：

（1）锡基轴承合金。这种合金的主要成分是锡，因此称为锡基轴承合金。除锡外，还含有锑、铜等其他元素。此类合金为巴别脱发明，故称巴氏合金，也称乌金，主要用于高速、重载荷的情况，如大功率的汽轮机、电动机、发电机、风机等轴瓦上。

（2）铅基轴承合金。这种合金的主要成分是铅，因此称为铅基轴承合金。除铅外，还含有锡、锑、铜等元素。此种合金价格低廉，一般用于中等载荷的轴承，如中功率的汽轮机、发电机、风机等。

4. 滑动轴承的损坏形式及原因

滑动轴承损坏的形式如下：

（1）烧瓦。轴瓦乌金脱落，局部或全部熔化即为烧瓦。此时轴瓦温度及润滑油温度升高，严重时轴头下沉、振动严重，轴与瓦端摩擦，划出火星。

烧瓦的主要原因是轴瓦润滑油少或断油，或装配时工作面间隙小或落入杂物等。

（2）脱胎。脱胎是指轴承乌金与瓦体分离。此时轴瓦振动剧烈，瓦温度急剧升高。

脱胎的主要原因是轴承浇铸质量不好或装配时工作间隙过大等。

5. 滑动轴承的检修工艺

（1）做好刮削前的准备工作。

1) 准备好必要的工具、量具和材料，如平刮刀、三角刮刀、千分尺、游标卡尺、平板或平尺、研磨轴、机油、红丹粉、白布、毛刷、纱布、直径为 1.5～2mm 的铅丝等。

2) 用适量的机油和红丹粉调制显示剂，并保存在专用器皿中。

3) 备好夹持或支撑轴瓦的工具，使轴瓦在刮削中保持平稳，不晃动、不滑动，并注意工件放置位置高低要合适，以便于刮削。

4) 光线强弱适宜，必要时装好照明设施。

5) 新轴瓦应测量机械加工尺寸公差，检查刮削余量是否合适，其刮削余量为 0.20～0.30mm。

6) 旧轴瓦应用显示剂在轴上推研，检查点子的显示与分布情况，并用压铅丝法测量轴瓦间隙，以确定刮削的方式。

(2) 校研刮削瓦口平面，提高瓦口结合面的严密度和加工精度，以便提高压铅丝法测量轴瓦间隙的准确度。新轴瓦可先用标准平尺或平板校正刮削瓦口平面，然后上下瓦口对研刮削。

(3) 新轴瓦刮削弧面时，先刮削轴瓦两侧夹帮部位，可采用刮刀前角为零的粗刮削，这种刮削痕深，切痕较厚，速度快。当夹帮现象消除后，在轴瓦刮削面均匀涂上显示剂，将瓦放在轴上，来回旋转推研，点子就会显示出来，然后改用小的负前角刮法进行细刮削。当点子比较均匀地出现时，再用较大负前角的刮法，对工件表面进行修整精刮。

(4) 点子刮削的方法。最大、最亮的重点全部刮去，中等的点在中间刮去一小片，小的点留下不刮。经第二次用显示剂推研后，小点子会变大，中等点子分为两个点，大点子则分为几个点，原来没有点的地方就会出现新点子。这样经过几次反复，点子就会越来越多。

(5) 在刮削过程中，要经常用压铅丝法测量轴瓦间隙，以便及时消除轴瓦两端出现的间隙偏差。

(6) 用压铅丝法测量轴瓦顶部间隙时，将直径为 1.5～2mm、长 30～50mm 的铅丝，在轴瓦顶部的配合处放 2～4 段，在轴瓦两结合面上与轴顶部铅丝对应放 2～4 段，扣好上瓦，均匀紧固瓦口螺栓。然后拆下瓦口螺栓及上瓦，用千分尺测量压挤过的铅丝厚度，计算出轴瓦瓦顶的间隙值。

(7) 用塞尺测量轴瓦两侧间隙时，以 0.20mm 塞尺沿轴两侧均能塞入深度为 10～15mm 为准。对开轴瓦的两侧间隙为轴径的 1.5/1000～2/1000。

(8) 刮研轴瓦端面与轴肩接触的轴向平面，消除偏斜现象，最后上下瓦合在一起与轴肩研磨刮削，使轴向端面接触点沿轴向均匀分布，在轴间圆角部位不得有接触痕迹。

(9) 用压铅丝法测量轴承座对轴瓦的紧力，已达到质量要求。可适当调节轴承座下的垫片厚度或对轴承座进行刮研工作。

6. 滑动轴承检修质量验收标准

为了保证锅炉辅机设备安全、稳定地运行，结合检修工作的实践，以下将介绍滑动轴承检修的质量验收标准。

(1) 滑动轴承乌金瓦表面应光洁，且呈银亮光泽，无黄色斑点、杂质、气孔、剥落、裂纹、脱壳、分离等缺陷。

（2）轴径与轴瓦乌金接触角为 $60°\sim90°$，而且接触角的边沿其接触点应有过渡痕迹。

（3）在允许接触范围内，其接触点大小一致，且沿轴向均匀分布，用印色检查 $2\sim3$ 点/cm²。

（4）轴瓦顶部间隙应为轴径的 $1/1000\sim2/1000$，若轴瓦间隙超过此范围，而运行工况良好，允许继续使用。

（5）新轴瓦两侧间隙用 0.20mm 塞尺沿轴外圆周塞入 $15\sim20$mm 即可，旧轴瓦用同样的方法允许 0.50mm 塞尺塞入 $15\sim20$mm。

（6）轴瓦在轴承箱体内不得转动，应有 $0.02\sim0.04$mm 紧力；轴瓦与箱体结合面接触点子均匀分布，不少于 1 点/cm²；不允许在结合面处加垫。

（7）轴瓦端面与轴肩接触点要均匀分布，且不少于 1 点/cm²，其轴瓦圆角不得与轴肩圆角接触。

（8）带油环为正圆体，环的厚度均匀、表面光滑、接口牢固；油环在槽内无卡涩现象，应随轴保持匀速相对转动。

（9）回油槽应光滑，无飞边、毛刺。

（10）固定端轴瓦的轴向总推力间隙为 $1\sim2$mm，自由端的膨胀间隙按式（3-1）计算，即

$$C = 1.2(\Delta T + 50)L/100 \tag{3-1}$$

式中　C——热膨胀伸长量，mm；

　　　ΔT——轴周围介质的最高温度，℃；

　　　L——两轴承中心线距离，m；

　　　1.2——钢材的线膨胀系数经验值，mm/（m·℃）。

7. 轴承乌金瓦间隙的选择与计算

滑动轴承间隙的作用是让运转中的轴与瓦产生油膜，以便减少摩擦，并通过油的循环带走一部分因摩擦产生的热量。同时还要保证在允许范围内，随着温度升高，轴的膨胀不会破坏油膜润滑的良好效能。由此可见，轴瓦瓦顶间隙应取决于轴的直径大小与允许的最高油温。一般规定滑动轴承正常运行油温不超过 70℃，允许最高油温不超过 80℃，则轴承的最大受热膨胀为轴径的 $0.7/1000\sim0.8/1000$，润滑油膜的厚度为 $0.015\sim0.025$mm。这样可以得出轴瓦间隙的计算公式，即

$$\delta = (0.7 - 0.8)D/1000 + (0.015 - 0.025) \tag{3-2}$$

式中　δ——轴瓦瓦顶间隙，mm；

　　　D——轴的直径，mm。

从理论上讲，轴瓦瓦顶间隙符合式（3-2）的计算值，即可以应用。但实际运行中因多种因素影响，轴瓦瓦顶间隙选择较小易使轴瓦温度过高，特别是圆筒形轴瓦，润滑油循环不佳，摩擦热量不能及时带走，造成轴瓦发热，所以轴瓦间隙往往选择大一些。

一般规定，圆筒形轴瓦的瓦顶间隙，当轴径大于 100mm 时，取轴径的 $1.5/1000\sim2/1000$，其中较大数值适用于较小直径，而两侧间隙各为瓦顶间隙的 $1/21$。椭圆形轴瓦的瓦顶间隙，当轴径大于 100mm 时，取轴径的 $1/1000\sim1.5/1000$，其中较大数值适用于较小直

径，两侧间隙各为轴径的 1.5/1000～2/1000。

8. 轴瓦的装配及注意事项

滑动轴承经解体、检查、检修后，须重新组装，即把轴承的各组成部件，如轴瓦、瓦座、瓦盖、油环、填料轴封及各部螺栓等按原位置装配起来，并符合质量要求。

轴瓦在装配中应注意的问题如下：

（1）轴承在设备上的位置应重新找正。

（2）带油环一般为分体式，由螺钉连接，因此装配后应为正圆体，且不允许有磨痕、碰伤及砂眼等。

（3）填料油封的紧力要适当，槽两边的金属孔边缘与转轴之间的间隙应保证 1.5～2mm。

（4）冷却器应进行水压试验，试验压力为 0.49MPa，以确认冷却器无渗漏现象。

（二）滚动轴承的检修

滚动轴承广泛用于锅炉辅机设备的各种风机、减速机、捞渣机、碎渣机和给煤机等。

1. 滚动轴承损坏形式及原因

滚动轴承的损坏形式有脱皮、锈蚀、磨损、裂纹、破碎和过热变色等。

（1）脱皮俗称起皮，是指轴承内、外圈的滚道和滚动体表面金属成片状或颗粒状碎屑脱落。其原因主要是内、外圈在运转中不同心，轴承调心时产生交变接触应力而引起的；另外，振动过大、润滑不良或材质、制造质量不良也会造成轴承的脱皮现象。

（2）锈蚀是由于轴承长期裸露于潮湿的空间所致，因此轴承需涂上油脂防护并包装好。

（3）磨损是指由于异物（如灰尘、煤粉、铁锈等颗粒）进入运转的轴承，引起滚动体与滚道相互研磨。磨损会使轴承间隙加大，产生振动和噪声。

（4）过热变色是指轴承工作温度超过了 170℃，轴承钢色失效变色。过热的主要原因是轴承缺油或断油，供油温度过高和装配间隙不当等。

（5）轴承任何部件出现裂纹，如内圈、外圈、滚动体、支撑架等破裂均属于恶性损坏，这是由于轴承发生一般损坏时，如磨损、脱皮、剥落、过热变色等未及时处理引起的。此时轴承温度升高、振动剧烈，同时会发出刺耳的噪声。

滚动轴承运转情况的主要监测因素是温度、振动和噪声。滚动轴承的早期故障识别借助轴承故障监测仪来完成。

2. 滚动轴承的装配方法

（1）冷装配法包括铜冲—手锤法和套管—手锤法。

1）铜冲—手锤法是一种最简单的拆装方法，用于过盈很小的小型轴承的拆装。通过手锤利用铜棒沿轴承内圈交替敲打，禁止用手锤直接敲打轴承。

2）套筒—手锤法是利用套筒作用于整个轴承内全端面上，使敲击力分布均匀。套筒的硬度比内圈硬度低，其内径应略大于内圈内径，外径略小于内圈外径。同时应防止套筒碎屑落入轴承。

（2）热装配法。当轴承过盈配合较大或装拆大型轴承时，需要使用热装配法。具体装配方法参见下述的滚动轴承拆装工艺方法。

（3）机械压力装配法。该方法主要适用于轴承内圈与轴为锥面配合的情况。

3. 滚动轴承拆装工艺方法

（1）拆卸轴承前，先撬开止动垫，再用圆螺母扳手或手捶及专用齐头铁扁铲松开轴承圆螺母。

（2）在拆卸轴承前，先安装好专用拆卸器，轴承用 110～120℃ 矿物油加热。加热时为使大部分热油浇在轴承内套上，应采用长嘴壶。为防止热油落在轴上，可用橡胶板或石棉带将轴颈裹严。为不错过轴承内套松动的最好时机，在浇热油前，要使拆卸器先有拆卸力，当轴承内套受热膨胀时，就会自然退下。

（3）更换的轴承应进行全面解体检查，必要时包括金属探伤检查，符合质量要求方可使用，并做好记录。

（4）用细挫清理轴头机轴肩处的毛刺，用油光锉或油石将轴颈轻轻打磨光洁，将轴颈及轴承用清洗剂冲洗干净，并用白布擦拭干净。

（5）用塞尺或压铅丝法测量轴承间隙，并将轴承立放，内套摆正，让塞尺或铅丝通过轴承滚道。每列要重复测几点，以最小的数值为轴承的间隙。

（6）测量轴与轴承内套的尺寸公差范围，以确定配合情况，配合紧力符合质量标准方可使用。为测量准确，配合处沿轴向分 3 段测量，每段测量不少于 2 点。

（7）因所测轴颈尺寸小，配合紧力不能达到质量标准时，可根据具体情况选用轴颈喷镀、镀铬、补厌氧胶装配及镶装热轴套法等。其中热装的轴套与轴配合紧力一般为 0.07～0.08mm。

（8）轴承应采用矿物油加热的方法装配，用细铁丝将轴承外套捆绑牢固，悬吊在解热的矿物油中，并全部浸入。但不允许轴承与加热器皿外壳接触，以免金属导热使轴承过热退火。

（9）加热过程中要随时测油温，不允许超温。当加热到合适温度时，应迅速将轴承套装在轴颈上，其内套要与轴肩紧密接触。若轴承未装到位而开始抱轴时，应迅速用备好的专用套筒及铜锤强迫打进，有螺母的轴承可装上止动垫，打紧圆螺母，待热装轴承的温度降到室温后再把螺母紧固，以防冷却后发生松动现象。

（10）用干净清洗剂清洗轴承，进行装配后的检查，检查是否有胀损破裂现象，转动是否灵活；测量轴承间隙，记录热装后的间隙缩小值；将轴承涂上机械油或润滑脂以防锈蚀，并用干净塑料布包起来。

4. 滚动轴承装配时的注意事项

（1）禁止用手锤、大锤或硬质铁器直接敲击轴承，应当用铜锤、铜棒或垫上方枕木敲击。

（2）轴承与孔配合装配时，所施加的力应均匀地作用在外圈上。

（3）轴承与轴配合装配时，所施加的力应均匀地作用在内圈上。

5. 滚动轴承检修的质量验收标准

（1）轴承更换标准。轴承间隙包括原始间隙、配合间隙和工作间隙。其中原始间隙和配合间隙的测量必须符合规定标准，否则应更换新轴承。

轴承内圈、外圈、滚珠、支撑架等存在裂纹、脱皮、锈蚀、过热变色且超过标准的，应进行更换。

（2）轴承须经全面检查。检查轴承间隙符合规定标准；新轴承内圈、外圈、滚珠、支撑架无脱皮、裂纹、锈蚀等缺陷。若轴承内圈、外圈、滚珠非工作面上有个别脱皮、斑纹、锈痕等缺陷，但面积不大于 $1mm^2$，滚珠直径误差不大于 0.02mm，则仍可以使用。

三、热套技术

由于转动部件在传递较大力矩时是不允许有松动发生的，因此转动体与轴配合时要求有较大的过盈量，故装配时均需采用热套的方法。

1．热套前的检查

检查装配部件（如轴、轴套等）无毛刺、伤痕及锈斑，原则应清除干净，并打磨边缘棱角。对于新换的部件，其各部尺寸应符合原件尺寸，并应符合热套要求。

2．热套加热温度的确定

热套时加热温度要足以使套装件膨胀到所需的自由套装间隙。此加热温度取决于配合的过盈值及套装孔的直径，可用式（3-3）计算，即

$$t = (H + 2\alpha)D\beta \tag{3-3}$$

式中　t——加热温度，℃；

　　　H——轴对孔的过盈值，mm；

　　　α——自由套装间隙，mm；

　　　D——套装孔直径，m；

　　　β——钢材的线膨胀系数，mm/（m·℃）。

α 的大小与套装孔的深度有关。α 在无规定值时，可取轴径的 1/1000 作为参考，但不要小于 0.1mm，也不要大于 0.4mm。

3．热套方法

热套件形状、大小及质量不一。套装方法（见图 3-3）可分为：套装件水平固定，轴竖立套装；轴竖直固定，套装件向轴上套装；轴横放套装。

热套时应注意的几项要求：

（1）应认真检测轴与轴套的安装垂直度。

（2）应检测轴孔加热后的孔径是否适合套装。

（3）键应按标记安装，并在套装面涂抹油脂。

（4）套装时起吊平稳，尽量做到轴与轴套不发生摩擦。如发生卡涩，应停止套装，立即取下套装件，查明原因后重新加热套装。

（5）安装部件要准确，应符合设计要求。

（6）套装结束后，应全面检测各种技术参数，如晃动、瓢偏、松动、错位等，如出现偏差，则应拆下，重新热套。

四、转子部件的瓢偏和晃动度测量

1．瓢偏测量

瓢偏是指转子上固定的部件，如推力盘、叶轮、联轴器等部件轮缘所在的平面与中心轴的不垂直度，以及相隔 180°不垂直度相差的最大值。当瓢偏值超过允许值时，将会导致推

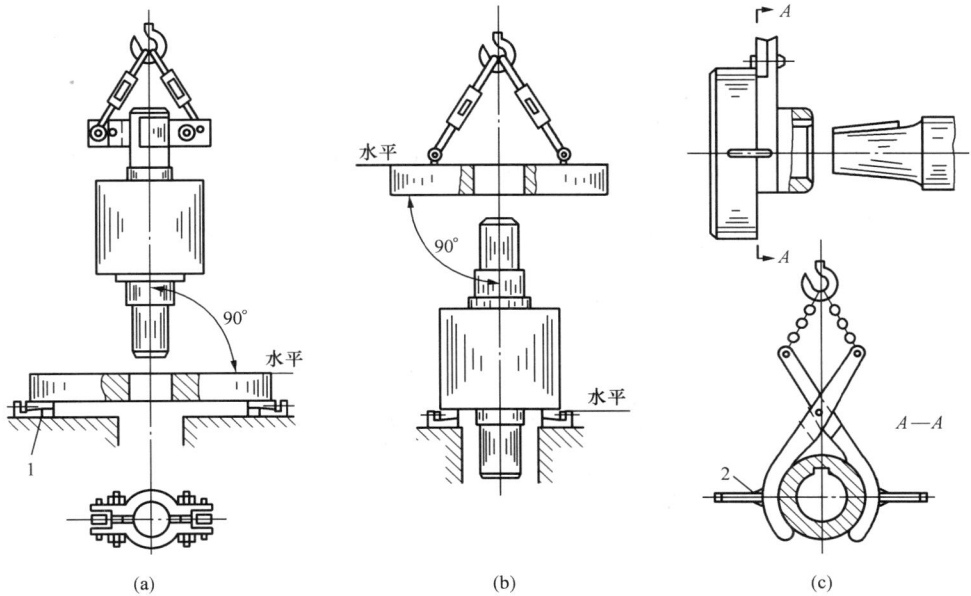

图 3-3　热套方法

(a) 套装件水平固定；(b) 轴竖直固定；(c) 轴横放套装

1—可调垫铁；2—夹具把手

力瓦块的不均匀磨损，或动、静部分碰磨及中心不正等，如图 3-4 所示。

瓢偏测量方法是将圆周等分为 8 等份，并用笔标上序号，然后在直径相对 180°的方向上固定两只百分表 A 表和 B 表，将表测量杆适当压缩一部分。接着盘动转子，依次对准各点进行测量，最后回到初始位置。

瓢偏值的计算方法如图 3-5 所示。先分别算出两表在同一等分点上的读数平均值，然后求出同一直径上的两点读数差值，即为该直径上的瓢偏绝对值。其中最大值即为最大瓢偏值，最大瓢偏值为 $0.54-0.46=0.08$（mm）。

在瓢偏测量中要注意以下几个问题：

(1) 测量中用两只表是为了消除盘动转子过程中轴向窜动的影响。对于某些小型转子，如水泵转子，也可以用一只百分表在专用支架

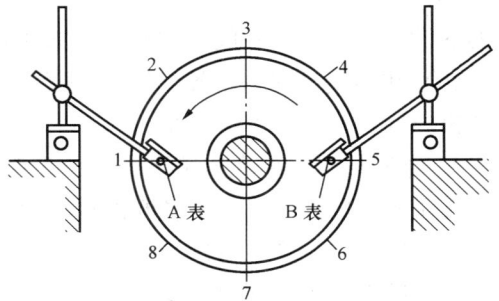

图 3-4　瓢偏测量方法

上测量，但此时应使转子顶紧在某一固定面上，并且在转子与固定面之间加一小钢珠。在盘动转子时，要加一轴向力使转子始终顶紧固定面。

(2) 百分表应尽可能架设在轮缘的最外侧，这样才能准确反应轮面瓢偏程度；另外两表距离边缘要相等，即两表要在同一同心圆上，且表杆必须垂直于测量面。

(3) 圆周等分要均匀，等分数一定是偶数，等分点数一般是 6 点或 8 点。从理论上讲等分数越多，测量越准确。但等分点过多，工作烦琐、费时；太少，准确度又太差。一般而

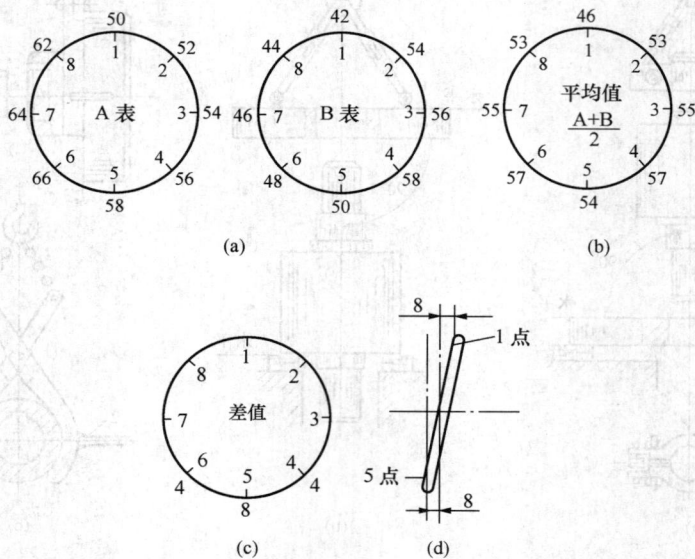

图 3-5　瓢偏测量记录（单位：0.01mm）

（a）记录；（b）两表的平均值；（c）相对点的差值；（d）瓢偏状态

言，直径越大，等分数越多，否则可以少些。

（4）盘动转子时要均匀、缓慢，不能有振动，否则有可能使百分表移动，甚至损坏。在盘动转子时一般不允许反向盘动，否则会使转子在轴承或支架上的左右位置改变，这也会影响测量准确度。

（5）测量中一般要盘动转子两次，进行两次测量。以两次的瓢偏值为最终测量结果，而且两次的误差要小，一般要求不大于 0.015mm。

（6）在测量过程中，各点的指示值不是平稳变化时表示百分表不灵或盘面不规则。此时应找出原因，消除后继续测量。

2. 转子及轴的晃动度测量

转子及轴的晃动度又称轴断面跳动度。它的出现有以下三种可能：

（1）转子或轴产生弯曲。

（2）叶轮与轴装配时不同心。

（3）轴或叶轮有加工偏差。

这三种原因可能单独出现，也可能同时存在。

转子晃动度的测量可以在原支撑轴承上进行，但有些转子则必须将转子取出，在车床上或专用支撑架上测量，如小型水泵转子、风机转子等。测量方法是将转子支好，尽量使转子水平，并防止转子产生轴向窜动，然后用细砂布将测量部位打磨光滑；将百分表固定好，表的测量杆接触到被测表面，并与被测表面垂直，适当压缩百分表的测量杆。其方法具体如图 3-6 所示。

为了测定最大晃动度的位置，需将转子或轴的端面沿圆周分成 8 等份，用笔按旋转方向编上序号。将表的测量杆对准位置"1"，按旋转方向盘动转子，顺次对准各点进行测量。最后回到位置"1"时的读数必须与起始时的读数相符，否则应查明原因，并重新测量。

根据测量记录，计算出最大晃动度。图3-6所示的测量记录，最大晃动位置为1～5方向，最大晃动值为0.58－0.5＝0.08（mm）。

从以上的数据可以看出，晃动度仅仅是轴或转子某一横断面在绕支撑点旋转一周后所产生的最大圆度偏差。一般而言，当旋转机械转子主要横断面的晃动度符合要求时，则对其动、静间隙要求及其他有关要求一般也都能满足。

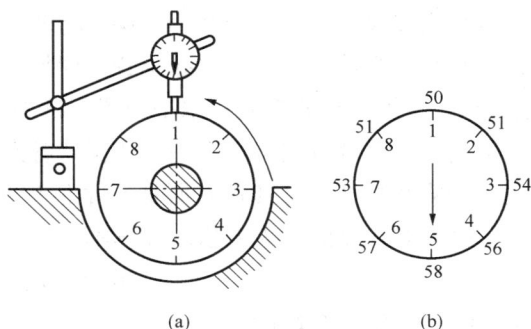

图 3-6 测量晃动的方法（单位：0.01mm）
(a) 百分表的安装；(b) 晃动记录

五、转子找静平衡

锅炉辅机转子投运前，首先应进行找静平衡工作。

1. 找静平衡的准备工作

（1）准备好一般常用的工具、量具、平衡铁块和仪表等。

（2）检查现场有无振动和风力的干扰。

（3）检查平衡台是否符合质量要求。

（4）检查轴的粗糙度、弯曲度、椭圆度、锥度等。

2. 静平衡台的种类及要求

静平衡台可分为轨道平衡台、双轮转动平衡台、轴承平衡台等。

（1）轨道平衡台棱形轨的表面应保持光滑、洁净。两轨的距离在不妨碍叶轮转动的情况下，应尽量缩小些；两轨道不平衡度不超过 0.5mm/m，轨道倾斜不超过 0.06mm/m。平衡轴要有足够的刚度而不发生变形，平衡轴的两端轴颈尺寸误差不超过±0.01mm，椭圆度不超过 0.02mm，锥度不超过 0.02mm，最大弯曲度不超过 0.1mm/m。

（2）双轮转动平衡台的轮盘应用 45～50 号钢制作或进行热处理，以提高表面硬度。轮盘内的轴承应装配严密且转动灵活。轮盘加工不低于 I 级精度，内外圈不同心度不大于 0.02mm。轮盘与轴颈沿轴向表面应严密接触，不能有缝隙，轴的水平度不超过 0.06mm/m。

（3）轴承平衡台两轴承应选用摩擦系数小的向心滚珠轴承，配合严密、转动灵活。轴安装水平度不超过 0.06mm/m；轴承应加入少量的透平油润滑剂。

另外，还可以在原设备上找静平衡，这种方法要求关闭出入口挡板，拆除风箱轴封及轴承体油封，尽量减少风和摩擦等外因的影响，使转子能够自然停下来。

3. 转子找静平衡的方法

首先应消除显著静不平衡。将转子放在平衡台上，给转子一外力使其转动。待转子自由停止后，在其正上方做一记号。连续正、反盘转转子数次，如果做记号的点仍停止在正上方，此点即为轻点，可以在此处试加重量。加重后仍以上述方法进行试验，直至加重点在任何方向都能停止。把所加重量取下称重，换上相等重量的平衡铁块，固定在原来位置，要焊

115

接牢固，平衡铁要包括焊条的重量。

其次，有以下两种方法来消除剩余静不平衡。

（1）用周移法消除剩余静不平衡。将转子分成8～12等份，依次标上编号，将一点编写在轴中心水平线被测物轮盘边缘位置，即加重位置，试加重量使其旋转一个角度，该角度不超过45°。将第二点放在同一水平位置，试加重量，使其转到同一角度。如超过角度可减重量，不到同一角度可加重量，一定要保持各点旋转同一角度。取下各点所加的重量称重，做好记录，依此类推，将其各点所加重量值记录在与叶轮同等份数的相位图上。如图3-7所示，可找出对称点的最大差值。计算不平衡重量公式为

$$Q = (P_{max} - P_{min})/2 \tag{3-4}$$

式中　Q——静不平衡重量，g；

　　　P_{max}——旋转同一角度的试加最大重量，g；

　　　P_{min}——旋转同一角度的试加最小重量，g。

（2）用秒表法消除剩余静不平衡。将被测物轮盘边缘分成8～12等份，将同一试加重量顺次加到各点上，从水平位置开始摆动，依次得出1～8或1～12个不同的摆动周期。把各点的摆动周期依次在相位图上记录下来，摆动周期最长的一点即为平衡质量点，也是应加重的点。如图3-8所示，不平衡的计算公式为

$$Q = P(t - \Delta t)/(t + \Delta t) \tag{3-5}$$

式中　P——同一试加重量，g；

　　　t——最大摆动周期，s；

　　　Δt——最小摆动周期，s。

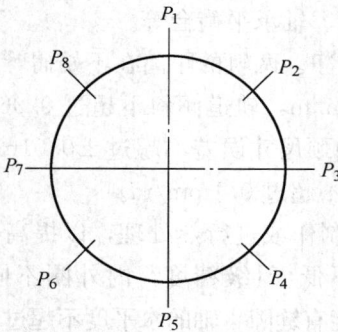

图 3-7　周移法相位图　　　　　　图 3-8　秒表法相位图

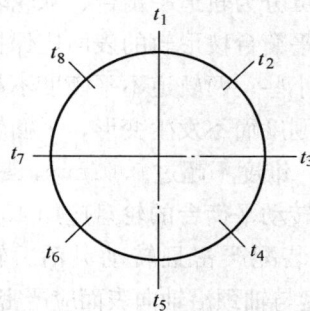

该试加重量 P 无精确计算的必要，以足够使转子摆动即可，但摆动不能超过270°，应加重量是平衡铁块重量与焊条重量之和。

六、转子找动平衡

广义讲，刚性转子动平衡时，无论其动平衡时转速数值的高低，因都在第一阶临界转速以下，所以叫做低速平衡；而柔性转子动平衡时，因平衡转速接近或超过临界转速，此时转子的挠曲变形不能忽视，因而称为高速动平衡。目前所讨论的高速动平衡是指将转子安装在自身轴承上，使转子在工作转速或接近工作转速的某一选定转速下进行动平衡的方法。相应

地，把转子安装在动平衡机上进行动平衡的方法称为低速平衡。此时的平衡转速一般在转子第一阶临界转速的 0.3 倍以下。

电站锅炉的辅机转子及其构成部件均已在生产厂家进行了动平衡工作。但在生产中因种种原因，经常会遇到转机振动的情况，通常都是在现场进行转子的动平衡工作。下面介绍几种找动平衡的方法。

1. 画线法

画线法也是检修中比较实用的方法。

首先在靠近被测物轮盘一侧的轴上，选择一段长 20～50mm 外露轴颈表面，清理、打磨干净，涂上一层白粉。

启动风机达到正常转速，用削尖的红铅笔顺轴旋转方向与轴中心水平面相夹 15°～20°位置，小心地碰触轴的晃动部分，在轴上画出 8～10μm 线纹。一般分 2～5 段画线，注意手不要支撑轴承外壳，要求稳、准。

画线后停机，选择比较明显的线段找出中心点，经该点通过轴中心的直径与被测物轮盘边缘的交点，顺旋转方向旋转 15°～20°的位置即为应加重量的位置，如图 3-9 所示。

应加重量根据振幅大小凭操作者经验选择，往往一次动平衡后就能达到标准。如不能达到要求，可增减加重量或变换加重量的位置，并可按上面方法重复进行。

2. 画线计算法

画线后停机，找出线道的中心点，从中心点对应的叶轮位置沿转子旋转方向旋转 90°圆弧处，即是试加重量的位置，所加重量见表 3-2。

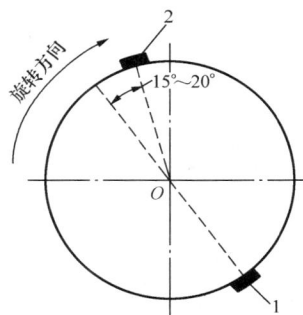

图 3-9　画线法找动平衡图
1—中心点位置；2—加重位置

表 3-2　　　　　　　　　　　　　试 加 重 量 表　　　　　　　　　　　　　(g)

周长（mm） 转速（r/min）	1/4 周长	1/3 周长	1/2 周长	3/4 周长
560～680	500	400	200	100
730～740	400	300	150	75
960～980	300	250	120～130	50
1430～1480	200	150	100	30～40

点焊试加重量，第二次转机，测量振幅，并用同样的方法画线。然后停机找出线道的中心点，作平衡图，按图 3-10 所示求出应加重量的位置及应加重量。

平衡作图法如下：

(1) 以 O 为圆心任意画一圆，沿圆周分成与被测物轮盘相对应的 8 等份，并做出同样标记。

(2) 找出与轴相对应的第一次和第二次启动时画线道的中心点位 A 和 B，以及试加重量点 N，连接 OA、OB、ON。

(3) 将第一次和第二次测量的振动幅值按同一比例画在相应的半径 OA 和 OB 上，分别

交 OA 于 a，交 OB 于 b，连接 ab。然后可按下面两种方法中的任意一种求出加重的位置。

一种方法是通过圆心 O 作 ab 的平行线交圆于 C，以 NC 弧长为半径，从 A 点沿旋转方向作弧交圆于 D，D 点是不平衡位置，对面 180°圆弧处的 M 点是应加重量的位置。

另一种方法是用量角器。实际 $\angle NOM$ 等于 $\angle Oab$，只要量出 $\angle Oab$ 的值，从 ON 向逆旋向位移这个角度便是应加重量的位置。

（4）应加重量可用式（3-6）计算，即

$$Q = P \cdot Oa/ab \tag{3-6}$$

式中　Q——应加重量，g；

　　　P——试加重量，g。

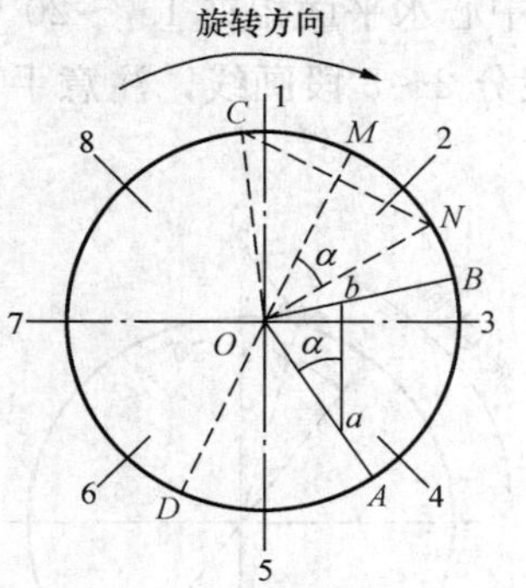

图 3-10　平衡相径图

（5）应加重量 Q 固定在 M 点，应去掉原试加重量 P，启动、运转，未达到要求时可将重量及位置稍加调整。

3. 两点法

首先应测出转机在工作转速下两轴承的振幅。振动大的一侧轴承应先找平衡，见图 3-11，取为 A 侧轴承，振幅值为 A_0。在转子上某一点（可做好标记"1"）加上试加重量 M，测出振动值为 A_1，按相同半径圆周上与"1"相对 180°圆弧处标记为"2"。将"1"处试加重量 M 移至"2"处，重新测得振幅值为 A_2。

根据测得的 A_0、A_1、A_2 值，选择适当比例作图，求出应加平衡重量的位置和大小，如图 3-11 所示。

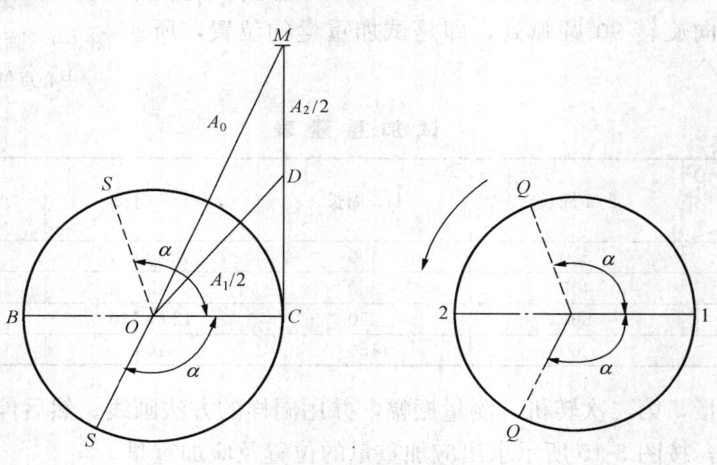

图 3-11　两点法找动平衡作图法

作法如下：

作 $\triangle ODM$，使 $OM:OD:DM = A_0:A_1/2:A_2/2$；延长 MD 至 C，使 $CD = DM$，并连接 OC。以 O 为圆心，OC 为半径作圆 O，延长 CO 交圆于 B，延长 MO 交圆于 S。则 OC 为试加重量 M 引起的振幅值。平衡质量 Q 可用式（3-7）计算，即

$$Q = M \cdot OM/OC \tag{3-7}$$

式中　Q——应加平衡重量，g；

　　　M——试加重量，g。

由图 3-11 中可量出 $\angle COS$ 为 α 角，则应加平衡重量加在第一次试加重量位置"1"的逆转向 α 角或顺转向 α 角处，具体方位由试验确定。

4. 三点法

此法与两点法基本相同，是 3 次两点法的综合。用同一试加重量 M 在同一圆周依次试加在 3 个相隔 120°圆弧方向上，测得的 3 个振幅值为 A_1、A_2、A_3，如图 3-12 所示。其作法如下：

以 O 为圆心，按相同的比例，以 A_1、A_2、A_3 为半径画 3 段圆弧 A、B、C，在其上分别取 a、b、c 点，使 $\triangle abc$ 的中心点为 s，以 s 为圆心作 $\triangle abc$ 的外接圆，与 Os 相交于 s' 点。s' 点即是应加平衡重量的位置。

应加重量可由式（3-8）计算，即

$$M_a = M \cdot Os/sa \tag{3-8}$$

式中　M_a——应加平衡重量，g；

　　　M——试加重量，g。

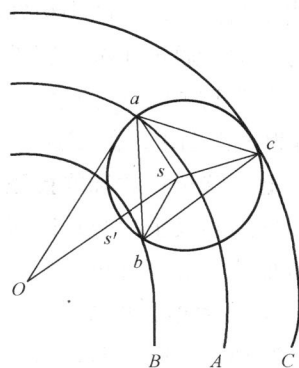

图 3-12　三点法找动平衡作图法

5. 闪光测相法

（1）原理。用闪光测相法找平衡是设法把闪光灯的电源与振动联系在一起，使闪光灯的闪光时间直接受振动相位的控制。当转速和闪光灯的闪光频率同步时，闪光灯每次闪光的时间正好是转轮转到同一位置的时候，所以在闪光灯下看转轮就感到转轮好像静止不动一样。

（2）具体方法。

1）准备好测量振动及相位的仪器，同时还要做好不同重量的平衡重块。

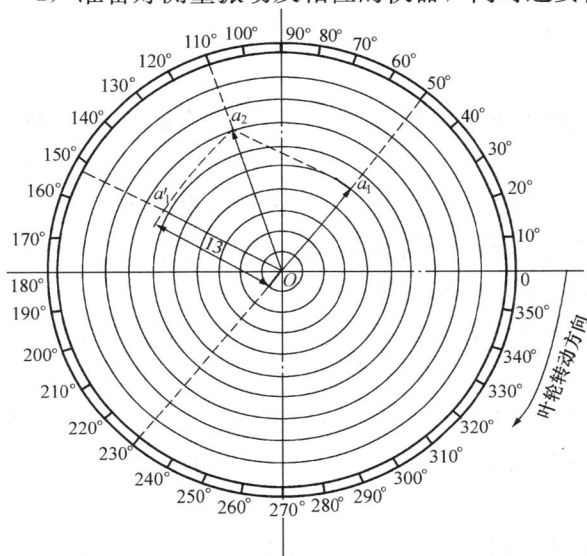

图 3-13　闪光测相法作图

2）在轴头突出部位划上记号，在轴头周围的静止部位画好 360°的刻度盘。

3）明确被平衡转轮的重量及加放平衡配重的位置。

4）首次启动转机，应确定垂直、水平、轴向三个方向测量的振动值，取其中最大的值作为平衡工作的计算依据，以后均以此方向进行测量，并记录数据。

5）选择适当的平衡配重块 M 加在转轮上，第二次启动转机，重新测得振幅和相应角，并记录下来。

6）按图 3-13 所示，计算出应加平

119

衡块的重量和位置。

图 3-13 中以相同比例标记了振幅的大小及相位，因而即能求出试加重产生的振幅值，并按比例标出。由图中可知向量 a_1a_2 逆转向 78°即是负向量 Oa_1，就可抵消原始向量 Oa_1 产生的振动。通过向量计算求出平衡块重量和位置。

图 3-13 中 Oa_1 为第一次启动时振幅值 0.10mm，Oa_2 为第二次启动的振幅值 0.14mm，Oa_1' 为由作图求出的试加重量所产生的振幅值 0.13mm。

七、转子按联轴器找正中心

联轴器校正中心是以机械部分的轴中心为基准，利用移动电动机，使电动机轴的中心与机械轴的中心相对正。

1. 联轴器找中心的方法

联轴器找中心的方法有平尺透光法、桥规法及千分表法等。

（1）平尺透光法是对联轴器初步找正的方法。

（2）桥规法及千分表法是通过桥规测量或千分表直接指示，得出两个联轴器的轴向及径向偏差值，并按此值进行调整校正。这种方法比透光法要准确得多，所以被广泛采用。

2. 联轴器找中心的准备工作

（1）地脚螺栓清理灵活、好用；预备足够数量厚薄不一的垫片，垫片要平整、光洁，其面积和形状应与电动机地脚支撑面一样。

（2）准备好找正用的工具、量具，如千分表、百分表、磁力表座、专用夹座、地脚扳手、大锤等。

（3）检查联轴器配合有无松动现象，测量联轴器轴向及径向的晃动情况，最大不超过 0.06mm。

（4）检查轴承座、轴承端盖等处影响位移的螺栓是否有松动现象。

（5）将基础台板、电动机地脚支撑面清理干净后，方可将电动机就位。

（6）准备好足够亮的照明装置及记录用具。

3. 联轴器找中心的具体操作步骤

（1）先用塞尺检查台板与电动机地脚支撑面的自然接触情况，若有悬空部位，应用垫片垫实。

（2）穿上地脚螺栓，暂不拧紧，原来有垫片的可加好原垫片；若原来没有垫片或垫片混乱时，可根据目测或用平尺法先加好适量垫片。然后用调整螺栓将电动机前后左右移动，使其联轴器初步找正，并应注意联轴器间隙是否符合检修质量标准。

（3）将两个半联轴器上的回装标记对正，然后在任意对称位置上装上两件联轴器螺栓，注意不要紧牢两螺栓。

（4）在机械部分的联轴器或轴上安装好百分表座或夹具，这样移动电动机时与表的指示正负一致。为测量准确，应在一个位置上安装两块百分表，如图 3-14 所示。同时测量轴向和径向偏差，并记录在图上。

（5）将百分表盘零位对准表的百分针，先找电动机左右轴向及径向偏差，用地脚专用调整螺栓使电动机移动。禁止用大锤振打电动机地脚螺栓，以免损伤、破裂。

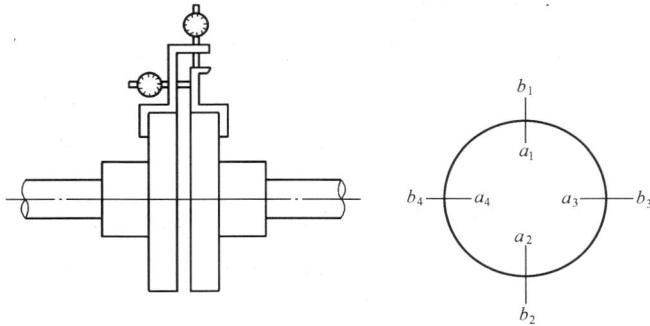

图 3-14 联轴器找中心装百分表的位置

(6)左右轴向及径向偏出调整好后,应紧固电动机地脚螺栓,紧固时要对角均匀紧牢。同时要左右盘车监视表的指针有无变化,变化大时应随时纠正。

(7)电动机地脚螺栓紧固后,将表盘指针恢复零位,盘车一周,分别测出上下左右四个位置上的轴向及径向偏差值,并将图 3-15(a)中所示尺寸测出。

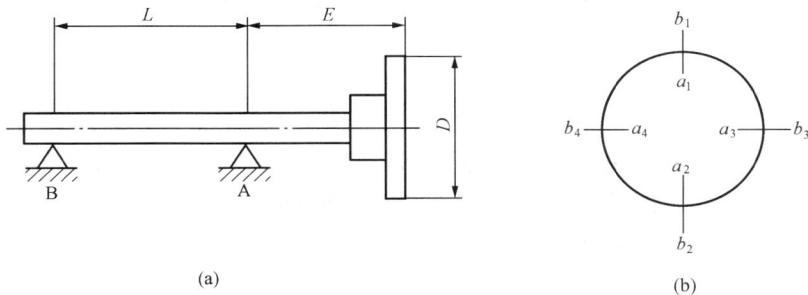

(a)

(b)

图 3-15 联轴器找中心所测位置图

(8)根据百分表读数判断两轴中心所处的情况,一般分为以下几种:

1)当 $a_1 = a_2$,$b_1 = b_2$ 时,表示两轴中心在同一几何中心线上。

2)当 $a_1 = a_2$,$b_1 \neq b_2$ 时,表示两轴中心线互相平行,但不在同一几何中心线上。

3)当 $a_1 \neq a_2$,$b_1 = b_2$ 时,表示两轴中心线不平行,但两联轴器相对同心。

4)当 $a_1 \neq a_2$,$b_1 \neq b_2$ 时,表示两轴中心线既不平行,也不同心。

(9)联轴器校正中心时,多属于上面第四种情况,因此可按下列公式计算加垫值,即

$$A_q = (a_1 - a_2)E/D + 1/2(b_1 - b_2) \tag{3-9}$$

$$B_h = (a_1 - a_2)(E + L)/D + 1/2(b_1 - b_2) \tag{3-10}$$

式中 A_q——电动机前脚螺栓处加垫值,mm;

$\quad\quad B_h$——电动机后脚螺栓处加垫值,mm;

$\quad\quad E$——电动机前脚螺栓中心线至联轴器端面距离,mm;

$\quad\quad L$——前后地脚螺栓中心线间距,mm;

$\quad\quad D$——联轴器直径,mm;

a_1、a_2——联轴器轴向对应位置偏差值,mm;

b_1、b_2——联轴器径向对应位置偏差值，mm。

对于符号的确定有以下要求：首先确定张口的符号，如上张口应加垫，因此为"＋"号，下张口则减垫，为"－"号；电动机高低符号的确定是电动机高应减垫，所以为"－"号，电动机低应加垫，为"＋"号。最后，计算出的 A_q、B_h 的符号中"＋"号应加垫，则"－"号应减垫。

（10）调整垫片时，应注意垫片总数不要超过 3 片。移动电动机时，注意不要把百分表顶坏，必要时可拆下百分表。电动机的 4 个地脚螺栓要受力均匀、紧固，不能靠调整地脚螺栓的紧力来保证联轴器的中心。

八、乌金瓦的浇铸方法

在滑动轴承检修一节中已经介绍了乌金瓦的概念、种类等，下面介绍乌金瓦的浇铸方法。

1. 底瓦的准备

（1）先用砂布、钢丝刷清理底瓦表面，若油污严重，可把底瓦放到容器内用水加热至 300～350℃，再用麻刷蘸氯化锌溶液擦拭；或把底瓦放到加热温度为 80～90℃、10％～15％氢氧化钠或氢氧化钾的碱溶液中，煮沸 5～10min，然后把底瓦放到温度为 80～100℃热水中冲洗，最后进行烘干。

（2）进一步清除底瓦铁锈和污垢，为使其形成细微不平的表面，以增加与巴氏合金的黏合力，还应进行酸洗。其方法是采用 10％～15％的稀硫酸或盐酸溶液浸泡 5～10min，然后用热水冲洗、烘干。必要时将酸洗后的底瓦再放入碳酸钠溶液中进行 5～10min 的碱性处理，使其浸入瓦层内部的酸得到中和。

2. 底瓦镀锡

底瓦镀锡的目的是使底瓦和合金之间形成一层良好的连接层，以保证底瓦和乌金牢固地黏在一起。其要求与准备工作也是很重要的。镀锡要牢固渗入底瓦表面层；表面光滑、洁净；锡层不宜太厚，以防锡表面形成氧化膜。镀锡之后应立即进行瓦的浇铸工作，以保持表面光洁并不被氧化。

准备好锡条或锡粉及加热工具，如氧气烤把、火钳、麻刷、汽液喷灯等。同时配制好助溶剂，如在饱和的氧化锌溶液中加入 5％～10％的氯化铵或 50％的氧化锌与 50％的氯化铵所制的饱和溶液等。

镀锡方法：先将底瓦用加热工具加热到 260～300℃，然后在底瓦挂锡表面上涂一层助溶剂，再用锡条往上擦或撒上一层锡粉，用麻刷或木片等擦拭，使锡均布底瓦挂锡表面。

3. 手工浇铸

（1）浇铸的准备工作。

1）用 70％的黏土、12％的食盐、18％的水调制黏合密封剂。

2）将底瓦组合在胎具上，为便于取出芯棒，应加工成锥体，并镀铬或涂上石墨粉，芯棒顶端应加工成凹形溢槽，结合缝隙应用石棉密封，并在外部涂上黏合密封剂，以避免溶液漏出。

3）将组合胎具放在铁板平台上，铁板平台预热 300～350℃，将底瓦预热到 260～

300℃，芯棒预热至 350～400℃。准备好熔化锅和浇铸铁勺，浇铸铁勺要轻便且有浇铸流液嘴，勺的容积要足够铸一个轴瓦所用的合金体积，且有富余才行。

（2）合金的熔化。

1）将轴承的固态合金放在洁净的熔锅内加热熔化，使锅内温度加热至 470～510℃。为稳定温度，可调节火焰或加适量合金块来调节控制锅内温度（不得超过 540℃）。

2）为防止氧化，可在合金锅的液面上盖一层 12～20mm 厚的木炭块，木炭块的直径为 5～10mm，必要时将 0.05%～0.1% 的氯化铵加入合金锅内搅拌，以进行脱氧。脱氧 20min 就能得到纯洁、精炼的合金溶液。

（3）浇铸的基本方法，如图 3-16 和图 3-17 所示。

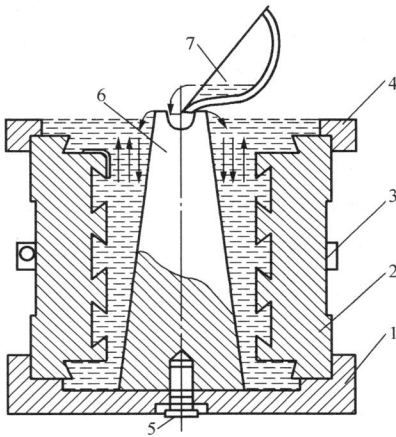

图 3-16　浇铸乌金瓦的合理胎具

1—底座；2—底瓦；3—夹具；4—上环；
5—螺栓；6—芯棒；7—浇铸勺

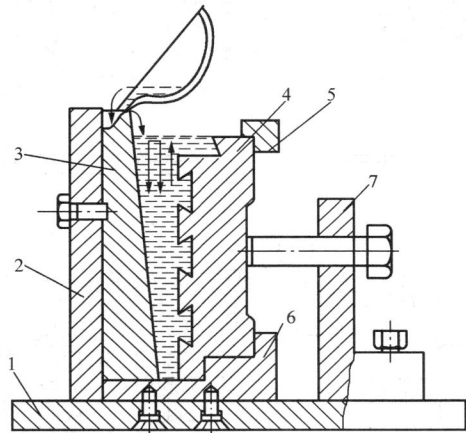

图 3-17　浇半片乌金瓦用胎具

1—底座；2—立板；3—芯棒；4—底瓦；
5—半铁环；6—底座；7—弯板

将浇铸勺加热到 300℃ 左右，然后从熔锅中掏取合金溶液进行浇铸。浇铸时的合金液温度为 380～400℃，将浇铸勺内的合金溶液通过浇铸勺流嘴轻轻注入芯棒顶端溢流槽内，等槽满后，合金溶液应沿着芯棒的外表面均匀地溢流下去，然后徐徐而平稳地升起，这样内部空气就都被挤出来了。而非金属夹杂物等杂质因密度小，都浮在合金液的液面上。在浇铸的过程中，要先快、后慢，一次浇成，浇流要保持均匀，不可中断或增补。

禁止将合金溶液沿着底瓦表面往下浇铸，如图 3-18 所示。因为合金溶液的温度很高（380～400℃），容易将底瓦表面研镀的锡衬冲掉，降低合金与底瓦的黏合强度或产生脱胎现象，同时空气和非金属杂物会随浇流的冲击而下沉，往往溢不出来而混合在合金内部。

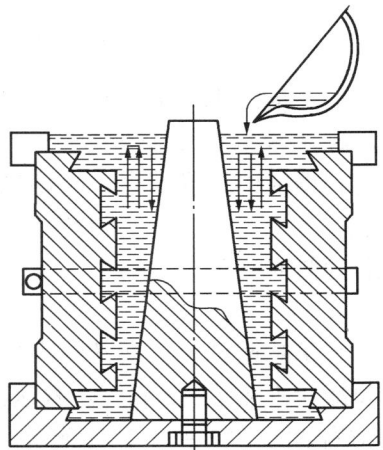

图 3-18　不合理的浇铸方法

（4）浇铸后的冷却。冷却时要求从底瓦的背面开始冷却，这样浇铸过程中所出现的缩孔现象只能发生在合金的表面，从而保证合金的质量和粘贴强度。为了使底瓦背面先冷却，在浇铸前，可先使芯棒温度高于瓦底的温度；在浇铸后，也可以用喷雾水或压缩空气等方法进行底瓦冷却。

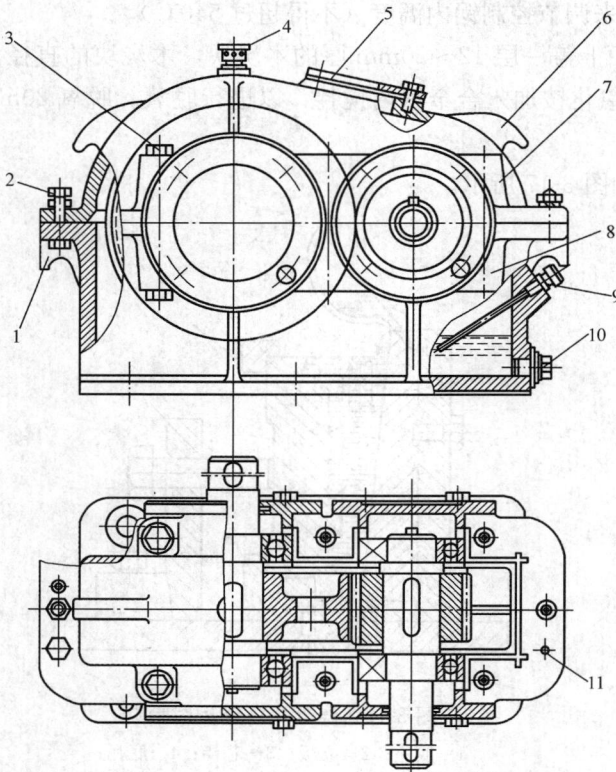

图 3-19　单级圆柱齿轮减速机结构图

1—减速箱吊钩；2—起盖螺钉；3—连接螺栓；4—通气孔；
5—视孔盖；6—箱盖吊钩；7—箱盖；8—箱座；
9—测油尺；10—油塞；11—定位销

（2）按传动级数分为单级、两级、三级减速机等。

3. 减速机的检修

根据结构组成特点，减速机检修主要是对轴、轴承、齿轮、箱体进行检修或更换等工作。

4. 行星减速机检修

行星减速机包括渐开线少齿差行星减速机和摆线针轮行星减速机，其结构如图 3-20 和图 3-21 所示。

下面以 MH 型两级行星齿轮减

九、锅炉辅机减速机检修

减速机是一种由封闭在箱体内的齿轮、蜗杆、蜗轮等所组成的传动装置，用于改变两轴间的转速、转矩及轴线相互位置，以适应工作需要。常见的磨煤机、捞渣机、回转式空气预热器等锅炉辅机设备中均用到了减速机。

减速机具有结构紧凑、使用维修简单和效率较高等优点。为了提高检修质量，降低成本，对某些类型的减速机定出了标准系列，并由专业厂成批生产。

1. 减速机的结构

图 3-19 所示为一单级圆柱齿轮减速机的结构图。

减速机主要由箱体（包括箱盖和箱座）、齿轮、轴、轴承等组成。

2. 减速机的类型

（1）按传动装置的类型分为圆柱齿轮减速机、圆锥齿轮减速机、圆锥—圆柱齿轮减速机和行星齿轮减速机等。

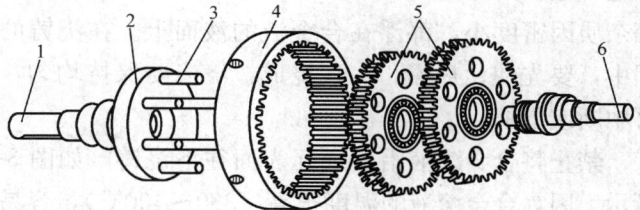

图 3-20　渐开线少齿差行星减速机结构示意图

1—输出轴；2—销盘；3—圆柱销；4—中心轮；
5—行星轮；6—输入轴

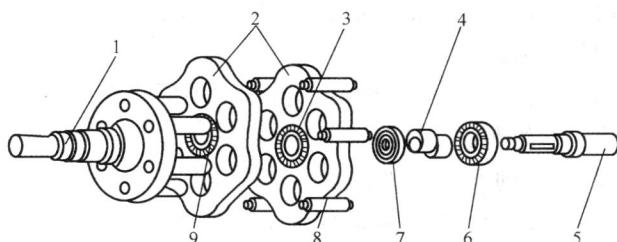

图 3-21　摆线针轮行星减速机结构示意图

1—输出轴；2—摆线轮；3—转臂轴承；4—双偏心套；5—输入轴；
6—输入轴轴承；7—针齿与针齿套；8—转臂轴承；9—销轴与销轴套

速机为例，介绍其检修工艺。

(1) 分解时的注意事项。

1) 明确分解目的，应将分解的部分控制在最小范围内。

2) 分解部分没有对接标记时，应做上标记后再分解。

3) 各部分禁止敲打或强行拉拔。

4) 在分解过程中产生困难时，不要勉强分解，应重新研究分析后再分解。

5) 为了防止分解后零部件丢失或变形，应放入适当的箱体内保存好。

(2) 分解方法。

1) 拆除放油塞，将减速机内润滑油放净，将低速轴朝下，稳固在专用平台上。

2) 拆除螺栓后就能拆下电动机。这时电动机托架与第一行星齿轮仍在电动机上，拆卸时，应缓慢沿轴向拉出。

3) 若将第一行星齿轮沿轴向拔出，第一行星齿轮、第一行星轴及第二恒星齿轮就能整体同时拆下。

4) 若拆下第一行星轴前端的轴用挡圈，便能拆下第一行星齿轮，但是除了特殊需要外，一般不拆卸。

5) 第一内齿轮与衬垫只要向高速侧拔出，便可拆下。

6) 拆除第二行星齿轮轴承挡圈，也可将第二行星齿轮拆下，但是除了特殊需要外，一般不要拆卸。

7) 拆卸低速轴时，按照低速轴键、螺栓、轴承盖和轴用挡圈的顺序依次拆卸，之后用专用工具将低速轴前端向高速轴侧顶出。

8) 分解电动机和电动机托架时，先拆下螺栓，然后拆下电动机托架。

9) 从电动机上拆第一恒星齿轮时，首先松开内六角止动螺栓，然后将两根撬杆平行插入第一恒星齿轮在电动机侧的端面与电动机法兰之间，撬起后拆下，但是除了特殊需要外，一般不要拆卸。

(3) 行星齿轮减速机组装。

组装要按照与分解相反的顺序进行，并应注意以下几点：

1）清洗各组装部件，并涂抹机械油或润滑油后进行组装。

2）确认分解时的对接标记。

3）组装油封时，在注意唇部方向的同时，操作中不要碰伤唇部。另外，应在油封的唇部充分涂上润滑脂，再进行组装。

4）将第一恒星齿轮组装到电动机轴上时，应调整第一恒星齿轮后的位置，使第一恒星齿轮与第二恒星齿轮之间的间隙在组装好的状态下达到 0.5～1.0mm。

5）擦去外壳体部件接合面上的油污及原有的密封胶，并清理干净，重新涂抹密封胶。

6）结束组装时，确认分解的部件已全部装好，然后用手盘动高速轴，确认盘车是否轻松灵活、无异常。

7）试运前，必须确认润滑油是否适量。

十、锅炉辅机联轴器检修

锅炉辅机联轴器可分为刚性联轴器、弹性联轴器、波形联轴器、蛇形弹簧联轴器、齿式联轴器、液体联轴器和挠性联轴器等类型。其中常见的几种联轴器如图 3-22 所示。

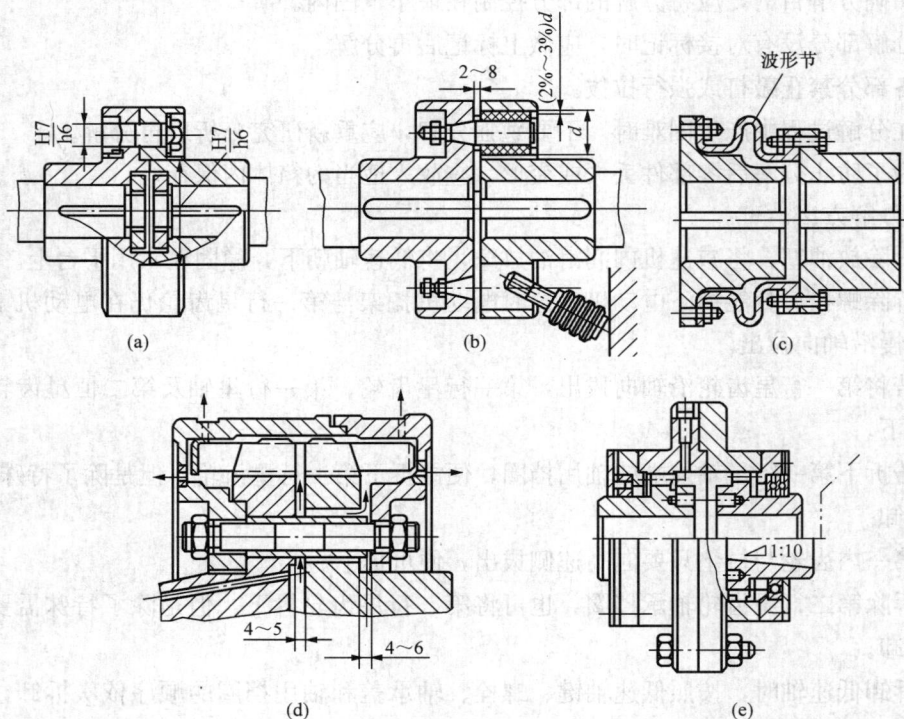

图 3-22　常见的几种联轴器类型（单位：mm）

（a）刚性联轴器；（b）弹性联轴器；（c）波形联轴器；（d）蛇形弹簧联轴器；（e）齿式联轴器

1. 联轴器检修和拆卸过程中的注意事项

（1）螺栓和螺帽要严格对位，如果是首次大修，应检查螺栓、螺帽有无编号，没有的要用钢印打上编号。若螺栓质量不均匀，易破坏转子的平衡。

（2）检查防止螺栓松动的止动圈或开口销应正常，没有裂痕。

2. 联轴器的检修工艺

对于常见类型的联轴器一般采用热膨胀法拆装。下面介绍两种典型联轴器的检修工艺。

(1) VF-10 型液体联轴器检修。

1) 松开联轴器螺栓,拆下四个放油塞中两个对称的放油塞,放出重载油。

2) 拧松紧固联轴器与电动机轴的螺钉,以便把联轴器从电动机轴上整体拆下。

3) 拆下联轴器上的螺母及锁紧螺栓等,用软锤小心敲打,使密封挡圈和轴同主体分开,并拆下滚动轴承,将轴与密封挡圈分开。

4) 液体联轴器组装应按拆卸相反的顺序进行。

5) 装配时,一般要求油封、O 形环和密封垫均更新。

6) 建议使用 SAE5W-10 重载油或相当牌号的油,油量不当会影响液体联轴器的工作性能。

7) 注油时,从顶部油塞孔缓慢注油,直到油从另一个与垂线成 45°开启的油塞孔内溢出为止。

8) 油注入后,用密封胶涂抹油塞螺栓,并拧紧油塞。

9) 当用手旋转时,保证联轴器摆动必须在 0~0.2mm 范围内,正常工作时,油温必须小于 100℃。

(2) 挠性联轴器检修。

1) 首先确认转机电源隔绝,自动控制解列,并做好止动措施,同时备好检修用具。

2) 拆除联轴器安全罩,检查联轴器对轮记号,并注意连接螺栓和垫圈的排列。

3) 拆除联轴器螺栓,放下中间短管,挠性元件及垫片要完好无缺、无变形,然后用绳子扎好,以免丢失。

4) 拆下中间短管后,电动机与机械部分之间的间距刚好可以拆下两半联轴器,而不用使电动机移位。

5) 设置好专用工具,如在拆卸机械侧联轴器时,可利用机械侧固定端轴承箱体把两个 5~10t 的千斤顶水平、对称地顶在联轴器上,采用加热膨胀法,将两半联轴器加热到 230~250℃,注意温度不能过高。

6) 拆下的半联轴器要认真检查,无裂纹、破损,各种孔径符合标准,方可进行安装。

7) 装复时用机械油加热,注意要使半联轴器受热均匀。装复后,联轴器端面和轴的端面要一致,不能漏出或缩进。

8) 进行找中心的工作,可参见前述"联轴器找中心"部分。找中心工作完成后,按原标记装上中心套管及挠性元件,紧固所有螺栓,装复好安全罩。

十一、皮带轮安装

锅炉辅机设备中多处会用到三角皮带轮,下面简要介绍三角皮带轮的安装。

1. 皮带轮安装前的检查

(1) 检查皮带轮端面与外圆的瓢偏和晃动情况。

(2) 检查主动轮与从动轮的相对位置。其方法如图 3-23 (a) 所示,要求两轮的端面位于同一平面。当两轮的轴距不大时,可用直尺检查;轴距较大时,可用细线检查。

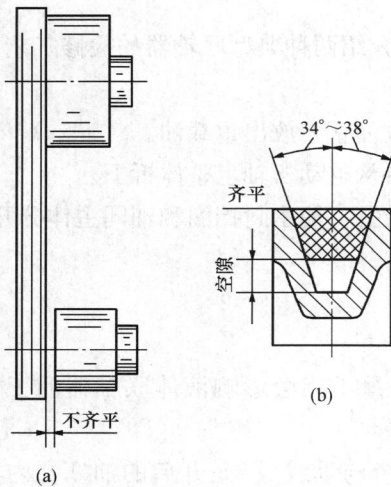

图 3-23 三角皮带轮装好后的检查与
三角皮带轮的安装

2. 三角皮带轮装好后的检查

检查三角皮带轮轮槽与三角皮带轮的紧度。三角皮带轮两斜面的夹角为 40°；皮带轮的轮槽夹角略小于 40°，一般为 34°～38°，使其有一定的紧度，其紧度规定每 100mm 压下 1.6mm 为宜。图 3-23（b）所示为三角皮带轮装好后的正确位置。

装好后检查皮带轮应无伤痕、裂纹、严重磨损及破损等情况。

十二、检修中疑难问题处理方法

1. 螺栓断裂

锅炉辅机检修中经常会遇到螺栓断裂的情况，如电动机地脚螺栓、机械基础螺栓、轴瓦螺栓、轴瓦端盖螺栓等的断裂。

螺栓断裂的原因有机械振动过大，螺栓经受长期交变应力的影响，使螺栓发生蠕变或安装中扭矩过大，使螺栓产生裂纹等。

如果发生螺栓断裂，一般要进行停机处理，主要是进行螺栓的更换或补焊工作。对于机械基础中的预埋螺栓，首先应破坏基础混凝土，进行正确的焊接后，找正基础台板水平，再进行灌浆工作。而对于螺栓断后留在设备上的部分，一般小型部件可以采用机械加工法取出；大型部件可采用补焊同材质且相同尺寸结构件的方法，以便于拆卸工具的安装，用加热法使其螺纹咬合部位膨胀，将螺栓拆下。对于无法拆下的螺栓，可用直接焊接螺栓法，此法要求螺栓焊接后不能影响其他部件的装配，否则应更换整个工件。

2. 联轴器拆装困难

联轴器拆装困难的原因一般有以下几点：

（1）半联轴器孔径与轴配合紧力过大。

（2）拆装方法不当或拆装工具不适合。

（3）用加热法拆装联轴器时，加热温度没有掌握好，加热温度不够或过高。

鉴于以上几个方面原因，装配时应仔细测量联轴器孔径与轴的配合情况，应符合相应国家标准；拆卸时，应使用合适的专用工具，并考虑到在不损坏联轴器的情况下，采用三点均匀受力或四点均布受力并结合加热法，即可拆卸联轴器。加热时要随时掌握加热温度，尽力使联轴器受热均匀，温度在 230～250℃即可。

3. 轴承拆卸困难

锅炉辅机检修过程中常遇到轴承拆不下来的情况，主要有以下几个方面的原因：

（1）轴承内圈与轴配合紧力过大。

（2）轴承损坏，内圈与轴研磨，互为镶嵌。

（3）拆卸方法不当及拆卸工具不适合。

解决轴承拆不下来的方法可用切割内圈法。在不影响其他部件的情况下，用氧气割把割开内圈，同时应注意不要伤及轴颈；在特殊情况下可用无齿割片切割，切割中应避免损伤轴和其他部件。割开后要对杂物等进行处理，以免影响安装质量。

十三、辅机的振动诊断技术

（一）诊断技术概述

设备诊断就是对运行中的设备进行状态分析以确定运行质量，为查找设备隐患提供依据，从而确定是否需要进行设备检修。

设备诊断应按以下步骤进行：

（1）状态量监测。如振动值、异声、温度的监测。状态量监测的疏漏可能造成极大的设备损坏。

（2）信号处理。利用先进的设备仪器对获得的信号进行加工处理，使之成为有用的信息。

（3）识别与判断。主要对设备故障和异常的部位、原因和程度进行识别判断。

（4）预测和对策。预测设备故障的发展程度和后果，以提出临时处理意见和根本治理的建议。

（二）旋转机械振动状态的诊断

根据旋转机械的振动状态，可将振动分为转子不平衡振动、滚动轴承的振动、滑动轴承的振动及齿轮的振动等。

1. 转子不平衡振动

由于材质不均匀、结构不对称和加工或装配误差造成的质量不平衡的转子，当其高速运转时，因重心偏移造成离心力作用而引起振动。其特征如下：

（1）振动是指轴瓦的振动，主要分垂直方向振动、水平方向振动、轴向窜动三个方向。

（2）振动频率和机械转动频率相一致。

（3）在一定转速下保持一定的振动相位角。

此外还有可能由于转子联轴器不对中、转轴初始弯曲、转子受热不均匀造成的转轴热弯曲等，也都表现为不平衡的振动。

2. 滚动轴承的振动

滚动轴承由于滚珠、内圈、外径、支撑架等磨损、表面疲劳或表面剥落而造成损坏后，滚珠相互撞击而产生高频冲击振动信号。获取振动监测就可以判断出绝大部分滚动轴承故障，再辅以声音、温度、磨耗金属屑和油膜电阻的监测，以及定期检查、测定轴承间隙，即可在早期预查出滚动轴承的一切缺陷。

3. 滑动轴承的振动

滑动轴承的振动是滑动轴承油膜引起的一种自激振动，包括油膜振动和油膜涡动。

（1）油膜振动有以下特点：

1）转轴有相当大的弯曲振动，此时轴颈围绕轴承中心作激烈的甩转。甩转方向与转轴转动方向相同，一般在转子临界转速两倍以上时容易发生。一旦发生越振，振幅急剧加大，继续提高转速，震荡并不减小。

2）转子的涡动频率约等于转子一阶固有频率，与转子转速无关。

3）油膜振荡具有较大的惯性，振动一旦形成，即使把转速降到起振点，振荡也不会终止，直至把转速降到更低程度，振荡才能停止。

（2）油膜涡动是转轴轻微挠曲引起的比较平稳的振动，其特点如下：

1）涡动方向与轴旋转方向一致。

2）多发生于工作转速在一级临界转速的两倍附近，有时也高于一阶临界转速的两倍。

3）对于轻载转子，其涡动频率接近其临界转速的1/2。

油膜涡动若得不到控制，就会发展为油膜振荡。其避免的方法一般采取降低油黏度，减小轴瓦顶隙、扩大侧隙，减小轴承的长径比，增加油楔轴承的楔深比等措施。

4. 齿轮的振动

当齿轮正常运行均匀磨损时，啮合频率和谐波保持不变。随着齿面磨损量的增大，不仅振动幅值将增大，同时也会出现附加脉冲。通过进行频谱分析，可以诊断齿轮缺陷的性质和所在位置。

齿轮的啮合频率可用式（3-11）表示，即

$$F_z = ZN \qquad\qquad (3\text{-}11)$$

式中　F_z——齿轮啮合频率，Hz；

　　　Z——齿数；

　　　N——齿轮每分钟转速，r/min。

十四、锅炉辅机常用的防磨措施

锅炉辅机中转动机械传输的工质一般为空气、灰尘、烟气与飞灰混合物、煤粉与空气混合物等流体。如锅炉引风机输送的是烟气和飞灰的混合流体，排粉机输送的是含一定百分比煤粉的空气。所以对于转动机械来说，最易磨损的部分是工作叶轮和风箱蜗壳。

通常影响转机叶轮使用寿命的关键部件是叶轮的叶片，其磨损速度随材料硬度的增加而减小，但是耐磨性不仅取决于材料硬度，还与其成分有关。如经热处理后的各种不同成分的钢，虽有相同的硬度，却有着不同的耐磨性。碳钢通过淬火可提高硬度，而耐磨性也有所提高，但是不成比例。如40号碳钢淬火后，其维氏硬度由HV168增加到HV730，虽然硬度增加了3.5倍，但其耐磨性仅增加了69%。由此可见，要提高材料的硬度，还要选用合适的耐磨材料。几种材料耐磨试验的结果如表3-3所示。

表3-3　　　　　　　　　　　　　　　　不同材料磨损情况

种　类	化学成分（%）							寿命（d）	磨损量比值
	C	Si	Mn	P	S	Ni	Cr		
低碳钢	0.15	0.02	0.58	0.18	0.02			20	2.25
中碳钢	0.27	0.33	0.62	0.02	0.015			45	1.0（基准）
高碳钢	1.18	0.54	12.5	0.054	0.01			120	0.37
Ni-Cr铸钢	3.03	0.56	0.68	0.143	0.021	5.85	1.72	300	0.15

锅炉辅机的磨损直接影响着锅炉的安全运行，因此在辅机设计、制造和使用中应采取防磨措施，以提高其使用寿命。可采取的措施主要有下述几种：

（1）在转机叶片容易磨损部位，用等离子喷涂一定厚度的硬质合金或堆焊硬质合金，如

高碳铬锰钢等。

(2) 叶片渗碳是提高材料表面硬度，减轻磨损的一个有效措施。渗碳使金属表面形成硬而耐磨的碳化铁层，同时保持了钢材内部的柔韧性。如某厂对排粉机叶片进行渗碳处理后，叶片表面硬度可达到洛氏硬度 HRC50 以上。磨损速度由过去每日 2mm 减到每日 0.2mm，使用寿命延长 10 倍。

(3) 风机可采用铸石板作为防磨衬板，一般粘贴于下风箱，以防掉落。其耐磨性比金属衬板高好几倍，甚至几十倍。

(4) 目前比较实用的防磨措施是表面层堆焊 Fe-05 耐磨焊块，其表面硬度可达到洛氏硬度 HRC60 以上。其缺点是焊接工艺复杂，焊接电流较大，要求一次焊接成型，不允许重复堆焊，焊道易产生裂纹，叶片易变形，要求焊接速度掌握得好，才能达到一定的对焊高度和质量。

(5) 粘涂耐磨涂料也是一种较好的防磨措施。因为耐磨涂料具有质量轻、粘涂工艺简单、耐磨性能良好、所涂部位不受几何形状约束和适宜现场修复等特点，所以已被各使用单位逐步采用。目前，国内已研制出应用耐磨涂料，主要有 SR-1 型、CY-22 型、CY-23 型等。其中 SR-1 型防磨涂料采用耐高温环氧脂胶与碳化硅非金属硬质粒子配制而成，在其内加入适量的藕联剂 TN-38-01。此种防磨涂料的冲蚀磨损率仅为叶片材质的 1/3。

(6) 在风机叶轮和机壳等流道内使用工程陶瓷衬层，或风机叶片全部用工程陶瓷制作而成的风机称为陶瓷耐磨风机。工程陶瓷是一种性能稳定、摩擦系数小、热膨胀系数小、强度高，耐热、耐磨、耐腐蚀性能最好的新型材料之一，其质量较金属轻 1/3，是脆性材料，因此受重物敲击会发生断裂，但对于煤粉等磨粒的冲击不会发生断裂现象。

第二节　超(超)临界锅炉轴流式风机检修

以前火力发电厂锅炉所配置的送、引风机基本上均采用离心式风机，随着大容量发电机组的不断发展，使用离心式风机在技术条件上受到很大的限制。增大风机叶轮尺寸又受到材料强度的制约，离心式风机的容量已达到极限。所以，在大容量锅炉已广泛采用轴流式风机作为送、引风机。轴流式风机的比转速较高，流量大，风压低。

一、轴流风机工作原理

设一较长的圆柱体静止在气体上方，气流自左向右作平行流动，若不计气体的黏性，即不考虑流动的阻力，那么气流会均匀地绕流圆柱体。气流在圆柱体上的速度及压力分布完全对称，流体对柱体的总作用力为零。这种流动称为平流绕圆柱体流动。

若圆柱体作顺时针的旋转运动，圆柱体也带着柱体周围的气体一起旋转，产生环流运动。流体作环流运动时，圆柱体上、下速度及压力分布也完全对称，气体对柱体的总作用力也为零。

若流体作平行绕流，圆柱体作顺时针旋转，那么这两种流动叠加在一起的结果是：圆柱体上部平流与环流方向一致，流速加快；圆柱体下部平流与环流方向相反，流速减慢。根据伯努里能量方程原理，圆柱体上部与圆柱体下部的总能量相等，圆柱体上部动能大，则压力能小；圆柱体下部动能小，则压力能大。于是流体对圆柱体产生一个自下而上的压力差，这个压力差就是圆柱体所获得的升力。

机翼上升力产生的原理与圆柱体上升力产生的原理完全相同。机翼上有一个顺时针方向的环流运动，由于机翼向前运动，以流体相对于机翼来说作自左向右的平流运动。机翼上部平流与环流叠加流速加快，压力降低；机翼下部平流与环流叠加流速减慢，压力升高。这样机翼上、下面会产生压力差，此压力差乘以机翼的面积即为升力。

同时在流动中有流动阻力，机翼也受到阻力。机翼表面气流的环流运动并不是因为机翼作旋转运动所致。例如一架在森林上空撒播药粉的飞机，药粉从机翼的后缘喷散，环流的气体使喷出的药粉层发生滚卷，形成旋涡。

轴流风机的叶轮是由数个相同的机翼形成一个环型叶栅。当叶轮旋转时，叶栅以一定的速度向前运动，气流相对于叶栅产生沿着机翼表面的流动，所以气体对机翼产生升力，而机翼对流体产生一个反作用力。反作用力分解可得轴向力和径向力，轴向力使气体获得沿轴向流动的能量，径向力使气体产生绕轴的旋转运动，所以气流经过叶轮做功后，作绕轴的沿轴向运动。

气体在风机中得到的能量主要有三项，即气体经风机进、出口速度变化产生的能量，叶道的进/出口截面增大而引起相对速度的降低所产生的压力能，以及流体升高的动能。由于轴流风机中没有第一项，因此轴流风机的压头低于离心风机。由于轴流风机叶片出口断面大于进口断面，因此叶片出口截面要薄一些，进口处要厚一些。

动叶可调轴流风机功角越大，翼背的周界越大，升力越大，风机的压差越大，风量则小。当叶片功角达到临界值时，气体将离开翼背的型线发生涡流，此时风机压力大，风量下降，将产生失速现象。

二、轴流风机的基本形式

轴流风机有以下四种基本形式：

（1）单个叶轮置于机壳内。流体沿轴向进入叶轮，由于叶轮的作用，流体离开叶轮时既有轴向的流动，又有与轴旋转方向相同的绕轴运动。流体离开叶轮后的绕轴旋转运动是多余的，产生能量损失，降低风机的效率。若减小绕轴运动的速度，则流体通过叶轮所获得的能量也会减少，因此这种形式只能用于低压头的通风机。

（2）单个叶轮后置导叶。针对单个叶轮轴流风机的缺点，在叶轮后放置静止的导叶，叶轮出口流体的流速虽然有周向分速，但是流体到导叶后改变了方向，成为轴向，所以流体从导叶出口的流速是轴向的。单个叶轮后置导叶的效率比（1）型要高。这种形式用于高压通风机中，绝大多数轴流送风机采用此形式。

（3）单个叶轮前置导叶。在叶轮前安置一个静止的导叶，流体进入导叶后产生与叶轮旋转方向相反的旋转速度。在设计工况下，流体经过叶轮后的流动方向是轴向的。由于流体经过导叶后速度的变化，因此压力更加减小，但是最后在叶轮中所获得的压力能比例还是较大的。这种形式轴流风机在设计工况下，其流动效率较（2）型要小，这是因为入口相对速度相当大的缘故。目前中、小型轴流风机采用这种形式。

（4）单个叶轮前、后置导叶，这种形式是（1）型与（2）型的合成。前置导叶在设计工况时,其出口速度为轴向。如流量有变化,则前置导叶的叶片可相应地转动,即流量减小时向叶轮旋转方向转动,流量增大时向相反方向转动,这样可以适应流量在较大范围内变化,而且有较高的效率。前置导叶在变工况时,起到调节挡板的作用。这种形式结构复杂,大型轴流风机采用动叶角度可调,所以如前置导叶,则仅起导流作用。

三、轴流式风机检修工艺

(一) 叶片的检修工艺

1. 叶片的检修

利用锅炉停运或检修时机对叶片的磨损及其他情况进行检查。检修检查的项目及要求有以下几点:

(1) 叶片磨损检查主要是针对引风机,检查铝合金叶片型线部分的磨损及叶片表面镀层磨损和龟裂、剥落等情况。

叶片的磨损检查可以通过肉眼检查,测厚和称重相结合进行。

(2) 利用每次大小修时机一般都要对叶片进行着色探伤检查,主要检查叶片工作面及叶片根部,以确定是否有裂纹及气孔、夹砂等缺陷。

(3) 叶片的固定螺钉必须进行力矩复测,根据不同的机型及螺栓的规格不同,力矩值也不相同。如某厂 AST-2100/1500N 型轴流送风机要求叶片专用螺栓的拧紧力矩为 93N·m。

(4) 叶片间隙的测量是指叶片顶端与机壳之间的间隙。在风箱壳体上用记号笔标记出 8 个等分点,一般将风箱壳体正下方标记为第"5"点。用硬质木块按叶片顺序号固定叶片,使每片叶片尽量达到风机在冷态下运转时拉伸的最长量,盘动转子测量出每片叶片在第"5"点时与风箱壳体之间的间隙,以确定各叶片中与风箱壳体之间间隙最小和最大的两片叶片。然后以最小间隙的叶片为依据,分别按 8 点进行测量,计算出各叶片分别在 8 个测量点时与风箱壳体之间的间隙,并记录准确。

通过以上测量计算出叶片与风箱壳体之间的最小间隙,以验证是否符合以下规定:对冷态风机而言,最小间隙为 2.5mm,最大间隙为 4.0mm;当最大间隙的叶片转至其他位置时,间隙的变化量不得大于 1.2mm;在 8 个测量点上,对于最短叶片和最长叶片测得间隙的总平均值应不大于 3.3mm。

2. 叶片的更换

(1) 解列液压油系统,拆除所有影响扩压器拉出的部件,并标记好。

(2) 拉开扩压器,依次拆卸叶轮上各动叶调节机构部件,做上标记并放好。

(3) 如在更换叶片的同时对其承力轴承也进行检查或更换,则应将叶片与枢轴一起从入孔门取出,随后还要将轮毂拆下。

(4) 拆卸旧叶片时要对角进行,以免叶轮不平衡过大,影响拆卸叶片的工作和安全。叶片螺栓如果过紧松不开,可通过加热法将其松开。

(5) 新叶片是在厂家进行完整机动平衡工作的,并编制了编号,所以安装时应对号入座,以免因不平衡而引起振动。

(6) 新叶片应按编号对称安装,叶片螺栓全部换新,叶柄轴螺纹装复前应清理干净,无毛刺,所有螺栓和螺母均能用手旋进。螺栓螺纹应涂二硫化钼油,同一片叶片的螺纹安装要

133

对角均匀预紧，最后用力矩扳手对角紧固，力矩应符合规定。

（7）全部叶片安装好后，锁紧螺母应先全部旋紧，然后逐个旋松 270°，再测量叶片与外壳的间隙，并做好记录，已确认间隙是否符合规定要求，如不符合要求，应查明原因。注意安装叶片旋紧锁紧螺母时只能由一人完成，中间不能换人。由于机型不同，其规定的叶片间隙也不相同，因此间隙测量应符合厂家设计规定。

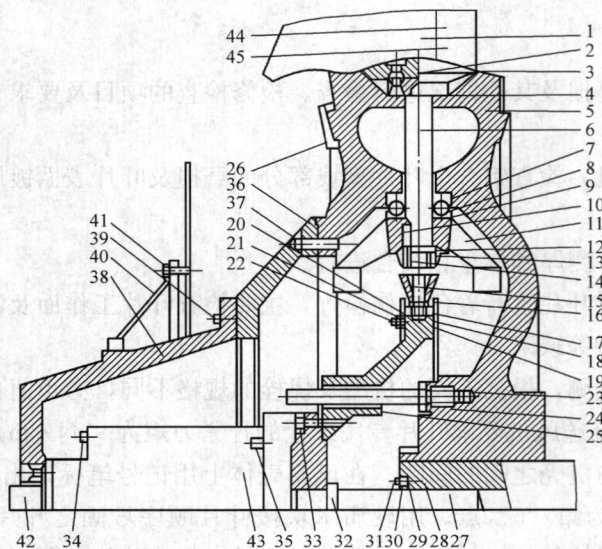

图 3-24　轮毂组装图

1、6—叶片；2—叶片螺栓；3—聚四氟乙烯环；4、9、23、27—衬套；5—轮毂；7—推力轴承；8—紧圈；10—叶柄滑键；11—调节臂；12—垫圈；13、15、28—锁帽；14—锁紧垫圈；16—滑块销钉；17—滑块；18—锁圈；19—导环；20—带空导环；21—螺母；22—双头螺栓；24—导向销；25—调节盘；26—平衡重块；29—密封环；30—毡圈；31、33～35、37、39、41、42、45—螺栓；32—支撑轴颈；36—轮毂；38—支撑罩；40—加固圆盘；43—液压缸；44—叶片防磨前缘

（二）轮毂的检修工艺

1. 轮毂的拆卸

轮毂组装图如图 3-24 所示。

轮毂拆卸方法如下：

（1）拆除叶轮外壳与扩压器法兰连接螺栓及扩压器与风道的软连接。

（2）拆除旋转油密封的进、出油管及漏油管，并拆下拉叉。

（3）在扩压器两边各装一只 1～2t 的手拉链条葫芦，将扩压器轴向拉入风道中，扩压器与叶轮外壳之间留出一定间距。该间距一般为 0.8～1m，以便拆卸并吊出轮毂。

（4）按图 3-24 依次拆下旋转油密封、支撑罩、轮毂罩、液压缸、支撑轴、调节盘、叶片等；其各部位都有钢印标记，如没有，应在第一次解体时打上编号，并将所有部件存放在指定地点，以免错乱丢失。

2. 轮毂及各部件检查与安装

（1）检查轮毂、轮毂盖、支撑盖等表面，无裂纹、气孔等铸造缺陷；表面无磨损、腐蚀，如有，应做好记录；各结合面平整、无毛刺，拆下的螺栓可用手直接旋入。

（2）检查各衬套、叶片、推力轴承、滑块、导环、密封环等部件是否完好，否则应尽量全部更换新部件。

（3）在装设内导环前应将叶片安装好，并调整叶片间隙正确。

（4）滑块、导环无磨损，滑块安装前应放入 100℃二硫化钼油剂溶液中浸泡 2h。安装后导环与滑块的正确间隙应为 0.1～0.4mm，如果间隙过大，应查明原因。必要时应更换导环，导环要求平整、无弯曲，导环平面应涂二硫化钼粉。

（5）安装支撑轴，检查支撑轴颈表面无滑痕、不弯曲，若有弯曲，则要求弯曲度小于 0.02mm。其紧固螺栓应用力矩扳手按规定力矩值紧固。

（6）安装液压缸和轮毂盖时，应按设计厂家规定的力矩紧固液压缸与支撑轴的连接螺栓及轮毂盖与轮毂的连接螺栓，同时所有螺栓的螺纹应涂二硫化钼油剂。

（7）安装支撑罩时，首先紧固支撑罩与液压缸之间的连接螺栓，再选择四个对称的螺栓对角拧紧支撑罩和轮毂罩。

（8）用千分表测量液压缸与风机轴的同心度，要求在 0.05mm 之内。调整好后，将剩下的螺栓紧固，并复查同心度是否变化，否则应重新调整。

（三）液压缸的检修

轴流式风机液压缸一般是随风机整机组装后供货的，其检修都是返厂维修，但作为检修人员，也应该了解液压缸的解体、检修方法。液压缸内部剖面图如图 3-25 所示。

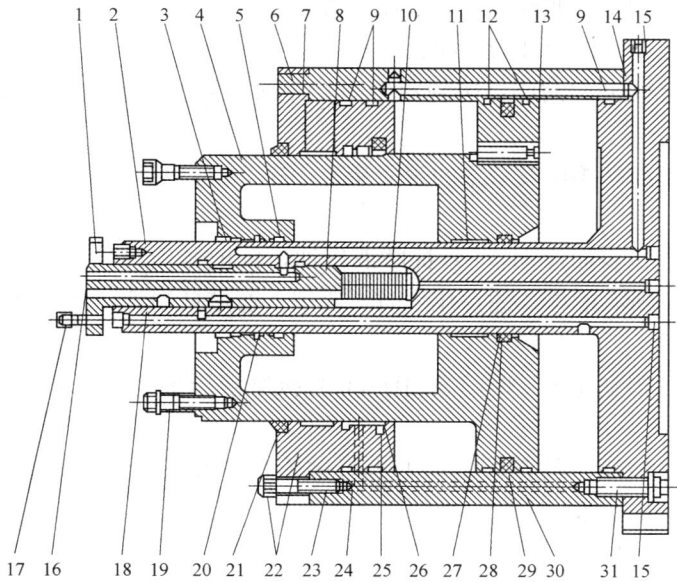

图 3-25 液压缸剖面图

1—衬套（G/a）；2—阀室；3、21—活塞胀圈；4—活塞；5、9、14、18、24、25、28、30—O 形圈；
6、17、19、31—螺栓；7、11—活塞套；8—阀门；10—弹簧；12—活塞导环；13—节流装置；15—
旋塞；16—阀门密封；20—阀室衬套；22—端盖；23—油缸；26、27、29—G_{lyd} 圈

1. 解体

解体液压缸时，首先应小心地将阀芯从阀体中拉出来。拆下端盖螺栓，利用顶丝孔将其拆下。分别在活塞端面对称的螺孔上安装两只吊环，将活塞吊出。拆下油缸与阀座的螺栓，利用吊环将油缸与阀座分离。

2. 密封件及液压缸体的检查

（1）液压缸内密封件有 O 形橡胶圈、滑环式组合密封（由聚四氟乙烯环和 O 形圈组成）以及防尘密封圈。

所有密封圈不应有磨损、拧扭或间隙咬伤等现象，否则会引起泄露。一般要求全套密封件一起换新。

（2）拆卸液压缸密封圈时，注意不要碰伤缸体表面；不要错用或混用密封圈，应按规定

使用。安装时，最好使用专用工具将密封圈压入。

（3）液压缸各部件滑动面应光滑、洁净，无磨损或损坏，镀层完整、不剥离。

（4）清洗干净各部件，并用压缩空气多次吹扫喷嘴及各油孔，保证油孔内无杂质并畅通。

（5）清洗后，及时在缸体表面涂以 30 号抗磨液压油，以防锈蚀。

（6）弹簧应无磨损、无变形，否则应更换新弹簧。

3. 液压缸的组装

液压缸的组装应在液压缸组成部件清理好后立即进行。其所用螺栓均为高强度螺栓，不能与普通螺栓相混淆，因普通螺栓的强度不够，液压缸动作时油压升高，将造成液压缸油路不通，引起液压缸不动作或油压过高，损坏设备。

（1）首先装好液压缸的全部密封圈。

（2）按记号连接油缸和阀座，按规定力矩均匀对角紧固螺栓。注意油缸的方向不能反向，以及 O 形圈的状态。

（3）在油缸内表面、阀座及活塞的表面涂上干净 30 号抗磨液压油，然后将活塞缓慢地放入。

（4）在端盖内外径表面涂上 30 号抗磨液压油，按记号用两只螺栓将端盖压入油缸内，然后按规定力矩紧固所有螺栓。注意压入时不要用重物敲打端盖，这样反而不易压入且容易损坏密封圈。

（5）将弹簧放入阀室孔中，阀门表面涂 30 号抗磨液压油，缓慢放进阀塞孔中，用螺栓旋紧定位。

（6）将组装后的液压缸放在试验台上进行试验。实验要求：无漏油，无渗油，动作正确，油压符合设计规定标准。

（四）轴承箱的检修

轴流式风机的型号不同，其轴承箱布置及结构也不同，如 ASN 型、ДОД 型等风机，其轴承箱结构就有明显的区别。下面以 ASN 型风机为例介绍轴承箱的检修。

1. ASN 型轴承箱的结构

轴承箱结构如图 3-26 所示。

2. 轴承箱的解体

（1）首先准备好拆卸叶轮及联轴器的专用工具，将电动机吊离其基座，用加热法将叶轮、轮毂及联轴器卸下，同时将箱体内润滑油放净。

（2）在轴承箱推力、承力侧等架设好两只手拉链条葫芦，利用专用滑道及小车将轴承箱从电动机侧拉出，并运送到专用检修车间。

（3）拆卸两端与轴承箱体的紧固螺栓，将轴连同轴承壳从轴承箱中抽出，放在专用的支架上。抽出时要在两点固定，切勿碰撞，如抽出时感到较紧，可稍加热连接处，以便于拆卸。

（4）吊好轴承壳，松开轴承外端盖，将轴承壳连同轴承外钢圈一起从主轴上拆下，放置在干净地方。

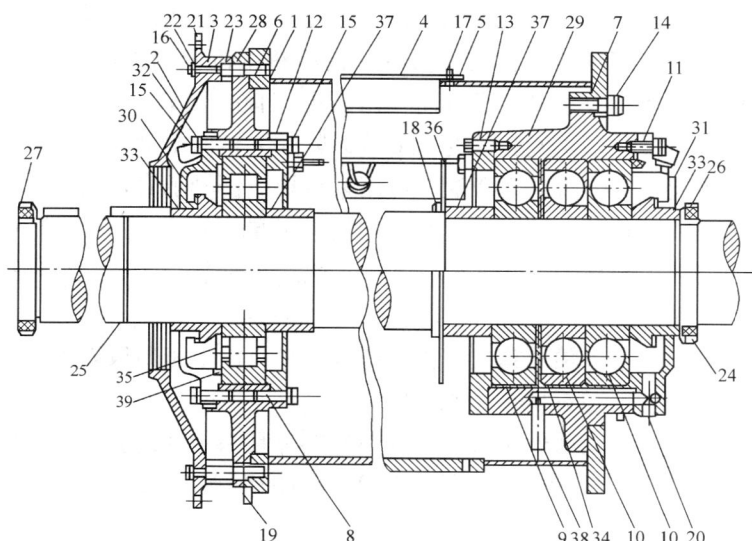

图 3-26 轴承箱结构示意图

1—轴承套管；2—迷宫式轴封；3—迷宫式轴封螺栓支撑；4—检查盖；5—圆盖板；6、7—密封垫；8—液柱轴承；9—滚珠轴承；10—单列止推滚珠轴承；11—压力弹簧；12、13—侧盖；14~17、39—六角螺栓；18—六角形旋塞、锤形销；19—接头；20—1/2 油管；21—密封盘；22—垫圈；23—隔套；24—止退垫圈；25—主轴；26、27—并帽；28—松动侧轴承外壳；29—导向侧轴承外壳；30—松动侧内端盖；31—外端盖；32—垫圈；33—溅油盘；34—导向轴承定距环；35—挡油板；36—甩油板；37—定位圈；38—轴承外壳油管

（5）松开轴承内、外端盖与轴承壳的连接螺栓。吊起轴承壳，安装好专用工具，将轴承壳拉下放好。

（6）用专用工具将滚动轴承、定位圈、挡油圈一起从轴上拉下，注意拉轴承时，要用加热至 90℃ 的机油浸浇在部件上，再将其拉下，以免引起主轴的磨损。轴承外钢圈可用紫铜棒从轴承壳中轻轻敲击，缓慢地拆下。

（7）放松挡油圈上的支头螺栓，松开轴上并帽，取下止退垫圈。安装好专用工具，用加热至 90℃ 的机械油浸浇在部件上，将推力轴承、球轴承、甩油圈、溅油圈一起从轴上拉下。

3. 轴承箱的组装

（1）首先应检查箱体内各部件，需要更换新部件时要更换，同时应测量好各种配合间隙。如轴承内圈与轴配合紧力为 0~0.02mm，轴与轮毂孔配合紧力为 0~0.015mm，轴承外圈与轴承壳配合间隙为 0.03~0.05mm，新轴承游隙不小于 0.06mm、最大间隙不大于 0.18mm，旧轴承游隙最大间隙不超过 0.30mm。

（2）将定位圈、轴承内圈、溅油圈放在干净的机械油中加热至 90℃ 左右，依次快速套装在轴上，定位圈与轴肩贴合严密。定位圈、轴承内圈及溅油圈应相互紧靠，其紧靠部位应用 0.02mm 塞尺塞不进为宜。

（3）轴承外圈涂上润滑油，用铜棒将其敲入轴承壳内，注意位置要放正确。将轴承内端盖套放在轴上，吊起轴承壳，将其滑入轴承滚柱上；按原记号将轴承内外端盖用螺栓紧固。

（4）将甩油圈套在轴上，并用支头螺栓紧固定位，套入轴承内端盖。

（5）分别将定位圈、滚珠轴承、推力轴承、溅油圈用机械油加热至 90℃左右，将它们依次套在轴上，推力轴承套入时要注意方向，内圈由挡板一侧靠里，外圈由挡板一侧向外。待各部件冷却后重新旋紧并帽，使套入的各部件靠紧，无轴向窜动。

（6）把轴承壳吊起，内壁涂上润滑油，再用紫铜棒敲击轴承壳，使其套装在轴承的外圈上。注意推力轴承安装时外圈不可倾斜，并经常转动外圈，以防卡死，避免轴承壳装不进。为了便于轴承壳的安装，轴承壳最好在机械油中加热后再套装。按原记号连接轴承内端盖与轴承壳的螺栓，并紧固。

（7）将组装好的轴承吊进轴承箱内，正确垫好垫片且涂上密封胶，安装时对准记号，并紧固好端盖螺栓，转动主轴时不能有卡死现象。

（8）按原记号安装两侧轴承外端盖，正确垫好垫片且涂上密封胶，弹簧完整无缺，螺栓用力矩扳手对角均匀紧固。然后，检查轴承端盖油封间隙在 0.20～0.35mm 之间，转动主轴，无卡涩现象。

（9）放上止动轴承侧轴上的止退垫圈，旋紧并帽，将止退垫圈的卡舌就位，以防止并帽松动。

（10）轴承箱就位时，应仔细检查各部件及底板等无影响就位工作的因素。

（11）通过起重吊具和小滑车将轴承从电动机侧吊入轴承箱基础，并用定位销钉定位。

（12）在叶轮侧轴端面上，用螺钉安装一根专用直尺，其上装一只百分表，表针指在叶轮壳的内圆上，用于测量轴承箱与叶轮外壳的同心度。

（13）缓慢转动主轴，记录叶轮外壳上 8 个等分点处的数值，检查直径方向上数值的变化，其误差规定为引风机小于 1.4mm，送风机小于 1.0mm。如果超标，应通过调整地脚垫片使误差在规定的范围内。

（14）用力矩扳手锁紧地脚螺栓，并同时注意直尺上百分表数值的变化。

（15）按拆卸时反向装设其他部件，如叶轮侧密封、叶轮、联轴器、各测温元件、油位计等。其中油位计中心油位为轴中心下 138mm 处，并固定好油位计，加 45 号或 68 号透平油至最高油位线。修后试运 7h 后需要更换新油，以保证润滑油的纯度。

（五）调节驱动装置的检修

调节驱动装置的检修是指调节轴的轴承检修及驱动装置开度指示的校正。调节驱动装置如图 3-27 所示。

1. 调节轴轴承检修

（1）拧下拉叉与摇把连接螺栓、杠杆与摇摆连接螺栓，取下杠杆及重锤，旋松摇把支头螺栓，将摇把从调节轴上取下。

（2）旋松轴承外壳螺栓，并拆下轴承外壳。旋松轴承并帽，通过敲击并帽，使轴承内圈与退拔套筒分离，将轴承连同退把套筒及并帽一起从调节轴上拆下。

（3）检查轴承磨损及配合情况，确定是否更换。装轴承时，依次将轴承退拔套筒、止退垫圈及并帽一起套入调节轴中，旋进并帽，将上退垫圈的卡舌就位，使轴承装在原来位置，轴承应加二硫化钼油脂。

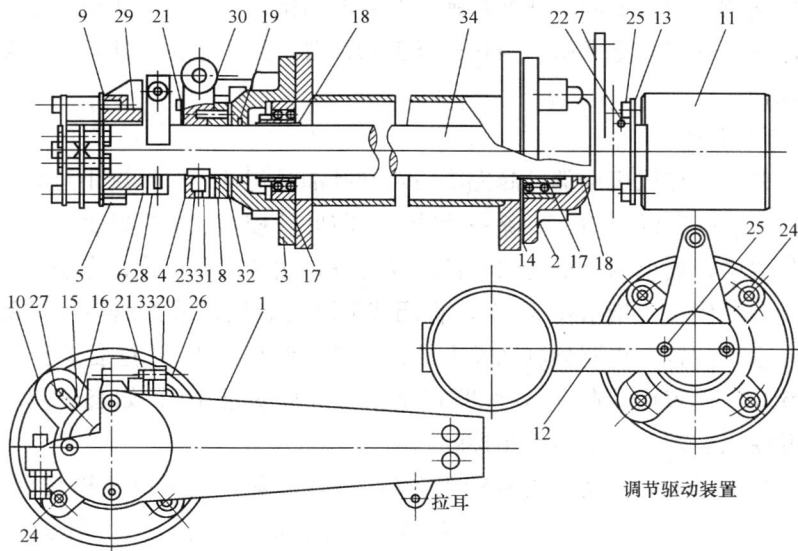

图 3-27　调节驱动装置示意图

1—调节臂；2、3—轴承外壳；4—制动叉；5—驱动环；6—叉；7—摇把；8—制动盘；9—钢制圆盘；10—制动销；11—平衡重锤；12—杠杆；13—夹紧铁；14—导向轴承制动板；15—指示器；16—刻度盘；17—滚珠轴承；18—楔形衬套；19—羊毛毡条；20—调整螺栓；21—并帽；22、23—旋塞；24～28—螺栓；29—衬套；30—圆柱销；31—螺旋形弹簧；32—摩擦片；33—并紧螺母；34—调节轴

（4）用深度游标卡尺测量轴承外端面到调节轴套管内端面的距离，选择合适厚度的止动片，以保证调节轴无轴向窜动。放上止动片，按原记号安装轴承外壳，羊毛毡油封检查或调换，紧固螺栓。

（5）将摇把装在调节轴上，旋紧支头螺栓。将杠杆连同重锤一起与摇把装复，并紧固其螺栓，再安装拉叉与摇把。

（6）调节轴外轴承的拆卸：首先应拆下调节臂与连杆的连接螺栓，以及调节臂与驱动环的连接螺栓，取下调节臂。同时放松叉上支头螺栓，将驱动环连同叉一起从调节轴上拆下。放松制动叉上支头螺栓，拆下制动叉及键，取下弹簧、圆柱销、制动盘及摩擦片。轴承的拆卸、检查、组装均与内轴承的方法相同。

（7）轴承等组装好后，依次按原标记装摩擦片、制动盘、弹簧、圆柱销，在轴上装制动叉、平键，套入制动叉，并使制动叉保持原来位置，旋紧支头螺栓。

（8）将叉连同驱动环一起装入轴中，旋紧支头螺栓。将调节臂通过旋紧螺栓与驱动环连接，连接调节臂与连杆。

2. 平衡重锤的调整

（1）由于采用弹簧来消除外部调节臂与调节阀之间的间隙，弹簧对伺服电动机的传递力矩信号报警，及动叶调节不动。为了减轻弹簧对伺服电动机产生的作用力，采用平衡重锤的办法来克服其作用力。

（2）启动动叶油泵，将外部调节臂与连杆的连接螺栓拆除。

（3）用手扳动调节臂，平衡重锤如与弹簧产生的力抵消，则调节轴应在任意角度都能停住；如果不能停住，则要调整平衡重锤在杠杆上的位置，直到平衡为止，然后紧固平衡重锤与杠杆的连接螺栓。

3. 动叶角度的调整

动叶角度的调整是在风机全部检修完毕后，动叶油泵正常运行情况下进行的。

（1）通过叶轮外壳上的小门，拆除一片叶片，将叶片校正表装在叶柄上，使表的尖头部分对正叶片进气方向，表上两个螺孔与叶柄螺孔对齐，用两只平头内六角螺栓固定。

（2）转动叶片，使仪表指示在 32.5°，将调节轴限位螺栓调节到离指标销两边相等的位置，调整摇把在垂直位置，再调整制动叉上的刻度盘，使其在 32.5°对准指示销指针。

（3）转动叶片，使表指示在 10°，此时指示销指针应对准 10°；如有偏差，则需移动刻度盘的位置，并使限位螺栓与制动销相接触。

（4）采用上述同样方法将动叶指示转到 55°，进行调整，使限位螺栓与制动销相接触。反复几次，如无变化，则可将叶片位置固定。在摇把支头螺栓孔对正的调节轴上打孔定位，拧紧支头螺栓。

（5）拆下叶柄上的叶片校正表，恢复原叶片，关闭外壳上小门。

（六）液压系统的检修

液压系统由液压缸、旋转油密封、一个组合液压油站及油管组成。对于液压缸的检修之前已介绍，本部分主要介绍旋转油密封与液压油泵的检修情况。

1. 旋转油密封的检修

旋转油密封的结构示意如图 3-28 所示。

检修方法如下：

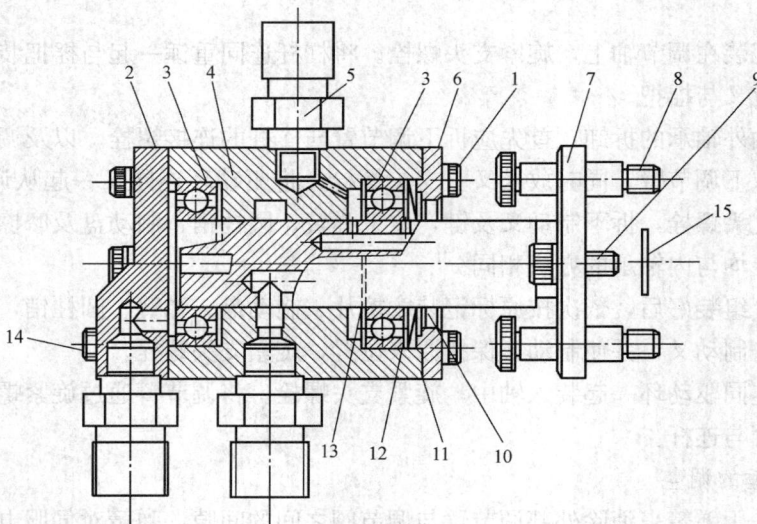

图 3-28　旋转油密封结构示意图
1、9、14—螺栓；2、6—端盖；3—推力向心球轴承；4—腔室；5—接管；7—轴；
8—定位螺栓；10—垫片；11—垫圈；12—压圈；13—S 形环；15—阀门垫片

（1）松开旋转油密封上的 3 根油管接头，并用布包好；松开操作环上的 4 只螺栓，将拉叉与操作环、操作环与旋转油密封分离。

（2）松开旋转油密封与液压缸调节阀的法兰螺栓以及定位螺栓，将旋转油密封与调节阀分离，并取下旋转油密封，铜垫片应换新。

（3）松开前后端盖上的螺栓，做好记号，用紫铜棒轻轻敲击轴的后端盖面，将轴从前端盖方向连同前轴承端盖及垫圈等一起拆除。

（4）拆下轴用挡圈（拆下的挡圈不可再用），然后用紫铜棒轻敲后端盖及后轴承，即可拆除。

（5）检查单向推力向心球轴承是否完好，有无缺损，检查橡胶油封是否破损、老化等，否则应更换新件。

（6）检查旋转油密封各部件，更换完毕后应进行组装。将旋转油密封的两只定位螺栓穿入法兰孔中，在轴上涂润滑油，把装有油封的全端盖套入轴内，盘动或端盖，检查油封与轴配合应不松有紧力。分别装入 S 形环和垫圈。将前轴承用套管轻轻敲入轴中，安装时注意轴承的方向，外圈挡边应朝前端盖方向。

（7）先将前轴承的轴用挡圈装好，然后把轴从前端盖方向穿入腔室，再将后轴承的轴用挡圈装复，用套管将后轴承轻轻敲入轴内。

（8）在前后端盖平面上涂密封胶，按原记号分别装复且旋转前后端盖螺栓，盘动轴应无重感，轴向窜动不大于 0.05mm，最后装复操作环并紧固其螺栓。

（9）将退过火的新紫铜垫放入液压缸调节阀密封凸台中（铜垫的方向是非加工面朝里），并连接与旋转密封轴的法兰螺栓，注意按法兰上的记号连接，最后旋紧定位螺栓。

（10）分别连接并旋紧旋转油密封的三根油管（连接好的油管要求自然不弯），安装拉叉与操作环，并紧固其螺栓。

（11）在旋转油密封腔室外圈上，尽量靠后端盖处安装一只千分表，盘动转子，用塞尺测量旋转油密封法兰与液压缸调节阀法兰之间的间隙始终为 0.20～0.30mm，且间隙均匀，螺栓不松。紧固法兰螺栓时，不要强力紧固，以免法兰断裂。旋转油密封中心找正过程中，法兰螺栓需逐渐拧紧以调整中心误差，但不可松动螺栓来重新调整，以免紫铜垫失效而漏油。如旋转油密封中心找正后，两法兰之间无间隙，则说明紫铜垫太薄，此时应重新加紫铜垫再找正，以保证两法兰之间 0.20～0.30mm 的间隙。

2. 液压油泵的检修

液压油泵为齿轮油泵，由主动齿轮轴和从动齿轮组成，轴承为衬套式滑动轴承，联轴器为齿套式联轴器。

（1）首先应松开泵座与电动机的连接螺栓，并做好记号，然后拆除油泵进出口油管接头，封口并取下油泵，运至检修车间进行解体。

（2）松开泵体与泵座的连接螺栓，做好记号，再取下泵座。拆联轴器前，应先测量联轴器间隙，并做好记录，然后用专用工具拉下联轴器，取下轴上平键。

（3）松开泵盖与泵壳连接螺栓，将泵盖、泵壳与泵体分离，拆下定位销，分别拆下主动和从动齿轮轴，并在啮合的两齿上做好记号。

（4）检查清洗各部件，要求各接合面应平整、无毛刺。如轴上各部件有毛刺，则应用金相砂纸打光。

（5）测量齿轮、泵壳的厚度及齿轮端面间隙。要求齿轮端面总间隙为 0.20mm，可通过修复泵壳平面来调整其间隙。

（6）测量滑动轴承与轴的径向间隙，要求此径向总间隙为 0.06～0.12mm，如超标，应调换滑动轴承。

（7）检查齿轮齿面及外径应无严重磨损，齿面光滑、完整，间隙为 0.10～0.15mm，此间隙应大于轴承的径向间隙。

（8）检查各橡胶密封完好，无破损、老化现象，如橡胶密封破损、老化，建议解体更换新件。

（9）组装时，应先将油泵齿轮轴装入泵体中，两齿轮要用原来的一对齿轮进行啮合，在泵体上放入定位销。

（10）在泵壳上下接合面上均匀涂上密封胶，依次装入泵壳、泵盖，均匀地对角紧固泵盖螺栓。在进油孔中加入少量润滑油，转动油泵轴，应平稳、无轻重感、无异声。

（11）按原标记装上联轴器，旋紧支头螺栓，连接好泵体和泵座。

（12）按原记号连接泵座和电动机，安上进出口油管。

3．液压油站附件检修

（1）大修周期应更换新滤油器。

（2）液压油箱内润滑油要求一个大修周期换新，每次小修均应化验，不合格时应换新。

（3）减压阀安全可靠、动作正确。减压阀、止回阀、针形阀不漏油。

（4）各种管路接头应完好，无漏油、渗油现象。

（5）液压系统的冷油器采用空气冷却。空气过滤器为粗孔海绵，海绵应完整、不破损、不阻塞，否则应清理或更新。

四、轴流式风机常见故障和处理

轴流式风机运行后经常会发生各种故障，对机组的安全稳定运行及经济效益等各方面造成严重影响，因此对轴流式风机发生的故障必须仔细查明原因，以确定合理的解决方案。下面分几个方面介绍轴流式风机的常见故障。

（1）故障一：轴流式风机主电动机不能启动。

1）原因：①电源不符合设计要求；②电缆发生断裂；③电动机本身损坏，如短路、严重扫膛等。

2）采取的措施：①检查主电源电压、频率是否符合设计规定值；②检查电缆及接线等是否完好；③协助电气专业人员进行电动机的检修或更换。

（2）故障二：主轴承箱体振动过大。

1）原因：①叶轮叶片及轮毂等沉积有污物；②联轴器损坏，中心不正；③轴承箱内滚珠轴承存在缺陷；④轴承箱地脚螺栓松动；⑤叶片磨损；⑥失速运转。

2）采用的措施：①清理污物，以免存在异物而影响叶轮平衡；②联轴器修复或更换，并重新找正中心；③轴承箱内轴承解体检查，对于超过标准的应更换新轴承；④检查所有地脚螺栓并紧固；⑤对于有部分叶片磨损或损坏的应整机更换新叶片；⑥断开主电动机或控制风机，以便离开失速范围，检查导管应不堵塞，如设有缓冲器，应打开。

（3）故障三：风机运行中噪声过大。

1）原因：①基础地脚螺栓可能松动；②主电动机单向运行；③旋转部分与静止部分相互接触；④失速运行。

2）采取的措施：①检查并紧固地脚螺栓；②查明电源及接线方式等并修复；③检查叶片端部裕度；④停止风机或控制风机脱离失速区，检查风道是否阻塞和挡板是否开启。

（4）故障四：叶轮叶片控制失灵。

1）原因：①伺服机构存在故障；②液压系统无压力；③调节执行结构失灵。

2）采取的措施：①检查控制系统和伺服机构，配合热工人员校对伺服机构；②检查液压油泵站，必要时解体检修；③检查调节执行机构的调节和调整装置。

（5）故障五：液压油站油压低或流量低。

1）原因：①液压油泵入口处漏气；②安全阀设定值太低；③油温过高；④隔绝阀部分开启；⑤滤网污染；⑥入口滤网局部阻塞。

2）采取的措施：①解体检查液压油泵，重新连接入口管接头；②重新调整安全阀设定值；③清洗冷油器；④检查隔绝阀的开启状态；⑤更换滤网；⑥清洗疏通入口滤网或更换。

（6）故障六：液压油泵轴封漏油。

1）原因：①油泵轴瓦回油孔阻塞；②入口压力过高；③油封环损坏。

2）采取的措施：①油泵解体，清洗轴瓦回油孔；②解体检查，调整间隙；③更换新油封。

（7）故障七：液压油站安全阀动作不准确。

1）原因：①安全阀污染；②安全阀设定值过高。

2）采取的措施：①拆下安全阀清洗；②重新调整或更换安全阀。

（8）故障八：液压油泵运行有噪声。

1）原因：①油泵组装不对中；②空气进入泵内；③隔绝阀部分关闭。

2）采取的措施：①检查维修；②排除空气；③重新开启隔绝阀。

（9）故障九：液压油温过高。

1）原因：①油泵压力过高；②安全阀设定值过低而导致泵内积油；③液压油被污染。

2）采取的措施：①解体检修油泵；②重新调整安全阀设定值；③更换新液压油。

第三节　超(超)临界锅炉磨煤机检修

一、筒式钢球磨煤机检修

（一）筒式钢球磨煤机结构

1. 单进单出筒式钢球磨煤机

单进单出筒式钢球磨煤机是指低速磨煤机，转速一般为 15～25r/min。它利用低速旋转的滚筒带动筒内钢球运动，通过钢球对原煤的撞击、挤压和研磨来实现煤块的破碎和磨制成粉。磨煤部分是一个直径为 2～4m、长 3～10m 的圆筒，筒内用锰钢护甲做内衬，护甲与筒壁间有一层石棉衬垫，起隔音作用。为了保温，在筒身外面包有毛毡，最外一层是薄钢板做

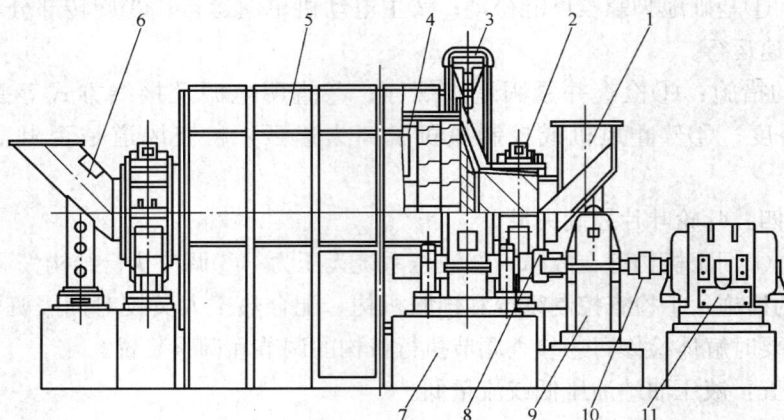

图 3-29　DTM350/600 型单进单出筒式钢球磨煤机结构示意图

1—进料口；2—主轴承；3—传动机构；4—筒体；5—隔声罩；6—出料口；7—基础；

8、10—联轴器；9—减速机；11—电动机

的外壳，筒内装有占总容积 20%～25%、直径为 30～60mm 的钢球。滚筒由大功率电动机经变速箱带动旋转，筒内的钢球被转动到一定高度时落下，通过钢球对煤块的撞击及钢球之间、钢球与护甲之间的碾压，对煤进行研磨。原煤和热空气从圆筒一端进入，磨成的煤粉被空气流从圆筒的另一端带出。热空气的速度决定了被带出煤粉的粗细程度，过粗的不合格煤粉从磨煤机的后部流出，经粗粉分离器后被分离下来，又从回粉管再送到圆筒内重新研磨。热空气除了输送煤粉外，还起到干燥煤的作用。DTM350/600 型单进单出筒式钢球磨煤机结构如图 3-29 所示。

2. 双进双出筒式钢球磨煤机

双进双出筒式钢球磨煤机的工作原理与单进单出式基本相同，但结构和工作方式与后者有所区别，如图 3-30 所示。

双进双出筒式钢球磨煤机的结构特点是包括两个对称的研磨回路。其工作方式是煤从给煤机的出口落入混料箱

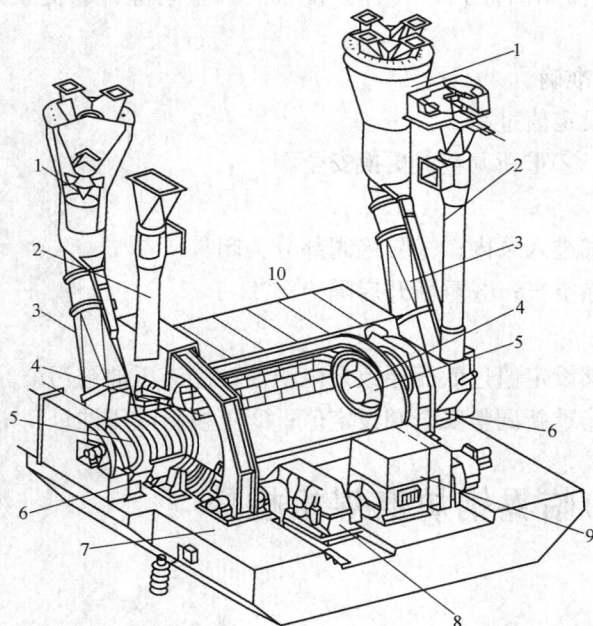

图 3-30　双进双出筒式钢球磨煤机结构示意图

1—分离器；2—下煤管；3—出粉管；4—出粉口；5—下煤螺旋槽；6—主轴承；7—基础；8—减速机；9—电动机；10—隔声罩

内，经过旁路热风干燥后，径螺旋槽进入磨煤机内，然后通过旋转筒体内部的钢球运动对煤进行研磨。

（二）筒式钢球磨煤机检查、检修方法

筒式钢球磨煤机检修的内容取决于设备的形式、磨损程度、工作条件及其他因素，通常按表 3-4 所列的项目进行。

1. 筒式钢球磨煤机本体检修

（1）准备起重工具，对所用的起重行车、顶大罐的液压千斤顶、油泵、油箱、拆装缸瓦专用工具以及其他手拉葫芦、滑车、钢丝绳等按规定检查、试验合格。打开磨煤机出入口入孔门进行通风。

（2）筛选钢球。切断电源，拆除隔声罩，将滚筒中部及出口入孔门拆下，安装筛选钢球的专用工具。恢复电源，转动滚筒进行钢球筛选，碎球甩净，停电拆除筛球工具。利用盘车装置卸出合格钢球。

（3）磨煤机本体检查。认真检查钢瓦、入口空心轴螺旋套管、出入口密封装置及压紧弹簧等部件是否完好，钢瓦、螺旋线套管磨损大于 60% 时应更换。检查滚筒各部是否有裂纹、松动、脱落等情况。

表 3-4　　　　　　　　　　　筒式钢球磨煤机的检修项目

常修项目	不常修项目	特殊项目
1. 消除漏风、漏粉、漏油及修理防护罩。 2. 检修大齿轮、对轮及其防尘装置。 3. 检修钢瓦、选补钢球。 4. 检修润滑油系统、冷却水系统，进出螺旋套、椭圆管及其他磨损部件。 5. 检查滚柱轴承	1. 检查、修理基础。 2. 修理轴瓦球面、乌金或更换损坏的滚动轴承。 3. 检修磨煤机减速箱装置	1. 更换磨煤机大齿轮、大型轴承、减速箱齿轮，或大齿轮翻工作面。 2. 更换磨煤机钢瓦 25% 以上

（4）磨煤机大瓦的检修。

1）检查空心轴有无裂纹及损伤，并做详细记录；用油石打光空心轴颈的毛刺和摩擦伤痕；必要时测量空心轴的椭圆度和圆锥度；使用专制桥规及千分表测量大轴直径。

2）检查大瓦支承球面的接触情况，检查基础及螺栓是否牢固。

3）抽出大瓦，将其吊到可靠位置。

4）将大瓦用煤油清洗干净，详细检查大瓦损坏情况，检查大瓦乌金有无裂纹、砂眼、脱落以及烧损情况。

5）对于缺陷不太严重的大瓦，例如局部乌金脱落、裂纹、轻度烧瓦等情况，将大瓦乌金已熔研部分清理干净，重新修研；如有裂纹，将裂纹处清洗干净，打出坡口，利用火焊镀锡后，局部修研。

6）严重烧瓦补焊完毕，上床车光，然后进行找大瓦与大罐轴颈接触面。先将大瓦落在轴颈上部往复盘上，初步找接触面、接触角度以及大瓦间隙，当基本合格时，再进行重荷刮研，即将大瓦就位，落下大罐，盘动大罐，然后再顶起大罐进行刮瓦，经过二次的重荷刮研，就可以保证在重荷下大瓦接触良好。

7）对于磨煤机大瓦严重损坏，已不能修复者，应更换新瓦。

将新大瓦的几何尺寸与设计图纸尺寸进行详细核对。轴瓦水套进行 0.5MPa 的水压试验，检查无漏水、渗水现象。检查新瓦乌金应无裂纹、脱落、砂眼等缺陷。然后进行抽瓦球面与台板的接触面刮研，用红丹粉检查接触点合格后，在台板球面四角刮出 0.25mm 间隙，以使筒体下落后仍能保持灵活调整。

大瓦刮研时接触点不可太多、太密，接触点要求硬点分布要均匀。进行大瓦乌金刮研，待大瓦乌金刮研达到标准后，测量瓦口间隙、油槽间隙及推力间隙，并进行必要的修刮，使其推力结合面达到标准。

乌金接触角脱胎不超过 10%，总脱胎处面积不超过 30%，大瓦与空心轴接触角为 75°，接触面应达到 1 硬点/2cm²，大瓦瓦口间隙为 2～4mm。筒体轴面推力间隙一般为 2～3mm，膨胀间隙为 20～25mm，筒体水平误差小于 0.1mm/m。

（5）筒体空心轴检修。空心大轴加工粗糙、椭圆度、锥度、粗糙度不合格或大轴锈蚀严重，都是造成钢球磨煤机烧瓦的重要原因。修理空心大轴的方法：一是"磨轴跑合法"，用以解决因粗糙度差，大轴与大瓦动态接触不好而引起的烧瓦问题；二是"砂轮磨轴法"，用以解决因大轴加工精度差而引起的烧瓦问题。

1）磨轴跑合法的步骤如下：

① 在大轴向上转的一侧先搭一工作台。

② 先用盘车装置转动大罐，清除表面乌金，并用油石磨轴表面。再启动大罐，用手按细油石进行磨轴，用手摸大轴表面发热处要多磨。此时油石上将粘满乌金末，应不断更换油石，并将使用过的油石表面乌金用钢丝刷掉后再用。当大轴温度太高时，应停车冷却后，再启动大罐磨轴，直到长期转动大轴表面温度不高、不带乌金为止。

③ 如用此法消除运行中烧大瓦问题，开始不能长期空转滚筒，以防止大罐中无煤，钢球干磨而引起瓦温升得太高，每次不得超过 15min。经多次短时磨后，可投煤长时间磨轴，以大轴表面不发热，轴表面光滑、不带乌金为准。

2）砂轮磨轴法用于解决大轴加工公差太大，锥度、椭圆度大于 0.2mm 及轴表面锈蚀严重，麻坑太深且面积大等问题。其步骤如下：

① 首先制作专用砂轮磨轴工具。利用一台车身长 1700mm 的车床架，下部作支承架与大瓦座固定好。利用车床的走刀托架，装一台电动机（2.2kW，2850r/min），通过一对三角皮带轮升速带动砂轮转动，砂轮转速为 4200r/min，砂轮直径为 150mm，砂轮外圆线速度为 32.83m/s。

② 在瓦座上安装三块千分表，测量大轴径向跳动，在车床刀架上安装一块千分表，测走刀不同轴点的读数。

③ 装一台滤油机专门进行润滑循环，并在轴转动方向下侧加装喷油管，用于提供磨轴过程中大瓦的润滑油。

④ 粗磨时，应从大轴椭圆度最大一点开始，转动罐体使椭圆最大点与砂轮相切。用平尺沿轴向紧靠轴表面，找出大轴凸起最远两点进行纵向滑道的初步找正，然后根据轴的相对

锥度误差进行滑道的纵向最后修正。

⑤ 检查轴表面的轴向凹凸情况，决定开始磨轴的横向进刀点。利用刀架装的千分表测出大轴最大凸起点为零点，然后摆动纵向走向螺杆往返一次，千分表上显示的数值即反映了轴向凹凸不平的情况，校核刀架与轴径实测的偏差是否相符，再以千分表反映的最大读数点为开始横向的进刀点。

⑥ 进刀量的控制数有以下规定：

纵向走刀量为：粗磨时筒体转一圈为 $0.6B$，细磨时筒体转一圈为 $0.3B$，其中 B 为砂轮片厚度。

横向走刀量为：粗磨时 $0.03mm$，细磨时 $0.01\sim0.02mm$。

⑦ 磨轴中，磨完一个单行程，如发现误差有增大趋势，要重新调整纵向找正位置。连续磨轴，千分表反映的综合粗糙度误差均在 $0.1mm$ 以下，磨轴完成。

⑧ 拆下砂轮换布轮，加抛光剂进行抛光，使粗糙度在 $0.8\mu m$ 以下，即合格。

2. 筒式钢球磨煤机传动装置检修

（1）检查大小齿轮。在齿轮密封罩卸下之后，首先应将大小齿轮上的油污彻底清理；接着用塞尺测量大小齿轮的径向间隙（注意测量点应在大小齿轮中心的连接线上），并测量齿侧（工作面）间隙；然后用卡尺或齿轮卡尺测量大小齿轮的节圆齿厚，也可用齿轮样板和塞尺进行测量，并将测出的数值与标准齿厚进行比较。

装上千分表架，盘动大小齿轮，测量出齿轮的轴向和径向摆动。检查齿轮的磨损情况及齿轮有无裂纹，并做好记录。

（2）更换大齿轮及大齿轮的翻转使用。

1）大齿轮上部密封罩拆除后，将大齿轮的半面接合面转至水平位置，上半部齿轮绑扎好，并用起重机吊好。

2）拆卸完大罐紧固螺栓和半面紧固螺栓后，将上半部齿轮吊至指定地点，齿轮下方用道木垫好。

3）盘转罐体 $180°$，使用同样的方法拆除另一半大齿轮。

4）将新大齿轮的一半就位带上螺栓；转动大罐 $180°$，再使另一半就位带上螺栓，并旋紧大齿轮紧固螺栓；利用两个千分表，测定齿轮的轴向和径向摆动值，并做好记录。

5）当径向摆动不合格时，应根据记录分析、调整径向垫片，调后再紧固，进行测量直至合格。

6）当轴向摆动不合格时，首先检查大罐法兰接合面是否紧实，并判定属于备件误差，还是安装误差。

7）大齿轮找正测量合格后，找出原大罐上的销控，如不合格，则应改变销钉位置或加大销钉直径，重新配销钉装好。

8）大小齿轮节圆处齿厚磨损应小于 30%。小齿轮轴、径向摆动一般不超过 $0.25mm$；大齿轮轴向摆动在 $±2mm$ 以内，径向摆动在 $1mm$ 以内。

（3）齿轮表面淬火。当齿轮的齿面磨损达到 $2\sim3mm$ 时，就必须进行齿面淬火，以提高齿面硬度。

淬火前对齿面挤压变形和齿根处磨损造成的凸台应予以修平，要保持轮齿节距和齿廓线正确（可用事先做好的齿形样板检验）。

进行齿轮表面淬火时，要把齿轮放平，齿轮端面与地面平行。用喷焰器对齿面加热，并使喷焰器沿齿面自下而上地运动。当达到淬火温度后，关闭喷焰器的可燃气体阀，打开冷却水阀对齿面喷水淬火。大齿轮的材料一般为 45 号铸钢，经表面淬火后其表面硬度可达布氏硬度 350 左右；小齿轮的材料一般为 45 号铸钢或 45 号铬钢，淬火后其表面硬度可达布氏硬度 400～500。

（4）齿轮补焊。齿轮的磨损量达到齿厚的 1/3 时，为了能够继续使用，可用堆焊方法补齿。焊后要经过加工来保持齿形正确，再淬火处理。

在齿轮的检修中，除了上述的磨损问题外，还可能遇到轮齿的断裂和脱落，对这些问题则应根据具体情况来处理。

（三）筒式钢球磨煤机钢瓦更换技术

更换钢瓦是繁重的作业，必须注意施工程序和安全。

当滚筒内的钢球全部卸出时，便可对钢瓦进行检查。如端部及罐体钢瓦全部更换，则先拆罐体钢瓦，后拆端部钢瓦，装时按相反程序进行。

通常滚筒钢瓦中有一排、二排（相隔 180°）或四排（相隔 90°）楔形钢瓦。这些钢瓦被螺栓紧固于滚筒壁上，并对其他钢瓦起定位和压紧作用，而其他钢瓦均无螺栓连接，只是依靠其端部的凹凸燕尾形态互相整压来固定。滚筒圆周上每一圈钢瓦都是这样固定的，沿滚筒整个长度这样铺的钢瓦有十余圈；滚筒的两端盖上各装有十余块扇形钢瓦，每块都用方形埋头螺栓紧固在端盖上。

（1）具有四排楔形钢瓦的滚筒拆卸顺序如下：

1）转动筒体，使任一排楔形钢瓦位于与滚筒轴心线水平的位置，用准备好的顶缸瓦工具将钢瓦与对称位置钢瓦顶牢，再卸掉楔形瓦的连接螺栓。

2）转动筒体 90°，使卸下螺栓的楔形瓦位于下方，并将滚筒固定住。拆掉顶瓦工具，用撬杆撬下楔形瓦，再小心地撬下其两端共半圈的钢瓦。

3）将筒体再转 180°，使剩下的半圈钢瓦位于下方，便可自上而下地卸掉这半圈钢瓦和最后一个楔形瓦，最后把拆掉的钢瓦运出滚筒。如此逐圈的拆卸，可把整个滚筒的钢瓦全部卸掉。

4）端部的扇形钢瓦拆卸比较容易，只要把连接螺栓拆掉，便可把扇形钢瓦取下，要逐块拆卸。

（2）安装这种每圈有四排楔形瓦的滚筒钢瓦时，按下列顺序进行：

1）先安装端部钢瓦。从最下边的一排装起，在滚筒端盖上铺 5～8mm 厚的石棉板，再放上扇形钢瓦，然后装连接螺栓（螺栓穿入后应在杆上缠上石棉绳并加垫圈），单螺母不需拧紧；接着从这块扇形钢瓦两边自下而上装满半圈扇形钢瓦，将滚筒转 180°装剩下的半圈；最后把螺栓全部紧固。若钢瓦组装尺寸不合格，则应根据实际情况用火焊割去多余边角及修正孔口，力求达到接合严密、平整。

2）端部钢瓦装完后才能装滚筒钢瓦。转动滚筒使有楔形瓦螺栓孔的位置置于下方，装上一排楔形瓦及其螺栓，螺母也不需拧紧；接着自此楔形瓦两侧自下而上地铺装钢瓦，装满半圈，把两侧的楔形瓦装上，并把这两块楔形瓦连同之前底下那块楔形瓦的连接螺栓全部拧紧。当然钢瓦与滚筒间也应铺石棉板。

3）将滚筒转90°，也是按自下而上的顺序铺装1/4圈钢瓦，然后用拆卸时顶钢瓦的工具把后装的这块钢瓦顶牢。

4）将滚筒转180°，装剩下的1/4圈钢瓦和最后一块楔形瓦及其螺栓，并把螺栓紧固，拆掉顶钢瓦的工具。

5）照上述方法逐圈地安装，直到把滚筒壁铺满为止，最后把所有螺栓都紧固一遍。

拆卸和安装具有一排或两排楔形瓦的滚筒钢瓦时，方法与上述方法类似，只是要及时地用顶钢瓦工具把钢瓦顶牢，避免钢瓦塌落，也应逐圈进行。

二、中速磨煤机检修

中速磨煤机的工作原理是：原煤在两个碾磨部件的表面之间，在压紧力的作用下受到挤压和碾磨而被粉碎成煤粉。由于碾磨部件的旋转使磨成的煤粉被甩至风环处，干燥用的热风经风环吹入磨煤机内，对煤粉进行干燥，并将其带入碾磨区上部的煤粉分离器中，经过分离，不合格的粗粉返回碾磨区重磨，细粉经煤粉分离器由干燥剂带出磨煤机外。原煤中夹带的杂物（如石块、黄铁矿等）被甩至风环后，因风速不足以阻止其下落，故经风环落至杂物箱内。中速磨煤机立轴转速一般为20～330r/min。

中速磨煤机的检修包括本体检修、传动装置检修、润滑油系统检修三个方面，以下主要对碾磨部件的检修进行介绍。

（一）中速磨煤机结构

1. MPS型辊轮式磨煤机

MPS型辊轮式磨煤机结构如图3-31所示。

MPS型磨煤机是一种中速辊轮式磨煤机，其碾磨部分是由转动的磨环和三个沿磨环滚动且固定、可自转的磨辊组成。需粉磨的原煤从磨煤机的中央落煤管落到磨环上，旋转磨环借助于离心力将原煤运动至碾磨滚道上，通过磨辊进行碾磨。三个磨辊沿圆周方向均布于磨盘滚道上，碾磨力则由液压加载系统产生，通过定子的三点系统，碾磨力均匀作用至三个磨辊上，这个力是经磨环、磨辊、压架、拉杆、传动盘、减速机、液压缸后通过底板传至基础，见图3-32。原煤的碾磨和干燥同时进行，一次风通过喷嘴环均匀进入磨环周围，将经过碾磨从磨环上切向甩出的煤粉混合物烘干并输送至磨机上部的分离器，在分离器中进行分离，粗粉被分离出来返回磨环重磨，合格的细粉被一次风带出分离器。难以粉碎且一次风吹不起的较重石子煤、黄铁矿、铁块及其他杂物等通过喷嘴环落到一次风室，被刮板刮进排渣箱，由自动排渣装置排走（或由人工定期清理），清除渣料的过程在磨煤机运行期间也能进行，见图3-33。

磨煤机采用鼠笼型异步电动机驱动。通过立式伞齿轮行星齿轮减速机传递磨盘力矩。减速机还同时承受因上部重力和碾磨加载力所造成的水平与垂直负荷。

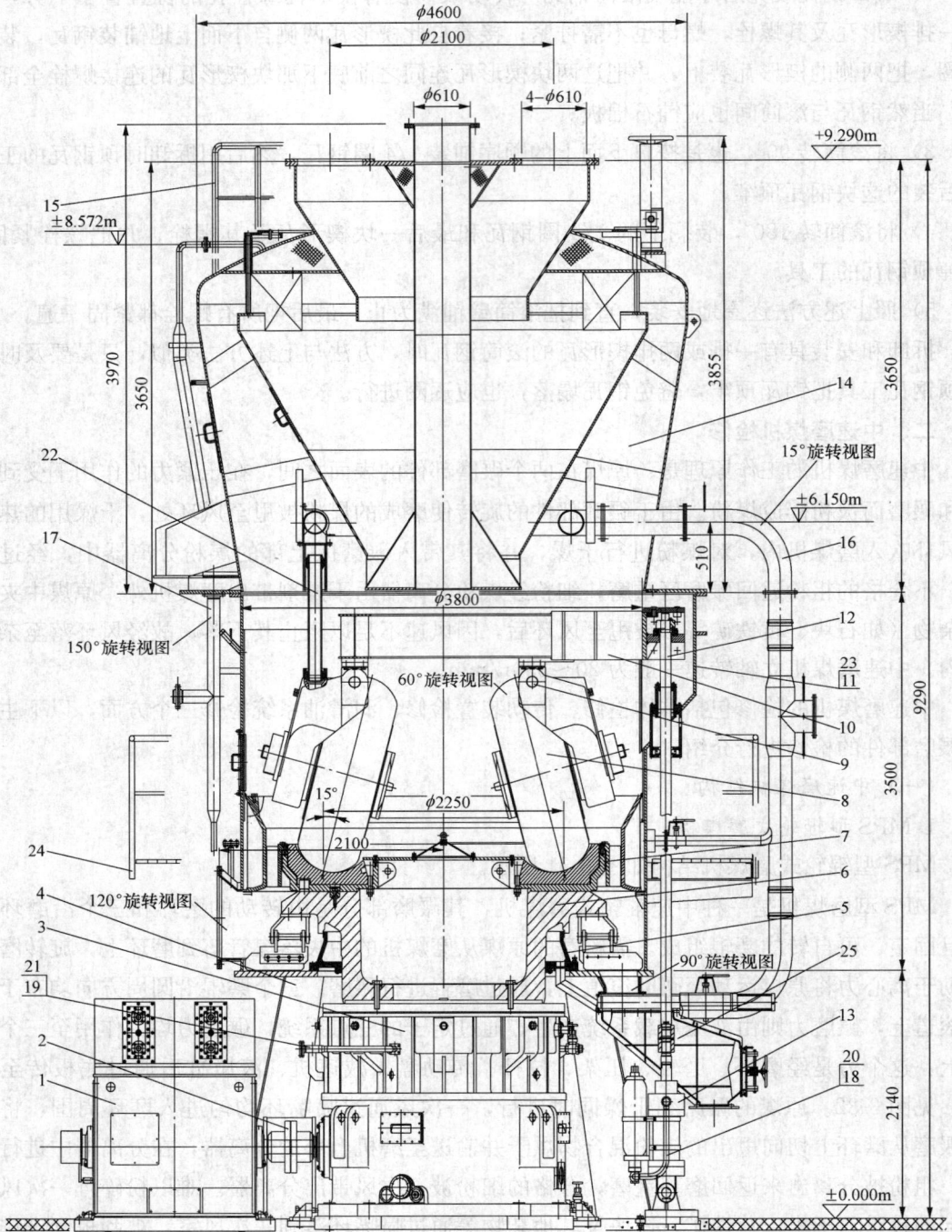

图 3-31　MPS 型辊轮式磨煤机结构示意图（单位：mm）

1—YMKQ600-6-10 型 630kW 电动机；2—联轴器；3—SXJ160 型减速机；4—机座；5—机座密封装置；6—传动盘
及刮板装置；7—磨环及喷嘴环；8—磨辊装置；9—压架装置；10—铰轴；11—机壳；12—拉杆加载装置；13—加
载油缸；14—分离器；15—分离器栏杆；16—密封管路系统；17—防爆蒸汽系统；18—高压油管路系统；19—润滑
油系统；20—高压油站；21—稀油站；22—磨辊密封风管；23—铭牌；24—机座平台；25—排渣箱

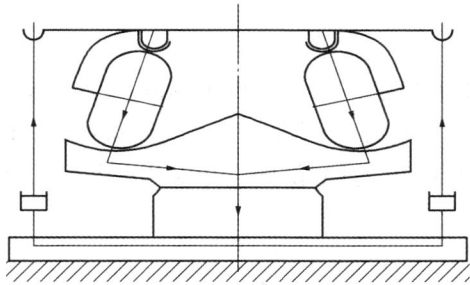

图 3-32　磨煤机加载传递系统受力状态示意图

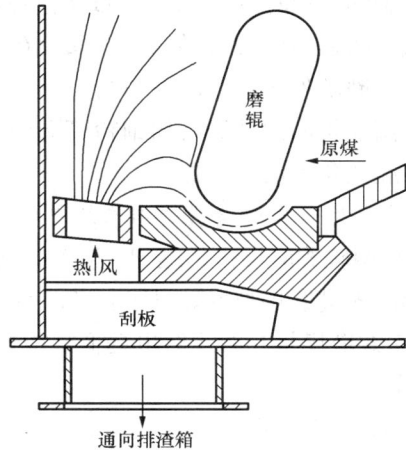

图 3-33　磨煤机"沸腾区"示意图

为减速机配套的润滑油站用于过滤、冷却减速机内的齿轮油，以确保减速机内部件的良好润滑状态。

配套的高压油泵站通过加载油缸既可对磨煤机施行加载，又可实现磨煤机启停开空车（抬起磨辊）。

密封风用于磨煤机传动盘处（对于负压运行此处密封取消）、拉杆关节轴承处和磨辊处的密封。

维修磨煤机时，在电动机的尾部连接盘车装置。

MPS 型辊轮式磨煤机设备结构复杂，运行维护要求严格，其研磨件寿命相对较短，且检修不便，适用于磨煤指数较大的煤种，但其运行电耗低。

2. RP 型碗式磨煤机

RP 型碗式磨煤机的磨煤部件主要是由磨辊和碗形盘所组成，其结构如图 3-34 所示。

RP 型碗式磨煤机的磨碗由电动机经蜗杆、蜗轮减速装置驱动回转，磨碗内沿圆周均匀布置着三个磨辊，磨辊与磨盘之间预留着一定的间隙。三个由独立液压加载的磨辊相隔 120°分布在磨碗上，原煤进入磨辊与磨碗间的碾磨层时被碾成粉末，煤粉从磨碗边缘溢出，跌落至主分离器壳

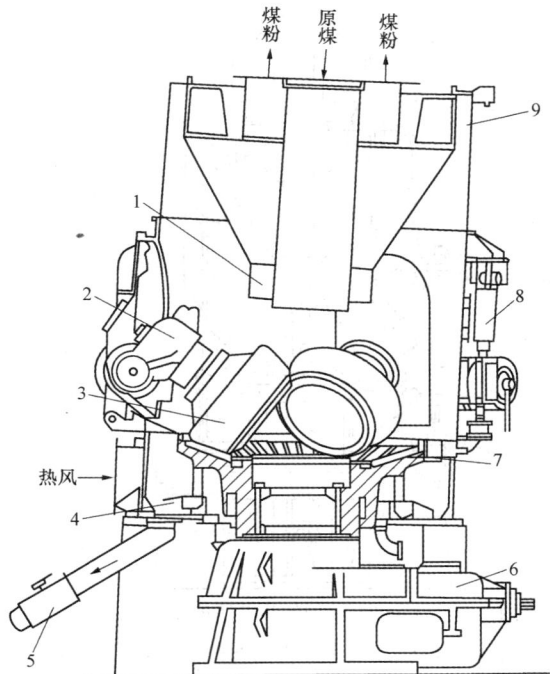

图 3-34　RP 型碗式磨煤机结构示意图

1—回粉管；2—磨辊；3—磨辊套；4—刮板；5—石子煤；
6—传动装置；7—磨盘；8—加压系统；9—分离器

体与磨碗间的风环内。RP型碗式磨煤机的风环沿圆周均匀分为三部分，被阻流板和盖板挡住，风环的通道内装有导向板，加上在风环上的遮风板，迫使进入风环的热空气加速并转向运动。由磨碗外缘溢出的煤粉与上升热空气在风环通道内相遇，被上升气流携带至磨煤机上方的分离器折向门处进行粗细粉筛选分离，最后经过文丘里管和多出口通路装置，由气粉管流至炉膛四角上的燃烧器。

3.HP型碗式磨煤机的结构及原理

HP型碗式磨煤机是继RP型碗式磨煤机后新开发的产品，体现了国际上20世纪80年代后期的先进磨煤技术。HP型碗式磨煤机的基本结构原理同RP型碗式磨煤机。HP型和RP型碗式磨煤机具有运行电耗低、检修方便等优越性，目前得到广泛应用。其结构如图3-35所示。

4.E型球式磨煤机

E型球式磨煤机的结构如图3-36所示。

E型球式磨煤机是将煤置于上下磨环和自由滚动的大钢球之间进行碾碎。磨煤的钢球一直不断地改变自己的轴线。在整个工作寿命中可以始终保持球的圆度，以保证磨煤性能。为了在长期工作中磨煤出力不受钢球磨损的影响，采用加载系统，通过上磨环对钢球施加压力。加载分为弹簧加载和液压—气动加载，热风环采用固定式。E型球式磨煤机的内部没有磨辊，因此不需润滑和洁净的工作条件，也没有磨辊穿过机体外壳的问题，对密封要求较

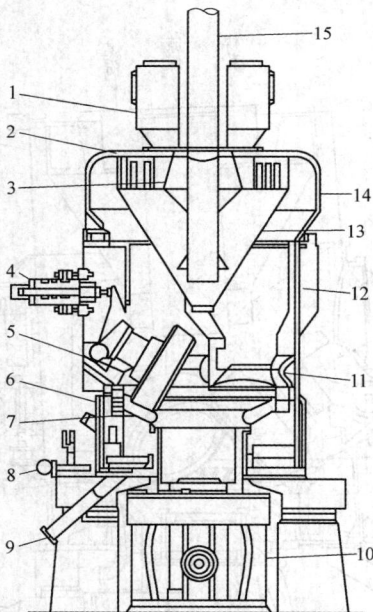

图 3-35 HP 型碗式磨煤机结构示意图

1—磨煤机排除阀；2—折向门调节装置；3—文丘里套；
4—弹簧装置；5—磨辊装置；6—磨煤机侧机体装置；
7—磨碗；8—密封空气集管；9—杂铁排出口；10—行星
齿轮箱；11—叶轮装置；12—分离器体；13—内锥体；
14—分离器顶盖；15—给煤管

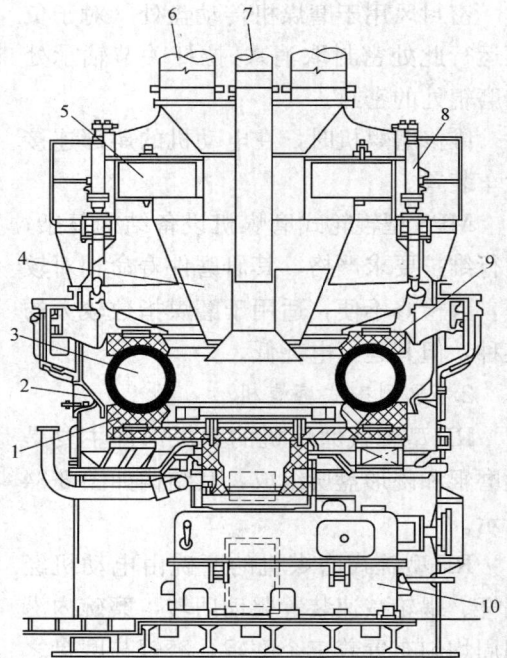

图 3-36 E 型球式磨煤机结构示意图

1—下磨环；2—磨室；3—空心钢球；4—防磨套；
5—粗粉回粉斗；6—出粉管；7—下料管；8—加
压缸；9—上磨环；10—减速箱

低，所以能够在正压下运行。

E 型球式磨煤机适用于磨损指数较大的煤种，其研磨件寿命较长，但运行电耗大，且由于其直径较大，向大型化发展受到限制。

5. LM 型平盘式磨煤机

LM 型平盘式磨煤机的结构如图 3-37 所示。

平盘式磨煤机内煤在平磨盘和锥形的辊子之间被碾磨成煤粉，压紧力由加压弹簧或液力—气动装置来提供。装有均流导向叶片的环形热风道称为风环。平盘式磨煤机的风环有两种，一种固定在机壳上，另一种固定在磨盘上，随磨盘转动。与静止的风环相比，转动的风环加强了风环风力，有利于防止煤随石子流失。

平盘式磨煤机的特点是钢材耗量少，磨煤电耗小，设备紧凑且噪声小，但其磨煤部件——辊套和磨盘衬板寿命短。

（二）MPS 中速磨煤机检修

1. 检修前准备工作

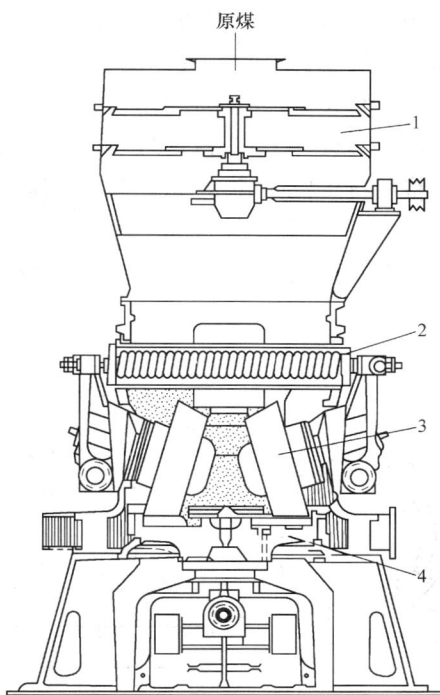

图 3-37　LM 型平盘式磨煤机结构示意图
1—分离器；2—弹簧；3—磨辊；4—磨盘

（1）正常情况下磨煤机检修一般应尽量将磨煤机内存煤烧净，进行系统隔绝，关闭磨煤机入口闸板、一次风挡板、密封风门、煤粉出口、摆阀、惰化蒸汽门、冲洗水门，切断磨煤机电源。因磨煤机检修需要盘车，所以油系统一般应保持运行。

（2）对事故停磨一般要监视磨温，投入蒸汽惰化，防止磨煤机着火。

（3）根据检修计划准备工器具（特别是专用工具）、备品件；检查起重机、专用工具、气动盘车装置、千斤顶、绳索卡具、气动液压加载车等。

（4）根据检修项目，制订检修工序及安全技术措施。

（5）磨煤机停运后，待磨内温度小于 60℃时才能打开检修门、石子煤门，进行清扫检查。

（6）安装气动盘车装置及液压加载装置。

2. 液压加载装置的安装与磨辊卸载、加载

（1）将加载车放在磨煤机附近合适位置处。

（2）将加载车的三个供油管及三个回油管接头分别接到磨煤机的三个液压缸上。

（3）接通液压加载车动力气源。

（4）松开液压缸锁紧移动块螺母，并记好位置标记（一般应先进入磨仓内记录压力架与弹簧座架之间的距离，即弹簧长度指示，作为回装加载依据）。

（5）启动加载车对液压缸（油缸）泄压，松开"十字头"紧固螺母至合适距离，"十字头"上移，完成卸载。

153

(6) 完成磨煤机内部检修后，按以上方法对油缸加载，同时对三个油缸缓慢地升压，压缩加载弹簧至要求的高度，锁定"十字头"紧固螺母。

(7) 磨煤机三个磨辊的加载与卸载同时进行或单个依次进行。

(8) 加载杆上有密封件，设备运行时，其作用是保持磨煤机内不向外漏粉。更换密封件时要将填料接口剪成 45°角，接口每圈错开 90°，压盖紧力适中。

3. 磨辊检修工序

磨辊检修工序为：磨辊检查→磨辊拆除→轮箍拆卸→轮毂拆卸→轴承拆卸→轴承安装→轮毂安装→轮箍安装→磨辊回装。

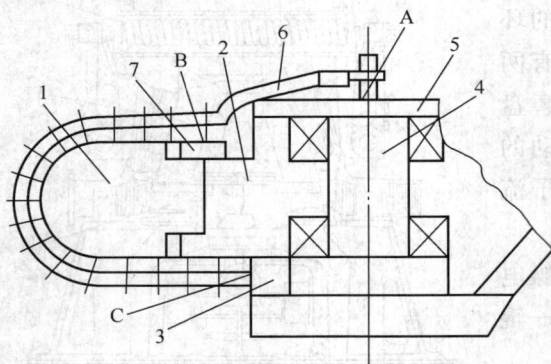

图 3-38 轮箍仿形示意图

1—轮箍；2—轮毂；3—滚轮气封；4—磨辊轴；
5—轴承盖；6—轮箍磨损量规；7—轮箍压环
A—轴承盖中心记录点；B—轮箍压环上记录点；
C—滚轮气密封上记录点

(1) 轮箍检查。

1) 轮箍外形检查。利用特制的量规对轮箍进行检查，并与前期记录对照。检查轮箍有无裂纹，检查中可利用气动盘车对每个磨辊轮箍进行全面检查。气动盘车前可先将磨辊卸载，以减小阻力引起的噪声，当轮箍磨损（最深处）超过 1/2 或发现有裂纹时，应更换轮箍。轮箍的仿形示意如图 3-38 所示。

2) 防磨板、防磨吊耳托架、滚轮轴护板螺栓及滚轮防转耳柄检查。

3) 滚轮密封空气组件检查。密封管及球形衬间隙为 0.05～0.13mm，若间隙太大，会使密封空气外漏，出现磨辊轴承故障。

4) 滚轮枢轴及枢轴快检查。枢轴块带凹口，以使枢轴可以偏离中心。这就产生宽侧和窄侧。在压力构架中的枢轴块安装时，要将宽侧朝外。

5) 滚轮油检查。利用气动盘车将磨辊的三个放油堵之一盘至朝下，放油检查油质、轴承磨损、密封油封情况，检查磁性塞上的金属积物及磁性塞紧固情况。

6) 润滑滚轮油封检查。利用专用油尺检查油位时，要通过滚轴端上的润滑油注入嘴注入符合要求的润滑油（如 B&W 润滑油 12、13 号）。滚轮油位要在油尺高、低线之间，如油位偏低，可加入 B&W14 号润滑剂或与其相当的润滑油。

(2) 磨辊的拆装。

1) 安装气动盘车及液压加载装置，并接通气源。

2) 装上磨辊支承座及支撑杆，并用木楔将磨辊固定。

3) 卸下磨辊的耐磨板（检查门处），并装上专用翻板。

4) 将专用单臂螺旋千斤顶和两个螺旋千斤顶安装在磨基座上，并与翻板连接好。

5) 用液压加载车将磨辊卸载。

6) 安装三角框架连杆，将三角框架与加载杆解列。

7) 拆卸各滚轮空气密封组件，并用一块干净的布盖住滚轮托架的开孔。

8）安装螺旋吊杆与三角框架连接（或用 5t 手拉葫芦吊挂），并将框架拉起到一定高度。此时三个磨辊脱离了三角框架的固定，仅靠螺旋支撑杆支持，立于磨盘上。

9）取下磨辊上的枢轴，并卸下检修门处磨辊的螺旋支撑杆。此时在磨辊未离位前，可在检修门上方垂挂下来两个线锤，指向磨辊托架，并打样做标识。后两个磨辊也利用此两个线锤同样做标识，以便于回装。

10）提升翻板的两个螺旋千斤顶，提升磨辊离开磨盘约 20mm。

11）旋转单臂螺旋杆千斤顶，拉动磨辊使翻板位于水平位置。

12）卸下磨辊三个螺栓（对称 120°），安装三个吊环，利用天车吊住，翻下翻板，吊走磨辊（或利用 10t 叉车叉走）。

13）气动盘车，同样拆卸另外两个磨辊（假如不进行拆卸磨瓦等更大范围的检修，磨辊可拆一个，装一个）。

14）磨辊回装支撑的工序与拆卸的工序相反。

（3）轮箍的拆卸。

1）每次从滚轮上拆卸轮箍时，检查滚柱轴承和油封圈。

2）将磨辊支架及滚轮放在枕木上，调至水平，转轴直立（注意勿用轮箍中的三个螺栓孔搬运整个滚轮组件）。

3）用履带式加热器对轮箍均匀加热，进行拆卸（用专用工具及千斤顶顶下），轮箍与轮毂最大间隙配合为 0.3mm。当加热至轮箍与轮毂温差为 60℃时，间隙可达 0.05mm，不需加热至很高温度。

4）轮箍很脆，加热不均会使其断裂。加热轮箍金属温度不应超过 120℃，应用温度计或温度笔测量金属温度。

（4）轮箍安装。

1）清理轮毂和轮箍配合面，测量其配合间隙一般为 0.1~0.3mm。

2）在新轮箍对称 120°位置上安装吊环或轮箍拆卸托架，挂好起吊钢丝绳。

3）用水箱将轮箍逐渐加热至 100℃，吊起平稳安装。

4）在轮箍和轮毂的配合面涂一薄层二硫化钼润滑剂。

5）安装时轮箍中的凹槽必须与轮毂背面的接头片咬合。

6）安装轮箍夹环。按规定螺栓力矩值用力矩扳手拧紧螺栓，并使轮箍在空气中冷却。

7）检查轮箍和轮毂在轴上的旋转情况，用手可转动磨辊。

（5）轮毂拆卸。

1）在磨辊已拆下轮箍的情况下（未拆去轮箍也行），拆下轴承盖的滚柱轴承护圈。

2）在轮箍与轮毂托架之间均匀放置四台专用液压千斤机，接好液压系统。

3）使用天车或卷扬机提升辊轮组件略微离开下方垫木，同时顶起千斤顶，使磨辊托架与垫枕木之间保持微隙，这样千斤顶不支承全部重量。重复提升和顶起，直到从磨辊托架和轴上拆下辊轮组件为止。检查并确保下部轴承内圈和内部轴承隔离圈留在轴上。

4）视检查情况，从轴上拆下内部轴承隔离圈和下部轴承内圈（靠近磨辊托架侧）。

5）检查重装迷宫密封圈、轴封、迷宫唇形密封套。

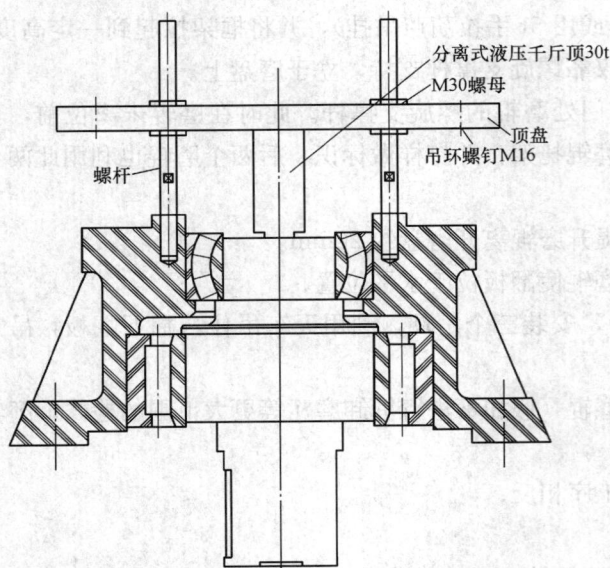

图 3-39 取出辊轴及滚柱轴承内套

（6）磨辊轴承的拆卸。

1）将拆下的轮毂放在专用支架上。

2）安装轴承拆卸专用工具，从下向上顶下上部轴承（远离磨辊托架侧轴承）。在辊壳上装上顶压轴头的专用螺丝杆、支定架和千斤顶，利用千斤顶将辊轴与滚柱轴承内套取出，并放置在指定地点，如图 3-39 所示。

利用紧固专用装置将摆动轴承取出，必要时可以用加热法，如图 3-40 所示。

用起重机将轮毂、圆柱轴承外套及滚柱小心翻身置好；利用紧固专用装置将圆柱轴承外套连同滚柱一起取出置于指定地点，必要时可以用加热法，如图 3-41 所示。

利用紧固专用拉拔装置将圆柱轴承内套从轴上取下，如图 3-42 所示。

3）反装轴承拆卸专用工具，从上向下顶下靠近磨辊托架侧的轴承（注意向下顶时要有防护措施，以防损坏轴承）。

（7）磨辊轴承及磨辊轮毂回装。磨辊和轴封组件如图 3-43 和图 3-44 所示。

1）清洗检查轴承磨损情况及测量轴承间隙（轴承间隙不得超过轴径的 1/1000～1.5/1000）。

2）检查测量轴承与轴配合公差（轴承与轴应有 0.02～0.04mm 紧力，轴承外圈与轮毂内径应有 0.05～0.1mm 间隙）。

3）回装轴承及轮毂的一种方法为：

①将轮毂置于沸水中加热至 100℃，吊至检修台上，依次装上轴承外套、外轴承间隔套、上轴承外套。

②将磨辊托架轴朝上，依次装好迷宫密封圈、迷宫唇形密封套、油封、石墨密封套、轴封间隔圈、O 形环、排气阀等部件。

③热装（沸水 100℃）下部轴承内圈、轴承内隔套上部轴承内圈，装迷宫唇形密封套螺孔导杆。

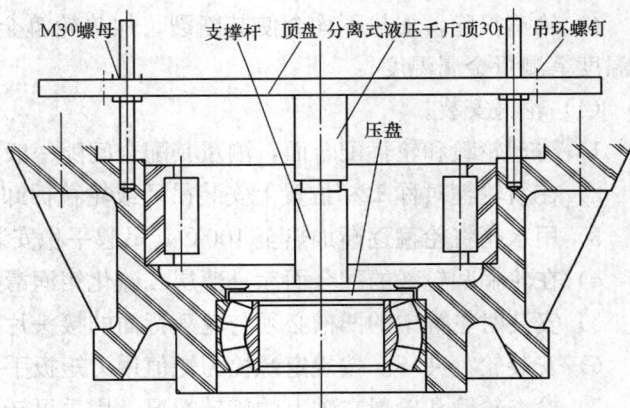

图 3-40 取出摆动轴承

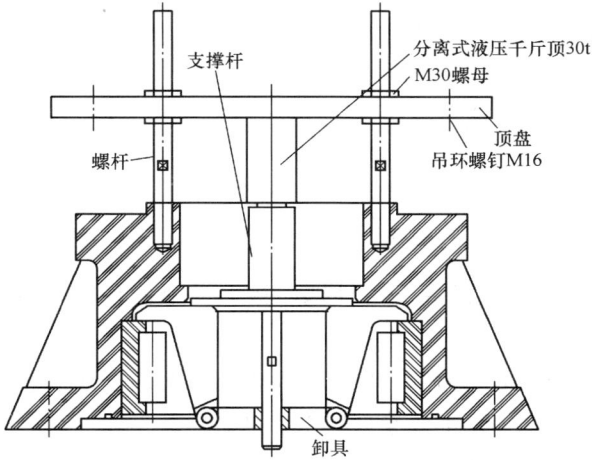

图 3-41　取出圆柱轴承外套及滚柱

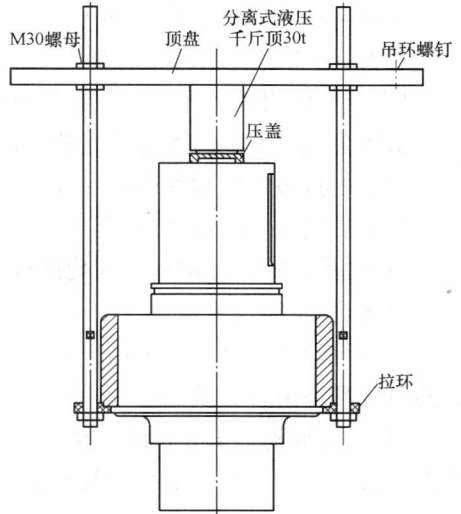

图 3-42　取下圆柱轴承内套

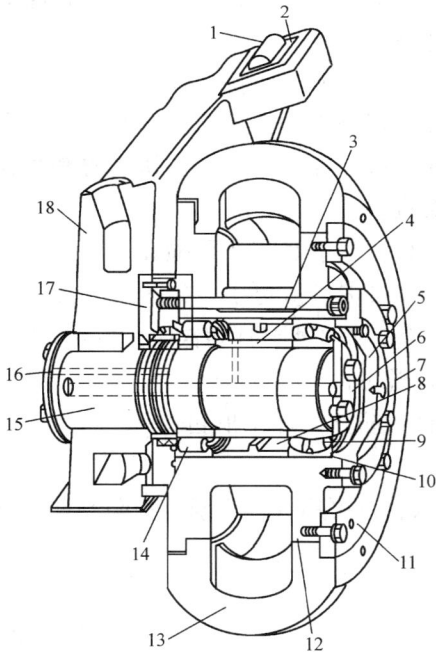

图 3-43　磨辊组件图

1—枢轴；2—枢轴瓦；3—紧固螺栓；4—轴承间隔
内圈；5—轴承盖；6—轴承压板；7—轴承盖起吊
孔；8—轴承间隔外套；9—滚动轴承；10—O 形
环；11—轮箍压板；12—轮毂；13—轮箍；14—滚
动轴承；15—磨辊轴；16—油脂注入口；17—有封
组件；18—磨辊托架组件

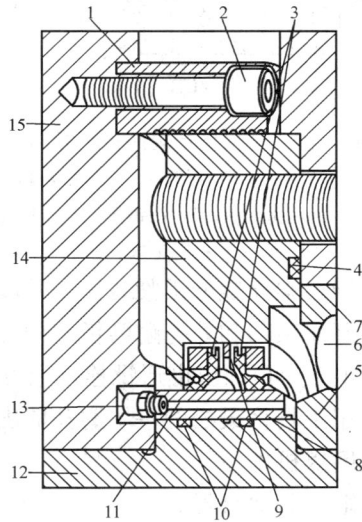

图 3-44　轴封组件

1—迷宫密封图；2—迷宫密封紧固螺栓；3—油封；
4—O 形环；5—轴承外套；6—轴承滚珠；7—轴承内
套；8—石墨密封套；9—轴封间隔圈；10—O 形环；
11—密封套石墨层；12—磨滚轴；13—排气阀；14—
迷宫唇形密封套；15—磨辊组件

④热装轮毂组件（沸水 100℃）。

⑤装轴承护圈及轴承盖等部件。

4）推荐使用以下方法回装轴承及轮毂：

①将磨辊拖架轴上各件全部装好。

②装迷宫唇形密封套螺孔导杆，以便于紧固螺栓。

③热装轮毂（沸水加热 100℃）。

5）轴承、轮毂冷却后装其他部件。

6）热装轮箍及压板。

7）对轴承室打压 30kPa、5min。拆卸轴承盖上的一个磁性塞，接上一个带有合格标准计的空气管路进行试验。

8）加注润滑油 B&W14 号或其他替代润滑剂，并用专用油尺从油尺塞处检查油位。轴承室螺塞（如油尺塞、磁性塞及油封润滑注入塞等）都要涂规定密封剂。

9）滚轮油封注 B&W12、13 号润滑剂少量。

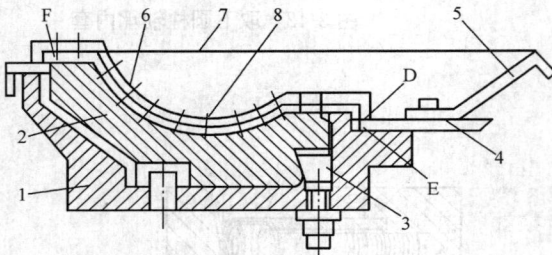

图 3-45　磨瓦磨损仿形规测量示意图

1—磨盘；2—磨瓦；3—楔形螺柱；4—轭腔盖板；
5—锥帽；6—磨瓦仿形规；7—拉钢丝；8—测深销
D、E、F—标识记录

4. 扇形磨瓦的检修

图 3-45 所示为磨瓦磨损仿形规测量示意图。

（1）同检查轮箍一样，利用专用磨瓦深度仿形规对磨瓦进行磨损量测量，做好记录，并与原记录对照。认真检查磨瓦有无裂纹。

（2）当磨瓦有严重损坏及磨损超过厚度的 1/2 时，应更换，如图 3-46 所示。

（3）拆下磨环座盖锥体、垫圈及盖板。

（4）拆下楔形螺栓螺母锁紧装置，并取下楔形螺栓螺母。

（5）在磨环座顶部和外壳耐磨板支架之间安装撑杆，防止磨环座抬起。

（6）用 50t 千斤顶顶出楔形螺栓（上方应无人）。

（7）用专用工具将最松的一块磨瓦取出，如很难取出，可用气焊割断一块防磨瓦，分别取出断瓦运至磨煤机外。

（8）逐块取出其他磨瓦。

（9）磨瓦安装前将磨盘底座槽内的杂物清扫干净。

（10）利用起吊专用工具将第一块磨瓦装在驱动定位销上，使其对准楔形螺栓孔。

（11）在一块磨瓦的任意一侧安装其他磨瓦至一周，将各瓦间隙调整均匀后，再穿上楔形螺栓，并对称、均匀拧紧（按力矩表使用力矩扳手拧紧）。

（12）为使楔形螺栓与孔密封良好，安装楔形螺栓时可涂硅橡胶密封剂密封。

（13）为保证楔形螺栓紧固量，可先拧至 270N·m，然后松开，重新拧至 813N·m。

（14）防磨瓦之间间隙均匀，且小于 5mm，如超过 5mm，可用钢垫片进行调整。防磨瓦高低不平度应小于 5mm，否则应进行磨削。

（15）恢复磨环座盖锥体、垫圈及盖板，涂密封胶密封（封盖板前将轭腔清理干净）。

（16）磨煤机运行一段时间停磨后，视情况将楔形螺栓再紧一次（813N·m）。

5. 旋转喉环检查

（1）喉环检查。

1）检查喉环与凸形盖铸件及室外壁扇形体有无摩擦，标准间隙为 10mm、最小为 5mm，对于最大间隙为 19mm、最小间隙不足 3mm 的地方，应进行调整。

2）检查各结构件有无松动、裂纹及过度磨损。

3）检查内锥形扇形体与轮耳隔间最小间隙为 13mm。

（2）喉环拆卸（如图 3-47 所示）。在磨辊已拆出情况下拆卸喉环较方便，在磨辊未拆下时用下述方法拆卸喉环：

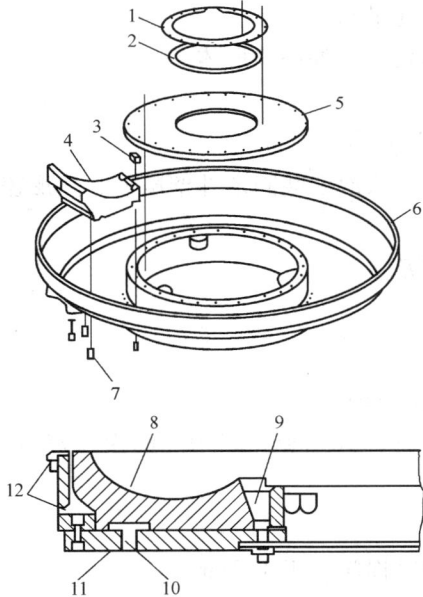

图 3-46 磨瓦的拆装

1—盖锥；2—垫圈；3、9—楔形螺栓；4—磨环片；5—盖板；6—环座；7—驱动销；8—环形磨盘部分；10—磨盘部分驱动销；11—磨盘底座；12—磨盘底座密封件

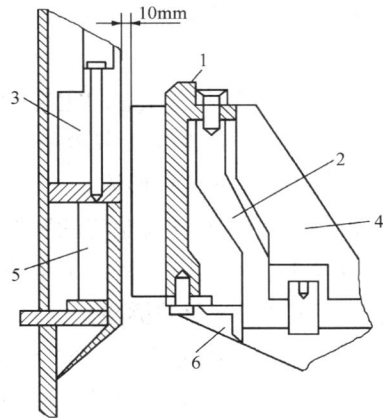

图 3-47 旋转喉环结构示意图

1—旋转喉环；2—磨盘；3—外壁凸形盖铸件；4—磨瓦；5—固定外壁扇形体；6—喉环底部支架夹

1）拆下靠近检修门处的下滚轮托架耐磨板。

2）拆出喉环下边的全部固定螺栓，进入喉环下边主气室。

3）将起重机接至位于检修门处的一个喉环扇形体，并拆去其上部固定螺钉。

4）吊出这个喉环扇形体。

5）利用气动盘车逐个拆除其他喉环扇形体（注意在已拆下全部喉环底部固定螺栓后，所有人员要离开主气室，再进行喉环上部拆解、吊装工作）。

（3）凸形盖拆卸。

1）拆卸检修门处两只凸形盖铸件的固定螺钉。

2）从磨煤机拆下凸形盖铸件，并除去铸件后面的耐火材料。

3）拆除其余凸形盖铸件的固定螺钉。

4）利用外壁顶面将其他凸形盖铸件沿环道滑至检修门处吊下。

（4）固定外壁扇形体拆卸。

1）利用火焊或电弧刨割除固定外壁扇形体下部的锥形导流板及焊接牵连部分。

2）用火焊或电弧刨切割除固定外壁扇形体端部的垂直或水平焊缝。

3）在磨盘上安装固定外壁扇形体吊装专用工具，吊住检修门处一块固定外壁扇形体。

4）用起重机吊住专用工具。

5）割开这块固定外壁扇形体的所有焊接牵连。

6）将吊装专用工具连同这块固定外壁扇形体一起吊出。

7）利用气动盘车，重复以上操作，逐个拆除其余固定外壁扇形体。

8）全部拆除后将外壳焊接面磨干净。

（5）固定外壁扇形体、凸形盖铸件及旋转喉环安装。

1）按照与拆卸相反的顺序，依据图纸圆周尺寸，依次安装固定外壁扇形、凸形盖铸件、旋转喉环。

2）回装调整结束，注意固定螺栓、螺钉的锁紧及点焊。

6. 辊密封扇形体及密封架检修

（1）拆卸轴瓦密封扇形体。

1）拆去主气室下方齿轮传动装置输出适配板周围的护板。

2）拆除下迷宫式空气密封扇形体连至辊空气密封外壳（辊密封架）的连接螺钉，这样便可放下辊密封扇体形并拆除。

3）进入主气室拆除上迷宫式空气密封扇形体。

4）用直尺及测隙规检查其表面磨损情况，一般磨损应小于 1.6mm。

（2）辊密封扇形体安装。

1）回装上下辊密封扇形体时注意按标识序号组装就位。

2）接口及结合面螺栓孔涂密封胶。

3）辊密封间隙（A）调整见表 3-5。

表 3-5　　　　　　　　　　　　磨进风温与辊密封间隙关系

磨煤机进口风温（℃）	辊密封 A（mm）	磨煤机进口风温（℃）	辊密封 A（mm）
＜232	0.305～0.457	＞316	0.711～0.965
232～316	0.457～0.711		

（3）辊迷宫式空气密封外壳（密封架）更换。

1）拆去上下迷宫式空气密封扇形体。

2）进入辊腔拆去轮与底减速装置输出法兰连接螺栓。

3）通过气动盘车使辊下边辊头（四个）对准底仓专用法兰口。

4）用四个顶轭专用工具通过仓口顶起轭 25mm。事先将磨辊卸载固定，使压力及弹簧座架解列，在磨辊及磨瓦拆去情况下更好。

5）将减速机与电动机解列，拆去联轴器。

6）拆去减速机所有移位牵连。

7）利用轭头吊起轭空气密封外壳。

8）利用吊杆或导链将压力机弹簧座架吊起；移去减速机进口处液压缸。

9）移走减速机（在移动轨道上铺铁板滑行）。

10）放下轭空气密封外壳，换新。

11）按相反顺序回装所有拆除部件。

12）调减速机输出适配板与轭密封空气外壳中心偏差不超过 0.254mm。

13）装好轭空气密封外壳支架，放下轭。

14）检查轭表面相对空气密封外壳的中心偏差不超过 0.2mm。

15）检查上下轭迷宫式空气密封扇形体与轮间隙。

16）拼合轭迷宫式空气密封扇形体，接缝涂密封胶。

17）回装其他件。

轭迷宫式空气密封结构示意图如图 3-48 所示。

7. 石子煤刮板更换与调整

刮板由螺栓连在轭头托架上，根据磨损状况调整或更换新刮板，刮板与主气室底部应保持 6～9mm 间隙。

8. 陶瓷外壳面更换

磨煤机磨煤区外壳内衬采用 25mm 厚的陶瓷瓦面板。该面板在喉部凸形盖上方约 900mm 处，底部埋入凸盖顶部耐火材料中。其更换步骤如下：

（1）拆除固定凸形盖铸件的凹头螺钉。

（2）清理耐火材料直至露出面板。

（3）切割面板焊缝并逐块取下。

（4）打磨焊迹。

（5）按相反步骤逐块焊装面板。

（6）恢复。

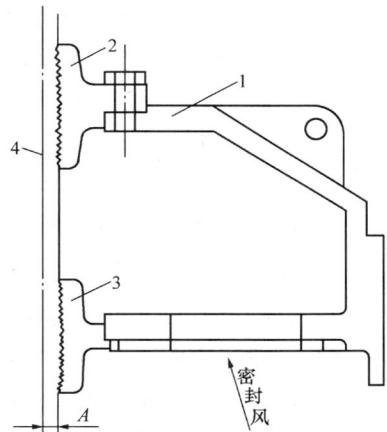

图 3-48　轭迷宫式空气密封结构示意图
1—密封架；2—上密封扇形体；
3—下密封扇形体；4—轮外圆周

9. 分离器椎体更换

（1）用磨煤机内部由顶部外壳侧部吊耳支承的导链支撑分级器椎体。

（2）除去将内出煤管接至分离器排放段的焊接缝，用电弧气刨进行切割。

（3）从分离器椎体底部松开分离器排放段并落下。

（4）分离器椎体由许多部分装配面组成，应从磨煤机检修门每次松开一部分并拆除。应先拆除离门最近的部分并向背部进行。

（5）按照相反步骤安装新椎体，应注意各部分在配合法兰上都有配合标志使法兰间隙最小。排放段侧部、顶部、底部法兰间隙应保持在 3mm 以下，以防漏煤。并用密封胶密封。

10. 压力弹簧的检查、更换

压力架与弹簧座架间的弹簧出现严重磨损、腐蚀及断裂时，或因受压超过疲劳强度，不能恢复其自由高度时，必须更换。

(1) 安装磨辊固定夹具。

(2) 液压缸泄压，使弹簧恢复自由位置。

(3) 利用分离器顶部下来的三个手拉葫芦或吊杆千斤顶吊起弹簧座架。

(4) 更换弹簧（提供弹簧座架时，注意弹簧座架可能发生侧移撞出弹簧而伤人）。

11. 石子煤闸门的更换

由于在磨煤机运行时难以修理石子煤闸门，一般应整套更换。磨损的闸门组件回车间检修、换件。

12. 弹簧座架和压力构架更换

弹簧座架和压力构架更换的一种方法是在磨辊固定卸载后，加载杆解列，割开中间壳体移出旧件，更换新件。另一种方法是拆除弹簧座架和压力构架上方分离器上壳体，原煤管、摆阀等全部结构之后再进行更换。

13. 磨盘、轭架更换（包括带有整体的固定式喉环）

(1) 拆去磨辊、分离器及以上全部部件。

(2) 在磨盘上安装三个吊耳。

(3) 用起重机将磨盘吊出。

(4) 取下磨肋驱动销。

(5) 拆除轭架腔固定螺栓。

(6) 从轭架上拆除煤干石刮板螺栓。

(7) 拆除上下轭气封机构和不锈钢密封片。

(8) 在轮架表面螺孔内安装四个吊耳。

(9) 用天车将轭座吊出，使轭座与齿轮传动装置法兰销脱离。

(10) 按相反顺序回装。

14. 齿轮传动装置的更换

(1) 解列压力弹簧，固定磨辊。

(2) 拆去煤干石刮板、轭密封片、锥盖及轭腔中轭与齿轮箱输出法兰连接螺栓，并拆下四个千斤顶舱口盖。

(3) 用气动盘车使轭头对准仓口。

(4) 使轭气封固定于轭头，松开轭空气密封外壳支架螺栓，并拆除空气密封进气接头。

(5) 解开电机与减速机联轴器。

(6) 拆掉门口加载杆及液压缸。

(7) 检查减速箱定位板，以便回装。

(8) 均匀抬高轭座约 100mm。

（9）用两个 10t 手拉葫芦将减速机拖出（先铺好铺板，以便于滑行）。

（10）回装新减速机，输出中心偏差小于 0.8mm。

15. 压力构架与中间壳体之间的耐磨板更换

压力构架和中间壳体之间的耐磨板（见图 3-49）间隙一般应小于 2mm，当耐磨板磨损后间隙超过 5mm 时，应调节或更换耐磨板，使间隙恢复至小于 2mm。

（1）耐磨板调节。

1）测量耐磨板间隙，以确定所加垫片厚度。

2）用楔形楔住压力构架一个角，便于松开该角防磨板。

3）松开外壳耐磨板螺栓上的螺母，加入有槽垫片，涂密封胶，并拧紧螺母及护帽。

4）拆去楔块。

5）重复操作，对其他两角加垫片。

（2）耐磨板更换。为保证磨煤机运行平稳，压力构架中心与齿轮减速装置输出适配板中心在一条垂线上，其偏差应为 0～0.8mm。耐磨板更换要以此为原则，并保证耐磨板间隙为 0～2mm。

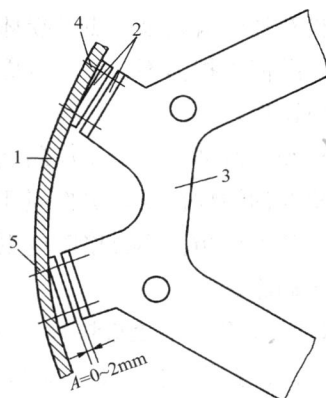

图 3-49　压力构架与中间壳体之间耐磨板示意图
1—中间壳体；2—耐磨板；
3—压力构架；4、5—螺栓
A—耐磨板间隙

16. 磨煤机油系统检修

油系统包括油泵、油泵减速机、油泵安全阀、双联过滤器、冷油器、加热器。根据实际运行情况及要求对系统进行检查、清扫、检修。检查液压油站油管路渗漏点，消除渗漏点。液压油站系统如图 3-50 所示。

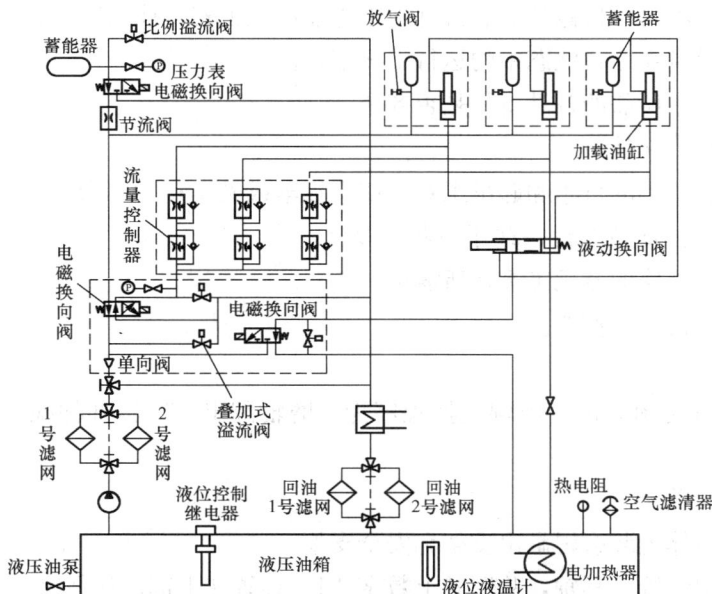

图 3-50　液压油站系统示意图

163

检查油站齿轮泵，更换损坏部件；更换滤网，液压油每月定期化验并过滤，当油品发生劣化，酸值等指标不合格时应更换。油站检修后试运应无渗漏点，出力满足使用要求。油站设备应刷漆。

检查润滑油站油管路渗漏点，消除渗漏点。润滑油站系统如图 3-51 所示。

检查油站螺杆泵，更换损坏部件；更换滤网，润滑油每月定期化验并过滤，当油品发生劣化，酸值等指标不合格时应更换。油站检修后试运应无渗漏点，出力满足使用要求。油站设备应刷漆。

（三）HP 型中速磨煤机检查、检修方法

1. HP 型磨煤机检查、检修项目

（1）分离器体及衬板检修。

（2）磨辊装置检修及更换。

（3）弹簧装置检修。

（4）磨碗式叶轮装置检修。

（5）磨碗衬板检修及更换。

（6）侧机体与刮板装置检修。

（7）裙罩与气封装置检修。

（8）磨辊轴承检修及更换。

（9）齿轮箱装置检修。

（10）润滑油系统检修。

（11）液压系统检修。

2. 检修前的准备工作

（1）根据检修项目、检修计划制订好施工进度和施工安全技术措施。

（2）掌握该设备在运行状态中的运行工况记录。

（3）检查检修中所需的备品备件是否齐全。

（4）准备好检修文件包。

（5）校验吊装所用的行车和起吊工具，如平板车或叉车；10t 螺旋千斤顶 3 台，5t 螺旋千斤顶 3 台；5t 手拉葫芦 3 台，2t 手拉葫芦 3 台。

（6）准备本次检修的专用工具及所需量具。

（7）办理热力机械工作票。

3. 更换磨辊

更换磨辊装置见图 3-52。磨辊更换程序为：磨辊翻出→磨辊部件检查→磨辊部件更换→磨辊翻入。

（1）拆除磨门盖。

（2）在分离器体上装磨辊翻出支架和安全支架。

（3）检查磨辊装置的耳轴，验明其上数字"1"设置在上部。如数字"1"不在上部，需拆除耳轴螺钉，转动耳轴，将数字"1"转到上部，再重新装上耳轴螺钉。

出油 出油

润滑油
冷油器

润滑油
1号滤网

润滑油
2号滤网

蓄能器

润滑油泵

自磨煤机

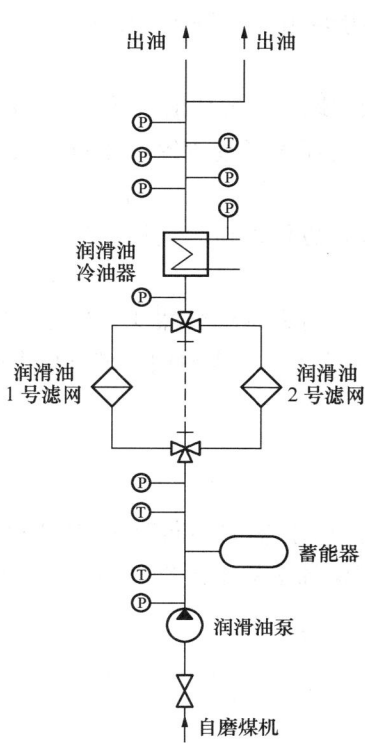

图 3-51 润滑油站系统示意图

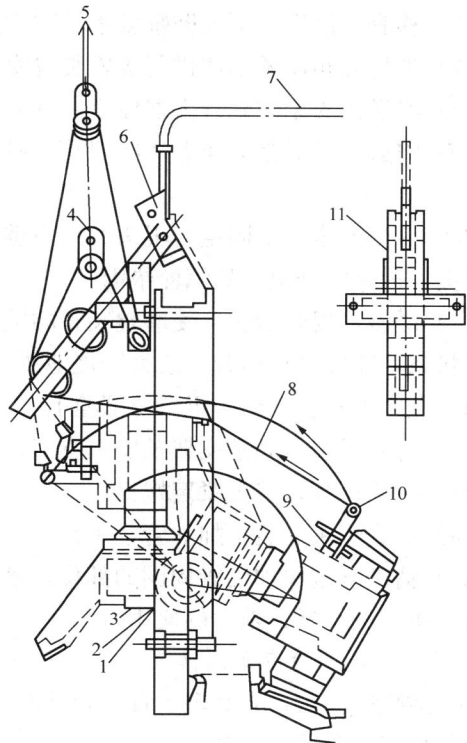

图 3-52 更换磨辊装置

1—垫片；2、9—螺钉；3—安全支架；4—滑轮；

5—起重机；6、10—吊耳；7—分离器顶盖；

8—钢索；11—专用支架

（4）顺时针旋进磨辊限位螺栓，使磨辊与磨碗脱离，转动磨辊套上的四个螺孔处于上方位置。

（5）拆除原有的螺钉，用内六角螺钉装上吊耳。

（6）拆除磨辊头盖板，并放置一边；将磨辊头上加油管改装上管堵，以防漏油。

（7）将滑轮装到起重机上，穿绕钢索于滑轮槽内。

（8）将钢索系在吊耳和翻出支架上，缓慢地垂直起吊滑轮，使吊耳与活动支架滑轮处于最接近的位置。

（9）缓慢降低滑轮，将磨辊装置搁置在支架上。

（10）将磨辊装置吊离磨煤机，并放在可靠的工作位置。

（11）拆卸磨辊翻出装置。

（12）用起重机将磨辊装置吊住。

（13）拆除磨辊头衬板和裙罩装置。

（14）拆除磨辊轴法兰上的内六角螺钉。

（15）将磨辊和轴组件提升 20～30mm，放在便于工作的地方。

165

（16）检查、清洗、更换磨辊轴承及轴承主件，碾磨辊套、磨辊头等部件。

（17）按拆卸相反的程序进行磨辊装置安装。

（18）将翻入支架装到分离器体上，拆去内六角紧定螺钉，把翻出吊耳装到磨辊上。

（19）将起重机对准分离器体磨门孔，系上滑轮；将绳索穿过滑轮，并固定在磨辊的吊耳上。

（20）拆去安全架上固定磨辊头的六角螺栓和垫圈；也可以在起重机的配合下，稍稍提起磨辊头，拆除安全架上的螺栓垫圈。

（21）缓慢地提升滑轮，使磨辊装置的重心翻转。此时绳索会突然变得松弛，继而逐渐呈紧张状态，即应停止提升，改为缓慢地放下磨辊，使之下入磨煤机内。继续放下磨辊，使辊套搁置在磨碗衬板上或磨辊限位螺栓上。

（22）拆除吊绳，倾翻支架及安全支架。

（23）拆除吊耳，装上紧定螺钉。

（24）在磨辊头上装上加油管，用油尺检查润滑油量，按需要加润滑油，装好油堵。

（25）清理磨辊头加油管周围的部位。该部位是磨辊轴承的密封空气通风腔，保持该部位清洁，将有利于延长轴承的使用寿命。

4. 磨辊轴承的检查及调换

（1）拆除磨门盖，将磨辊装置翻到外面。

（2）检查磨辊轴承端隙。

（3）将磨辊套和轴组件从磨辊头上拆下。

（4）将组件吊放到方便维修的地方。

（5）拆去下轴承座盖板和油封挡板，并放在指定的地点。

（6）拆开上轴承座盖板，使其滑下，搁置在密封耐磨衬环上。

（7）继续拆去磨辊轴上的大角螺钉、螺钉止退板、磨辊轴承挡板和垫片组，将下轴承的内圈从磨辊轴上拉出来。

（8）用辊套拆卸吊具将上轴承座从磨辊轴上吊离，此时上、下轴承的外圈仍留在轴承座内。

（9）用适当的工具将上轴承内圈和隔环从磨辊轴上拉出，将上轴承座盖板和油封从磨辊轴上吊出。

（10）将密封耐磨衬环从磨辊轴上拉出。

（11）检查、清理、修理拆下的磨辊零部件，正常后进行磨辊装置装复工作。

（12）如需更换新的耐磨衬环，则需对新衬环加热至120℃（用油预加热），套装到磨辊轴上，任其冷却。

（13）将密封剂涂在油封和盖上，继而将油封和盖装到磨辊轴上，对连接螺钉涂紧固剂后拧紧。

（14）在上轴承盖内孔密封柄槽内涂适量的二硫化钼润滑脂。第一只油封应朝轴承座孔内，第二、三只油封的唇口则应朝向外面。

（15）将装有油封的上轴承座盖板放到磨辊轴上，使油封套装在油封耐磨衬套上，而盖则搁置在油封耐磨衬套上。

（16）在磨辊轴上装轴承隔圈，隔圈上的倒角端朝向轴肩。在上轴承座盖的油封槽内装O形密封圈，并涂二硫化钼润滑脂。

（17）将上轴承内圈装到磨辊轴上。轴承可以加热，但温度不得超过90°（用油浴加热）。

（18）冷冻两只上、下轴承外圈，冷冻温度至少需−15℃。将轴承外圈装到轴承两端的孔内，用固定夹保持在原位，任其恢复正常温度。

（19）将磨辊轴承座装到磨辊轴上，坐落在上轴承上；将下轴承内圈装到磨辊轴上。如果是热装，则加热温度不得超过90℃。

（20）装下轴承挡板，用手拧紧螺钉，正、反向转动轴承座不少于5圈，使轴承就位。

（21）拆下轴承挡板，测出轴端与下轴承内圈端面的高低差值，安装一组厚度大于高低差值0.05mm的垫片组到轴端面上。

（22）装上轴承挡板、止退垫板和螺钉，按规定力矩紧固。

（23）在磨辊轴承座180°方向上装两只起吊螺钉，装上吊具。

（24）在轴承挡板上安装三根螺杆，并在每根螺杆上装一只百分表，使百分表的触头碰触在轴承座的下端面上。转动轴承座数圈，将百分表调整到零位。再转动轴承座5圈，在原来位置停下，三只百分表应返回零位。

（25）用起重机吊起轴承座。转动磨辊轴承座数圈，读出百分表上的读数，记录，并取平均值。

（26）起吊力回复为零，转动轴承座数圈，检查百分表，其读数应返回零位。

（27）重复步骤（24）～（26），计算出各次平均值的总平均值。

（28）如果轴承端隙不合格，重复步骤（20）～（22）进行调整。轴承端隙调整合格后，进行磨辊组装工作。

（29）用二硫化钼润滑下轴承盖上O形密封圈，将下轴承盖装到轴承座上，紧固螺钉。

（30）在下轴承盖上装油管管堵，装紧螺钉。

（31）安装新辊套后，将磨辊轴组件吊起，翻身，使下轴承座盖板着地。检查上轴承座上的O形密封圈安装应良好。

（32）用两只螺钉将上轴承盖装到轴承座上，紧固螺钉。

（33）在轴承座上装一对半磨辊头挡板，用其余的螺钉穿过上盖板拧紧到轴承座上。

（34）安装油封挡板，拧紧螺钉。

（35）按规定的油量将油注入磨辊中，将磨辊全部装复后翻入磨煤机中。

5. 磨碗衬板的更换

（1）拆除至少一处磨门盖和磨辊装置。

（2）拆下叶轮风环，将风环放在侧机体内。

（3）拆去磨辊延伸环，并装上两只用于顶起延伸环的螺钉。必要时还需割去点焊，在延伸环上垫板。

（4）拆去需要换的磨碗衬板。

（5）衬板夹紧环如果完好，则仍留在原处；如有损坏，则需将夹紧环拆下。拆去以后可以装上两只用于顶起夹紧环的螺钉，以利拆下。

（6）清理磨碗内部表面。

（7）检查磨碗衬板充填键的定位键，如有损坏，则进行更换。

（8）从任一夹紧环开始，在内六角螺钉上涂粘接剂，先紧固至规定力矩值的 1/2，随后再紧固至规定的力矩值，重复进行，直至全部夹紧环均被压紧。

（9）重新装上内六角紧定螺钉，并涂粘接剂；螺钉应低于夹紧环平面 2 牙。

（10）在磨碗内装衬板。衬板和垫板都已编有顺序，带键衬板为"1"号，装时按顺时针排列。衬板之间应相互靠近，且尽可能地朝向磨碗中心。最后一块，衬板装进后若有缝隙，则用垫板嵌填。在装进垫板时，需将衬板逆时针靠紧，以便垫板嵌入。

（11）将磨碗延伸环装到磨碗上，延伸环与衬板大端间隙应不大于 0.4mm，同时衬板大端也不得与磨碗衬板相碰。

（12）从任一延伸环开始装起，内六角螺钉涂粘接剂，紧固至规定的力矩值，重复进行，直至全部延伸环均被压紧。

（13）重新装上内六角紧固螺钉，并涂粘接剂；螺钉应低于延伸环平面 2 牙。

（14）从任一磨碗衬板开始，逐一选择一片（或一组）端部垫片，嵌进衬板端部的间隙中，垫片选择的数量应尽量少，嵌填后尚留的间隙不得大于 0.04mm。垫片应嵌于每块衬板的中心线上。

（15）将端部垫片折弯到延伸环上，点焊。

（16）重新装上叶轮风环，在螺钉上涂粘接剂并紧固。螺钉（垫圈）点焊。

（17）调整调节罩间隙约为 12mm。

（18）重新装好磨辊装置和磨门盖。

（四）E 型磨煤机碾磨部件的检修

1. 碾磨部件的检修

（1）检查、测量钢球与上下磨环的磨损程度及上磨环的降落量。

1）检查钢球、上下磨环有无裂纹、重皮、破碎。钢球和上下磨环应无裂纹、破碎；当发现有重皮时，应根据重皮大小和位置判断其对运行有无重大影响，以确定是否更换。

2）测量钢球直径，求得每个球的平均外径，再求得各个球平均值，并做好记录。

3）测量上下磨环的磨损程度。通常是在磨环弧形滚道上选择 4～6 个点，测量断面形状，求得最小壁厚，并做好记录。

4）上磨环的降落量实际上是钢球和上下磨环磨耗的总和。测量上磨环降落量，通常以入孔盖开口部或壳体凸缘面为标准，装料设备所带指标装置的批示值可作为降落量的参考。上磨环降落量对于弹簧加载装置，在两次加紧弹簧的间隔中，该降落量即为弹簧松弛高度，也就是该次需加紧的弹簧压缩数值。

5）钢球和上下磨环的磨损以及下磨环的降落量中若有一项超过标准，则须更换，其标准均按制造厂商的规定。表 3-6 列出几种 E 型磨煤机的有关规定。

（2）检查、测量壳体和轴瓦、控制杆和活塞的间隙。当上磨环降落到制造厂商规定值时，壳体和轴瓦，控制杆和活塞的间隙便开始接触，实际上由于存在着制造、安装上的误差，因此，需要检查测量其间隙，间隙应大于零。

（3）检查测量转体的磨损情况，当转体磨损量大于5mm时须进行更换。更换转体时必须同时更换与其配合的拉条盖板挡板。并测量拉条盖板挡块与拉制杆之间的间隙其间隙不小于10mm。

表3-6　　　　　　　　　　　　　E型磨煤机制造厂的规定

项　　目	单位	E-44	EM-70	8.5E	10E
钢球原始直径	mm	261	530	654	768
空心钢球壁厚	mm	—	75	89	100
初装钢球数量	只	12	9	10	10
填充钢球直径	mm	240或250	480	584	698
钢球更换时直径	mm	220	445	550	610
钢球允许磨耗量	mm	41	85	104	158
磨环滚道最小厚度	mm	—	128（上环） 115（下环）	127	127
磨环允许剩余厚度	mm	50	40	50	60
上磨环允许降落量	mm	—	230	230～250	250～290

2. 碾磨部件的更换

（1）碾磨部件拆卸顺序。

1）将加载装置与碾磨部件解列。

2）从分离器检修孔进入磨煤机内部，拆卸分离器上下漏斗（即内椎体）连接螺栓。

3）拆卸煤粉出口管、落煤管法兰螺栓，并将其吊下。

4）按顺序拆除磨煤机出口挡板，分离器外壳和分离器内部的上下漏斗、上磨环的十字压紧环、上磨环、钢球、风环、下磨环。

（2）检查新钢球、磨环。

1）新钢球、磨环应符合图纸尺寸及公差的要求。

2）新钢球、磨环表面应光洁，无裂纹、重皮等缺陷。

3）新钢球、磨环表面硬度应符合要求，磨环表面硬度应略低于钢球表面硬度。

4）必要时应检验新钢球材质及金相组织，并符合要求。

（3）钢球的排列。更换钢球或当钢球磨损到接近填充球直径而需要充一只填充球时，必须注意钢球的排列。因为钢球直径彼此之间总是存在差异，钢球排列于磨环滚道上的顺序应当是：直径最大的一只钢球（1号）置于中间，第二只（2号）置于其右侧，第三只（3号）置于左侧，第四只（4号）在右侧，第五只（5号）在左侧，依此类推。这样排列，直径就从最大一只钢球逐渐向右或向左减小，因此最小一只钢球就在最大一只钢球对面，使钢球与磨环均匀接触。当顺序排列错误时，会造成某些钢球与磨环不接触，从而引起严重的不均匀磨损，并影响磨煤效果。

（4）碾磨件回装顺序与拆卸顺序相反，回装时要注意以下配合：

1）当下磨环重新组装时，下磨环与上辄的结合面应配合良好，防止结合面内侧有煤粉窜入，其间的密封圈应换新。

2）上下磨环键与磨环的配合公差应符合制造厂要求，键与键槽两侧不允许有间隙，其顶部间隙应不大于 0.3～0.6mm。

3）下磨环应保持水平，其偏差应符合制造厂要求。

4）上磨环与十字压紧环应接触良好，其接触面积不小于 80%。

5）碾磨部件回装后，上下磨环应转动灵活，钢球在上下磨环滚道上能任意滚动。

（五）中速磨煤机常见故障及分析处理

中速磨煤机常见故障及分析处理方法如表 3-7 所示。

表 3-7　　　　　　　　　　中速磨煤机常见故障及分析处理方法

故　障	可能的原因	处理方法
磨煤机运行不平稳、振动	煤床厚度不适宜	增加煤量，检查给煤标尺，查管堵
	碾磨力过大	减少弹簧压缩量
	煤粉过细	调节分离器叶片（开）
	原煤粒度太大	控制原煤粒度
	三角压力架与减速机中心不对中或防磨损间隙大	减速机调中心，调防磨板间隙
轴承温度高	轴承故障	测听噪声，检查
	低油压	检查油位
	冷油器失灵	检查冷却水温度、流量
齿轮箱油温高	冷油器的水流量低	增加水流量，并清理冷油器
	冷油器堵塞	检查、清理冷油器
	低油位	检查油位，加油
润滑油系统故障	切换阀滤网堵	检查、清扫或更换滤网
	油泵不工作	停磨检修油泵
	油量不足	检查油位并加油
	冷油器断水	检查冷却水系统
辄密封漏灰	密封风不足	检查密封风并调整
	辄密封损坏	停磨检修辄密封
煤从石子煤排出口溢出	磨煤过载，给煤量过大	降低给煤率，检查给煤标记、硬度
	磨辊或磨环磨损	调节弹簧压力油缸加载，停磨检修
	碾磨力不够大	油缸加载
	通过磨盘气流速度低	检查通风量并调整
	喉环通道面积太大	添加叶轮空气节环
	磨辊不转动	停磨检修磨辊转动，长时间暖磨检查磨辊有黏度，增大原煤粒度

故　　障	可能的原因	处理方法
无煤粉	煤粉管道堵塞（堵塞时间延长会导致着火）	关闭给煤机，检查磨风机通风量；轻敲管道，如果仍不畅通，就要拆除处理
	给煤机堵塞，中心给煤管通风量低，堵塞节流孔或格条分配器	检查、清理给煤机或中心给煤管，检查一次风挡板，检查、清理给煤插板等
煤粉细度不合格	分离器叶片调整有误	重新调整
	分离器叶片与标定不一致	重新标定、调整
	折向叶片磨损或损坏，内椎体或衬板磨穿	检查、修理或更换
噪声来自磨碗之上	在磨碗上有异物	停磨处理
	碾磨辊、磨瓦故障	停磨检查、检修或更换
	弹簧压力不均匀	如有需要，进行调整
	有大块异物	停磨检查
噪声来自齿轮箱	轴承和齿轮损坏	停止磨煤机，检查零件
	油系统故障	检查油位、油质
噪声来自磨盘之下	喉环压盖开裂	停磨检修
	喉环碎裂	停磨检修
	煤刮板损坏	停磨检修
磨碗压差高	磨碗周围通道面积不够	拆除一块叶轮空气节流环
	磨煤机通风量大	检查通风量控制系统
	磨煤机压力接头堵塞	检查清扫空气，清理压力接头
	煤粉过细	调整分离器叶片（开）
磨碗压差低	磨煤量减少	检查给煤机工作情况
	磨煤机通风过低	检查通风控制系统
磨煤机出口温度高	磨煤机着火	按步骤灭火
	热风挡板失灵	关热风门，停磨检修
	给煤机失灵或给煤管堵塞	停磨煤机检修
	冷风挡板失灵	手动开冷风挡板，停磨检修
磨煤机出口温度低	磨煤机煤湿	降低给煤率，保持出口湿度
	热风门没打开	检查风门位置，检修
	热风挡板或冷风挡板失灵	停磨检修
	一次风温低	降低给煤率
	低风量	重新检验通风控制系统

三、风扇磨煤机检修

（一）风扇磨煤机结构及工作原理

1. 结构

风扇磨煤机是高速磨煤机，其结构形式与风机相似。如图 3-53 所示，它由工作叶轮和

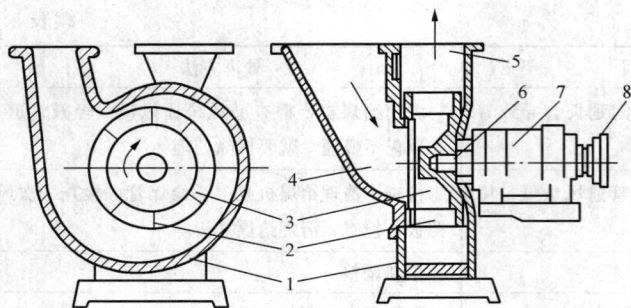

图 3-53　风扇磨煤机示意图

1—机壳；2—冲击板；3—叶轮；4—燃料进口；
5—出口；6—轴；7—轴承箱；8—联轴节

蜗壳形外罩组成，叶轮上装有 8～12 个叶片，称为冲击板。蜗壳内壁装有护甲，磨煤机出口为煤粉分离器。根据磨制煤种不同，分为烟煤型风扇磨煤机和褐煤型风扇磨煤机两个系列。

2. 工作原理

风扇磨煤机类似风机，带有 8～10 个叶片，以 500～1500r/min 的速度高速旋转，具有较高的自身通风能力。燃料从磨煤机的轴向或切向进入，在磨煤机中同时完成着干燥、磨煤和输送三个工作过程。进入磨煤机的煤粒受到高速旋转叶片（冲击板）的冲击而破碎，同样又依靠叶片的鼓风作用，把用于干燥和输送煤粉的热空气或高温炉烟吸入磨煤机内，以便把合格的煤粉带出磨煤机经燃烧器喷入炉膛内燃烧。风扇磨煤机集磨煤机与鼓风机一体，并与粗粉分离器连在一起，使制粉系统结构十分紧凑。

（二）风扇磨煤机检查及检修方法

1. 风扇磨煤机本体检修项目

（1）叶轮检查及调换。

（2）护甲检查、调换（大护甲随叶轮一起调换）。

（3）本体衬板、出口衬板、大门衬板检查及调换。

（4）护板隔板检查、更换。

（5）大门伸缩节的齿轮、填料检修。

（6）大门圈检修。

（7）轴封装置检查，消除漏粉。

（8）轴封压缩空气检修。

（9）测量叶轮各部间隙。

2. 风扇磨煤机本体检查、检修方法

（1）提起落煤管伸缩节，打开本体大门、检修小门。

（2）拆除叶轮紧固螺栓的防松件，拆下叶轮紧固螺栓，将叶轮拉松。

（3）用专用叶轮拆装小车拆除叶轮。

（4）检查叶轮、护甲、机壳衬板、出口衬板、大门衬板、护甲搁板等磨损情况。中护甲磨薄 1/2 以上换新，小护甲磨薄 2/3 以上换新，出口衬板、机壳衬板、大门衬板、护甲搁板磨损 2/3 以上必须换新。

（5）装好护轴套，防止检修中碰坏主轴及轴颈表面。

（6）拆护甲。首先将中护甲用撬杆或大锤弄松，然后把中护甲从检修门逐块拆除，防止护甲窜出压伤手脚。

（7）装复衬板、搁板时，螺栓必须加垫料打紧，以防漏粉。衬板装复应平整，无凹凸现象，平面误差不超过 1mm，接缝之间的间隙最大不超过 3mm。

（8）装复叶轮前，轴孔、轴、紧固螺栓要清理干净，然后加黑铅粉和油混合物；叶轮装复后紧固螺栓必须打紧，上保险铁丝；叶轮后筋与机壳衬板的间隙为 3～8mm，转动叶轮无碰壳声，叶轮与大护甲的间隙为 25～40mm。

（9）大门、伸缩门、检查门、检修门的填料硬化时必须调换，结合处不漏粉，大门圈、门框磨损严重时必须更换或修补，大门圈的螺栓应完整并打紧。

（10）试转中不得有振动等现象，振动值不得超过 0.1mm；如发现振动、碰壳，一定要查清原因，找出问题，否则不能再转。

3. 叶轮的检修

（1）检查叶轮铆钉旁磨板螺栓，应无严重磨损，检查撑筋板与旁板焊缝的焊接质量，叶轮撑筋板、旁板有磨损时应修补，发现铆钉和螺丝松动时必须更换，铆钉、螺栓头应平整，不得高出叶轮旁板 0.5mm。

（2）冲击片应无裂纹、薄厚均匀，并且牢固地固定在叶轮上，不得有松动。当冲击片磨损不均匀，运行中振动超过 0.1mm 时，应拆下重新校平衡。

（3）旁板表面磨损不应超过 10mm，边缘磨损不超过 15mm，超过 15mm 时应镶环。焊接必须牢固，接口应打坡口。

（4）找静平衡时平衡铁分布一定要均匀，不允许集中于一点，固定一点的平衡铁质量应小于 1000g。叶轮停止在任何一点，静止倒次不超过 2 次，倒回角度不超过 10°～15°，残余的不平衡质量不超过 300g。

第四节　超(超)临界锅炉给煤机检修

一、给煤机简介

HD-BSC 型称重式计量给煤机是用于燃煤火力发电厂锅炉制粉系统的主要给煤设备，能够实现连续、均匀给煤，并在给煤过程中进行准确的称重计算，而且能够根据锅炉燃烧控制系统需要，自动调节给煤量，使实际给煤量和锅炉负荷相匹配。

二、给煤机结构

给煤机主要由壳体、托辊、滚筒、胶带、清扫链装置、驱动电动机及减速机、清扫链电动机及减速机、称重传感器、测速传感器、轴承、进出口煤闸门、堵煤监测装置、跑偏监测装置等组成。HD-BSC 型称重式计量给煤机结构如图 3-54 所示。

三、给煤机工作原理

HD-BSC 型称重式计量给煤机工作时，煤从储煤仓通过进煤口煤闸门进入给煤机，由计量输送胶带送到给煤机出煤口，经出煤口闸门进入磨煤机或直接进入锅炉炉膛。在计量输送胶带的下面装有间距精确的称重托辊，构成称重计量跨距，在称重计量跨距中间安装有一个与一对高精度的防粉尘、防爆称重传感器连接的计量托辊。当被输送的煤通过称重计量跨距时，称重传感器便产生与胶带上的煤质量成正比的电压信号，此信号经放大及 A/D 变换后，

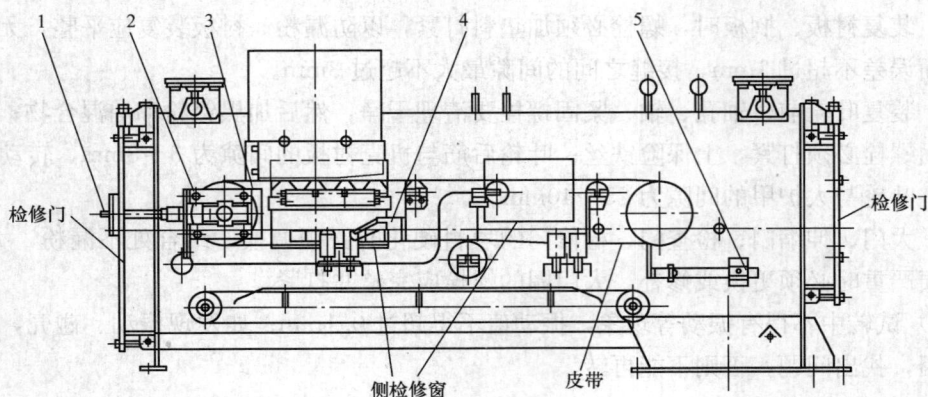

图 3-54　HD-BSC 型称重式计量给煤机结构示意图

1—丝杠；2—张紧装置；3—导向装置；4—内部清扫器；5—外部清扫器

以数字形式传送给 MW96 演算调节器，同时在主驱动电动机的轴端安装有速度传感器，将胶带的速度以脉冲信号的形式传送给 MW96 演算调节器。这两个信号经过演算调节器运算后，即可显示出称重式计量给煤机的瞬时给煤量和累计给煤量，其计算公式为

$$W = \int W(t)\mathrm{d}t = \int Q(t)V(t)\mathrm{d}t \tag{3-12}$$

式中　W——累计给煤量；

　$W(t)$——瞬时给煤量；

　$Q(t)$——瞬时单位长度胶带上煤的质量；

　$V(t)$——瞬时胶带输送速度。

MW96 演算调节器在计算出给煤量的同时，将此给煤量信号与预先设定的给煤量信号或来自锅炉燃烧控制系统要求的给煤量信号相比较；根据其偏差进行 PI 调节后得出电动机应该运行的速度，通过变频器改变主电动机的转速，从而改变计量输送胶带的输送速度，使实际给煤量与要求的给煤量相同，以满足锅炉燃烧系统的需要。

四、给煤机检修

（一）检修标准项目

1. 机组大修时给煤机检修标准项目

（1）清理给煤机内部的余煤，松开拉紧轴。

（2）检查检修传动轴、星形齿和轴承。

（3）检查检修拉紧轴和轴承。

（4）更换全部链条、刮刀、刮板。

（5）更换链条托架。

（6）给煤机上下台板更换。

（7）补焊给煤机箱体及原煤斗下部。

（8）减速箱解体检修。

（9）给煤机消防蒸汽手门解体检修。

（10）对联轴器检查，并找正。

2. 机组中修时给煤机检修标准项目

（1）给煤机内部的检查。

（2）给煤机链条检查，并调整链条松紧。

（3）减速箱检查加油。

（4）安全联轴器检查并加油。

（5）对箱体检查，对磨薄的部分焊补。

3. 机组小修时给煤机检修标准项目

（1）转动部件轴承处加油。

（2）清除给煤机内的煤料堆积，清洗所有观察窗的内表面。

（3）检查裙板磨损情况。

（4）检查皮带和皮带刮板的磨损情况。

（5）清扫输送链的张紧度调整。

（6）检查给煤机磨损或腐蚀部件。

（二）给煤机修前准备

（1）根据运行状况和前次检修的技术记录，明确各部件磨损、损坏程度，确定重点检修技术计划和技术措施安排。

（2）为保证检修时部件及时更换，必须事先准备好备件。

（3）准备各种检修专用工具、普通工具和量具。

（4）所有起吊设备、工具按规程进行检查、试验。

（5）施工现场布置施工电源、灯具、照明电源。

（6）设置检修时设备部件平面布置图。

（7）准备齐全整套检修记录表、卡等。

（8）清理现场，按照平面布置图安排所需部件、拆卸及主要部件的专修场所。

（9）清除内部积煤和杂物。

（10）办理热机工作票。

（三）给煤机检修解体步骤

（1）确认磨煤机、给煤机电源、密封风源、消防蒸汽汽源全部切断后，待给煤机内温度降到与环境温度相差不超过 40℃时方可进行工作。

（2）拆除给煤机的各相关管路，做好位置记号，以便回装。

（3）打开给煤机的前后及侧面检修门。

（4）拆除称重装置后进行检查。

（5）抽出传动皮带和清扫链，取下各传动及从动辊、称重辊进行检查，必要时进行更换。

（6）进入给煤机内部，检查防磨衬板的磨损情况，必要时进行更换。

（7）解体皮带驱动装置和清扫链驱动装置，检查其内部传动部件的磨损情况，决定更换与否。

（8）检查给煤机出入口闸门和密封风、消防蒸汽门的严密性及灵活性。

（四）给煤机检修质量标准

（1）给煤机皮带表面磨损严重时或出现严重划伤、烧伤等严重缺陷时，予以更换。

（2）给煤机内部防磨衬板磨损量超过原厚度的 1/2 时进行更换。

（3）驱动链出现裂纹、磨损量超过原厚度的 1/2 时予以更换。

（4）驱动装置内部齿轮啮合出现不当时需进行调整，各级齿轮无掉齿、裂纹等情况；齿轮的磨损应不超过原齿厚的 30％；齿轮的啮合区在中间部位，不偏斜；啮合线沿齿长接触不得少于 75％，沿齿高接触不少于 60％。

（5）轴承无麻点、裂纹，无严重磨损等缺陷。

（6）当传动轴和拉紧轴只是轻微磨损时可进行补焊，但注意不能产生弯曲。

（7）称重辊与两侧称重跨距辊应在同一平面内，其平面度误差为 ±0.05mm，以保证精确的测量精度。调整称重辊时，需在水平尺与称重辊及两个称重跨距辊的三个接触面之间各插入一个 0.127mm 厚的垫片。

（8）适当的张紧力标志是，从驱动链轮到第一链条支撑板之间链的下垂度为 5cm。

（9）在更换驱动滚筒时，使滚筒联轴器端与驱动轴上的半联轴器间保留 3.175mm 间隙。

（10）在张紧皮带之前使皮带对准中心线，使皮带背面的 V 形导轨嵌入所有滚筒和辊的凹槽中。

（11）更换皮带的花线钢丝缆时切断引线，使其在咬接两逢端突出约 5cm。

（12）给煤机的密封空气压力比磨煤机内压力要高 6mmHg，单压差不要大于 25mmHg。

（五）给煤机整体运转

（1）整机运行振动值小于 0.05mm，转动部位温度小于 70℃。

（2）系统无漏风、漏粉、漏油现象，各管路通畅，管路及其附属件无泄露现象。

（3）皮带及清扫链运行轨迹正常。

（4）螺栓紧固均匀、方向一致，并有防松装置。

（5）设备保温、油漆全面，各标志清晰、完整。

（六）给煤机回装步骤

（1）回装传动及从动辊、称重辊。

（2）回装清扫链和皮带。

（3）安装皮带和清扫链驱动装置，调节皮带张力和运动轨迹。

（4）安装并调节称重装置。

（5）回装给煤机出入口闸板门和密封风、消防蒸汽门。

（6）清扫给煤机内部。

（7）关闭给煤机检修门。

（8）连接给煤机相应线路。

（七）给煤机试运

具体要求同"给煤机整体远转"。

五、设备常见故障及分析处理方法（见表 3-8）

表 3-8　　　　　　　　　　设备常见故障及分析处理方法

序　号	故障现象	原因分析	处理方法
1	给煤机不能启动	电源没有接通	检查并接通电源
		电气接线断路或接触不良	检修电气接线
		电动机有故障	检修电动机
		控制器有故障	检修控制器
		主动滚筒与胶带间打滑	增加胶带的张力
2	负荷率上限异常	称重传感器部位异常	检修称重传感器的连接情况或更换传感器
		演算器异常	检修演算器
		煤的密度变大	调整胶带速度
3	负荷率下限异常	称重传感异常	检查称重传感器的连接情况或更换传感器
		煤闸门没有打开或没有完全打开	打开煤闸门
		进煤口堵煤	敲打进煤口
		煤的密度变小	调整胶带速度
		演算器异常	检修演算器
4	给煤机转动部位有异常声响和振动	安装不良	重新调整安装位置
		安装螺栓松动	紧固安装螺栓
		润滑不良	加注润滑剂润滑
		轴承损坏	更换轴承
5	转速相同时两台给煤机的计量值不同	零点和间距调整不佳	重新调整零点的间距
		称重传感器异常故障	检修称重传感器
		速度检测器故障	检修速度检测器
		胶带张力调整不当	调整胶带张力
		演算器发生故障	检修演算器
6	输送胶带跑偏	胶带张力调整不当	调整胶带跑偏
		主动、被动滚筒外面有物料附着黏结	清理滚筒表面附着的物料
		胶带内侧有物料黏结	清理胶带内侧黏结的物料
7	胶带运转无法停机	电动机启动装置短路	检查、修理或更换电动机
		控制器异常	按控制器说明书检查控制器
8	驱动电动机异常	安装不好	安装调整
		安装螺栓松动	拧紧安装螺栓
		轴承异常	更换轴承
9	减速机异常	安装不好	安装门孔
		安装螺栓松动	拧紧安装螺栓
		润滑不良	检查油位，加润滑油
		轴承异常	更换轴承

续表

序　号	故障现象	原因分析	处理方法
10	清扫链运行异常	刮板变形	更换刮板
		链条断链	修复链条
		电动机异常	检查电动机
11	耐压机体温度过高报警	落煤管欠煤	检查落煤管欠煤，确定是断煤还是堵煤
		密封风压不足	检查密封风压是不比耐压机体风压大500Pa

第五节　超(超)临界锅炉密封风机设备检修

一、设备简介

MF9-25-12No12.7D型至风机为中间加压式集中供风密封风机，可为运行的中速磨煤机提供连续、洁净的密封风。它是从一次风机风道中引出部分风，经过滤器过滤和流量调节器调节，再进入主管道经均流分配后，分别进入中速磨密封风管进行密封。具有噪声低、空气动力性能曲线平坦、高效区宽广、喘振区域小、振动小、运行可靠等特点。

风机型号意义：

$$MF9\text{-}25\text{-}12No12.7D（右135°，左135°）$$

MF：密封风机大写拼音字母。

9：风机的压力系数。

25：风机的比转数。

12：设计序号。

No：Number英文缩写，表示第×号。

12.7：风机叶轮有效直径尺寸。

D：联轴器方式传动。

右135°：从电动机侧看机壳顺时针旋转。

左135°：从电动机侧看机壳逆时针旋转。

二、密封风机设备结构

密封风机由叶轮、主轴、轴承、轴承箱、前后轴封、机壳等主要部件组成。

三、密封风机工作原理

密封风机入口接在冷一次道的中部，即将一次风继续升压的过程。当电动机转动时，风机的叶轮随之转动。叶轮在旋转时产生离心力，将空气从叶轮中甩出，由于速度慢、压力高，空气便从风机出口排出流入管道，当叶轮中的空气被排出管道后，就形成了负压，吸气口外面的空气在大气压的作用下又被压入叶轮中。因此叶轮在不断转动，空气在风机的作用下，在管道中不断流动。

四、密封风机设备检修

（一）密封风机检修标准项目

（1）全面检查叶轮磨损、裂纹情况，更换叶轮。

（2）检查主轴磨损弯曲情况。

（3）检查轴承磨损、损坏情况，更换轴承。

（4）检查入口集流器。

（5）全面检查出入口风门开度及密封情况。

（6）检查轴承游隙和轴封密封情况。

（7）冷却水系统管路、阀门检修，消除设备泄漏。

（8）润滑油检查更换，轴承室清洗，轴承箱结合面检查清理，消除设备渗漏。

（9）入口滤网的清理工作。

（二）密封风机修前准备

（1）办理工作票，切断系统风源、电源、水源，保证开工条件。

（2）准备现场所需工器具及专用叶轮支架。

（3）检查核实需更换的部件质量、型号与原设备是否相符。

（三）密封风机设备解体

1．壳体的解体

（1）拆卸对轮罩子及对轮销子。

（2）拆卸轴承压盖及端盖，并放于指定地点。

（3）拆卸风机上下壳体的全部螺栓及定位销。

（4）用行车将上壳体吊至指定地点。

（5）用行车将转子吊到指定地点放好，在吊转子过程中应保持转子水平。

2．轴承的拆卸

（1）用专用拉马将轴承外套取下。

（2）拆卸轴承的锁紧螺母及止动垫片。

（3）用拉马将轴承取下，必要时可先将轴承略加热后再拉。拉马受力部位应在轴承的内圈上。

3．轴承的检修

（1）用煤油清洗轴承，并用布擦干净。

（2）检查轴承的滚动体，其表面应无裂纹、麻面、腐蚀等情况。

（3）检查轴承的隔离圈应无松动现象。

（4）检查轴承的内外圈及滚道应无裂纹、腐蚀、伤痕等情况。

（5）用手盘动轴承，观察其转动情况。轴承应逐渐减速，且无倒转现象。

（6）测查轴承的游隙，并做好记录。

4．轴承的回装

（1）轴承需检查合格后方可回装，如果是更新轴承，则应重复轴承检修步骤后再回装。

（2）检查轴颈表面，如果有毛刺，应先用细砂纸打磨干净。

（3）测量轴颈及轴承内径尺寸，并做好记录。轴承的配合紧力应为 0.02～0.05mm。

（4）用油加热轴承。油温在 80℃ 左右，最大为 100℃；加热时间为 30～60min。

（5）将加热好的轴承迅速套在轴颈上，用铜棒均匀敲打就位。轴承与轴肩的轴向间隙应为零。

（6）装止动垫片及锁紧螺母，让轴承自然冷却。

（7）回装轴承套，如费力，可先略加热轴承套。

5. 主轴与叶轮的检修

（1）检查叶轮及主轴。主轴无磨损、腐蚀、弯曲等现象，叶轮无磨损且厚度不应小于 1.5mm。

（2）固定叶轮的两个锁母无松动。

6. 迷宫式密封环的检修

（1）检查迷宫齿面应无变形和断裂等情况。

（2）检查迷宫的磨损情况。当迷宫齿磨损超过 2/3 时应予以更新。

（四）密封风机检修质量标准

（1）拆卸联轴器时，加热温度不超过 150℃。

（2）轴承装配时加热温度不超过 120℃，加热均匀。

（3）在轴上套装各圈环时，顺序不可有错。

（4）轴承箱装配后，轴承应紧靠轴肩，弹性挡圈完全卡于挡圈槽内。

（5）轴承箱回装完毕后，用手可轻松转动叶轮，且无动静零部件摩擦现象。

（6）前后端盖密封垫厚度必须略大于或等于所测间隙，其误差应不大于 0.05mm，使前后轴承外圈被端盖压紧。

（7）回装后，主轴的水平度不大于 0.1mm/m。

（8）回装后，联轴器中心轴向径向误差不大于 0.05mm，窜轴度小于 0.02mm，叶轮瓢偏小于 0.04mm，联轴器对轮间隙为 1.5～2mm。

（9）叶轮无裂纹、腐蚀及磨损现象。

（10）叶轮叶片磨损不超过原厚度的 1/2。

（五）密封风机叶轮静平衡质量标准

（1）叶轮孔与轴的配合应有 0～0.02mm 的紧力。

（2）主轴无裂纹、腐蚀及磨损现象。

（3）主轴弯曲度全长不大于 0.04mm。

（4）轴承内圈与轴颈应有 0.005～0.015mm 的紧力。

（5）轴套与轴配合间隙为 0～0.02mm。

（6）轴颈应光滑，圆柱度不大于 0.01mm。

（7）轴承箱体无裂纹、损伤。

（8）轴承座与轴承外圈的尺寸配合为 ±0.015mm。

（9）密封端面光洁，密封垫完整。

（10）631 轴承径向游隙在 0.145～0.195mm 范围内。

（11）N31 轴承径向游隙在 0.065～0.105mm 范围内。

（12）联轴器外圆无磨损、伤痕等缺陷。

（13）传动销与销孔的配合标准为 H7/h6。

（14）键与键槽无损伤，其顶部间隙为 0.15～0.3mm，侧间隙为 0～0.005mm。

（15）轴孔与轴颈的配合紧力为 0.01～0.03mm，椭圆度不大于 0.01mm。

（16）集流器铜圈伸入叶轮进风口部分长度大于 4mm，与进风口轴向间隙保持在 1.5mm 左右，径向间隙为 2mm 左右。

（六）密封风机入口挡板检修质量标准

（1）挡板开度指示正确，调节灵活。

（2）风壳内无积粉。

（3）风壳的磨损腐蚀不超过原厚度的 2/3。

（4）修补后的风壳及其结合面无泄漏现象。

（5）滤网完整、无变形。

（6）吹扫滤网时，压缩空气的压力不应过高，以防将滤棉损坏。

（7）滤网清洁度应以压缩空气吹扫无可见灰雾为度。

（七）密封风机设备回装

（1）清理上下壳体的接合面。

（2）将转子连同叶轮一起水平吊起，平稳地放入下壳体内，调整密封环与轴及叶轮的径向和轴向间隙。转子的水平度≤0.20mm/m。密封环与叶轮的轴向间隙为 1.5～3mm，密封环与轴的径向间隙为 0.5～2.0mm，如果达不到此间隙，可将密封环取出进行刮削处理。

（3）调整前后轴承的顶部间隙、膨胀间隙及轴向间隙。

（4）将每个轴承室加入适量的二硫化钼，回装轴承透盖、端盖和上盖。

（5）在下壳体的结合面上涂抹密封胶和 $\phi 1$ 的石棉丝，将上壳体轻轻担在下壳体上，用定位销定位，然后用 M16 的螺栓紧固上下壳体。

（6）对轮找中心。两背轮的间隙为 4～6mm；两背轮的轴向和径向偏差不大于 0.04mm，一般风机比电动机低 0.03mm。

（7）回装联轴器销子及防护罩。回装前应确认电动机已停电。

（八）密封风机设备试运

（1）结工作票，试转电动机。

（2）风机试运转。正常大修后，风机试运不低于 8h，平时维修试运应不低于 1h。

（3）前后轴承运行时，X、Y 两个方向的振幅不大于 0.10mm。前后轴承的温度最大为 80℃。

（4）风机内部及轴承无异声。

五、设备常见故障及分析处理方法（见表 3-9）

表 3-9　　　　　　　　　　　　设备常见故障及分析处理方法

序　号	故障现象	原因分析	处理方法
1	轴封漏油	轴承箱加油过量	放油至正确油位
		轴封盖密封毛毡磨损	更换轴封盖密封毛毡

序 号	故障现象	原因分析	处理方法
2	风压过低	空气滤清器滤网脏	清理滤网
		磨辊密封风管磨损泄漏	焊补磨辊密封风管
		磨辊密封风管关节球轴承间隙过大	更换磨辊密封风管关节球轴承
		磨煤机碳晶迷宫环磨损过大	适当调节风管挡板，减小磨煤机碳晶迷宫环密封风量
3	轴承温度过高	轴承磨损	更换轴承
		缺少润滑油	添加润滑油
4	运行声音不正常	轴承间隙过大	更换轴承
		静止部件转动或移位导致摩擦	停机检查摩擦原因
5	风机周期性不稳定振动	轴承间隙过大	更换轴承
		异物进入轴承	清洗轴承，更换密封
		地脚螺栓松动	紧固地脚螺栓
		转子系统不平衡引起的受迫振动及基础共振	在转子平衡系统上找原因

第六节　超（超）临界锅炉原煤斗设备检修

一、设备简介

某超（超）临界机组共有 6 台原煤斗，由安装单位现场制造，每个煤斗总高为 18m，原煤斗进口直径为 9.01m，出口直径为 0.9m，总重达 385t。当原煤通过双输送皮带经犁煤器，经过 4 个入口进原煤斗实现储煤、供煤作用。为避免原煤斗发生堵煤现象，在上部筒体及下部锥体共装设 12 只空气炮定期进行疏通清理。

二、原煤斗空气炮设备参数（见表 3-10）

表 3-10　　　　　　　　原煤斗空气炮设备参数

项目	单位	原煤斗上部筒体用空气炮	原煤斗下部锥体用空气炮
型号		KQP-B-300L	KQP-B-170L
数量	个	4	8
容积	L	300	170
排气管管径	mm	108	108
进气管管径	mm	108	108
工作压力	MPa	0.4～0.8	0.4～0.8
设计压力	MPa	≥0.85	≥0.85
冲击力	N	6500～17 500	5000～11 500
质量	kg	129	85

三、原煤斗设备结构

原煤斗主要由空气炮、筒体、锥体、顶盖、环板、内衬板、钢梁、角钢等组成。

四、原煤斗设备检修

(一)标准项目

(1)原煤斗内部的检查,全面检查原煤斗磨损情况。对磨损减薄的部分焊补,必要时更换原煤斗。

(2)检查空气炮气源连接管路、电磁阀手动阀、活塞的严密性,必要时更换空气炮筒体。

(二)原煤斗修前准备

(1)根据运行状况和前次检修的技术记录,明确各部件磨损、损坏程度,确定重点检修技术计划和技术措施安排。

(2)为保证检修时部件及时更换,必须事先准备好备件。

(3)准备各种检修专用工具、普通工具和量具。

(4)所有起吊设备、工具按规程进行检查试验。

(5)施工现场布置施工电源、灯具、照明电源。

(6)设置检修时设备部件平面布置图。

(7)准备齐全的整套检修记录表、卡等。

(8)清理现场,按照平面布置图安排所需专修场所。

(9)根据磨损、检修位置搭设脚手架。

(10)办理热机工作票。

五、原煤斗设备检修质量标准

(1)测量原煤斗壁厚,检查斗梁、综肋、横肋及连接板的磨损情况。磨损不得超过原厚度的2/3,无裂纹,无严重锈蚀,否则更换。

(2)原煤斗座面挖补时,两面对称焊接,大面积挖补更换时,两焊工同时施焊,防止变形。焊缝平整美观,无夹渣、变形、裂纹。焊条应与所焊钢材相符,更换钢板与原钢板材质相同,焊后壁面光滑不挂粉。

(3)空气炮电磁阀开关灵活无卡涩现象。

(4)空气炮筒体无变形损伤。

(5)空气炮冲击力不得低于原设计压力。

(6)空气炮活塞严密、无泄漏,弹簧伸缩灵活、无卡涩。

六、原煤斗设备常见故障及分析处理方法（见表3-11）

表3-11　　　　　　　　原煤斗设备常见故障及分析处理方法

序　号	故障现象	原因分析	处理方法
1	空气炮不能充气	单向阀安装有误	调换单向阀安装方向
		O形密封圈漏气	清洗活塞或更换密封圈
		炮体内充满了水或污物	排除水分及污物
		放水塞松动导致泄漏	拧紧放水塞
		气源管路受阻或管路漏气	检修管路,保证畅通,不得漏气
		电磁换向阀安装不正确或有脏物及损坏	检查纠正安装位置清洗或更换

续表

序 号	故障现象	原因分析	处理方法
2	空气炮 不能排气	电磁换向阀不动作	排除电、气信号故障，检修电磁换向阀
		电磁换向阀装错	正确连接换向阀
		电磁换向阀失灵	清理检查失灵原因，保养维修或更换
		活塞卡住	清洗活塞缸筒，更换损坏部件
		气动操作阀安装不适当，离炮体太远	调正气动操作阀与炮体的距离，不得超过15m
3	空气炮释放 能力小	气压过低	检查并增加气源压气
		空气炮充气不足	适当延长充气时间
		炮体内有水或污物	排除炮体内污物和水
		活塞和密封圈漏气	清理更换活塞、密封圈
		喷射管气流阻力大	降低气流阻力
		气动操作阀不适当，离炮体太远	调正气动操作阀与炮体的距离不得超过15m
4	空气炮充气 速度慢	气源引管出口通径小	更换大通径管路
		空压机排气量小	增加空压机排气量
		气源管路受阻	查找气源受阻原因，并排除
5	原煤斗堵煤	原煤斗锥体处堵塞	1. 投空气炮进行冲击处理。 2. 利用检查孔进行人工清理
		原煤斗筒身处堵塞	1. 投空气炮进行冲击处理。 2. 筒身局部开洞进行人工清理
6	原煤斗漏粉	筒身磨损漏煤	将磨损处进行贴补或挖补
		锥体磨损漏煤	更换不锈钢耐磨层衬板，补焊壳体漏点

第七节　空气压缩机检修

一、概述

随着火电厂大型机组的发展，空气压缩机在火电厂辅助设备中起着越来越重要的作用。空气压缩机能否安全、平稳运行，对整个机组的安全运行也起着很重要的作用。本节主要介绍活塞式空气压缩机。

活塞式空气压缩机一般根据结构形式、压力、排气量、功率进行分类。

（1）按结构形式分为以下三类：

1）立式压缩机。立式压缩机是指压缩机气缸的轴心线与地平面垂直的空气压缩机，如VS-55C-OL型空气压缩机。

2）卧式压缩机。卧式压缩机是指压缩机气缸的轴心线与地平面平行的空气压缩机，如$2D_{3.5}$-20/8型空气压缩机。

3）角式压缩机。角式压缩机是指压缩机气缸的轴心线相互成一定的夹角，并同地平面保持一定角度的空气压缩机，如 4L-20/8 型空气压缩机。

（2）按压力范围分为以下四类：

1）排气压力在 0.98MPa 以下为低压压缩机。

2）排气压力在 0.98～9.8MPa 为中压压缩机。

3）排气压力在 9.8～98MPa 为高压压缩机。

4）排气压力在 98MPa 以上为超高压压缩机。

（3）按排气量分为以下四类：

1）排气量为 1m³/min 以下为微型压缩机。

2）排气量为 1～10m³/min 为小型压缩机。

3）排气量为 10～100m³/min 为中型压缩机。

4）排气量为 100m³/min 以上为大型压缩机。

（4）按消耗功率分为以下四类：

1）10kW 以下为微型压缩机。

2）10～100kW 为小型压缩机。

3）100～500kW 为中型压缩机。

4）500kW 以上为大型压缩机。

活塞式空气压缩机虽然在形式上有区别，但在基本结构上大体相同。其组成可分为三部分：第一部分是传动部分，包括曲轴、连杆、十字头等，其作用是传递动力，连接基础与气缸部分；第二部分是气缸部分，包括气缸、气阀、活塞、填料等，其作用是形成压缩容积和防止气体泄漏；第三部分是辅助部分，包括冷却器、液体分离器、滤清器、安全阀、油泵及管路系统，这些部分是为保证压缩机正常运转所必需的。

二、空气压缩机的检查与检修

（一）气阀

气阀包括吸、排气阀，其作用是控制气体的吸入与排出。对气阀的基本要求是关闭时严密不漏，开关阻力小，寿命长，启闭及时。气阀由阀座、阀盖、阀片、弹簧、连接螺栓、螺母组成，其工作好坏直接影响压缩机的生产效率（排气量和排气压力）。气阀是压缩机三大易损件的主要易损件。

1. 气阀常见的故障

气阀常见故障主要有以下几种：

（1）气阀不严。

（2）阀片开闭时间和开启高度不对。

（3）其他故障。

2. 气阀常见故障的分析、预防及排除方法

（1）气阀不严。吸气阀不严密的表现特征为：该气阀的温度显著升高，阀盖发热；在不严密的吸气阀以前冷却器压力升高；气缸中压缩气体的初温和终温升高；压缩机总的生产量下降（排气量）。

排气阀不严密的特征为：该阀的排气温度升高；该阀的阀盖异常发热；在不严密的排气

阀以后的冷却器内气压降低；压缩机的生产量下降（排气量）。

当阀片与阀座接触不严密时，气体被吸入或压出后，经过压缩发热，然后从气阀又漏回一部分。为防止这一故障发生，应做到：阀座的密封面不允许有凹痕、条痕和气孔；阀片表面不应有裂纹、翘曲；阀座密封面应研磨，且粗糙度不应低于 $0.4\mu m$；组装好的气阀应试漏，且符合要求。

气阀连接螺栓若没紧固好，会造成阀片错升高度，导致气阀关闭不严密，使气体倒泄回去，从而导致阀片、弹簧断裂，因此必须拧紧连接螺帽，并插入制动销以防松动。

1) 当气阀装入气缸孔内贴合面不严密时，使气体在气缸与阀室之间短路串通，而不经过阀片正常又吸气和排气。为预防和排除这种故障，安装气阀的密封垫圈时应注意修平接口，不允许垫圈有凹凸现象。

正确的安装顺序是：将密封垫装入气缸孔止口处→装阀→装好止动圈压住气阀→加外密封垫圈→扣上阀盖→将螺母对称、均匀拧紧。

2) 阀片翘曲变形会使气阀关闭不严而造成泄漏，为预防和排除这种故障，应注意以下几点：

①根据阀片直径的大小不同，阀片允许的翘曲度一般为 $0.04\sim0.15mm$ 或按制造厂的有关规定执行。

②阀片的粗糙度不低于 $0.4\mu m$，且两端面的平行度不大于 $0.05mm$。

③阀片表面不允许有裂纹、划伤等缺陷。

当气量调节装置发生故障时，致使吸气阀关闭不严密，导致漏气、发热等不正常现象。

当装配不当时，阀片、弹簧偏斜而产生卡阻现象，造成阀片关闭不严，产生发热现象。

(2) 阀片开闭时间与升起高度不正确。一般压缩机所装的气阀均属于自动作用式气阀，主要依靠气阀两侧的压力差开启，并在弹簧的作用下关闭，阀片开启高度则受到升程限制器控制，因此必须正确装配气阀。

气阀上大量积碳和油泥太多也会影响气阀的工作，应查明原因，采取措施，避免故障发生。

1) 当弹簧的弹性不合适时将产生下列故障：

①弹簧弹性不足，气阀工作时间阀片冲击阀座和阀盖，缩短气阀寿命。

②弹簧弹性太大，气阀工作时间阀片开启延迟，减少气体吸入量，影响压缩机的生产效率和单位耗电量。

③弹簧弹性不一致时，致使阀片不平行升降，有卡阻现象；弹簧受力不均断裂，使气阀不能正常工作。

针对上述原因，在装配气阀或检修时应注意挑选和检查弹簧。

2) 当阀片升程不正确时可能产生以下后果：

①阀片升程不够，气体通流面积小，影响进气量。

②阀片升程过大，相对增大阀片的冲击，影响阀片的使用寿命。

不同型号的压缩机，其阀片的升程也不同，一般为 $1.5\sim3mm$，具体按出厂说明书规定检查，检查工具可用卡尺或塞尺。

（3）气阀的其他故障。

1）一种情况是吸、排气阀装反。因为不慎而将吸、排气阀装反位置时，将使压缩机压力比分配失调，造成效率降低和一系列零件损坏事故。

为预防气阀装反，必须做到正确判断吸、排气阀，对于多级压缩机气阀，其形状、大小类似，拆卸时应先做好标记。

2）另一种情况是气阀破损。造成气阀破损的主要原因有：制造质量问题；装配不妥发生碰、阻、卡现象；气阀长时间工作，疲劳过度而破损；气阀连接螺栓松动，检查不及时。

气阀破损后碎片落入气缸，轻者造成气缸拉毛，损坏活塞和活塞环，重者造成损坏气缸、连杆、曲轴等严重事故。当气阀破损后，碎片落入气缸会发出敲击声，应立即停车，排除故障。

3. 气阀的修理

气阀在使用过程中出现下列现象时应进行修理：

（1）阀座和阀片磨损或擦伤。

（2）阀座的密封边缘出现裂纹或沟痕。

（3）气阀的弹簧丧失弹力。

阀座和阀片磨损或擦伤不大时，可用研磨方法进行修复；当阀座和阀片磨损或擦伤较为严重，不能用研磨的方法恢复时，应重新更换阀片。

用研磨方法修复阀座和阀片时，应先将阀座和阀片用刮刀修平，再放在平板上进行研磨。研磨时，先在平板上涂上研磨膏，然后在研磨膏上绕圆周方向或"8"字形方向进行研磨。在研磨时，研磨方向必须平直，且用力要均匀，一直到修复表面平滑为止，然后将修复处擦净，用四氯化碳清洗。研磨完后要进行检查，如果不平坦，需继续研磨，直至完全平整、光滑时才能认为合格。

研磨修复的阀座和阀片或重新更换的阀座和阀片使用前应进行组装，并用煤油进行严密性试验。

阀座密封边缘发现有不太严重的裂纹和沟痕时，除了同样可用研磨方法消除外，还可以在车床上进行车削修理。

弹簧对气阀的工作很重要，应经常进行检查。当发现气阀的弹簧丧失弹力时，也可以用热处理的方法修复使用，但这种操作方法不易掌握，一般以更换新的为好。

4. 气阀泄漏试验

组装完的气阀应进行泄漏试验，以检查气阀的严密性。试验方法是往吸、排气阀内注入煤油，在5min内允许有不连续的滴状渗油，但其数值不得超过下列规定值：1圈的吸、排气阀不超过10滴；2圈的吸、排气阀不超过28滴；3圈的吸、排气阀不超过40滴；4圈的吸、排气阀不超过64滴；5圈的吸、排气阀不超过94滴；6圈的吸、排气阀不超过130滴。

（二）气缸

气缸由缸体、缸盖、缸座三部分组成。缸壁外有水套，三部分的水套相互贯通，水套壁将吸、排气阀的气路隔开，气缸承受反复的内压力，内壁承受摩擦，并且有热量传递，形状比较复杂。因此除要求有足够的强度外，还要求有良好的冷却和润滑，尽可能减少磨损，以及减少气体流动的阻力。当压缩机在运行中从气缸内部发生冲击和异常响声时，表明内部存在故障，这时在气缸的外壁上用听针能听到异响，用手摸气缸时，能觉察到冲击振动。

1. 气缸常见的故障

气缸常见的故障是气缸内发生冲击和发出异响。

2. 气缸常见故障分析和排除方法

(1) 活塞碰撞气缸内端面。气缸余隙不适合将造成活塞碰撞气缸内端面，发出沉闷的金属撞击声，并且在气缸的端面还能用手觉察到冲击振动，这种情况的发生主要有以下几种原因：

1) 在安装和调整压缩机时，根本没留出气缸余隙，故开车时发出响声。

2) 在安装、调整压缩机时，所留气缸余隙不足，当压缩机运转后，连杆和活塞受热膨胀伸长，发出撞击声。

压缩机气缸每侧的余隙值可按式 (3-13) 计算，即

$$\delta \geqslant 0.05s + 0.5 \tag{3-13}$$

式中　δ——气缸余隙，mm；

　　　s——活塞行程，mm。

另外活塞螺帽松动或检修时气缸内不慎掉入杂物（如小螺帽等），开车前没有认真检查，也会造成活塞碰撞气缸内端面。

(2) 液体进入气缸。当液体进入气缸时，将产生激烈的液体冲击，严重时会损坏气缸。因此发现有异常冲击声时，必须立即停车检查，查明原因，排除故障。

1) 气缸水套破裂后，水会进入气缸内部，引起水力冲击。其原因是气缸壁或气缸套有裂纹或砂眼，或者是气缸垫老化、气缸盖螺母没拧紧，应采取修补措施，然后进行水压试验，合格后方可使用。

2) 冷却系统出现故障。在各级压缩机中，前一级的冷却器如发生泄漏，则水和气体将一同进入下一级气缸（开车前已泄露，开车后不会产生此情况，因气体压力高于水压），造成带液压缩。

3) 各级冷却器放液不及时或阀门堵塞。由于工作疏忽，操作者忘记定期放液，对各级液气分离器或各级冷却器放液不及时；或虽已放液，但阀门不灵，管路堵塞，误认为没有液体，尤其是空气湿度较大的季节或工艺流程中气体相对湿度较大，都会经冷却器后产生大量的液体。这样的气体夹带液体若进入下一级气缸，将造成下一级带液压缩，势必出现冲击声。在这里必须强调的是无润滑空气压缩机更要严格控制带液，带液压缩的后果轻者会加速活塞和气缸的磨损，重者还会发生严重事故。为此要经常对压缩机检查，发现问题及时处理。

(3) 杂物落入气缸。杂物落入气缸内部将引起机件损坏，并发出异常的响声。根据响声特征可判断为：

1) 压缩机刚启动时突然发出金属卡碰声，则表明是某种小零件或小工具掉入缸内。

2) 活塞在行程一侧，发生碎块似地敲击声，则可能是阀片破碎或零件脱落在气缸内造成的。这时应尽快分析判断故障原因，果断停车，打开吸、排气阀检查，发现问题及时排

除。

（4）空心活塞内有异物发出响声。无论是铸铁、铸铝，还是钢材焊接的圆盘式或鼓形活塞，为平衡惯性力或减轻活塞质量，活塞内部都是空的，由于除砂不彻底或人为掉进异物，活塞在往复运动时会产生响声。经分析判断后，应取下活塞上的螺帽丝堵，待彻底清理干净后，重新将丝堵上紧、修平。

3. 气缸的修理

气缸在使用过程中，出现下列现象时应进行修理：气缸表面磨损严重，气缸表面有裂纹，气缸表面擦伤或拉毛，气缸水套有裂纹或渗漏。

（1）气缸表面磨损严重的修理。当气缸由于磨损，最大直径与最小直径之差达到0.5～0.75mm时，或具有大于0.5mm的擦痕时要进行修理。镗缸时应注意以下几点：

1）气缸装活塞的一端最好加工成15°锥孔，以便装卸活塞和活塞环之用。

2）为了不使气缸表面因活塞和活塞环的摩擦而形成凹槽，应在气缸表面的两端制成锥形斜面。它的位置当活塞处于上下死点位置时，第一道或最末一道活塞环应超越其表面边缘1～2mm。

3）带差动活塞的卧式压缩机，所有气缸都串联在一条轴线上，镗缸时，各个气缸应镗去的厚度必须一致，否则会使各级气缸接触不良，引起不正常的磨损或擦伤。

4）镗缸时，气缸内孔直径镗去的尺寸不应大于2mm；如必须大于2mm时，应配制一种与新气缸内孔相适应的活塞和活塞环。

5）镗缸时，气缸表面如发现疏松或其他缺陷，气缸内孔直径镗去的尺寸须增大到10～25mm时，应镶缸套。缸套的厚度可根据气缸的直径决定，对中等直径的缸套建议取8～10mm，对大直径的缸套建议取16～25mm。

镗缸时，可根据工厂的设备和修理能力，用立车或镗床进行加工。利用镗床加工时，在镗过的气缸表面会留有相当明显的刀痕，因此镗削后还须进行一次光磨。利用立车加工时虽然可以用小进刀量、高速度的切削方法获得良好的精度，但也须稍加光磨。如果条件允许，最好对镗削的气缸表面进行一次研磨。至于小直径的气缸，置于立钻上镗削和研磨也是很好的。工作时，必须保证气缸的中心线与钻床重合，才能达到预期效果。

气缸镗孔后的技术要求：

1）气缸直径增大的尺寸不得大于原来尺寸的20%。

2）气缸壁厚减少的尺寸不得大于原来尺寸的1/12。

3）由于气缸直径的增加而增加的活塞力，不得大于原来设计的10%。

（2）气缸表面缺陷的修理。如气缸表面有轻微的擦伤缺陷或拉毛现象时，可用半圆形油石沿缸壁圆周方向用手工往复研磨，直至用手摸无明显的感觉时即可认为合格。如拉痕较深，用研磨方法有困难时，可用铜、银或巴氏合金等熔焊在拉痕处，经处理后可暂时使用，若拉痕深达1.5mm、宽3～5mm以上，则须进行镗缸处理。

（3）裂纹和渗漏的修理。到目前为止，气缸内表面的裂纹尚无很好的修补方法，所以一般都不加修理，而气缸水套的裂纹或渗漏可以用以下方法进行修补。

1）在裂纹处缀补丁，其操作如下：

189

①先在裂纹的两端钻出直径为 4～5mm 的孔，然后沿着裂纹的长度方向按照 8mm 的间距分别钻孔。

②用 M6 的丝锥在孔内攻出螺纹，然后以紫铜杆旋入各个孔内，再用手锯在离裂纹表面 1.5～2mm 的地方将紫铜杆锯断。

③以手锤轻轻敲击紫铜杆，将裂纹牢牢堵塞。

2）当气缸有大的裂纹或成块掉落时，应采取在裂纹处补绽，其操作如下：

①先将裂纹两端各钻一个直径为 4～5mm 的孔。

②沿补绽周边，用直径为 6mm 的钻头钻孔，孔间距为 10～15mm，在补绽位置上还需要钻出埋头坑。补绽以厚度为 3～5mm 钢板切割而成，其大小应超过裂纹每边 20～25mm。

③在裂纹处盖上补绽，并轻轻敲打，使补绽贴合在裂纹的位置上，用补绽做样板，用中心铣在气缸上铣出孔心，以 4～5mm 直径的钻头钻孔，并用 M6 的丝锥在孔内攻出螺纹。

④将补绽涂上铅丹，并在裂纹处垫上铅皮，然后将补绽盖在裂纹上，用螺钉将其紧固。

3）当修复不大的裂纹时可采用金属喷涂法，其操作方法是先用凿子修整裂纹，并除去残油，然后用金属喷枪将金属喷在裂纹上。

4）当修复不大的裂纹时也可用涂油灰法进行堵塞：

①将裂纹进行清洗，并除去残油。

②油灰的成分一般为 66％的铁屑和 34％的硇砂，或者是 80％的铁屑和 20％的硇砂、硫（其中 2 份硇砂，1 份硫）。

③用水和盐酸调浓，然后将油灰填入，堵塞后须干燥 1～2h。

5）在裂纹处进行冷焊修补，其操作如下：

①清理裂纹，开凿坡口，并在两端钻孔，以免裂纹扩展。

②焊前用红外线灯泡或其他方法进行烘烤，除去水分；焊后应继续用红外线保温，使之缓慢冷却。

③焊补时所用焊条在 150～200℃的温度下烘烤约 1.5～2h，除去水分，并存放在烘烤箱中，以免二次受潮。

④在保证电弧稳定的情况下，用较小直径焊条和适当的电流以直流反接进行补焊。

⑤为避免焊接处产生过大温差，应采用多次分段焊接的方法进行焊接，每次焊接时间不应太长，每段焊接长度为 30～50mm。当焊接处的温差降到一定程度时（以不烫手为原则），再进行下一次的焊接。

⑥每焊完一段时，应立即用小锤敲击，以便获得较细的金相组织，提高焊缝接头质量，借以消除因焊接而产生的内应力。

⑦用小锤敲击后，应用细钢丝刷清除熔渣。

⑧裂纹焊补完以后，最后一层焊层应高出铸件母体 3～4mm。

⑨在焊补过程中，每焊完一层，必须检查有无裂纹和气孔。如发现裂纹，必须彻底清除并重新焊接；如发现气孔，则可用电焊法进行修补。

⑩裂纹处焊接完毕后，用 5～10 倍放大镜进行检查，看是否存在裂纹。焊接处的温度降到室温时，对所焊部位进行无损探伤检验。

⑪ 若焊接处需要进行机械加工，则在加工后需再次检查有无裂纹。

⑫ 对于焊接受力较复杂的部位，必要时可以用电阻应变仪测量其受力情况。

⑬ 最后应对实际操作情况和检查结果做记录，以便查考。

（4）气缸水套孔眼的修理。气缸水套贯穿的孔眼可用拧入丝堵和电木浸压的方法进行修理。

1）用拧入丝堵的方法修理孔眼时，应以较高光洁度的螺纹涂上铅丹或白铅丹后再拧入孔眼，丝堵的直径可达 15mm。

2）用电木浸压的方法修理气缸孔眼时，先将相对密度为 0.89～0.95 的胶木漆灌入气缸孔眼，再在适当的密封下借助压缩空气的压力进行浸压。气缸用电木漆浸压后，应在 15～25℃温度干燥 10h，然后放入电炉内或用电加热的方法，使温度保持在 80～90℃，再干燥 8h，最后在空气中冷却 3～5h。

总之，用上述各种方法修理的汽缸均应进行水压试验，以便检查修理后的质量是否符合要求。关于试验压力，气室一般为工作压力的 1.5 倍，水室通常为 0.3～0.5MPa。试验时，不允许有渗漏和残余变形现象产生。

（三）活塞组件

活塞组件是压缩机的重要组成部分，包括活塞、活塞杆、活塞环和支承环等。活塞在气缸中作往复运动，起压缩气体的作用，因此要求活塞组件尽量减少磨损，有足够的强度，质量轻，并且与气缸内壁有良好密封，所以活塞一般都用铸铁或铸铝制造；活塞杆一般都用 35～45 号钢制造；活塞环和支承环在无油润滑的压缩机中大多用石墨制造，而在有油润滑的压缩机中大多用铸铁制造。

1. 活塞组件常见的故障

活塞组件常见的故障有活塞组件过热异响，活塞环漏气、磨损和折断。

2. 常见故障的分析和排除方法

（1）活塞组件过热异响。

气缸水平同轴度不好，超出安装的水平同轴度要求，装歪了气缸，此时活塞部件擦、碰气缸内壁，使气缸剧烈发热，并发出冲击碰撞声。因此正确实施安装规范，找好气缸和轴的水平度或垂直度是预防和排除这一故障的根本方法。

活塞在气缸中的位置不对正时，在运行中将发生活塞摩擦汽缸内壁的现象（及活塞跑偏），其特征是气缸壁异常发热，并发出冲击声。活塞与气缸之间应保持一定的圆周间隙（及径向间隙），在缸体找正以后应使活塞与气缸同心。活塞与气缸之间圆周的间隙应按制造厂家说明书和图纸规定的值调整。

检查活塞与气缸径向间隙的方法是：

1）立式压缩机活塞与气缸的径向间隙应均匀。

2）角式压缩机 L 型的一级缸检查同立式压缩机，二级缸与对称平衡式卧式压缩机相同。

3）卧式、对称平衡式压缩机由于活塞的自重，其活塞与气缸的径向间隙均布在 240°角范围内。

4）V式压缩机两气缸夹角为 60°或 90°，其检测方法和对称平衡式相同。

5）以上检测均可用塞尺直接测得，当检测发现径向间隙有问题时，应及时查明原因，彻底解决。

活塞在气缸中位置不正的原因是：

1）十字头与活塞杆利用螺纹连接的，主要是由于螺纹与中心孔不垂直，强迫活塞移动（同时十字头间隙将发生明显的变化）。

2）十字头与活塞杆利用结合器连接的，主要是结合器内两端面不平行或十字头孔内的调整基片不平行所致（常伴随十字头间隙发生明显的变化）。

3）查明原因后，应妥善处理，使活塞在气缸中的径向间隙符合技术要求。

（2）活塞环漏气、磨损和折断。

1）活塞环加工不良时，将引起过早过度的磨损，所以必须严加控制与检查。其检查内容包括外径严密性检查，用视光法检查接触面面积大于 70％；翘曲变形检查；开口间隙检查；粗糙度检查，一般应在 $0.4\sim0.8\mu m$ 范围内；活塞环与槽的轴向间隙检查；活塞环外圆倒角是否得当；活塞环槽底径检查；气缸椭圆度检查。

2）活塞环装配不当时，容易造成活塞环折断，如果断在气缸里，不但活塞环失去密封作用，还会拉伤气缸工作面。因此安装活塞环时，要避免用力过猛，使活塞环折断及开口位置避开吸、排气阀位置。

3）杂物落入气缸，造成活塞环故障，其情况有：

①冷却水进入气缸。若由于冷却系统的故障而使水进入气缸，将使润滑油失去润滑作用，活塞环在无油状态下工作，造成干磨，从而加快活塞环的磨损并折断（无油润滑压缩机要严格控制气缸进水）。

②污物进入汽缸，如尘土、泥沙、金属屑等随着气体进入气缸，落进活塞环槽内，将阻碍活塞环的正常运动，破坏润滑和密封作用，其结果使活塞环断裂，气缸工作面被拉毛，同时出现发热和严重磨损的现象。为此，要特别重视压缩机的全部附属设备和管道的清洁问题。在压缩机安装检修过程中要彻底清理干净。

4）活塞环在工作中因润滑不良而导致严重磨损、异常发热的原因有：

①油质不佳使活塞环烧损，因此必须选用合适的润滑油。

②气温过高，将破坏正常润滑，这时应检查气阀和冷却系统有无故障，如有，应予以排除。

3. 活塞组件的修理

（1）活塞环的修理。活塞环一般不进行修理，使用过程中若发现下列情况时应更换：

1）活塞环断裂或过度擦伤。

2）活塞环丧失应有的弹力。

3）活塞环径向磨损 $1\sim2mm$。

4）活塞环轴向磨损 $0.2\sim0.3mm$。

5）活塞环在活塞环槽中，间隙达到 $0.3mm$ 或超过原来间隙的 $1\sim1.5$ 倍。

6）活塞环质量减轻 10％。

7) 活塞环外表面与气缸工作面不能保持应有的紧密贴合，配合间隙的总长超过气缸圆周的 50%。

(2) 活塞杆的修理。活塞杆在使用过程中发现下列情况时应进行修理：

1) 活塞杆磨损，直径小于原来的 0.5mm。

2) 活塞杆磨伤或划伤。

对于活塞杆的磨损，一般用镀铬或车外圈的方法修理。以镀铬的方法进行修理时，能消除较大的磨损（通常能消除直径方向的磨损约 1mm 以下），但在车圆以前，还应对活塞杆进行一次检验。如发现有弯曲现象，须先校正，然后进行车削加工，车削加工后，最好加以精磨或滚压，以提高表面光洁度。

修理活塞杆磨伤或划伤时，应先清洗活塞杆，再用手工研磨或用机床车削加工。

(3) 活塞的修理。活塞在使用过程中最常见的损坏现象有：

1) 活塞裂纹。

2) 活塞表面磨损。

3) 活塞环槽磨损。

4) 活塞磨伤或结瘤。

5) 活塞支承面上的巴氏合金层脱落。

有裂纹的活塞一般都应报废，不再修理，活塞圆柱形表面因为有活塞环的关系，磨损程度有限，通常不修理，在气缸经过镗缸加大直径后，就须按加工的直径选配新的活塞。这样，只有活塞磨伤或活塞环槽磨损时才进行修理。

修理活塞环槽时，一般按照活塞环加大后的尺寸，用车床进行车削。

活塞因某种原因在气缸中被卡住，使活塞磨伤或结瘤时，须先用锉刀将不带活塞环的活塞插入气缸，以推进的方法沿轴线进行研磨，最后以细砂布打光。

活塞支承面上的巴氏合金脱落可用补焊或重新浇注的方法修理。

4. 活塞组件的拆装

(1) 取下气缸盖，倒置于地板上，以便检查和清理。

(2) 从十字头上拆下活塞杆，并从气缸内抽出活塞。

(3) 从活塞上取下活塞环，检查后清理与活塞相关的部件。

(4) 校正尺寸，准备好更换的活塞环，并除去飞边、毛刺和尖角，装入活塞。

(5) 将装好活塞环的活塞组件装入气缸，并与十字头进行连接。

(6) 盖好气缸盖，调整好内、外死点间隙。

(7) 活塞杆与十字头应连接牢固，其锁紧位置不得有松动的现象。

(四) 填料函

压缩机的填料函是阻止压缩气体沿活塞杆漏出的密封装置，因此填料函工作不正常时就会引起一系列故障。当填料函泄漏严重时，将使空气压缩机的工作效率降低。

在压缩机中常用自紧多瓣式金属或氟塑料的密封填料，如图 3-55 和图 3-56 所示。

1. 常见故障

漏气与过热是填料函的常见故障。

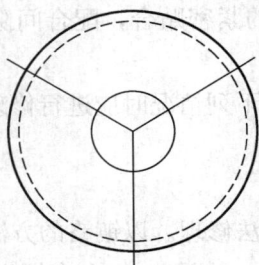

图 3-55 闭封环

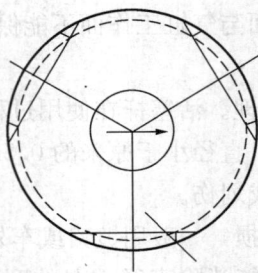

图 3-56 密封环

2. 故障的分析和排除

(1) 漏气。以漏气为主要特征的故障很容易被发现，其表面是大量气体沿活塞杆泄漏出来，并夹着"嘶、嘶"声。

除严格要求填料的密封性能外，与之配合的活塞杆的密封表面也应保持在最小的磨损下长期、持续地工作。由于气缸中压力较大，气压作用到密封环上的压力就大，活塞杆上密封压力也大，因此活塞杆往复行程中接触气体密封主件的工作表面应该具有一定的耐磨性和粗糙度，以保持必要的密封作用。

当填料装配和研磨不当时，极易发生泄漏现象，因此在装配和研磨时要注意：

1) 正确研磨和装配填料密封元件，配研时其接触面积不得少于 70%。装配时应注意密封元件的开口间隙和在函内的轴向间隙值应符合技术要求。

2) 对带有节流环（阻气圈）的填料，应在活塞杆上配研，保证其接触面积及其配合间隙。

3) 为保证活塞杆处于填料函的中心位置，在安装时要特别注意保证气缸与滑道的同轴和水平。

4) 严格检查拉簧的张紧情况，同时在总装活塞时，活塞杆应带护套以防拉伤填料。

若密封元件或活塞杆过度磨损，将使气体密封效果不好，造成漏气。过度磨损的主要原因是：

1) 密封元件或活塞杆的密封工作面出现沟槽或裂纹等情况。

2) 由于长期工作，密封元件磨损，开口间隙消失，密封元件不能向内径收缩密封，失去密封作用。

3) 活塞杆有较大的不均匀磨损（如圆锥度、椭圆度以及分段式磨损）。

目前大都采用无润滑氟塑料密封元件，但有的压缩机仍是有油润滑，如油质不符合要求，也会造成密封元件的过度磨损。

(2) 过热。密封填料函的正常工作温度一般不应超过 70℃，可用点温计或手感测量温度。当温度过高时可能是下列原因造成的：

1) 杂物和硬质污物的进入，将引起填料在工作中异常磨损、发热。因此，无论是装配，还是在工作过程中，密封填料的清洁都是十分重要的。

2) 当填料在填料函中偏斜时，会产生摩擦过热，同时也加速活塞杆磨损。一方面要注意填料的清洁，避免脏物卡住；另一方面在固定填料时，应注意力是对成均匀的，防止卡死现象，装配好后，应试验灵活。

3）弹簧歪斜，力量不均，易造成过热现象。

4）密封元件在填料函内应保持合适的轴向间隙，否则温度升高后会产生涨死情况，势必造成填料过热，同时将伴随着活塞杆温度升高，填料偏磨、漏气等情况发生。

5）有的填料函需经冷却水冷却，以防温度过高，当由于某种原因填料函冷却水中断时，势必导致填料函和活塞杆温度过高。

3. 填料的修理

填料在使用过程中产生严重磨损时，应进行修理，以免漏气。修理时可按下列程序进行：

（1）拆下填料函，取出填料，清除油垢。

（2）检查填料内表面和两端面是否有划伤、磨伤和麻面等缺陷。

（3）填料内表面和两端面的缺陷，可用涂色刮研的方法进行修理。

（4）修理填料内表面的缺陷时，可在活塞杆上或特制的研磨杆上涂一薄层铅丹，再将需要修理的填料套在杆上来回移动，然后从杆上取下填料，并在涂有铅丹的地方轻轻刮削。这样反复进行，直到填料内表面均匀分布着细小的铅丹痕迹为止。

（5）修理填料两端面的缺陷时，可在平台上或研磨机上用金刚砂研磨，最好用涂色法检查，当填料的整个表面均匀地覆盖着细小的铅丹痕迹时为合格。

（五）曲轴和曲轴瓦

曲轴和曲轴瓦是压缩机的主要运转部件，它将电动机的旋转运动转换成十字头、连杆、活塞的往复运动，进行压缩工作。因此，保证曲轴和曲轴瓦的正常运转是压缩机正常工作的关键。

1. 常见故障

曲轴和曲轴瓦过热和发出异常响声。

2. 常见故障的分析和排除

判断压缩机轴瓦（轴承）是否过热可参考表 3-12 所列数值。

表 3-12 一般压缩机主轴瓦温度 （℃）

瓦类	正常温度	发出信号温度	自动停止温度
厚壁瓦	55～60	65	70
薄壁瓦	50～55	60	65

主轴瓦发出异常响声通常表现为在曲轴每转一周都发出沉重而暗哑的撞击声，同时伴随着振动现象。一般发生这种故障的原因有瓦隙过大，预紧力不够或长时间正常磨损和曲轴装配不当等。

（1）曲轴瓦间隙不合适。轴瓦径向和轴向间隙的作用是便于轴件转动形成油膜，润滑油流动带走摩擦热，以及补偿的热膨胀。如曲轴瓦间隙不合适，将会引起异常发热或跳动冲击，可通过手摸轴承座进行判定。

1) 径向间隙不合适。曲轴瓦应有合适的径向间隙,当间隙过小时,容易发生烧瓦和抱轴等事故;当间隙过大时,易产生撞击,造成机油流失、瓦座震裂等事故;当间隙不均匀时,会发生过热、偏磨、烧瓦和抱轴等事故。

一般曲轴瓦的径向间隙取曲轴颈直径的 0.8/1000～1/1000 倍。

曲轴瓦顶间隙的检查方法是用塞尺测量法或用外径千分尺和内径千分尺配合测量。

2) 轴向间隙不合适。曲轴瓦的轴向间隙(轴向窜量)可以确保曲轴因热膨胀自由地伸长,为润滑冷却创造条件。当轴向间隙过小时,易发生热膨胀烧瓦事故;轴向间隙过大时,会因窜轴过大,发生冲击,损坏瓦。因此,应严格按说明书和制造厂图纸留出轴向间隙。

轴向窜量的测量方法有:用百分表置于曲轴端侧,推轴窜动,读出百分表读数之差,即为轴向间隙值;或用塞尺测量法,将曲轴推向一端,然后用塞尺即可测出曲轴窜动量的总间隙。

用以上两种方法测量,如间隙过小,可挫去多余的部分;如窜量过大,则用补焊法补瓦座两侧或更换定位瓦(定位环)。

(2) 薄壁瓦安装不精确。薄壁瓦是精密滑动轴承,已普遍应用在各种类型的压缩机中,其制造、装配、使用、维修都极其方便,特点是弹性大、比压小、导热快、精度高。

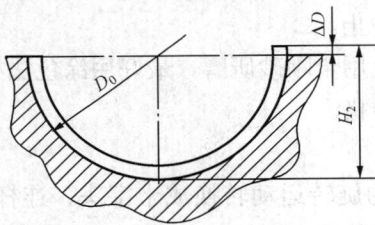

图 3-57　薄壁瓦的"余面高度"

为了保证轴瓦与轴承座贴合紧密,轴承外表面半圆周长的长度稍长,其差值用轴瓦一端伸出轴承座表面的"余面高度"(见图 3-57) ΔD 来表示,即

$$\Delta D = H_2 - D_0/2 \qquad (3\text{-}14)$$

式中　H_2——轴承外表面半圆直径;

　　　D_0——轴承内表面半圆直径。

轴瓦的工作性能在很大程度上取决于 ΔD 的大小,此值过小时,轴瓦与轴承座孔部分贴合,轴瓦与轴承座的工作表面只有部分接触,除散热不良外,还易滚瓦;此值过大时,应力超出轴瓦材料的屈服强度,轴瓦受热后,表层易发生塑性变形(压碎),同时在轴瓦接头处边缘部分向轴心方向弯曲,使边缘部分附近油隙减小,影响润滑。

只有了解薄壁瓦的特点,才能精确地装配和修理。为防止故障的发生,应做到:

1) 由于两半轴瓦装配时采用"余面高度"过盈方式扣紧,其高度按制造厂图纸进行装配,通常"余面高度"取 0.12～0.19mm。

2) 为防止工作时薄壁瓦轴向窜动(滚瓦),有的采用轴瓦中间加定位套来定位。

3) 薄壁瓦的基本特点是易于变形以适应轴颈,因而在一般情况下不需刮研,只有在特殊情况下允许少量修刮。

(3) 轴瓦润滑不良。

1) 油质不佳。运动机构的润滑油通常都是有规定的,加油时应检查油品是否符合规定牌号,长期使用或新机试车后的机油应及时更换。

2) 供油量不足。因为油量不足或因故中断供油都将造成运动部件各摩擦表面烧毁事故,轴瓦的需油量与轴承的长度、直径,轴的旋转速度、负荷及轴瓦形式有关,供油量应符合制造厂的规定。

3）油压过低。油压低时，不能保证润滑油到达所需润滑的摩擦面，不能形成润滑油膜或油膜不良，因此发生故障。

4）油料污染。由于长期使用，循环油内含有磨损物质和杂质，因此要定期检查、更换。

（4）装配偏差。

1）曲轴水平度不符。曲轴水平度安装有偏差时，就会使曲轴异常发热，并导致烧瓦、窜轴、冲击轴瓦端面等事故。为保证曲轴安装水平，应注意：在曲轴瓦座上找水平时，允许误差 0.02mm/m；在曲轴颈上找水平时，允许误差 0.03～0.05mm/m；对装有悬挂式电动机的主轴，在允许误差值的范围内，允许主轴的电动机方向水平稍高；曲轴在轴承座内的位置偏差不能太大，应符合技术标准；对称平衡式压缩机机身找水平应在紧固好的横梁后进行。

2）曲轴与气缸垂直度不好。

3）轴承合金层不牢。

3. 曲轴的修理

曲轴在使用过程中，如果发现下列情况，就应进行修理：

轴磨损超过表 3-13 允许的最大磨损量；曲轴有裂纹；曲轴产生变形或扭转变形；曲轴出现磨损或刮痕；曲轴键槽有磨损。

表 3-13	曲轴轴颈和曲拐颈允许的最大磨损量	（mm）

轴径直径	轴颈的椭圆度和圆锥度	
	曲轴轴颈	曲拐轴颈
100 以下	0.10	0.12
100～200	0.20	0.22
200～300	0.25	0.30
300～400	0.30	0.35
400～500	0.35	0.40

发现上述情况的具体检修方法如下：

（1）磨损的修理。修理时，可根据具体情况使用锉刀、磨床、车床、专用机床或移动机床。

通常对磨损较轻的曲轴，其椭圆度和圆锥度不大于 0.05mm 时，可用手锉或用抛光用的木夹具中间夹细砂布进行研磨修整。若曲轴磨损的椭圆度和圆锥度较大，则在车床上车削或磨床上光磨，车削或光磨时，应先从主轴颈开始。同时，为了使车削或光磨后轴颈的尺寸相同，最好从磨损较大的轴颈开始，轴颈经车削或光磨后表面须光滑、无刀痕，可在木夹具内衬以金相砂纸或涂以细研磨膏，把轴颈进一步抛光，最后用 5～10 倍放大镜检查，无缺陷即认为合格。修理曲轴时，应注意将轴颈径向各孔用螺塞堵住。

用锉或木夹具研磨时，需要由有经验的技术工人精心操作，轴颈与轴瓦的贴合可用着色法检查。曲轴修理完毕后，再用煤油洗试干净，旋出螺塞。

在车削或光磨轴颈时，必须严格保持圆角半径，使之与轴的直径相适应，绝对禁止在圆角处进行端面加工。轴颈与轴瓦的圆角可按表 3-13 的规定选取。

置于圆角上的小擦伤可用手工修整或机械加工的方法消除，凹旋的圆角或轴肩最好用烧焊的方法来修复。修复时，圆角尺寸仍符合表 3-14 的规定。

表 3-14 　　　　　　　　　　　　　　　　轴颈与轴瓦的圆角尺寸　　　　　　　　　　　　　（mm）

轴颈直径（mm）	圆角半径	
	轴　颈	轴　瓦
30～50	2.0	2.5
50～70	2.5	3.0
70～100	3.0	4.0
100～150	4.0	5.0
150～200	5.0	6.0
200～250	6.0	7.0
250～300	7.0	8.0
300～500	8.0	10.0

（2）裂纹的修理。曲轴的裂纹多半出现在轴颈上，可用放大镜或涂上白粉的方法进行检查，必要时还可以进行超声波擦伤检查。如果轴颈上有轻微的轴向裂纹，则可在裂纹处进行研磨，如能消除，则可使用；径向裂纹一般不加修理，应更换新的曲轴，因为曲轴在使用过程中受应力作用，裂纹逐渐扩大，会发生严重的折断事故，若因某种原因不能更换，则可用焊接方法修补暂时使用，但仍须积极准备更换新轴。

（3）弯曲变形的校正。曲轴的弯曲和扭曲变形可借助于百分表来发现。将百分表安装在轴颈上，使曲轴缓慢地转动，不大的弯曲或扭曲变形可用车削和研磨的方法消除。车削和研磨后轴颈直径的减少量不超过轴颈原来的 5%，同时还需相应的变更轴瓦尺寸，较大的弯曲和扭曲变形可采用校正法较直。

（4）擦伤或刮痕的修理。若轴颈出现深达 0.1mm 的擦伤或刮痕，用研磨的方法不能消除时，则必须予以车削和光磨。

（5）键槽磨损的修理。曲轴键槽磨损宽度不超过 5% 时，可用手工或铣削扩大键槽进行修复，但不得超过原来宽度的 5%；若键槽磨损宽度大于 5% 时，须先补焊，然后用刨或铣加工到原来尺寸，补焊的质量很重要，故应特别注意。

（六）十字头

压缩机的十字头是用来连接活塞与连杆的，并将力从连杆传给活塞的重要部件。它的一端通过十字头销与连杆小头连接，另一端则通过结合器或螺纹与活塞杆相连，从而推动活塞进行往复运动，因此须正确进行十字头的检查、装配和调整工作，确保正常工作。

1. 常见故障

十字头的常见故障有十字头异常发热、响声异常，十字头销过热异常等。

2. 常见故障的分析和排除方法

（1）十字头异常发热。十字头在正常运转时的温度一般不超过 60℃，用温度计紧贴滑板外侧，可测出大约值。当十字头温度过高时，有时也伴随有响声，用手摸、耳听都可以判断，从而得到正确的结论。

1）十字头装配不良。在装配十字头时，应保持良好的滑动间隙和良好的接触面积。十字头与滑道的配合间隙一是为了热膨胀，二是为了容纳润滑油。间隙过小时，将增大摩擦发热；间隙过大时，将引起冲击声，同时伴有异常发热现象。

十字头与滑道间隙的经验公式为

$$\delta = 0.5D + 0.05 \, (\text{mm}) \tag{3-15}$$

式中 D——十字头滑板加工面直径，m。

十字头与滑道的接触面应均匀，且不少于全面积的 70%，个别位置达不到要求的间隙和接触面积应进行刮修处理。

2）十字头润滑不良。因为润滑不良，将引起十字头异常发热，甚至会造成烧毁，因此在装配时应注意润滑油管和油道应清洁、干净，保证足够的油压和油量，采用标准润滑油。

（2）响声异常。十字头在运转中响声异常，有时也伴有发热现象，可采用听针检听声音。

1）十字头跑偏和掉角。在一般情况下，十字头在机身滑道内的各个位置都应居中，连接好的十字头在各个位置的间隙应一致。如十字头间隙偏移、掉角或十字头前后间隙有明显变化，应查明原因。如果连接前十字头间隙是正确的，连接后间隙有明显变化，则应从活塞杆和连杆方面找原因。

2）滑道间隙过大。因为滑道间隙过大，容易造成十字头跳动撞击，产生异常响声，所以长期使用会使十字头和滑道磨损，这时应进行更换或调整，如十字头滑道是可调的，即调整到规定间隙值。

3）紧固不牢。十字头零件由于紧固不牢，发生松动，会引起零件松动撞击，并发出异常响声，因此必须将十字头的螺栓逐个拧紧，并加以锁紧。

十字头与活塞杆的连接器拧紧后，应将结合器与活塞杆锁紧。

4）装配上的偏差。当十字头的装配存在偏差时，将使其受力不均，发出异响，因此在装配活塞螺栓时，拧紧并帽后要重新复查一遍十字头的间隙。在接合器连接时，应先检验调整垫的两端平行度不大于 0.01mm，连接好后，确认十字头无论在任何一个位置间隙都符合规定值，可将所有垫片锁紧。

（3）十字头销异常过热。十字头销可分为圆锥行销和圆柱形销两种，装在十字头体的销孔中，与连杆小头连接。十字头的材料要求有足够的韧性，表面有一定的耐磨性。十字头销表面应进行淬火处理。

1）十字头润滑不良。连杆小头在十字头销上是来回摇动，而不是转动，所以形成足够的润滑油膜是很重要的运转条件。如果油管堵塞，油道内有金属屑和污物，油压、油量不足，都可能引起十字头销及小头瓦烧毁，甚至会发生抱轴事故，因此必须将所有的油量清理干净，保证油压、油量正常工作。

2）装配中存在误差。十字头销及轴瓦之间应有一定的径向间隙，当径向间隙过小时，将会造成过热烧瓦，间隙过大时，会发生撞击。

十字头销与瓦套之间应有一定的轴向间隙（轴向窜量）。

为了保证十字头销装配正确、可靠，圆锥形销应与十字头销孔配研，使之达到接触面均匀，接触面应达到 70％以上，必要时修刮研磨。无论是哪一种结构的十字头销，油孔均应与十字头油孔对正，不允许错位。

（七）冷却水系统

压缩机的冷却水系统包括气缸冷却、填料函冷却（有的没有）、润滑油冷却（有的没有）、各段冷却器冷却。全部冷却水管起着冷却气缸和隔断压缩气体的作用，冷却水系统的正常与否将直接影响压缩机的正常运转，同时也影响压缩机和各零部件的使用寿命，因此冷却水系统是一个很重要的辅助系统。

1. 常见故障

冷却水系统的常见故障主要表现在压缩机的排气温度过高，漏气、漏水，冷却器管件及冷却水管冻裂等方面。

2. 常见故障的分析和排除方法

（1）压缩机的排气温度过高。压缩机的出口排气温度都有一个最高规定值，超过此规定值表明冷却水系统工作不正常，可以从排气口测温点测出排气温度。排气温度过高时，将破坏气缸、活塞表面和活塞部件的正常工作，容易在气缸、气阀上形成积碳，使活塞环与活塞环槽损坏，造成事故。因此当发现排气温度过高时，要及时查明原因，予以排除。应检查以下两个方面：

1）供水不足。冷却水供应不足会影响冷却效果。如冷却后水温高于 40℃时，则说明冷却水供应不足，这时要检查冷却水系统是否堵塞，冷却水压是否正常。

2）水质影响。如果水中杂质太多，将会堵塞冷却水系统。开式冷却水系统可能水中有小鱼、蚌类堵塞。

（2）漏气、漏水。

1）冷却器泄漏。冷却器主要由导管组成，气体在管内走，冷却水在管外走，当导管发生泄漏时，会造成压缩气体进入水中，或发生水进入汽缸中去的故障（停车后水进入汽缸中）。

2）冷却水管系统泄漏。冷却水管系统泄漏时应进行换管或补焊。

（3）冷却器管件及冷却水管冻裂。压缩机车间环境温度应保持在 5℃以上，如果低于5℃，则压缩机停机后应将冷却水全部放掉，防止冷却水系统和气缸冻裂。

3. 冷却器的修理

冷却器在使用过程中，发现有下列现象时应进行修理：

（1）冷却器芯子有严重锈蚀。

（2）冷却器内部有较厚的污垢。

（3）个别管子有纵向或横向裂纹。

（4）中心紧固螺栓松弛，隔板与管子碰击。

（5）管子在管板上连接不严密。

（6）冷却器外壳和管板发现裂纹。

冷却器芯子因严重锈蚀,管子发生泄漏时,可在管子的两端用木塞堵塞。为了便于确定泄漏管子,要停运压缩机,放出冷却器中的水,取下冷却器一端的盖子,用手旋压缩机或以点动方式开动电动机来使之转动。检查漏气的管子,如果是将冷却器拆下来修理,可以用水压试验的方法确定哪根管子泄漏。

冷却器内部的污垢可用盐酸溶液进行酸洗,污垢严重的可用电钻或其他的机械方法加以清除。用电钻清除管子污垢时应设法保护管壁,不得使其受到损伤。

有裂纹的管子应进行更换。换管子时要对管板孔进行测量,如果管板孔呈椭圆形,则先用铰孔的方法矫正;如是在外部能补焊的管子,也可用焊接的方法进行处理。

管子在管板上连接不严密时,应再涨管,但不易对一根管子进行多次涨管,因为这样做效果不好,会重新发生泄漏。涨管时,应除掉管板上的锈蚀和油垢。涨管时,管子末端漏出管板表面的尺寸不应大于管子直径的25%,管板或冷却器外壳发现裂纹时应该更换。

若中心紧固螺栓发生松弛,隔板与管子就会发生碰击(可根据冷却器内部的金属声来判断),这时应取出冷却器的芯子加以紧固。更换冷却器芯子的全部管子时,应在靠近管板处将管子切断,然后用直径等于管子外径的心棒打击,但不允许用心棒直接将管子拨除,因为这样会使管板上的孔受到破坏。

(八)润滑油系统

压缩机润滑油系统包括传动机构润滑和气缸润滑(无油压缩机没有气缸润滑),其作用是使压缩机各摩擦表面得到良好的润滑和冷却,保证压缩机始终处于良好的工作状态。

压缩机传动机构的主要润滑部位是曲轴、连杆、十字头,其润滑主要由曲轴带动油泵工作来完成。

压缩机气缸润滑系统包括高中压注油器、管路、油止回阀、气缸,通过注油器将压缩机油注入气缸,可以起到润滑、冷却和密封的作用。

1. 常见故障

压缩机润滑系统的常见故障见表3-15。

表 3-15　　　　　　　　　　　压缩机润滑系统常见故障

系统	传动机构润滑系统	气缸润滑系统
常见故障	1. 不供油或供油不足。 2. 供油压力不足。 3. 机油过热。 4. 压缩机在运转中油压下降	1. 不供油或供油不正常。 2. 漏油。 3. 返气。 4. 注油点发热。 5. 油料积炭

2. 传动机构润滑系统故障的分析及其排除方法

(1)不供油或供油不足。

1)吸油管漏气。若润滑油泵的吸油管连接不严密,在油泵开动后,空气就会进入管内,造成供油不足或断续供油,并伴随有压力表摆动较大现象。发现此情况后应停机,将连接油泵接头重新拧紧,必要时更换密封垫圈。

2)油管堵塞。机身的油过滤器或管道内有污物存在,会使油流受阻,这些污物来自安装和检修中不慎落入的泥土、垫片、破布、焊渣、毛刺等物。因此，装配时要对各部件认真检查，彻底清理，一旦发现油管路堵塞，就应将油管拆下进行吹扫。

3）阀门不通。阀门自然损坏或操作所致，应进行更换和认真操作。

4）回油受阻。当循环回油受阻时，会使油量减少，影响循环油量，因此应尽量缩短油管路长度及避免急转弯，使回油畅通。

（2）供油压力不足。根据压缩机润滑油管路长短以及摩擦表面的面积大小，所取的润滑油压力也不同，一般情况下润滑油的压力应保持 0.196MPa 以上，制造厂说明书有要求的按说明书整定。当供油压力不够时，将造成传动部件严重磨损，以至发生烧瓦等事故。

1）齿轮油泵因长期运行磨损，齿轮两侧及齿轮啮合间隙就会增大，造成润滑油在泵内短路回流，油压下降，这时应更换油泵。

2）油位过低。曲轴箱内油位太低，机油不够，应补足机油量。

3）机油过热。传动机构润滑后的油温一般不应超过 60℃，若油温过高，将使摩擦热量不易散去，使机构得不到良好的润滑和冷却，从而引起一系列故障，以致造成烧瓦事故。

4）传动部件过热。由于传动部件自身的原因，摩擦温度过高，造成机油过热，应查明原因，根据情况进行处理。

5）油冷却系统失灵。润滑后的机油经油泵、油冷却器后再送到传动机构，一般冷却后的油温应不超过 35℃。如冷却不佳，应查明原因，根据情况进行处理。

6）油料污染，油牌号不对。对润滑油应严格控制，并按规定使用机油，加机油时应进行初滤，严重污染或已经烧瓦的机油应更换。

（3）压缩机在运转中油压下降。

压缩机在运转中油压缓慢下降或突然下降，说明润滑系统存在问题，应及时查明原因，予以排除。

1）油系统泄漏。在油系统中，漏油将使油压下降，影响正常润滑，要认真检查系统中的全部接头、焊缝，查明原因予以排除。

2）机油过滤器堵塞。机油过滤器由于污物积累堵塞，致使油压下降，可通过过滤器前后压力表的压力差判断。一般正常情况下，过滤器前后的压力差应不大于 0.098MPa。

3）滤油网堵塞。油泵吸入管口的滤网在运转中被污物堵塞，也会造成油压下降现象，此情况应清洗或更换滤网。

4）轴瓦过度磨损。压缩机轴瓦过度磨损，瓦隙变大，也将产生漏油降压现象，此情况应更换轴瓦。

3. 气缸润滑系统故障分析和排除方法

为确保活塞部件能够在气缸内正常工作，必须有足够的润滑油。气缸润滑油是通过注油器将压缩机注入气缸内进行的，当润滑油过多时，不但造成浪费，还会形成积炭，破坏活塞环的密封性，使气缸工作表面、活塞环迅速磨损，并导致积炭在气缸内燃烧。

压缩机的气缸直径、转速、压力不同，供油量也不同，一般调整注油器每分钟 12 滴为宜。但修后和新装机器考虑到磨合情况应适当加大注油量，待磨合正常后调整正常。

（1）供油不正常或不供油。

1）注油器调整不当，应重新调整。

2）柱塞故障，在压缩机工作时，应经常检查注油器的注油量，如柱塞发生故障，就会中断注油。这种情况可从视油杯直接观察到，发现此情况时应立即停机处理。

3）油管堵塞。由于泥沙、焊渣、棉布等异物将油管堵塞，可能造成润滑油油量不足或断油。为确保油管畅通，要先用压缩空气吹扫。注油器接管最好在未接气缸前先进行试验，检查机油流量情况，同时也排出油管内赃物，另外对油止回阀要做通畅试验。

（2）漏油。气缸润滑油漏出，气缸得不到正常润滑，同时也污染环境，浪费油料。此时应仔细检查油管接头是否严密，并重新紧固，对破损的油管应进行更换。

（3）返气。当油止回阀失效时，有压力的气体顺着油管返回注油器，同时由于压缩气体有一定的温度，因此油管也有明显的发热现象。如果此情况持续下去，将使气缸、活塞部件因缺油而发生损坏事故。油止回阀失效的原因包括：

1）装配不当，密封面不严密。

2）污物进入止回阀，致使阀关闭不严。

（4）注油点发热并漏气，由于紧接于气缸的接头或密封垫损坏，造成注油点发热并漏气，应予以修理。

（5）油料积碳。由于气缸中的润滑油经常与气体接触，在压缩过程中温度急剧升高，润滑油分解变质，油的一部分气化，并与气体合在一起排出压缩机，剩下的与气体中的氧接触，氧化形成积碳。积碳将破坏正常的润滑，并导致运动部件加速损坏，甚至有可能使活塞环卡住，造成严重事故。积碳还会引起活塞损坏，破坏气腔和排气阀的密封性，使压缩机的排气温度异常升高。为了防止积碳的形成，应注意做到：

1）保证气缸冷却正常，保持各段的排气温度不超过规定值。

2）选用合适的润滑油，其闪点应比气缸内的温度高出 $20\sim50℃$，且应具备良好的抗氧化能力和在气缸工作压力与温度下具有足够的黏度，一般气缸润滑油应选用 13、19 号压缩机油。

（九）干燥系统

压缩空气用途很广，各系统需要的空气质量也不同，当用户需要较高质量的空气时，就需在压缩机出口设置干燥系统。下面以日本进口的 Vs-55C-OL 型压缩机配备的吸附式再生干燥系统为例进行介绍。

1. 常见故障

干燥系统的常见故障主要有干燥剂失效、过滤器堵塞、漏气等。

2. 常见故障的分析及排除

（1）干燥剂失效。干燥剂失效存在以下几种原因：

1）空气湿度大。

2）冷却器漏，使空气带水。

3）长时间没有更换。

4）排污水没有及时放掉，使空气带水。

干燥剂失效可通过湿度显示器观察，当显示剂变色时就证明干燥剂已经失效，此时必须更换，否则影响空气质量。

（2）过滤器堵塞。由于空气中含有干燥剂粉末杂质，长时间不更换或清洗过滤筒，过滤器就会堵塞。其现象可从过滤器出、入口压差表观察到，当出、入口压差表超过 0.196MPa 时，就应该进行清洗或更换过滤网。

（3）漏气。

1）管路各连接件不严，应拧严。

2）由于阀门不严，空气向空中排出，浪费气源，增加压缩机磨损，应及时查出原因，进行处理。

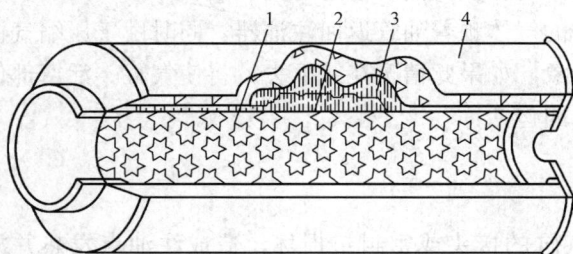

图 3-58　过滤桶的结构
1—不锈钢网；2—尼龙纤维；3—硼硅酸盐微纤维层；4—泡沫塑料外皮

3. 干燥系统的修理

（1）过滤器的修理。过滤器的修理主要是对过滤筒的堵塞或变形进行修理。当过滤筒变形时必须更换；当过滤桶堵塞时，可将过滤桶拆下，然后将尼龙纤维、鹏硅酸盐微纤维层和泡沫塑料外皮进行更换（见图 3-58），或用压缩空气对其吹扫。

（2）气动阀的修理。在解体气动阀时应注意弹簧在阀内是受力的，拆卸时在阀盖上要给一定的力，防止弹簧作用将阀盖弹起，碰伤人和损坏设备。

解体完毕后，应对各部件进行检查，尤其是对其塞密封胶圈和阀瓣的结合面要进行认真检查，因为它们都是由非金属材料制成，阀瓣体的结合面是由硬质尼龙制成，都有可能因老化而失去弹性，所以要对气缸和气塞密封胶圈做透光试验，以保证严密。对密封不严和老化的密封圈必须更换，大修时，必须更换尼龙阀瓣，以免气动阀内漏。

阀座应保持清洁，结合面不应有锈蚀和划痕等缺陷；如有，应进行研磨。组装时应保持环境卫生，对各部件进行清洗，以防灰尘进入气缸内。

（3）自动排泄器的修理。自动排泄器的结构如图 3-59 所示。打开自动排泄器上盖，将自动排泄器解体，清洗过滤网和排泄罐，过滤网有损坏的应更换，罐和盖的密封胶圈要完整，并有弹性，否则应更换。检查弹簧的弹力，有缺陷的应进行更换，排泄阀的结合面应保持清洁，无锈蚀和划痕，如有应通过研磨的方法消除或更换。

（4）干燥剂的更换。干燥剂一般都用活性氧化铝，其吸湿能力很强。对于吸湿饱和的活性氧化铝必须更换，以保证压缩空气的质量，

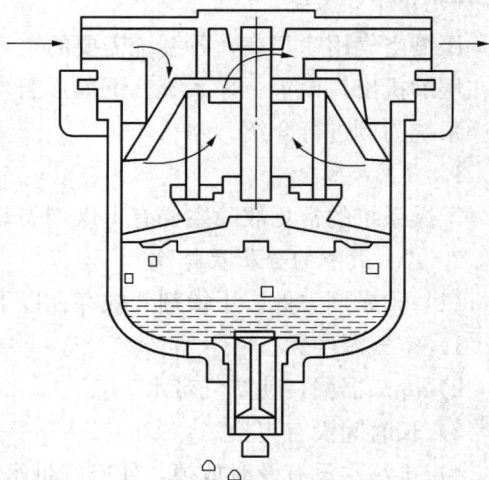

图 3-59　自动排泄器的结构

一般2～4年更换一次，根据实际工作情况可提前或延时更换。

（十）压缩机的拆卸和组装

拆卸和组装压缩机时应做好标识和记录，尤其是拆卸时的记录工作是很重要的，它将给顺利组装奠定基础。

下面以立式Vs-55C-OL型空气压缩机为例进行说明。

拆卸时应由上至下进行，上部无油部分和下部有油部分应区别开，以防无油组件粘油。在拆卸时应根据实际工作情况，不一定完全按拆卸顺序逐件进行拆卸，对于工作良好、不需拆卸的部分，应留在组合件上。拆下的小零部件应保存好，以防丢失。

1. 拆卸

（1）拆卸顺序。

1）确认系统安全措施已做完后，方可开始工作。

2）拆开空气管路和冷却水管路。

3）松开气缸盖螺栓，取下气缸盖，同时拆下吸排气阀。

4）取下联轴器孔板，用专用扳手拧开十字头上部与活塞杆紧固螺母，用专用工具转动活塞，抽出止回垫将活塞取下。在抽活塞时，为了防止损坏活塞环和支承环，应用手或带子将其束缚住。

5）卸下密封填料和刮油环。

6）松开气缸座与联轴器螺栓，取下气缸，完成无油部分的拆卸，在进行有油部分的拆卸。

7）打开放油阀将曲轴箱内润滑油放掉。

8）取下侧盖板，将止回垫翻开，拧开大头瓦螺栓，取下联轴器，然后向上拉出十字头和连杆，做好标记，确保组装时正确的装配方向。

9）取出楔销，拿下皮带轮，皮带轮是通过轻敲安装上的，滚动轴承不应受到强烈冲击，在拆对轮时，应使用专用工具将皮带轮拆下。

10）取下轴承后就可以取下曲轴，解体结束。

11）对每个零部件进行检查。

（2）拆卸过程中对下面几点应特别注意：

1）活塞是由铝合金制成的，一般情况下不易解体，除非发现有松动现象，方可解体。

2）气缸座和缸体出厂前已被固定和密封好，一般情况下不要解体，除非发现有缺陷，有必要拆卸，拆时应注意做好标记和记录。

3）检查每一个部件的损伤及磨损情况，对有缺陷的部件进行修复和更换，直至具备组装条件后待装。

4）若因故不能及时回装，必须采取措施防止锈蚀。

2. 组装

在回装时，可按解体时相反顺序进行。组装时应注意以下事项：

（1）组装前应将所有部件进行清洗并擦拭干净，气阀和气缸镜面应用四氯化碳清洗，气缸表面涂以二硫化钼。

（2）扁销只能使用一次，用后应更换。

（3）使用过的金属垫片应进行更换，否则必须直平矫正，相同的部位不能有两次变形；对密封垫圈和胶圈有损坏和老化的必须更换。

（4）在回装活塞时应特别注意，当活塞旋进十字头一定程度后，将缸盖装好并拧紧，转动皮带轮，使活塞上下移动，调整活塞位置，不要顶撞缸盖和缸座。将铅丝由气阀口插入气缸，盘车压入就可以测得上下死点间隙，然后调整到适当的间隙。锁紧螺母，并将止回垫片靠紧压牢，以防螺母松动。

（5）整机组装完后，应先通过手动盘车检查各部件是否正常，盘车应保持轻松，不能有碰撞现象，最后方能试车。

三、空气压缩机的维护和保养

由于空气压缩机是在高温、高压条件下连续转动的动力设备，经长期运行，其零件都会有不同程度的磨损，使性能降低，甚至失效。为了保证空气压缩机应有的性能而持续、正常、不间断地供气，除了本身的材质、制造及装配质量、正确的操作外，在很大程度上与维护保养的好坏有关，因此必须遵照有关规定，认真做好空气压缩机的维护、保养工作。

1. 空气压缩机累计运行 500～700h 后的维护与保养

一般在空气压缩机累计运行 500～700h 后（恶劣条件下作业时，周期应适当缩短），应进行下列内容的保养：

（1）清洗各吸、排气阀，除去油垢积碳，对磨损较大的阀片进行研磨或更换；要注意同组气阀的弹簧长短、弹性应一致。

（2）检查安全阀的灵敏度（对于配有手动装置的安全阀，1～2 周应手动检验一次，尤其是设在室外的安全阀）；检查接地线、安全防护装置是否松动、移位。

（3）清除空气过滤器滤网上的灰尘、积垢（对设在室外或粉尘较大的工作场所，应视具体情况缩短清洗周期），可用煤油（或碱水溶液）清洗滤网，待滤网彻底干后才允许装上。

（4）清洗减荷阀、负荷调节器及过滤器。

（5）检查并紧固各连接螺栓，如连杆大小头、活塞杆、地脚螺栓等。

（6）检查、调整联轴器的连接或传动 V 带的弹力。

（7）检查漏气、漏油、漏水处，清除日常检查发现而未能处理（但又未影响运行）的问题。

2. 空气压缩机累计运行 2000～3000h 后的维护与保养

一般在空气压缩机累计运行 2000～3000h 后，除进行上述"1."中的保养外，还应进行下列各项工作：

（1）停机后立即放出曲轴箱内的润滑油，以免沉淀，然后清洗油池、油管、油过滤器、齿轮油泵、注油器，检查气缸上止回阀的性能。

（2）清洗曲轴至十字头的油孔和主轴承。

（3）清洗活塞环，除去油垢、积碳，检查其磨损情况和间隙。

（4）清洗各冷却器。

（5）测量调整各摩擦表面的配合间隙，如活塞内外死点、十字头与滑道、连杆大小头瓦、十字头销等。

（6）安全阀、压力表、温度计检验，以确保其灵敏、可靠。

（7）对磨损较大的零部件进行修理，局部恢复其原有的精度，难以修复时应该更换。

（8）按规定牌号换上并加足经沉淀过滤后的新润滑油。

3. 空气压缩机累计运行 6000h 左右后的维护与保养

空气压缩机累计运行 6000h 左右后，应进行大部分部件的解体检修。

（1）清洗气缸盖、缸体、活塞、冷却器、排气管道、储气罐等，除去油污、炭渣、积垢。

（2）拆洗曲轴，畅通油路。

（3）对于气缸水套内的沉淀物，可用浓度小于 1‰ 的氢氧化钠溶液浸泡 6～8h 后排出，再用清水冲洗干净。

（4）对零部件的磨损程度、精度、配合间隙以及设备的性能状况等须做全面、细致的监测和修理，必要时更换超标的零部件。

第四章　超（超）临界锅炉炉外管道及阀门设备检修

第一节　超（超）临界锅炉炉外管道检修

一、宏观检查

超（超）临界锅炉炉外管道常选用 T91/P91、T92/P92 等新型耐热钢应用于主蒸汽、再热热段等高温管道及集箱等主要承压部件，检修人员定期检查管道的运行状况是非常必要的。其检查项目如下：

（1）检查管道的保温状况，如有脱落现象，应及时消除，检查保温材料的性能和质量是否符合标准。

（2）检查管道的膨胀情况是否符合要求，有无受阻的地方和死点。

（3）检查管道的支吊架受力情况。

（4）检查管道是否有振动或晃动情况。

（5）检查管道、三通、弯头表面氧化腐蚀程度，有无尖锐的划痕、凹坑、裂纹、重皮等缺陷。

图 4-1 为锅炉及其四大管道。

二、金属监督

（一）超（超）临界锅炉新型耐热钢应用存在的问题

表 4-1 为超（超）临界锅炉新型耐热钢的主要应用部件。

表 4-1　　　　　　　　超（超）临界锅炉新型耐热钢主要应用部件

钢　　钟	主要应用部件
T91/P91	再热热段管道及附件，高温过热器进口集箱、高温再热器出口集箱及联通管道，高温再热器出口大包内管段
T92/P92	主蒸汽、高压旁路、VV 阀系统管道及附件，屏式过热器、高温过热器出口集箱及连通管，屏式过热器、高温过热器出口大包内管段

（1）主蒸汽 P92 钢管道壁厚选取值偏小。超（超）临界机组四大管道设计时采用 ASME 锅炉和压力容器规范的案例 CASE2179-3 给出的数据，主蒸汽管道壁厚选取见表 4-2。

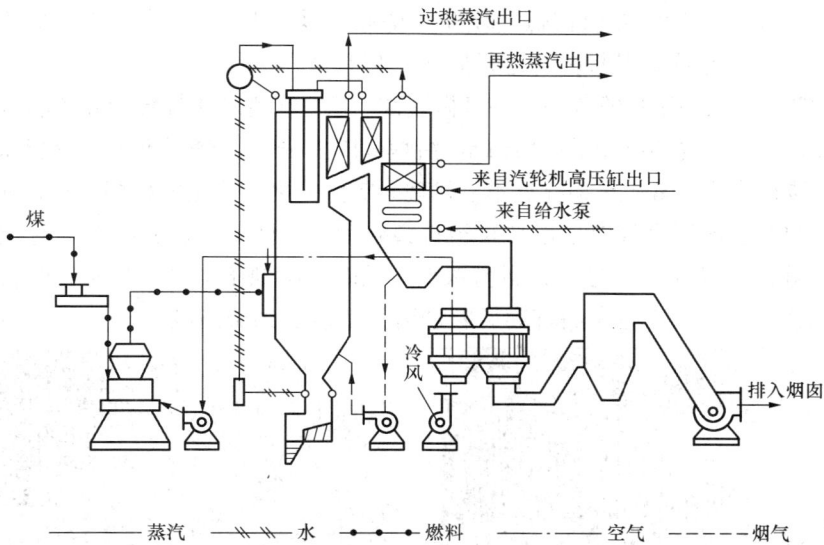

图 4-1　锅炉及其四大管道

表 4-2 主蒸汽管道壁厚

序号	名　　称	设计压力（MPa）	设计温度（℃）	管道材质	最小内径（mm）	最小壁厚（mm）
1	主蒸汽半容量管	27.46	610	ASTM-A335P92	381	77.90
2	主蒸汽四分之一容量管及旁路管	27.46	610	ASTM-A335P92	254	53.39

2005 年 10 月在西安召开了由中国电机工程学会火力发电分会主办的"超（超）临界机组主蒸汽管道材料技术专题研讨会"，对 P92 钢设计许用应力选取的推荐意见为：尚在设计阶段的机组建议采用最新的数据，对按不保守数据设计的机组强化制造、安装中的质量管理，投运后加强金属监督。会议提供了 P92 的最新 10 万 h 持久强度平均值计算的许用应力值，小于四大管道设计时使用的 ASME 锅炉和压力容器规范的案例 CASE2179-3 给出的数据（见表 4-3）。综合考虑，主蒸汽管道壁厚维持原设计方案。

表 4-3 不同标准的 P92 钢许用应力对比 （MPa）

温度（℃）	ASMECC2179-3	ASMECC2179-6	ECCC05	GB5310
580	105.69	94.98	94.66	97.3
590	96.75	85.80	84.66	88
600	88.15	77.11	75.33	79.3
610	79.71	68.67	66.66	70.6
620	71.27	60.23	58.00	62

超（超）临界四大管道设计普遍存在共性问题。建议在加强检修和金属监督的同时，对主蒸汽管道壁厚值仍按原设计值。

（2）P92 管道厂家预制焊缝及热影响区硬度值偏低。根据 P92 钢使用手册，P92 钢材硬度值控制范围为：母材 HBW180～HBW250，焊缝 HBW180～HBW270。焊缝硬度上限均能控制，下限往往偏低。硬度值偏低，反映了焊接接头强度值降低，部分焊缝硬度值低于HBW180，其组织性能及高温状况下运行后的变化都值得关注。

（3）P92 管道厂家预制焊缝表面存在细微裂纹。P92 管道对接焊缝金相检验发现焊缝表面存在细微裂纹，裂纹长约 5mm、深约 1mm，沿焊缝随机分布，深度不超过焊缝余高，经打磨后即可消除。该裂纹采用常规无损检查不易发现，需抛光之后再做磁粉探伤检查才能发现。

经检修，P92 管道厂家焊缝表面裂纹经打磨处理可以消除，表面粗糙度对硬度测量有很大的影响，焊缝检验增加表面修整、磁粉探伤可及时消除缺陷。图 4-2 为 P92 管道厂家预制焊缝表面缺陷显示，图 4-3 为表面打磨后宏观可见的表面细微裂纹。

图 4-2　P92 管道厂家预制焊缝表面缺陷显示

图 4-3　表面打磨后宏观可见的表面细微裂纹

（二）超（超）临界机组首次大修新型耐热钢监督检验重点

（1）加强工程设计的监督约束，确保工程设计的正确性和合理性。超（超）临界机组在我国尚处于起步阶段，大量新技术、新材料都是首次使用，未真正消化、吸收、掌握。因此，建立各方监督约束机制，从较高的层面对设计阶段进行有效监管是很有必要的。

（2）中、高合金钢对接焊缝表面探伤是检修的标准项目。国内有关焊接的规程对焊缝表面探伤检验没做明确的要求，焊工自检时很难发现表面细微裂纹，超声波和射线探伤也不易发现。因此，应将中、高合金钢焊缝进行表面探伤检查（特别是大口径管道）作为超（超）临界锅炉检修的标准项目，建立档案，长期监督检验，确保受控。

（3）超（超）临界炉外管道焊缝应定期测量焊缝硬度。确定焊接材料和工艺后，焊后热处理温度和时间控制对焊接接头的硬度起到决定作用。焊缝硬度在一定程度上能反映焊后热处理是否充分及焊接接头的力学性能水平，因此定期进行硬度检验尤为重要。

三、支吊检修

（一）支吊架作用

（1）承受管道的自重荷载，包括管子、管件、阀件的重量，通道内部工质重量及管道外层保温材料重量等，对每个单一的支架或吊架而言，是该支吊点管道所分配给的那一部分重量荷载。

（2）增强管道的抗变形刚度，使水平挠度（水平管垂弧）和因此引起的振动得到控制。

（3）以其限位作用控制与引导管线热位移的大小和方向（弹性支吊架无此作用）。

（4）对管道流动工质的冲击力、激振力、排起反作用力以及由设备传递的振动、风力、地震等缓冲减震作用。

（5）控制由管道施加给设备接口的荷重和热位移推力及力矩，以保护设备的安全运行。

（6）承受管道冷拉施加的力和力矩。

（二）支吊架形式的分类

1. 固定支架

固定支架是一种承重支架，对承重点管线有全方位的限位作用，用于管道中不允许有任何位移的部位，如图 4-4 所示。除承重外，固定支架还要承受管道各向热位移推力和力矩，这就要求固定支架本身具有充足的强度和刚性的结构。固定支架的生根部位应牢固、可靠，固定支架式管道热胀补偿设计计算原点是管道内压和外力作用产生叠加应力的部位。

2. 活动支架

活动支架也称滑动支架，多用于水管线靠近弯头的部位，如图 4-5 所示。它是承受管道自重的一个支撑点，只对管线的一个方向有限位作用，而对管线其他两个方向热位移不限位。

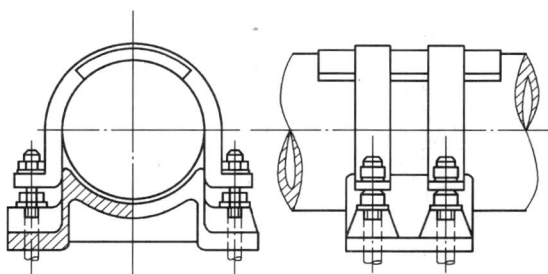

图 4-4 固定支架　　　　　　　　图 4-5 滑动支架

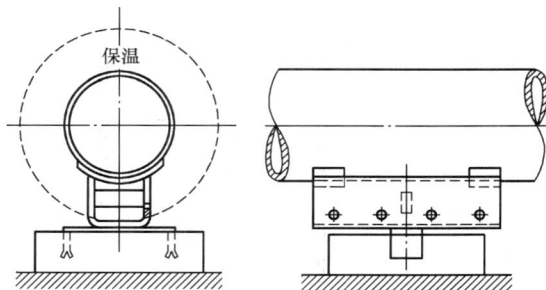

3. 导向支架

导向支架也称导向滑动支架，是管道应用最为广泛的一种支架，如图 4-6 所示。它同样是管道自重的一个支撑点，对管道有两个方向的限位作用，能引导管道在导轨方向（即轴线方向）自由热位移，起到稳定管线的重要作用。

4. 吊架

（1）刚性吊架。刚性吊架用于常温管道，或用于热管道无垂直热位移和此种热位移值很

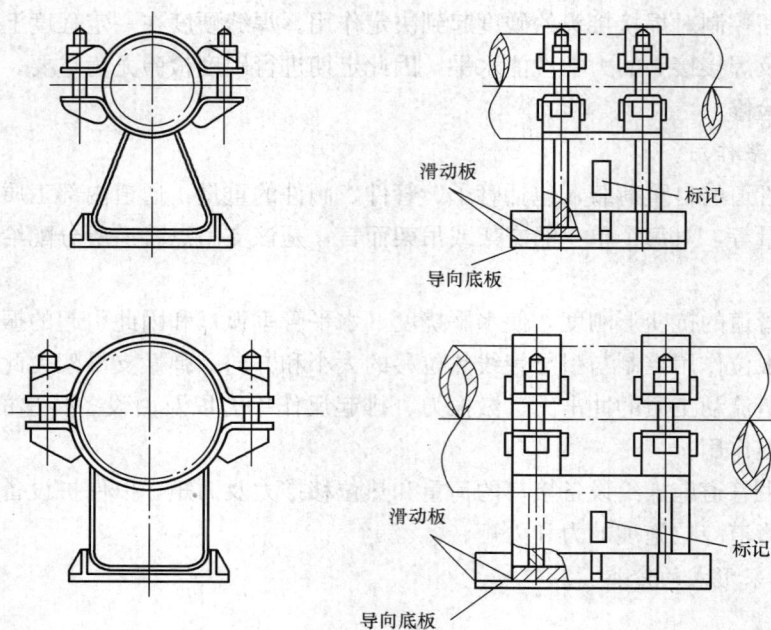

图 4-6 导向支架

微小的管道吊点，除承受管道分配给该吊点的重力荷载之外，还允许该吊点管道有少量的水平方向位移，而对管道的向下位移有限位作用，如图 4-7 所示。

（2）普通弹簧吊架。普通弹簧吊架用于垂直方向热位移和少量水平方向位移的管道吊点，它在承重的同时，对吊点管道的各向位移都无限位作用。弹簧吊架使管道在尽可能长的吊杆拉吊下可以自由热位移，如图 4-8 所示。

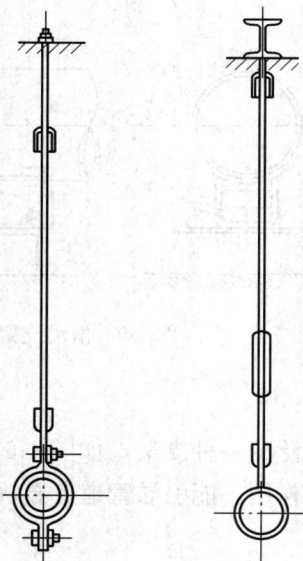

图 4-7 刚性吊架

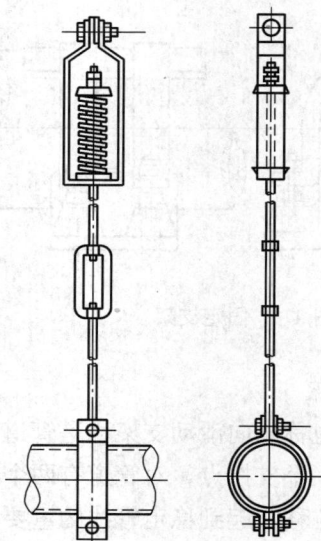

图 4-8 普通弹簧吊架

（3）恒力弹簧吊架。此种性能更优越的吊架用于管道垂直热位移值偏大或需限制吊荷变化的吊点，它不直接以弹簧承重，有比较复杂的结构。它不限制吊点管道的热位移，并且在管道很大的垂直热位移范围内，吊架始终承受不变的荷载，并因其承载有近似恒定值而得名，如图4-9所示。

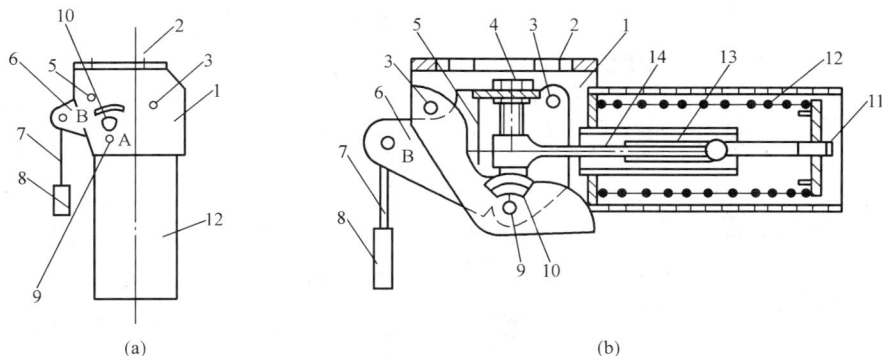

图4-9　恒力弹簧吊架结构示意图

（a）LH型；（b）PH型

1—固定外壳；2—外壳固定螺栓；3—内壳定位孔；4—荷重调整器；5—调荷指示器；6—转动内壳；7—吊杆；8—花篮螺栓；9—转动轴；10—位置指示器；11—弹簧杆；12—弹簧；13—导向套；14—连杆

（4）限位支吊架。限位支吊架不以承载为目的，而是用于限制管道限位支吊点某一个方向热位移的专用支吊架。它有稳定管线和控制管线热位移的重要作用，在大型机组的高压管系中都是用此种限位支吊架。

（5）恒力承重支吊架。恒力承重支吊架是一种无弹簧的恒力支吊架，其结构与原理直观、简明。它很像我国的杆秤，从其水平横梁一端承重，另一端配种（平衡锤），横梁的中部设有可转动的支点（支轴），支点固定在生根件上，支点两边因杠杆作用形成两个平衡力矩（力×力臂＝重×重臂）。在吊点垂直位移的范围内，该支吊架可提供近似恒定的管道荷重支撑力，如图4-10所示。

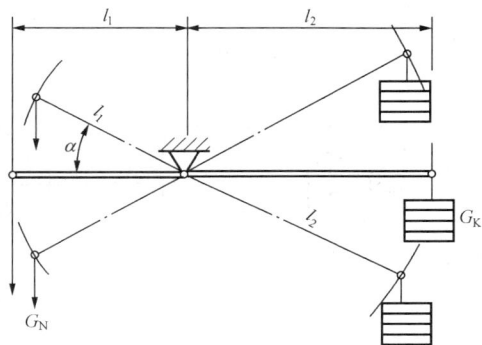

图4-10　恒力承重支吊架原理图

5. 减震器

减震器是以减小管道某部位的振动为专用的特殊支吊架，用于管线上可能产生强振或易于激发振动的部位。

振动对于管道是一种交变动载荷，主要来源于管道内部工质特殊形式的运动。这种工质引起的振动，其危害程度取决于激振力的大小和管道自身的抗振性能（管道及其支吊架的结构特性）。例如同样的激振力对水平挠度（水平垂弧）大的管线和挠度（垂弧）小的管线引起的振动（振幅）是不同的，正如同震级的地震中各高层建筑引起的破坏程度不同，减震器就是增强管道某部位抗振性能的装置。

213

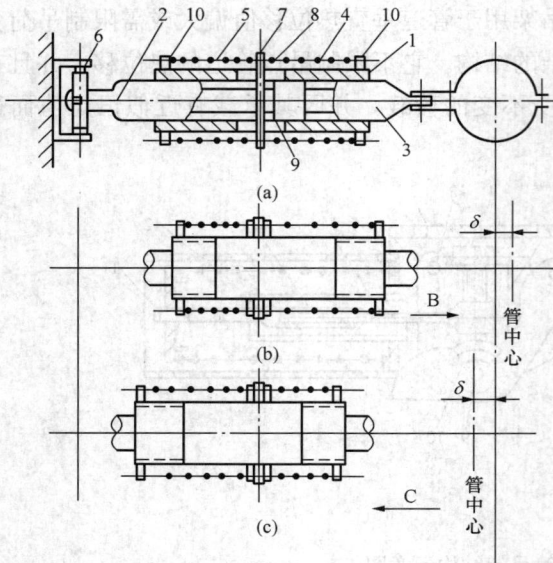

图 4-11　弹簧减震器

（a）平衡位置；（b）振动方向 B；（c）振动方向 C

1—外套；2、3—内管；4、5—弹簧；6—万向接；7—固定销；

8—固定环；9—外套槽孔；10—调整螺母

振动对管道的危害在短期内不产生后果，但长期的振动会引起管道和支吊架材料的疲劳损坏，对保温材料有松散瓦解作用，还会由其传递作用影响机动设备的安全运行。当材料超过疲劳极限时，会发生突然性破坏。

（1）弹簧减震器是一种机械式减震器，适用于垂直位移较小的管道中有振动的部位，如图 4-11 所示。

（2）油压减震器。如图 4-12 所示，这种减震器的工作性能与管道的热位移无直接关系，对管道无限位作用，不对管道产生附加作用力，可用于管道热位移较大的防振部位。

（三）支吊架检修

（1）对所有支吊架进行详细检查。

（2）根据测量标准与上次记录对照检查支吊架移动情况，并做好记录。

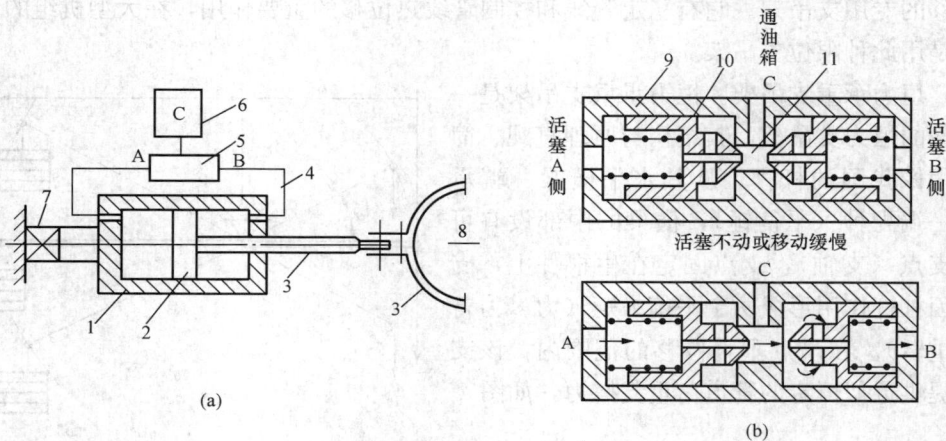

图 4-12　油压减震器及其节流阀

（a）安装图；（b）活塞结构

1—油缸；2—活塞；3—活塞杆；4—油管；5—节流阀；6—油箱；

7—万向接头；8—管道；9—外壳；10—弹簧；11—喷嘴

（3）检查支吊架弹簧和吊杆或支座是否有裂纹，吊架弹簧节距是否均匀，弹簧是否有压扁现象，吊杆有无歪斜、变形。

（4）检查固定支架的焊口和支座有无裂纹和移位现象。

（5）检查导向支架的膨胀间隙内有无杂物影响管道自由膨胀。

（6）管道膨胀指示器是否回到原来的位置，如没有，应找出原因。

（7）更换新弹簧时，应根据管子受热、压缩等情况确定弹簧压缩量。

1）管子受热压缩量增加，弹簧冷态压缩量不超过允许负荷的50％，运行中不超过90％。

2）管子受热压缩量减少，弹簧冷态压缩量应大于允许负荷的50％。

（8）对有缺陷的支吊架进行检修，修理前应将弹簧位置、吊架长度等做好记录，修好后使其恢复原状，拆开支吊架以前应用起吊工具或其他方法把管子固定好，以防下沉或移位。

（9）更换支吊架时应注意不能用错钢材，如蒸汽管道支吊架的包箍要用合金钢，不能用错。

（10）热态时应注意观察支吊架的工作情况，热涨是否顺畅，弹簧是否压扁，管道是否剧烈振动，做好记录，以便冷态时修理。

第二节　超(超)临界锅炉阀门检修技术

一、研磨技术

（一）阀门研磨材料

阀门密封面的研磨并不是研磨头或研磨座与被研磨的阀瓣、阀座直接接触对磨，而是要垫上或抹上一层研磨材料，以利用研磨材料硬度很高的微粒将被研磨件磨光。经过多年的实践，常用的研磨材料有砂布、水磨砂纸、研磨膏等。机研的有砂轮、金刚砂轮、不干胶砂布等。研磨砂的型号一般有80、120、150、220、240、300、500、800、1000、1500、2000、3000、5000、6000号，其数字表示每平方厘米含颗粒数，6000号最细，砂纸（布）型号有36、50、80、120、180、200、220、240、320、360、400、600、800、1000、1500号以及金相砂纸。

（二）研磨工具器具

（1）常用的手工研磨工具有手摇钻及根据不同阀门类型自制的研磨胎具、研磨杆等。

（2）机研有各种不同类型的进口、国产研磨机，如气动研磨机、电动研磨机。

（三）研磨方法

不同类型阀门的研磨工器具和方法各不相同。

1. 截止阀研磨方法

截止阀也称球型阀，对于阀座、阀瓣是锥面的截止阀，用灰口铸铁制成和阀瓣角度一致的研磨胎具，在其上贴砂布或研磨砂和阀座直接接触对磨。DN32以下的阀门由于阀座口径小，无论阀座腐蚀坑点有多大，一律用研磨砂研磨；DN100以下、DN32以上的截止阀，如果阀座磨损严重，坑点深达0.5mm以上，则先用粗的不干胶砂布贴在胎具上研磨，坑点大的一般常用手枪式电钻套上研磨胎具，贴上砂布进行研磨，坑点磨掉后再换研磨砂手工研磨。阀瓣先在车床上车光，粗糙度达$0.8\mu m$以上。

手研时，手拿研磨杆必须垂直，不能偏斜。制作研磨胎具时，尺寸、角度应与阀门的阀头、阀座一致。

2. 闸阀研磨方法

闸阀的口径一般都在 DN100 以上，安装在大型管道上，闸阀的阀座用研磨机研磨，阀瓣在研磨平台上手研或在磨床上研磨，各别较大的阀瓣也用研磨机研磨，在研磨平台上研磨要检查研磨平台是否平整，符合要求后再研磨。阀瓣磨损较严重的，先在大型磨床上磨或在车床上精车，然后在平台上手工研磨，一次性完成，达到标准。阀座磨损严重的，先用金刚砂轮研磨，然后用不干胶砂纸贴在研磨盘上，依次由粗到细研磨，最后在研磨盘上点上细研磨砂抛光，密封面粗糙度达到 $0.8\mu m$ 以上。机研时要经常检查研磨机安装是否正确，研磨盘直径和阀座口径是否一致，以防把阀座磨偏。研磨结束后，在阀瓣密封面上均匀地涂上一薄层红丹粉，将阀门临时装配起来，并轻轻关闭阀门，然后再将其复位，阀座面上接触应均匀、一致。

3. 安全阀研磨方法

安全阀是锅炉等压力容器的重要部件，安全阀的研磨精确度随着压力的升高而提高。安全阀阀瓣和阀座密封面的研磨胎具是用球墨铸铁制成的。如果阀座密封面坑点大，先用粗砂布把大坑点研磨掉，阀瓣密封面在车床上车光，然后用胎具点上研磨砂研磨。研磨时先把胎具点上研磨砂在平台上校平，注意在平台上校胎具时，手拿胎具不要在平台一个地方转动，而要在整个平台做八字、上下转动，使整个平台都接触到，以防校得高低不平。胎具校平后，用清洗剂清洗，然后抹上少许研磨砂、点上几滴机械油放在阀座（瓣）密封面上，用手轻轻转动，不限位进行磨合，不可用太大的力进行磨合，研磨一段时间后手感发沉，这时卸下胎具放在平台上重新校。阀座（瓣）用清洗剂清洗干净，用面巾纸擦干，重新点上研磨砂研磨。研磨砂依次从 800、1000、1500、2000、3000 号一直换成 5000 号，最后用 6000 号抛光，一次性完成。此时座（瓣）密封面粗糙度达 $0.05\mu m$ 以上，要求没有一点细纹，如镜面一样。研磨时研磨膏的涂敷及转动力的分配都要均匀，否则会出现密封面两边低、中间高而形成山形。研磨胎具要随时进行研磨、反复校平，研磨完的阀座、阀瓣要用清洗剂清洗干净，用干净的布条包好，放置在安全的地方。

总之，各种阀门的研磨方法基本是一致的，分为粗磨、中磨、细磨。阀门研磨在检修中是很重要的，因此切不可粗心大意，一定要按要求研磨，这样研磨好的阀门才能严密不漏。

二、密封盘根更换

阀门的盘根是否泄漏与检修、维护的质量有直接关系，阀门盘根严密不漏是实现优质工程的必备条件，因此必须重视盘根的检修与更换，以保证阀门盘根严密不漏，这样不仅可维持现场清洁，而且还可以节约大量的汽水工质。

1. 阀杆盘根的更换

更换新填料时，挖旧填料的盘根钩硬度不能超过阀杆的材料硬度，以免阀杆被钩出小槽。盘根的规格要合适，不应使用过细或过粗的石棉盘根，严禁将过大的石棉盘根敲扁使用。石墨盘根的厚度和直径取决于阀杆与填料盒之间的间隙，石墨填料环是成形的，有 45°开口的和不开口的，往填料室填加盘根时，填料室底层和顶层各填加一圈石棉盘根，中间填加石墨盘根。填加石棉盘根时，先将填料紧紧地裹在直径等于阀杆直径的金属杆上，用锋利的刀子或扁錾沿 45°角将其切开，做成填料环。切割后的填料长度应适宜，放入填料箱内接口处不应有间隙或叠加现象，填加 45°切口的石墨盘根时，上一个填料环的接口要同下一个填料环的接口错开 120°。阀门换好新填料后，填料压盖要压入填料盒的 1/3，以便锅炉点火后或填料泄漏时再紧一次。填料装好后，正式上紧压盖螺丝，把填料压盖压紧，试转阀杆感到有一定的摩擦力时，即认为压盖紧度合适。

2. 阀门自密封室更换填料

现在自密封盘根全部采用石墨成形填料，有些国外阀门采用合金材料制作的钢性自密封环，只有对钢性密封环需要的提紧力特别大时，才能把密封环撑开涨死，以达到密封的目的。填加自密封盘根时，应将阀盖填料槽清理干净，表面应光滑，无毛刺、沟痕；阀体内壁应清理干净，无毛刺、沟痕，并将阀盖穿入阀杆在阀体里坐平。盘根要轻拿、轻放，无破损裂纹，装入自密封室内均匀推入；如推不动，应用盘根压圈扣上轻轻均匀敲打，待压圈与阀盖齐平时，装入四合环或六合环，将盘根压圈挡住。阀门框架装上后紧自密封螺丝，阀盖顶起，盘根压紧。待锅炉升压时，自密封盘根又被压紧一次。

选择钢性自密封环时，其内径至少要比自密封填料室内径小 0.2mm，外径至少要比自密封填料室外径大 0.2mm，已达到一定的涨力。钢性自密封环都做成 45°角斜面，石墨自密封环有的也做成 45°角斜面，有的是平面。

三、阀杆修理

阀杆是阀门的重要零件之一，承受传动装置的扭矩，将力传递给阀瓣，达到开起、关闭、调节、转向等作用。阀杆不但与传动装置、阀杆螺母、阀瓣相连接，同时还和密封填料、工质相接触，承受工质和密封填料的腐蚀。

阀门、阀杆的材料是中、高合金钢。

1. 阀杆校直

阀杆由于受到工质的冲击、开关过量以及不合理的检修方法都会产生弯曲。阀杆弯曲会影响阀门的正常运行，使盘根处发生泄漏，加速与阀杆相连接阀件的损坏。通常阀杆弯曲度不能超过 1/1000，当超过时可分别采用静压校直法、冷作校直法、火焰校直法校直；若弯曲度过大，应更换新阀杆。

2. 阀杆表面修理

由于受到填料盘根和工质的腐蚀，阀杆密封面易损坏，可用研磨、镀铬、氮化、淬火等工艺进行修复，并用砂布对表面进行研磨，清除锈垢。如果腐蚀成片且很深，无法修复，则应更换新阀杆。

3. 阀杆连接螺纹修理

检查阀杆上下螺纹部分是否完整，如有断扣、咬扣等缺陷，应用锉刀修复或将阀杆卡在车床上修理，与阀杆螺母和阀瓣配合应灵活，无卡涩。

四、密封面修理

(1) 阀瓣和阀座的密封面有坑点、沟槽时，应用研磨胎具和研磨机研磨掉。

(2) 经长期使用和研磨后，阀座、阀瓣密封面会逐步磨损，尺寸达不到要求，使严密性降低，为此可采用堆焊的方法将其修复。在堆焊前，需将密封面的表面用砂布清理干净，直至发出金属光泽。堆焊可采用"堆547合金焊条"或"钴基合金焊条",堆焊时先将阀瓣和阀座加热到250~300℃,在堆焊过程中应保持此温度。堆焊完后把阀瓣和阀座加热到650~700℃,然后降到500~550℃,并保持2~3h,再用保温棉包好缓慢冷却;然后用车床加工到要求尺寸,粗糙度达到0.05~0.8μm,最后研磨使其达到标准,具备组装条件。

第三节　超(超)临界锅炉阀门检修

下面以某1000MW超(超)临界锅炉阀门设备检修为例,介绍如何进行阀门检修工作。

一、DRESS安全阀

(一)设备介绍(见表4-4)

表4-4　　　　　　　　　　锅炉阀门设备

安装位置	阀门数量	阀门规格(in)	阀门型号	整定压力(MPa)	回座比(%)	温度(℃)	单只排放量(t/h)	单只排放反力(N)	经验值选择
高温过热器出口	2	3×8	1753WF	30.85	4	605	246	81 827	1.443
屏式过热器进口	6	3×8	1753WD	32	4	461	335	86 887	1.443
高温再热器出口	1	6×10	1707RWF	5.7	4	603	211	74 011	0.312
				5.85	4	603	211	74 011	0.312
低温再热器进口	1	6×8	1705RWB	6.0	4	356	269	76 109	0.312
				6.10	4	356	273	77 365	0.312
	6			6.15	4	356	275	77 933	0.312

(二)检修工艺及质量标准

1. 修前准备工作

(1)备好检修工具,如扳手、钢丝钳、手锤、螺丝刀等;起吊工具,如倒链、钢丝绳;测量工具,如深度千分尺、钢板尺、塞尺等;研磨工具。

(2)备好备品配件、有关图纸及记录表格、管口封。

2. 阀门解体检查及修理

(1)拆下顶部操纵杆销和操纵杆。

(2)松开阀盖的定位螺钉,拆下阀盖和操纵杆组件。拆下的零部件摆放整齐,不得与其他阀门互换、混放。

(3)拆下并卡住复位螺母的开口销,拆下复位螺母。

(4)测量并记录如图4-13中所示尺寸A的数值。

(5)均匀地拆下两个轭杆上部的螺母,两螺母要轮流拆下。

(6)将轭架从阀杆上提出,拆除支座组件和顶部弹簧垫圈。在弹簧及上、下部垫圈上做出相对位置标记。

（7）取下弹簧及下部垫圈。

（8）从重叠套环和阀杆组件上拆下环的开口销，标出重叠套环的槽口与阀杆上开口销孔的相对位置（见图4-14），逆时针转动环，直至环上的最低线（四条线中）与上浮置垫圈找平。记录阀杆上开口销孔前的重叠套环槽口数。

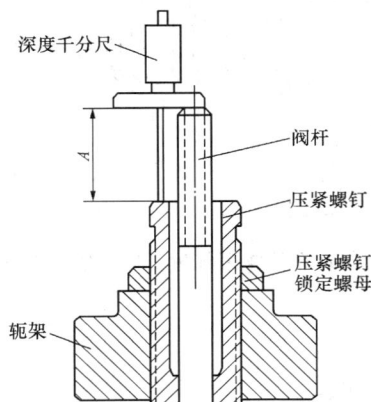

图 4-13　尺寸 A 的位置

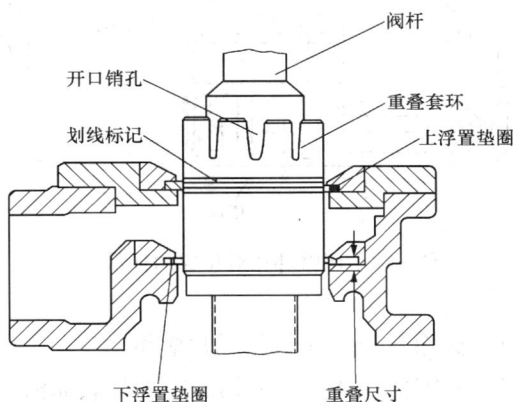

图 4-14　重叠套环的槽口与阀杆上开口销孔相对位置的标示

（9）在盖板与基座接合处做出相对位置标记，拆下盖板的双头螺栓螺母。

（10）吊起阀杆放至合适位置，拆下阀杆、阀瓣和阀瓣压环组件（除更换阀杆外，一般不要拆除重叠套环、开度止动块和阀瓣环），保护好阀瓣密封面和阀杆螺纹。

（11）用深度千分尺测量图4-15中所示尺寸 B、C 的数值，并记录。

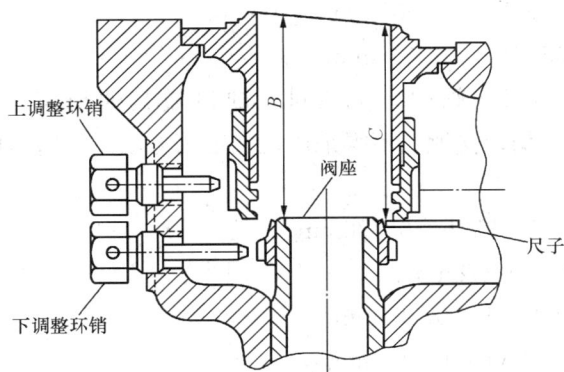

图 4-15　尺寸 B、C 的位置

（12）拆下上调整环销，取出导承和上调整环，做出导承和上调整环的相对位置标记，见图4-16。标出上环槽口相对于导承的径向位置。

（13）松开下调整环销，使之稍微与环的槽口离开，在套筒座顶部放一环形研磨工具（见图4-17），然后利用环销作"指针"，逆时针旋转下调整环，直至与研磨环接触。记录下环通过"指针"前方的槽口数。

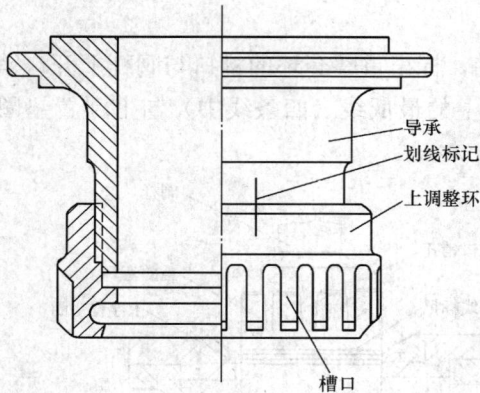

图 4-16　导承和上调整环相对位置的标示

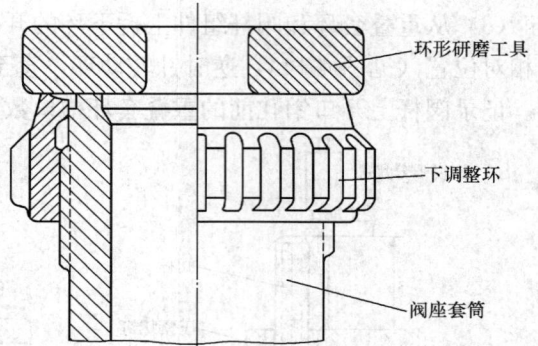

图 4-17　在套筒座顶部放一环形研磨工具

（14）拆除下调整环销和下调整环。

（15）各零部件清洗、除锈。零部件表面清洁、无锈蚀。

（16）阀瓣压环的检查、修理。压环下端面不得有蒸汽冲刷的沟痕，两个小孔必须敞开，外径表面光滑，不得为椭圆形。

（17）阀导承的检查及修理。导承内表面光滑，内圆不得为椭圆形，外部螺纹状态良好。

（18）阀瓣压环与导承间隙测量。各阀门阀瓣压环与导承的间隙不得超过下列数值：

1）高温过热器出口 1753WF：0.432mm。

2）屏式过热器入口 1753WD：0.432mm。

3）再热器出口 1707RWF：0.508mm。

4）再热器入口 1705RWB：0.508mm。

（19）阀瓣检查及修理。阀瓣座无汽蚀、缺口或其他损伤，修理密封面粗糙度达 $0.1\mu m$，且与阀座密封面均匀接触，不得采用机加工的方法。研磨后凹台高度不应低于下列数值：

1）高温过热器出口 1753WF：0.178mm。

2）过入口 1753WD：0.178mm。

3）再热器出口 1707RWF：0.305mm。

4）再热器入口 1705RWB：0.305mm。

（20）重叠套环检查及修理。环的外径无缺口、毛刺、点蚀和表面粗糙迹象，无弯曲，螺纹保持完好、配合灵活。

（21）盖板检查及修理。浮置垫圈动作自如，无弯曲和变形现象，浮置垫圈的内径表面和垫圈的护圈无撕裂、点蚀、腐蚀和磨损现象，盖板排气孔畅通。

（22）阀座套筒的检查及修理。

（23）测量 E 的尺寸（见图 4-18），当屏式过热器入口、高温过热器出口安全阀的 $E<0.254mm$，再热器安全阀的 $E<0.762mm$ 时，应用机加工套筒的方法来保证该尺寸，并不

得加工至套筒螺纹处。

（24）阀杆检查及修理。阀杆偏心不大于
0.177mm。检查阀杆的弯曲：把木、纤维或
其他适用材料制成的 V 形块夹到阀杆上，然
后将阀杆的球头端置入软木块内，把一刻度指
示器夹到阀杆相应位置上，阀杆旋转时全部指
示器读数不应超过 0.177mm。

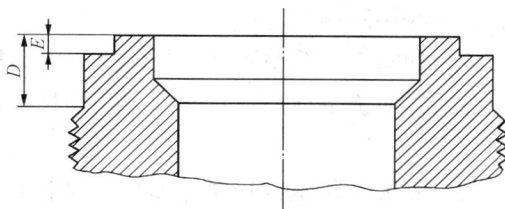

图 4-18　尺寸 E 的位置

（25）阀杆与阀芯支承面的检查及修理。阀杆与阀芯支承面应符合要求的支承带宽度
（见表 4-5），否则应进行研磨或加工。研磨后的套筒支承面粗糙度应达 0.1μm，无裂纹、凹
坑、压痕。

（26）压紧螺钉的检查及修理。压紧螺钉的外部螺纹应完好、配合灵活，下部球形支承
面应能与上弹簧垫圈沿球形半径完全接触，无卡涩现象。压紧螺钉的下部球形面修理应采用
研磨的办法。

表 4-5　　　　　　　　　**支 承 带 宽 度**　　　　　　　（mm）

阀门名称	支承带宽度
高温过热器出口 1753WF	5.556
屏式过热器入口 1753WD	5.556
再热器出口 1707RWF	7.937
再热器入口 1705RWB	7.937

（27）研磨下弹簧垫圈。下弹簧垫圈的支承面必须与阀杆研磨，直至得到合格的支承带
宽度。支承带宽度应不小于 3.2mm 且不大于 4.8mm，研磨后应清理干净。

3. 阀门的组装

（1）润滑下调整环及环销螺纹，按拆卸时方法定位下调整环，组装下调整环及环销。如
原始下适位置数据不适用，则应降低 1 个槽口（4.134MPa）。环销应拧紧，且下调整环应能
稍微活动。

（2）润滑上调整环及环销螺纹，并把环装到导承上装入阀门底座，以拆卸时标记及记录
的尺寸为准，以保证上调整环在其原始的位置上。上调整环销应拧紧，且上调整环应能稍微
地活动。

（3）上调整环向下调整，定位后固定。

（4）润滑阀杆端部，把阀瓣压环和阀瓣装到阀杆上。阀杆和阀瓣支承带附合要求阀瓣能
自由晃动。

（5）把阀杆组件装入阀底座，安装盖板并拧上盖板螺母（67.5N·m），阀门密封面应
用软的无毛布擦干净，盖板应与底座保持原始位置。

（6）将重叠套环装至原始位置，安装开口销。开口销折弯端部应使环与阀杆卡紧，阀门

开启高度与铭牌相符。

（7）润滑下弹簧垫圈和阀杆的支承面，把下弹簧垫圈装到阀杆上。

（8）将弹簧及顶部弹簧垫圈装在阀杆上。弹簧的方位应正确，上垫圈的凸耳应与左轭杆啮合。

（9）润滑压紧螺钉和阀杆螺纹，拧上锁定螺母，把螺钉拧入轭架，直到螺钉铷从轭架下部伸出为止，压紧螺钉应与上弹簧垫圈对正。

（10）润滑上轭杆螺纹，然后将轭架定位，用力矩扳手和套筒扳手按规定力矩均匀扭紧轭杆螺母。过热器出口、屏式过热器入口安全阀扭矩为 472.5N·m，再热器入口安全阀扭矩为 675N·m，再热器出口安全阀扭矩为 1016.9N·m。

（11）将压紧螺钉旋至拆卸时记录的初始位，拧紧锁定螺母。

（12）装上复位螺母，直至复位螺母在阀杆螺纹上完全啮合。

（13）安装提升传动装置。

（14）调整复位螺母，直至螺母离开顶部操纵杆 3.175mm，插入开口销将复位螺母锁住。确保阀门满足行程要求。

（三）常用备品配件（见表 4-6）

表 4-6　　　　　　　　　　　常 用 备 品 配 件

序号	名　称	规　格	数量
1	再热器进口安全阀阀芯	1705RWB	2
2	再热器出口安全阀阀芯	1707RWF	2
3	屏式过热器进口安全阀阀芯	1753WD	2
4	高温过热器出口安全阀阀芯	1753WF	2

（四）消耗材料（见表 4-7）

表 4-7　　　　　　　　　　　消 耗 材 料

序号	名　称	规　格	单位	数量
1	塑料布		kg	5
2	破布		kg	2
3	松锈剂		瓶	5
4	胶皮	2mm	公斤	50
5	铅粉油		kg	1
6	砂纸	46～600 号	张	各1
7	封口布	大	块	20
8	记号笔		支	1

（五）检修工器具（见表4-8）

表 4-8　　　　　　　　　　　　　检 修 工 器 具

序号	名　称	规　格	单位	数量
1	撬棍		把	2
2	手锤		把	2
3	扁铲		把	2
4	挡圈钳	10in	把	1
5	剪刀		把	1
6	手电		只	1
7	梅花扳手	14件/套	套	1
8	呆扳手		套	1
9	螺丝刀		套	1
10	钳子	件（尖）	把	1
11	钳子	件（平）	把	1
12	倒链（1t）		台	1
13	钢丝绳		条	2
14	錾子		把	1
15	活扳手		套	1

二、CONVAL 截止阀

（一）设备介绍

1000MW 机组锅炉疏、放水系统及压力表截止阀多数均采用进口 CONVAL，其结构形式基本相同，检修的工艺也基本相同。

（二）检修工艺及质量标准

1. 检修前准备工作

（1）备好检修工具，如扳手、钢丝钳、手锤、螺丝刀等；起吊工具，如倒链、钢丝绳；测量工具，如深度千分尺、钢板尺、塞尺等；研磨工具。

（2）备好备品配件、有关图纸及记录表格、管口封。

（3）解体前，应确保阀门已与系统压力隔离，并已做好了相应的安全工作。

2. 截止阀解体

（1）将卡箍锁紧螺栓从阀箍中完全旋出，并将其旋入卡箍螺栓系耳的另一边（有螺纹的一边）；将一块金属板（象单瓣垫片一样）插入阀箍开口处，以防螺栓穿过阀箍；旋入卡箍螺栓，将阀箍开口顶开约 1/16in（这是为了消除阀箍摩擦力）。

（2）用专用阀箍扳手旋下阀箍，小心地拆下阀箍，不要让阀杆和阀塞划伤阀盖密封面，如果阀盖粘在阀体上，则在阀盖下面加一个小的楔。

（3）拆下手轮固定螺母和垫片，拿下手轮。

（4）将阀杆从阀箍中拆出时，需要将阀杆向下旋过阀箍套管，为了拆卸方便，可以用金属丝刷和溶剂对阀杆上的螺纹进行彻底清理，必要时还可以用锉刀修整手轮平面上的螺纹。

（5）从阀盖上拆下调节垫片（如果有），某些型号的阀门装有调节垫片用于保持阀箍的正确方向，重新装配时，应使阀门与调节垫片保持原来的相对位置。

（6）拆下阀盖，颠倒阀杆，并把阀盖压到阀杆上。

（7）检查密封面是否有损坏。其检查部位如下：

1）阀体：阀座、封面。

2）阀杆：阀塞密封面、盘根密封面、上密封固定器边缘。

3）阀盖：后座凸起、阀体密封面、盘根腔密封面。

3. 重新组装盘根

（1）用软棒（木棒、塑料棒或黄铜棒）拆出旧盘根，将阀盖倒过来放在台上，并将盘根环从底部压出；拆出盘根之前，可将阀盖和盘根浸在溶液中使盘根松动。

（2）用干净的溶剂清洁阀盖室，去除可能导致阀杆生锈的杂质。将阀盖室放在重新加装盘根的专用阀杆上，依次逐个加入盘根环，并用压紧工具将它们压入盘根环，无需加载预压力。

4. 阀座整修

（1）解体阀门。

（2）将整修工具的压紧盖移到套管上面，以防止装配过程中切削刀碰到阀座。

（3）小心地将整修工具插入阀体腔，以防损坏阀盖密封面。

（4）将阀箍拧到阀体螺纹上，并用手旋紧。

（5）向下压轴杆，确保切削部分固定在阀座上。

（6）将压盖向下正好压到滚动轴承上。

（7）向上提起轴杆，确保其有些晃动。

（8）轴杆不转时不要进切削刀，把槽口扳手放到轴杆顶部的六角螺帽上，并且开始顺时针转动轴杆，同时让压盖向前进直至切削刀开始切削，继续转动轴杆，压盖同时向前进，以确保连续切削。开始切削后注意推进轴杆，并且切削量不要超过压盖的 1/4 圈。

（9）用溶剂和布清除切屑。

5. 阀塞整修

用车床夹住阀塞外部，保证同心度在 0.025mm 以内，加工面与中心轴线成 $29°±10″$ 的角度，用单点硬质合金刀头（等级为 K68 钴碳化钨硬质合金或相同等级硬质合金），以 $30\sim50\text{in/min}$ 圆周的速度加工，在形成新加工面的前提下，切削量越少越好。

6. 阀盖研磨

（1）装配阀盖研磨工具。

（2）在阀盖研磨工具的座面上涂少量研磨粉。120 号研磨粉用于粗磨；280 号研磨粉用于细磨。

（3）对阀盖研磨工具稍加一点向下的压力，前后研磨直至阀盖法兰盘上出现一个平滑的加工面。

（4）用溶剂和干净的布清洁各部件。

7. 阀座研磨

（1）装配阀座研磨工具。

（2）轴衬应该是松动的，以便阀塞能轻松地晃动，紧固六角螺帽，将轴衬固定。

（3）在阀塞座面上加少量研磨粉。120号研磨粉用于粗磨；280号研磨粉用于细磨。

（4）让阀杆保持稍向下的压力，前后研磨约2min，直至由线接触变为完全面接触。研磨的目的是让阀座和阀塞形成宽度为1.6mm左右的线接触带。

（5）用溶剂和干净的布清洁各部件。

8. 重新组装阀门

（1）用溶剂完全清洁各部件。

（2）在阀体阀箍的螺纹上涂防咬合剂。

（3）装配顺序如下：

1）阀盖滑到阀杆上时，用盘根加载工具将盘根压在阀盖腔内。

2）将盘根压盖拧到阀箍套管的最高点。

3）如果原来有调节垫片，则将调节垫片重新放到阀盖腔上，并将阀杆旋进阀箍中至中间行程位置，使调节垫片平铺在阀盖边。

4）用卡箍螺栓顶开阀箍，将阀箍旋入阀体，旋入时，避免阀塞与阀体阀盖密封面接触。

5）将阀箍旋到阀体上，确保阀杆位于阀箍套管的顶部，加载指定的力矩，不要过力矩。

6）如果必须改变阀箍的对准方向，则每转动90°需加一个0.030in厚的调节垫片。

7）松开卡箍至正常位置，并加载力矩。

8）在阀杆上装手柄和固定器，并紧固。

9）在全行程范围内让阀门走动几遍，固定盘根，重新调节盘根压盖，根据指定力矩值紧固盘根套筒。

三、361 阀

（一）设备介绍

设备参数如表4-9所示。

表4-9　　　　设 备 参 数

压 力 等 级	2500 ANSI
设计压力/设计温度	30.7MPa/375℃
最大压力（38℃）	43MPa

（二）检修工艺及质量标准

1. 修前准备工作

（1）备好检修工具，如扳手、钢丝钳、手锤、螺丝刀等；起吊工具，如倒链、钢丝绳；测量工具，如深度千分尺、钢板尺、塞尺等；研磨工具。

（2）备好备品配件、有关图纸及记录表格、管口封。

2. 气动膜执行机构——轳件解体

（1）隔离控制阀，断开所有配套管线。

（2）在执行机构组件上装上吊索（见图4-19）。

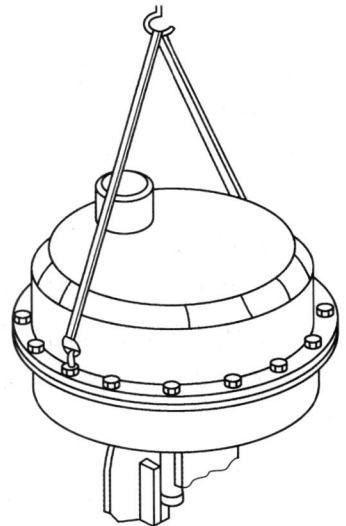

图4-19　在执行机构组件上装上吊索

（3）松开阀盖螺母，但不要移走。

（4）在执行机构组件上盖的气孔处安装带手控压力调节器的临时空气管。

（5）对执行机构慢慢加压，使上面的执行机构松开。

（6）拆下杆夹，见图 4-20、图 4-21。若必要，可移走所有连接，并记下连接的装配位置，供重新组装时用。

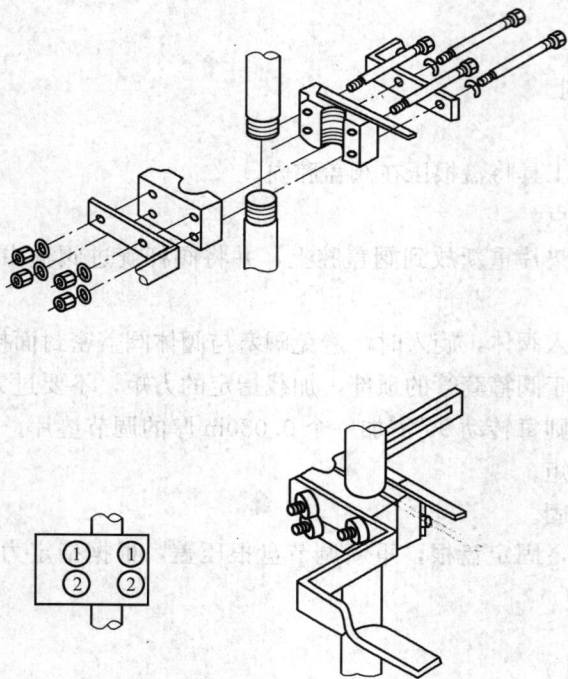

图 4-20　拆下杆夹

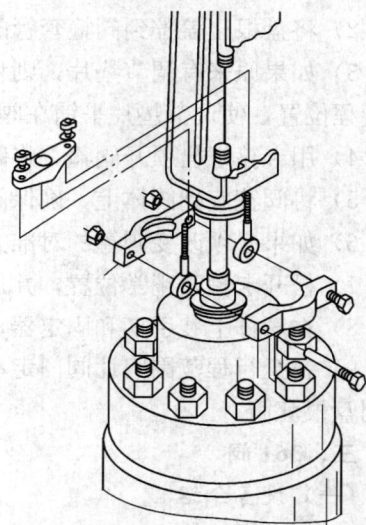

图 4-21　移走连接

（7）拆下临时空气管。

（8）拆下密封法兰。

（9）把执行机构和轭件从阀体组件上吊起，注意不要让轭和杆剐蹭。

3. 阀内件解体

（1）松开阀盖螺母。

（2）安装轭夹，吊到阀盖上，从阀体上移走阀盖，确保阀塞和轴保留在阀体中。

（3）从阀盖或阀盖间隔器小心移走导向衬套和阀塞密封，确保金属零件不被损坏。

（4）从阀盖移走轭夹和吊索，连同杆夹环绕放到阀塞杆上。使用吊索，从阀体上移走阀塞和轴组件，见图 4-22。

（5）移走密封垫压圈。使用填料移除工具移走填料装置，小心不要破坏填料箱。

（6）移走间隔器，小心不要破坏阀盖内径。使用相同内径的杆作为阀杆。通常使用吹风帮助移除疏松物质。

（7）从阀体上举起阀盘组组装/阀笼。若有升降孔，系两个活节螺栓和吊索（见图4-23）。

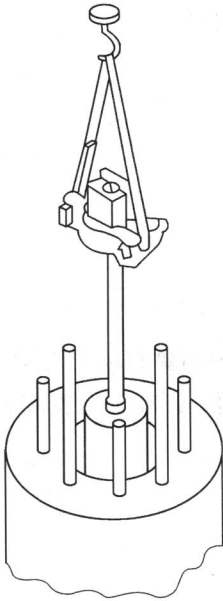

图4-22 使用吊索从阀体上移走阀塞和轴组件

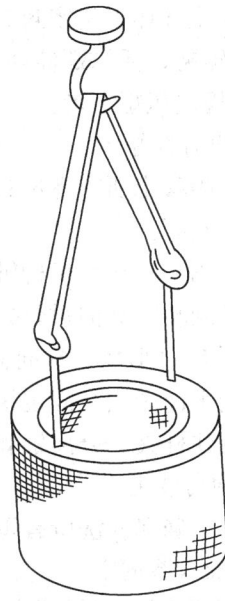

图4-23 从阀体上举起阀盘组组装/阀笼

（8）从阀体上小心移走座环，注意不要破坏阀座面。

（9）移走座环间隔器。

（10）从座环上移走柔性垫圈。

4. 阀内件组装

（1）组装前，确保清洗所有零部件。润滑柔性垫圈，并放到座环的槽中。

（2）定位阀内的座环。确保阀座的就座面向上，将座环旋转几次，确保其完全坐到阀体凹处。

（3）在阀体内放置座环间隔器。

（4）将阀盘组组装降落到阀体内，直至其挂到阀体上。确保标志"座端"一端放到座环上，若有升降孔，可系两个活节螺栓和吊索。将阀盘组组装旋转几次，确保其完全座到座环上。

（5）在阀塞和轴组件的外径上加一薄层润滑剂。

（6）使用轭夹、杆夹和吊索，小心将阀塞/轴组件降落到阀盘组组件上，直至接触到座环。

（7）移走轭夹、杆夹和吊索。

（8）在阀塞密封上加一薄层润滑剂。

（9）将阀塞密封放置到阀盖或阀盖间隔器空间。

（10）在阀体阀盖孔和阀盖或阀盖间隔器外径上加一薄层润滑剂。

（11）在阀盖上装轭夹和吊索。

（12）给垫圈密封上油，并安装到阀体的槽中。将阀盖间隔器落到阀盘组/阀笼或阀盖间隔器上，小心防止破坏平衡密封。

（13）移走轭夹、活结螺栓和吊索。

（14）按照规定扭矩上紧。

5．执行机构的拆卸

（1）从上端帽移走所有螺母和系杆（螺钉）。

（2）移走上端帽。

（3）从下端帽移走执行机构轴和活塞。

（4）逆时针旋转杆导向衬套并移走。

（5）移走所有 O 形环、导向衬套和刮环，在拆卸过程中不要破坏 O 形环。

（6）在铣削平面旁安全固定执行机构轴；若无铣削平面，则在轴上安装轴夹，在装有黄铜嘴的台钳中夹住杆夹。分离轴和活塞。

6．执行机构的装配

（1）组装前，确保清洗所有零部件。

1）将零件浸入溶剂中。

2）使用非金属刷从密封面清除难处理的灰尘。

3）使用 400 粒磨砂布或 S.S 金属刷从阀体内部清除生水垢、铁锈和小坑。

4）使用溶剂冲洗零件。

5）沿流量的反方向，使用压缩空气通过每个圆片通道。

6）使用干净布或压缩空气干燥零件。

（2）更换所有 O 形环、导向环和刮环。

（3）给所有 O 形环上润滑剂。

（4）在铣削平面旁安全固定执行机构轴；若轴无铣削平面，则在轴上安装轴夹，在装有黄铜嘴的台钳中夹住杆夹。分开轴和活塞。

（5）将执行机构轴组件插入下端帽。

（6）逆时针旋转下端帽的杆导向衬套并移走。

（7）将上端帽放到汽缸上，对齐下端帽和上端帽气孔。

（8）给固定杆、螺母和垫圈上油并安装。

（9）继续上紧螺母，直至两端帽装到汽缸上。

7．气动执行机构——轭件组装

（1）在执行机构组件上装上吊索。

（2）在下端帽的气孔上安装一个临时气管，施加足够的气压，直至执行机构杆到达中间位置。确保执行机构杆未缩回到端帽中。

（3）小心操作，把执行机构组件放置到阀盖上，注意杆和轭不要刷蹭。

（4）用轭夹、吊环螺栓、装配螺栓或销钉螺母连接轭件和阀盖，按照要求拧紧。

（5）润滑密封法兰的螺母和吊环螺栓的螺纹或密封法兰的螺栓。

（6）安装密封法兰和螺母。

（7）从上端帽气孔释放压力。

（8）在上盖的气孔上安装带手动调节器的气管。

（9）缓慢施加足够的气压，使执行机构轴延伸，直至接触到阀塞杆。

（10）安装杆夹，把阀塞杆和执行机构轴紧固在一起。按照交叉方法，均匀用力，拧紧杆夹螺栓。拧紧螺栓后，保证两边的间隙相等。

（11）缓慢释放执行机构的气压，使内部零件相互磨合。

（12）让阀门运行三个行程，使密封压力相均衡。

（13）拆下临时空气管，安装所有的正式管路。

四、FISHER 调节阀检修

（一）设备介绍

FISHER 调节阀型号及数量见表 4-10。

表 4-10 FISHER 调节阀型号及数量

安装位置	阀门数量（只）	阀门型号
过热汽一级减温水支管	2	4inEHD
过热汽二级减温水支管	2	4inEHD
给水管路	1	8inEHD
再热器减温水支管	2	2inHPS
BCP 循环管路	1	360 调节阀 8inEHD

（二）检修工艺及质量标准

1. 拆卸

（1）联系热工拆除气动阀门气源及执行控制机构。

（2）卸下阀杆与传动杆连接器。

（3）松开盘根压盖及压板。

（4）松开调节阀盖螺栓。

（5）平稳吊起执行机构及门盖。

（6）抽出阀杆及阀芯拆卸上垫片取出套筒，再取下垫片及缠绕垫片。

（7）彻底清理阀体内部，检查阀杆、阀芯及套筒。

2. 检查内容

（1）检查阀杆、阀芯冲蚀情况，阀杆无明显弯曲，局部腐蚀深度不大于 0.1mm，结合面无麻点、沟痕，吃线周圈均匀接触，阀座与阀芯无裂纹。

（2）检查阀体内部冲蚀情况及盘根室情况，气室底座及盖子无变形、裂纹等缺陷。

（3）检查气动执行机构及套筒、气室底座及盖子无变形、裂纹等缺陷。

3. 阀门的复装

（1）各部件检查、清理、维修好后，先装入套筒及缠绕垫片。

（2）阀杆和阀芯连接好，放入阀体内部，在组装前往螺纹上涂一层润滑油；将阀芯拧到阀杆上，用力要适当。

（3）吊门盖及执行机构紧固螺栓，螺栓紧固到位，用力均匀。

（4）复装阀杆与传动杆连接器及盘根，填料规格、材质正确，盘根邻圈切口之间应错开90°～180°，切成45°角，紧好后压盖压入1/3填料箱。

（5）联系热工调试。阀门开关灵活，无卡涩现象。

4. 质量标准

（1）门盖无裂纹、气孔等缺陷，法兰接合面接触良好，平整、光滑，无径向沟槽。

（2）阀杆无锈蚀、麻点、沟痕，最大弯曲度不大于0.10mm。

（3）阀芯无毛刺、沟痕。

（4）套筒表面光洁，无毛刺、沟痕，套筒上下接合面无裂纹、沟痕等缺陷，盘根、垫片规格、材质正确、完整。

（5）门盖法兰四周间隙均匀，螺栓紧力相同。

五、SENMPELL 闸阀

（一）设备介绍

SENMPELL 闸阀数量及规格见表4-11。

表4-11　　　　　　　　　　　　SENMPELL 闸阀数量及规格

阀门名称	规格	单位	数量	阀门名称	规格	单位	数量
给水主闸阀	DN650	只	1	过热汽一级减温水总管隔离阀	DN6in	只	2
给水旁路闸阀	DN350	只	2
过热汽减温水总管闸阀	DN350	只	1	过热汽二级减温水总管隔离阀	DN7in	只	2
过热汽一级减温水支管闸阀	DN150	只	2
过热汽二级减温水支管闸阀	DN175	只	2	再热气减温水总管隔离阀	DN5in	只	1
BCP 最小流量回流管路闸阀	DN150	只	1	储水罐到二级过热汽减温水总管隔离阀	DN2in	只	1
361 阀进口管路闸阀	DN450	只	1
BCP 出口管路闸阀	DN400	只	1	BCP 过冷管路隔离阀	DN4in	只	1
BCP 进口管路闸阀	DN450	只	1

（二）检修工艺及质量标准

1. 修前准备工作

（1）备好检修工具，如扳手、钢丝钳、手锤、螺丝刀等；起吊工具，如倒链、钢丝绳；测量工具，如深度千分尺、钢板尺、塞尺等；研磨工具。

（2）备好备品配件、有关图纸及记录表格、管口封。

2. 阀门解体检查及修理

（1）将手轮、齿轮箱或执行器从阀门上拆下。

（2）拆卸螺栓，将齿轮箱、执行器取下，然后从带有润滑油嘴的轭上将阀杆螺母、两个轴承和两个O形环拆下。

（3）从阀杆上拆下指示器。

（4）松开密封填料的密封盖和内装开口环的密封盖法兰螺栓，取下填料压盖。

（5）拆下四拼环。

（6）松开阀盖。

（7）将阀盖从阀体上取下，取出石墨垫圈。

（8）吊出阀杆，取下定位零件，取出两块楔形闸板。

（9）仔细检查各零部件。

1）左右阀瓣及阀座不应有裂纹、毛刺、腐蚀的斑点，径向贯穿密封面不超过 1/2。

2）阀杆丝扣完好，无毛刺、损伤及断扣现象。

3）阀体无裂纹、气孔，与密封圈接触部分光滑，无划痕、麻点。

4）调整垫的球面无严重磨损。

3. 阀门的组装

（1）所有部件必须清洗干净，目测确保没有其他杂物混入。

（2）内部阀座环、闸板两面必须仔细擦拭，确保没有任何损坏。

（3）两块楔形闸板必须与两个定位零件和阀杆组装在一起；将组件插入阀体。

（4）将阀盖插入阀体。操作人员应注意戴上手套，以确保能仔细安装石墨垫圈，然后盖上不锈钢圈。

（5）环和四部件组组装环必须组装在垫圈上；拼环应放置在阀体的凹槽中；四拼环应有安全环固定，以确保四拼环在正确位置。

（6）阀盖必须用螺栓和螺母固定，所需扭矩应符合要求。

（7）安装基环，将石墨密封和两个环套到填料空间，操作人员必须戴手套。

（8）密封填料应由密封盖和内装开口环的密封盖法兰压紧，按照规定的扭矩将螺母旋紧到螺栓上。

（9）将指示器安装到阀杆上。

（10）将阀杆螺母、两个轴承和两个 O 形环组装到带有润滑油嘴的轭上，然后将齿轮箱、执行器用螺栓连接到法兰上。

（11）将手轮、齿轮箱或执行器组装到阀门上。

六、阀门常见故障、原因及消除方法

运行中的阀门常常发生各种故障，等待检修时处理，所以在检修之前应先了解阀门在使用时的情况，发生了什么故障，并在检修中合理地予以消除。下面将阀门常见故障、原因及消除方法列于表 4-12。

表 4-12　　　　　　　　　阀门常见故障、原因及消除方法

序号	故障名称	产生原因	消除方法
1	阀门本体泄漏	1. 制造时浇铸不良，有砂眼或裂纹，造成机械强度降低。 2. 阀体补焊时拉裂	1. 对怀疑有裂纹处磨光，用 4% 硝酸溶液浸蚀，如有裂纹就可显示出来。 2. 对有裂纹处用砂轮磨光或铲去有裂纹的金属层进行补焊

续表

序号	故障名称	产生原因	消除方法
2	阀杆及与其装配的螺纹套筒的螺纹损坏或阀杆头折断	1. 操作不当、用力过猛或用大钩子关闭小阀门。 2. 螺纹配合过松或过紧。 3. 操作次数过多，使用年限过久	1. 改进操作，一般不允许用大钩子关闭小阀门。 2. 制造备品时要合乎公差要求，选择材料要适当。 3. 重新更换配件
3	阀盖接合面泄漏	1. 螺栓紧力不够或紧偏。 2. 门盖垫片损坏。 3. 接合面不平	1. 螺栓应对角紧，紧力一致，接合面间隙应一致。 2. 更换垫片。 3. 解体重研接合面
4	阀瓣（闸板）泄漏	1. 关闭不严。 2. 研磨质量差。 3. 阀瓣与阀杆间隙过大而造成阀瓣下垂或接触不好。 4. 密封面材料不良或杂质卡住	1. 改进操作，重新开启或关闭，用力不得过大。 2. 改进研磨方法，解体重研。 3. 调整阀瓣与阀杆间隙或更换阀瓣。 4. 重新更换或堆焊密封面，清除杂质
5	阀瓣腐蚀损坏	阀瓣材料选择不当	1. 按工质性质和温度选用合格的阀瓣材料。 2. 更换合乎要求的阀门，安装时应符合工质的流动方向
6	阀瓣和阀杆脱离而造成开关失灵	1. 修理不当或未加止动螺帽垫圈，运行中由于汽、水流动，使螺栓松动，造成弹子落出。 2. 运行时间过长，使销子磨损或疲劳损坏	1. 根据运行经验及检修记录，适当缩短检修间隔。 2. 阀瓣与阀杆的销子要合乎规格，材料质量要合乎要求
7	阀瓣、阀座有裂纹	1. 合金钢接合面堆焊时有裂纹。 2. 阀门两侧温差太大	对有裂纹处补焊，按规定进行热处理，车光并研磨
8	阀座与阀体间泄漏	1. 装配太松。 2. 有砂眼	1. 将阀座取下，在泄漏处补焊，而后车削加工，再嵌入阀座车光或直接更换阀座。 2. 对有砂眼处补焊，然后车光并研磨
9	填料盒泄漏	1. 填料的材质选择不当。 2. 填料压盖未压紧或压偏。 3. 加装填料的方法不当。 4. 阀杆表面粗糙度高	1. 选择合乎要求的填料。 2. 检查并调整填料压盖，均匀用力拧紧压盖螺栓。 3. 按正确的方向加装填料。 4. 修理或更换阀杆
10	阀杆升降不灵或开关卡住	1. 冷态下关得太紧，受热后胀住或开后过紧。 2. 填料压得过紧。 3. 阀杆与填料压盖的间隙过小而胀住。 4. 阀杆与阀杆螺母丝扣损坏。 5. 填料压盖紧偏卡住。 6. 通过高温工质时润滑不良，阀杆严重锈蚀	1. 用力缓慢试开或开足过紧时再关 0.5～1 圈。 2. 稍松填料压盖螺栓，试开。 3. 适当扩大阀杆与填料压盖之间的间隙。 4. 更换阀杆与螺母。 5. 重新调整压盖螺栓，均匀拧紧。 6. 高温工质通过的阀门采用纯净石墨粉作润滑剂

第四节　火力发电厂蒸汽管道寿命评估方案

依据《火力发电厂金属技术监督规程》（DL/T 438—2009），火力发电厂蒸汽温度高于400℃的主蒸汽管道、再热蒸汽管道及锅炉、汽轮机导汽管运行15万h后，应进行相应的寿命评估。

主蒸汽管道、再热蒸汽管道及锅炉、汽轮机导汽管在长期运行中的寿命损伤主要是蠕变，特别是弯头等受力较大的部位。一般，寿命评估需割管进行相应的试验。

一、评估资料

（一）设计、运行及检修资料

（1）管道设计资料，包括蒸汽参数、设计依据、部件材料及其力学性能、制造工艺、结构几何尺寸、强度计算书及管道的冷紧位置、冷紧方向和预拉紧力等。

（2）管道安装资料，包括光谱检测、焊接及热处理工艺、主要缺陷的处理记录等。

（3）管道投运时间、运行小时数和启停次数。

（4）管道实际运行压力、温度及压力、温度的波动范围；超设计参数运行的温度、压力及每一参数下的累积运行时间。

（5）管道事故记录和事故分析报告。

（6）管道焊缝的挖补修复与弯头（弯管）、阀门及三通的更换记录。

（7）管道历次检修检查记录，包括管道外观检查、壁厚和弯头不圆度测量及蠕胀测量记录，焊缝、弯头（弯管）的无损检验，材料成分的校对、金相组织、硬度检查，腐蚀状况检查和管系的支吊检查记录等。

（二）管道材料性能数据

根据机组的运行方式，确定对蒸汽管道是进行蠕变寿命评估、疲劳—蠕变交互作用寿命评估，还是焊缝缺陷的安全性评定，不同类型评估所需的材料性能数据如下。

1. 管道蠕变寿命评估所需的材料性能数据

（1）常规力学性能，包括室温和工作温度下的拉伸性能、冲击性能，硬度。

（2）高温长期性能，包括持久强度、蠕变极限、最小蠕变速率。

（3）微观组织与碳化物特性。微观组织包括组织特征、晶粒度、表面脱碳、珠光体球化级别、石墨化级别（碳、钼钢）、蠕变孔洞和裂纹；碳化物特性包括碳化物成分与结构。

（4）物理性能，包括氧化速率和腐蚀速率。

2. 管道疲劳—蠕变交互作用寿命评估所需的材料性能数据

（1）常规力学性能，包括室温和工作温度下的拉伸、冲击性能，硬度。

（2）高温长期性能，包括持久强度、蠕变极限、最小蠕变速率，低周疲劳性能，疲劳—蠕变交互作用曲线。

（3）微观组织与碳化物特性。微观组织包括组织特征、晶粒度、表面脱碳、珠光体球化级别、石墨化级别（碳、铝钢）、蠕变孔洞和裂纹；碳化物特性包括碳化物成分与结构。

（4）物理性能，包括弹性模量、泊松比，线膨胀系数、比热容、热导率，氧化速率和腐蚀速率。

二、应力计算

（一）内压应力计算

（1）蒸汽管道直管段的内压折算应力按式（4-1）计算，或采用式（4-2）计算环向应力 σ_θ，即

$$\sigma_{eq} = \frac{p[0.5D_o - Y(S - \alpha)]}{S - \alpha} \tag{4-1}$$

$$\sigma_\theta = \frac{p(D_o - S)}{2S} \tag{4-2}$$

式中 σ_{eq}——内压折算应力，MPa；

p——管道正常运行时的压力，MPa；

D_o——蒸汽管道外径，mm；

S——蒸汽管道壁厚，mm；

α——考虑腐蚀、磨损和机械强度的附加壁厚，mm；

Y——温度对计算管子壁厚公式的修正系数；

σ_θ——环向应力，MPa。

（2）弯头部位的最大环向应力按式（4-3）、式（4-4）计算，即

$$\sigma_{\theta max} = \frac{pD_i}{2S}\left[1 + \frac{3D_i e}{2S}\frac{1}{1 + p\left(\frac{1 - \nu^2}{2E}\right)\left(\frac{D_i}{S}\right)^3}\right] \tag{4-3}$$

$$e = \frac{D_{omax} - D_{omin}}{D_{nom}} \tag{4-4}$$

式中 $\sigma_{\theta max}$——最大环向应力，MPa；

e——弯头不圆度；

p——管道正常运行时的压力，MPa；

D_{omax}、D_{omin}——蒸汽管道外直径的最大、最小值，mm；

D_{nom}——管道的公称外直径，mm；

S——弯头（弯管）的最小壁厚，mm；

ν——泊松比，0.3；

E——材料弹性模量，MPa；

D_i——管道内直径，mm。

（二）热应力计算

对管道进行疲劳—蠕变寿命评估时，蒸汽管道的环向热应力按式（4-5）计算，即

$$\sigma_h = \frac{E\alpha|\Delta T|}{f(1 - \nu)} \tag{4-5}$$

式中 α——材料的线胀系数，1/K；

ΔT——蒸汽管道内外壁温差，℃；

ν——泊松比，0.3；

　　f——与管道内外壁厚有关的结构系数。

三、寿命评估的程序和步骤

（一）寿命评估的程序

图 4-24 为无超标缺陷蒸汽管道寿命评定程序图，图 4-25 为带超标缺陷蒸汽管道寿命评定程序图。

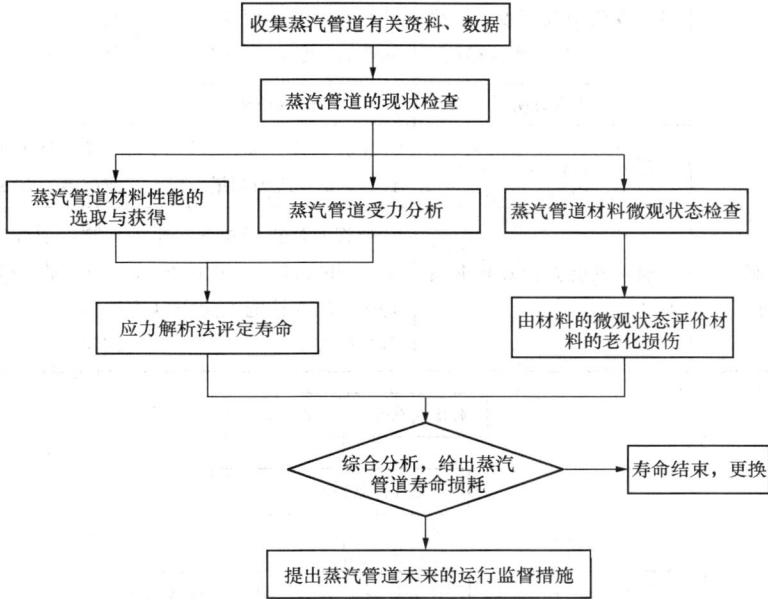

图 4-24　无超标缺陷蒸汽管道寿命评定程序图

（二）管道寿命评估的步骤

管道寿命评估的步骤采用三级评估法：

（1）Ⅰ级评估——基本评估。

（2）Ⅱ级评估——较精确评估。当Ⅰ级评估的蒸汽管道寿命小于蒸汽管道已运行的时间时，进行Ⅱ级评估。

（3）Ⅲ级评估——精确评估。当Ⅱ级评估的蒸汽管道寿命小于蒸汽管道已运行的时间时，进行Ⅲ级评估。

（三）三个等级评估所需资料（见表 4-13）

表 4-13　　　　　　　　　　　　三个等级评估所需资料

项　目	Ⅰ　级	Ⅱ　级	Ⅲ　级
设计、制造和安装资料	电厂记录	电厂记录	电厂记录
运行历程	电厂记录	电厂记录	电厂记录
事故、维修记录	电厂记录	电厂记录	电厂记录
温度和压力	设计或实际运行值	实际运行或测量值	实际运行或测量值

项　目	Ⅰ　级	Ⅱ　级	Ⅲ　级
管道状态检测	实际测量直管和弯头（弯管）壁厚、弯头不圆度、焊缝和弯头（弯管）的微观组织及硬度、焊缝和弯头（弯管）无损检测	实际测量直管和弯头（弯管）壁厚、弯头不圆度、焊缝和弯头（弯管）的微观组织及硬度、焊缝和弯头（弯管）无损检测	实际测量直管和弯头（弯管）壁厚、弯头不圆度、焊缝和弯头（弯管）的微观组织及硬度、碳化物成分与结构、焊缝和弯头（弯管）无损检测
直管道应力	计算分析	计算分析	计算分析
弯头应力	经验公式计算	经验公式计算、有限元计算或试验应力测量	经验公式计算、有限元计算或试验应力测量
材料性能及微观组织损伤状态	材料性能查询资料取最低值	割管取样进行拉伸、冲击、硬度和微观组织检查，持久、蠕变性能查阅资料取最低值	割管取样进行拉伸、冲击、硬度试验，微观组织和碳化物检查，持久断裂或蠕变断裂试验

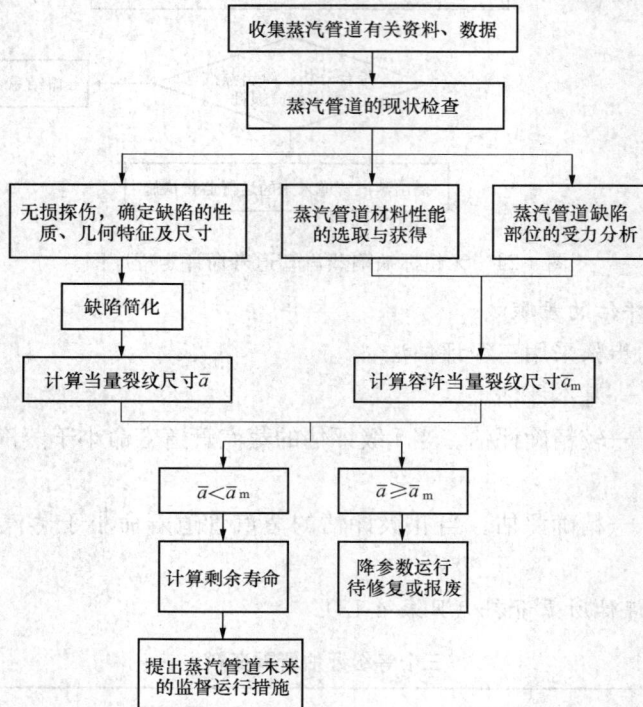

图 4-25　带超标缺陷蒸汽管道寿命评定程序图

（四）管道检测与材料试验方法

焊缝和弯头（弯管）无损检测按《管道焊接接头超声波检验技术规程》（DL/T 820—2002）及《钢制承压管道对接焊接接头射线检验技术规范》（DL/T 821—2002）执行；材料微观组织检查按《金属显微组织检验方法》（GB/T 13298—1991）执行；材料的持久、蠕变性能按《金属拉伸蠕变及持久试验方法》（GB/T 2039—1997）执行；碳化物检查和蠕变孔洞检查分别按《低合金耐热钢碳化物相分析技术导则》（DL/T 818—2002）执行。冲击试验按《金属材料复比摆锤冲击试验方法》（GB/T 229—2007）执行。

四、寿命评估技术方法

（一）等温线外推法

（1）试验温度选与蒸汽管道运行相同条件下的温度，按 GB/T 2039 进行材料的持久断裂试验。

（2）利用式（4-6）对试验数据用最小二乘法进行拟合，确定 k、m 值，即

$$\sigma = k(t_r)^m \tag{4-6}$$

式中　σ——试加载的应力水平，MPa；

　　　t_r——断裂时间，h；

　k、m——由试验确定的材料常数。

（3）用式（4-6）外推材料某一规定时间的持久强度 σ_t^T 时，外推的规定时间应小于 10 倍的最长试验点时间。

（4）拟合下限寿命线的 k' 和 m' 值，取下限寿命线的应力 σ 为中值寿命线应力 σ 的 0.8 倍。

（5）焊缝材料的持久强度 σ_{tw}^T 按式（4-7）确定，即

$$\sigma_{tw}^T = 0.8R\sigma_t^T \tag{4-7}$$

式中　σ_t^T——由试验外推的母材持久强度，MPa；

　　　R——焊缝持久强度减弱系数。

（6）确定直管段的内压折算应力或环向应力及弯头的最大内压应力 $\sigma_{\theta max}$

（7）按式（4-8）计算蒸汽管道的蠕变寿命 h，即

$$\lg \frac{h}{10^5} = \frac{\lg \dfrac{\sigma_{10^5}^t}{n\sigma_{\theta max}}}{\lg \dfrac{\sigma_{10^4}^t}{\sigma_{10^5}^t}} \tag{4-8}$$

式中　$\sigma_{10^4}^t$、$\sigma_{10^5}^t$——母材在某一温度下经历 10^4 h 和 10^5 h 的持久强度；

　　　　　　n——应力系数，当选中值寿命线时取 1.5，当选下限线时取 1.2。

（8）累积蠕变损伤的计算。按每一温度、应力等级分别计算每一损伤单元，这些损伤的总和达到 1 时，蒸汽管道失效。蒸汽管道的累积蠕变损伤按式（4-9）计算，即

$$\sum_{i=1}^{i} \frac{t_i}{t_{ri}} \leqslant 1 \tag{4-9}$$

式中　t_i——蒸汽管道在某一应力、温度下的运行时间；

　　　t_{ri}——蒸汽管道在某一应力、温度下的失效时间。

对于蒸汽管道运行过程的温度偏离设计值，可用等效使用期限方法来推算。

（二）L-M 参数法

（1）材料的持久试验按 GB/T 2039 执行。

（2）L-M 参数是时间和温度两者相结合的参数，以 $P(\sigma)$ 表示，其关系为

$$P(\sigma) = T(C + \lg t_r) \tag{4-10}$$

式中 t_r——断裂时间，h；

$\quad\quad T$——试验温度，K；

$\quad\quad C$——材料常数。

（3）确定材料的 L-M 参数。选管道工作温度及其附近 3 个温度，在每一温度下至少进行 4 个应力水平下的拉伸持久试验。按式（4-11）对试验数据进行多元线性回归处理求解出 C 值，即

$$\lg t_r = C + [C_1 \lg \sigma + C_2 (\lg \sigma)^2 + C_3 (\lg \sigma)^3 + C_4 (\lg \sigma)^4 + C_0]/T \tag{4-11}$$

式中 C_0、C_1、C_2、C_3、C_4——拟合系数。

依据拟合出的公式，绘制 $P(\sigma)$-σ 单对数坐标曲线。

（4）确定管道工作条件下的最大应力部位及最大应力 σ_{max}。

（5）由 $P(\sigma)$-σ 曲线上查的部件最大应力对应的 L-M 参数 $P(\sigma)$。

（6）由式（4-9）确定管道蠕变断裂寿命。

（三）θ 法

（1）用一组样品在不同温度、不同应力水平下进行蠕变断裂试验（按 GB/T 2039 执行），获得各样品在某一温度、应力下的蠕变断裂曲线。

（2）利用式（4-12）拟合每一样品在其温度、应力下的蠕变断裂曲线，求解每一样品蠕变方程中的 $\theta_i (i = 1, 2, 3)$。

$$\varepsilon = \theta_1 t + \theta_2 (e^{\theta_3 t} - 1) \tag{4-12}$$

式中 ε——蠕变值；

$\quad \theta_1$、θ_3——蠕变第二阶段和第三阶段的变形参数；

$\quad\quad \theta_2$——蠕变第三阶段的变形参数；

$\quad\quad t$——蠕变时间。

（3）利用式（4-12）中求解的 θ_i、试验温度 T 和应力 σ，求解式（4-13）中的系数 a_i、b_i、c_i 和 d_i，建立 θ_i 与温度 T、应力 σ 的关系，即

$$\lg \theta_i = a_i + b_i \sigma + c_i T + d_i \sigma T \tag{4-13}$$

式中 a_i、b_i、c_i、d_i——与应力、温度有关的系数。

（4）根据求解的式（4-13）中的 a_i、b_i、c_i 和 d_i 确定某一温度、应力下的 θ_i，再将 θ_i 代入式（4-12）中，确定蒸汽管道在其服役条件（温度、压力）下的材料蠕变变形曲线。

（5）在蒸汽管道服役条件下的材料蠕变变形曲线上，将第二阶段（近似直线）向第三阶段过渡切点的蠕变应变定为失效点，即可确定蠕变寿命。

（四）材料微观组织老化及蠕变孔洞的评定

根据管道材料的力学性能和管道的运行参数，利用适当的评估方法对管道寿命做出定量计算后，还需结合材料的微观组织老化程度、碳化物成分和结构及蠕变孔洞的评定，对管道的蠕变寿命做出综合评估。材料微观组织的老化程度、碳化物成分和结构及蠕变孔洞的评定按下述条款执行：

（1）管道的微观金相组织检验按《金相复型技术工艺导则》（DL/T 652—1998）或《金

属显微组织检验方法》(GB/T 13298—1991) 执行。

(2) 对于碳钢和铝钢，主要检测其珠光体球化、石墨化和晶界孔洞。

(3) 对于低合金耐热钢，主要检测其珠光体球化和晶界孔洞。

(4) 对于 (9～12) Cr-1Mo 钢，主要检测马氏体板条的分解程度、亚晶尺寸、晶界碳化物和 Laves 相的数量、分布及形态。

(5) 蠕变孔洞的评定按《火力发电厂金属技术监督规程》(DL/T 438—2009) 执行。

(6) 对碳化物分析结果，根据 DL/T 438—2009 和《低合金耐热钢碳化物相分析技术导则》(DL/T 818—2002) 做出评估。

(五) 管道的疲劳—蠕变交互作用寿命评估

(1) 材料的低周疲劳特性可查阅资料或按《金属材料轴向等幅低循环疲劳试验方法》(GB/T 15248—2008) 执行。

(2) 对于承受疲劳—蠕变交互作用的高温蒸汽管道，用线性累积损伤法则评估其损伤度 D，即

$$D = \sum_{i=1}^{n} \frac{n_i}{N_{fi}} + \sum_{i=1}^{n} \frac{t_i}{N_{ri}} \tag{4-14}$$

式中　　N_{fi}、N_{ri}——i 工况下部件的低周疲劳失效循环周次和蠕变持久破坏实际；

n_i、t_i——i 工况下部件运行的循环周次和蠕变保持实际。

五、寿命评估报告

寿命评估报告的主要内容包括：

(1) 机组及蒸汽管道概况。

(2) 蒸汽管道的各项检测、试验结果与状态评估意见。

(3) 蒸汽管道的应力分析结果。

(4) 寿命评估采用的材料性能数据、评估方法和评估结果。

第五章　超(超)临界锅炉炉墙、保温及密封检修

第一节　超(超)临界锅炉炉墙检修

一、炉墙作用

锅炉的炉墙是必不可少的，其作用是使炉内的高温区域与外界隔离开，并阻挡烟气外泄，所以要求炉墙具有密封、耐热和绝热作用。

二、炉墙性能

炉墙的工作环境非常恶劣，既要经受高温，又应保持密封，由于锅炉正常运行时炉膛内是负压，外侧气压高于炉膛内气压，为了防止冷空气进入炉内，要求炉墙必须具有很好的严密性。因此，炉墙应具有以下性能：

(1) 耐热性能。炉墙通常设置耐热层，用来抵抗高温火焰的烘烤和烟气的冲刷，因此耐热层材料必须具有较高的耐热性能、很高的机械强度、较高的密度以及很好的传热性能，以防温差过大引起变形，甚至破坏，另外材料的化学特性必须具有防化学侵蚀的性能。

(2) 绝热性能。为了阻止炉内的热量散发到炉外，炉墙必须设置绝热层。绝热层材料的使用温度必须与使用部位的温度相适应，并且应有低的传热性能和足够的绝热层厚度，以保证外墙面温度低于 50℃。绝热材料的密度要小且有一定的强度，一般要求硬质制品的密度不大于 $220kg/m^3$，软制品的密度不大于 $150kg/m^3$。

(3) 密封性能。为了保证火焰和烟气不泄漏到炉膛外，同时防止冷空气进入炉膛内，要求炉墙密封良好。

(4) 膨胀性能。炉墙也具有热胀冷缩性能，当炉墙在自然温度速度升高到工作温度时，墙体便会膨胀，产生很大的应力。因此，要求炉墙要有足够的膨胀余地，以抵消膨胀产生的应力，从而使炉墙免遭损坏。

三、超(超)临界锅炉炉墙结构形式

敷管式炉墙是目前超(超)临界锅炉主要采用的炉墙结构形式，具有超轻型的特点，其质量均匀分布并固定在受热面管子上。受热面为膜式壁，不再另设耐火层，而由鳍片钢管取代耐火混凝土层。

四、超(超)临界锅炉炉墙检修一般规定

(1) 拆下的炉墙外护板应妥善保管，以备重新使用。

（2）被检修的炉墙，其工作面必须彻底清理干净，不得有灰垢、残留物和锈蚀等。

（3）需要在膜式壁和炉顶管上焊接的固定件以及密封件，必须在锅炉水压试验前完成。

（4）检修前应仔细检查各部炉墙以及各部密封的状况，将漏点和缺陷及时消除。

五、敷管式炉墙检修

当受热面为膜式壁时，因为管间无火焰、烟气通过，所以取消了耐火层，可直接铺设保温层，钩钉直接焊接在管子的鳍片上。敷管式炉墙一般采用螺栓作为钩钉，便于检修时的拆装，可以重复使用，经济、方便。一般螺栓的数量每平方米不少于 8 个，在人孔门、看火孔门的周围应适当加密。在保温时应根据受热面的温度选择不同的保温材料，一般在 350℃ 以下时，可选择用岩棉制品作为保温层；在 350℃ 以上时，可采用复合保温结构，即内层用耐热温度较高的硅酸铝毡，外层采用硅酸铝定型嵌管制品，也应与壁面紧密结合，以防止对流散热。在刚性梁与膜式壁之间的区域内，按设计要求应填满硅酸铝毡，并压实，使其与壁面和角部的保温层结合严密。对于单一材料的炉墙保温层，如采用单面金属网矿棉缝毡时，内层的网面应向管壁，最外层的网面应向外护板，并对其施加 10%～20% 的压缩量，缝毡之间要紧固、平整。当保温层加衬铝箔时，应尽量不损坏铝箔。保温层采用复合结构时，其内层应粘贴厚度为 40～60mm 的硅酸铝毡或者其定型的嵌管制品，外层采用岩棉板铺设时，应翘头挤压对接严密。炉膛四角、燃烧器壳体及各门、孔周围的内外保温层均应采用硅酸铝毡。粘贴硅酸铝毡应采用层铺法，即第一层粘贴完后，再进行下一层的粘贴，涂抹粘接剂应均匀、完整，厚度为 2mm 左右。粘贴时要求同层错缝，层间压缝，并用手轻轻拍打使其粘贴严密。紧贴保温层铺设一层钢板网，并将压板穿入螺母拧紧。炉墙的厚度应按照管内的工质温度确定，厚度允许误差为 ±10mm，应尽量保持在正值内。恢复外护板时，应该保持其固定构件的完好性，下端应和挡板用自攻螺栓连接，上端应按设计留有滑动间隙。加工外护板时，应使用专业工具剪切，不得用气割或者切割机切割，恢复完毕的外护板应平整、美观，各门、孔周围以及外护板的搭接处不得露出保温层。敷管膜式壁炉墙的结构如图 5-1 所示。

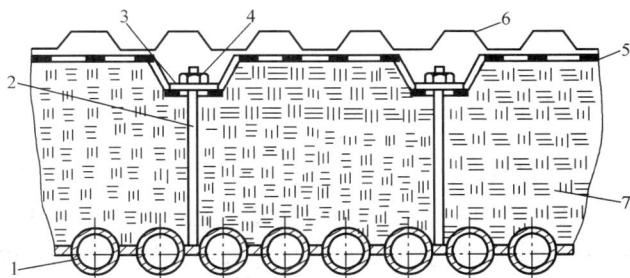

图 5-1　敷管膜式壁炉墙结构

1—水冷壁；2—支撑钩钉；3—压板；4—螺母；
5—钢板网；6—波形护板；7—硅酸铝毡

第二节　超(超)临界锅炉管道和设备的保温检修

一、保温的重要性和必要性

超（超）临界锅炉设备有许多热力管道，在管道内流动的有高温蒸汽和高温水，工质的温度都非常高，这些高温蒸汽和高温水在管道中流动时，不可避免地要通过金属管壁和保温层相周围空气散热，这样就造成了热量损失，同时又降低了流体的温度，很不经济。根据计算，当周围的空气温度为 20℃时，温度为 260℃的热流体，在一根直径为 216mm 的管道内流动时，如果不假保温层，每平方米表面在每小时内散热量为 1223kJ，相当于半公斤优质原煤的发热量，如果在管道上包以 70mm 厚的岩棉保温层且工艺符合要求时，散热量即可减到 470kJ，比不加保温层时散热量降低了 95%，大大提高了经济型。可见保温的重要性和必要性。

二、保温体结构

在通常情况下，保温体由两层组成。第一层即主要保温层，是为了保温而设置的，平常所说的保温层厚度实际上就是指主保温层的厚度；第二层即覆盖层，又叫抹面保护层，主要起防火、防潮、防水渗透的作用，同时又起密封、美观、装饰作用。为了保护抹面层，可在其外包裹一层玻璃丝布，并刷上规定的油漆颜色或者在其外包裹镀锌铁皮。根据不同场合，也可省去抹面层而用镀锌铁板或者铝板包裹。保温体结构如图 5-2 所示。

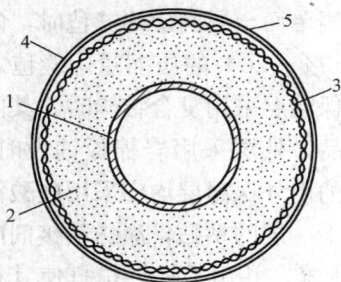

图 5-2　保温体结构
1—热力管道；2—主保温层；3—铁丝网；
4—抹面保护层；5—镀锌铁板

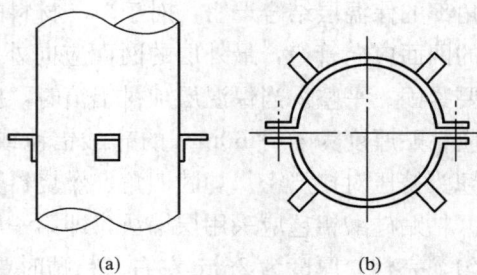

图 5-3　支撑托架形式
（a）焊接托架；（b）抱箍托架

三、支撑构件设置

为了将保温层牢固地固定在设备和管道上，使其在长期运行中不脱落、不下沉，必须同时设置支撑构件和紧固构件。构件的形状和尺寸必须根据设备或者管道的外形制作，并根据所有保温材料的特性布置。

（1）管径在 630mm 以下、垂直和倾斜角度大于 45°的管道应采用集中分段支撑。支撑托架有焊接托架和抱箍托架两种，如图 5-3 所示。

一般每隔 2000～3000mm 设置一组托架，在阀门、法兰等管件的上方应设置托架，但是其位置不得影响螺栓的拆装。支撑托架宜采用低碳钢或者型钢制作，托块的数量应根据管径大小，按照 4、6、8 块布置，最大间距不得超过 150mm，其承载面的宽度要小于保温层厚度 20mm 左右。工质温度在 450℃以下时，可使用焊接托架，工质温度在 450℃以上或者不循序焊接的管道，均应采用抱箍托架，并与管壁之间加设隔热垫。

（2）更大直径的管道和平壁应采用均匀分散支撑构件固定。支撑件一般采用 Φ6 钢筋制作，支撑钩钉的形式有两种，如图 5-4 所示。

图 5-4（a）所示形式的钩钉适合绑扎岩棉板和硅酸铝毡等软质制品的保温材料；图 5-4（b）所示形式的钩钉适合绑扎保温砖和珍珠岩板等硬质制品的保温材料。保温前直接将支

撑钩钉焊在管道或者设备上，要求排列整齐，每平方米不少于 8 个，在设备底部可适当加密。

四、膨胀缝设置

火力发电厂中锅炉的热力设备和管道长期处在热状态下，必然导致设备和管道的热膨胀，并产生位移。这样，就会由于热膨胀位移而使保温体遭到损坏，产生保温体开裂或者脱落等现象。所以，在保温体中必须正确地留出膨胀间隙，以防保温体遭到损坏。

（1）一般每隔 3000～4000mm 设置一道膨胀缝，其宽度为 20～

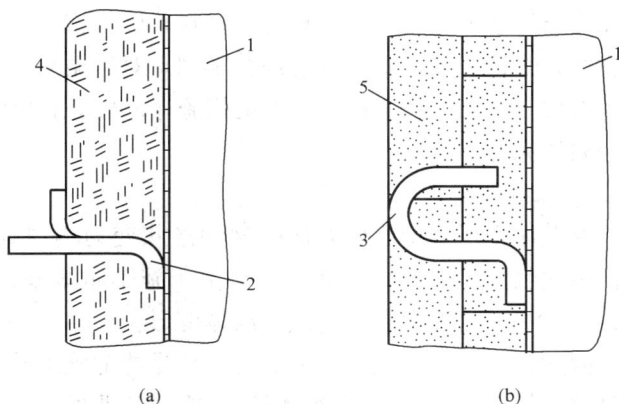

图 5-4　分散支撑构件

（a）适合绑扎软制品的保温材料；（b）适合绑扎硬制品的保温材料

1—设备外壁；2—L 型钩钉；3—S 型钩钉；

4—软质保温材料；5—硬质保温材料

30mm，缝内用硅酸铝毡填满压实，膨胀缝的外面应设置单独的保护罩。垂直管道应设置在支撑托架的下面，水平管道的两个固定支吊架之间至少应设置一道膨胀缝。

（2）分层铺设的保温体，在外层的膨胀缝应错开，错开的间距不应大于100mm。

（3）管道弯头处的热膨胀值最大，因此必须按照要求正确、合理地设置膨胀缝。在管道弯头两端的直管段上，应设置一道膨胀缝。管径大于 300mm 的高温管道，在弯头的中间应加设一道膨胀缝。弯头处的膨胀缝如图 5-5 所示。

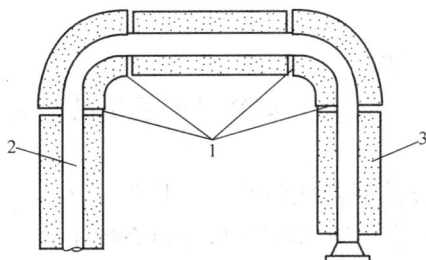

图 5-5　弯头处的膨胀缝

1—膨胀缝；2—管道；3—保温层

（4）遇有阻碍保温体通过的地方，如管道支吊架、横梁、走台、栏杆、支撑构件、其他管道、墙板等，必须按照管道膨胀位移方向，在主保温层或者抹面层中留出大于热位移膨胀值 10～20mm 的间隙。

（5）相互交叉或者并列的管道应分别进行保温，不可将其包在一起，避免受热膨胀损坏保温体。

（6）为了方便施工和整体埋管，膨胀缝之间的距离和膨胀缝的宽度应尽量保持一致。

五、保温体常见故障

1. 保温体开裂或者脱落

在锅炉现场，经常看到管道或者设备的保温开裂，甚至脱落现象，主要原因是：①施工质量差，没有按照工艺要求施工和使用规定的材料，使保温体强度不够；②保温体经常受潮，使铁丝网腐蚀损坏；③保温钩钉数量少或者焊接不牢固，加之设备长期振动，使钩钉开焊；④托架的位置不合理和焊接不牢固；⑤没有预留或没有按照要求预留膨胀缝；⑥起重吊装时人为破坏。

针对以上原因，应采用以下防范措施：①在施工过程中要严格按照工艺要求进行施工，不允许使用违反施工工艺和规定的材料，确保施工质量；②经常保持保温体干燥，以防铁丝网腐蚀；③钩钉数量要足够且焊接牢固，对于振动处的保温要采取有效的减震措施；④合理布置托架，并做好防止碰撞保温的措施；⑤做好日常维护工作，发现隐患及时处理，经常保持保温体完好。

2. 保温体变形

保温体变形是指原保温体的规则形状变为不规则的形状，长期下去会造成保温体的损坏。引起保温体变形的原因主要是由于施工质量差、膨胀间隙不足、保温铁丝网松弛造成的；另外，人为因素也会造成保温体变形。

因此，针对以上原因，采取的对策是严把施工质量关，按要求在各部位留出膨胀缝，并有足够的间隙，保温时铁丝和铁丝网一定要紧固，禁止在保温体上坐立、行走或者存放重物。

3. 保温体内部有空穴

在锅炉现场，经常发现某些部位保温体抹面层完好无损而外表面温度却不正常地升高，拆开保温体发现主保温层已经散失。此类故障的原因主要是由于采用了珍珠岩制品保温，加之管道或者设备长期振动，使管壁与珍珠岩制品摩擦，造成珍珠岩制品粉碎而引起的。针对以上原因，采取的对策是采用合理的防振结构或选用软质制品进行保温。

六、保温检修基本原则

（1）经过检修的保温，外形整洁、美观，具有一定的机械强度，在外力的作用下，不致破坏；外表面的温度符合设计要求。

（2）保温材料及其制品的安全使用温度应符合《火力发电厂保温材料技术条件》（DL/T 776—2001）中的规定。

（3）保温材料应选用不燃类（A）级，并符合环保要求。

（4）对保温材料密度的要求：硬质制品不大于 $220kg/m^3$；矿纤半硬质制品不大于 $200kg/m^3$；矿纤软质制品不大于 $150kg/m^3$。

（5）当保温体外表面温度为 50℃时，保温材料的导热系数应符合：工质温度为 450～600℃时，导热系数不允许超过 $0.10W/(m \cdot ℃)$；工质温度小于 450℃时，导热系数不允许超过 $0.09W/(m \cdot ℃)$。

（6）保温层的厚度大于 80mm 时，应分层保温，每层厚度应大致相等。内外层的缝要错开，不得有通缝，其搭长度不宜小于 50mm，层间和缝间不得有空穴。

（7）应符合保温层的设计厚度，特别是高温设备与管道，如果没有考虑其结构以及环境因素等影响的校正值，则保温层厚度应比设计值增加 20%。

（8）保温层厚度的允许值偏差为：硬质制品为 $-10～+5mm$；矿纤半硬质和软质制品为 $\pm 10mm$。

（9）恢复好的保护层应完整无缺，具有整体放水功能，确实起到保护保温层的作用。

七、保温检修

1. 圆形管道直管段的保温

多数管道为圆形，圆管道的保温非常普通，目前圆管道的保温材料以及保温方法很多。

（1）用定型管壳保温，如珍珠岩瓦、岩棉套管、硅酸铝管壳等。其具体方法为：将管道表面清理干净；将预先准备好的半圆形管壳错列套在管道上，将缝对严，用 16 号镀锌铁线并成双股进行绑扎，每组管壳上至少绑扎两道铁线，用保温钩将其拧紧并嵌入制品中，以防扎伤；按此方法直至保温完毕。要求保温层厚度均匀、一致，绑扎牢固、无松动现象，不得有管壁暴露在外。紧贴保温层铺设一层铁丝网，接头处搭接 20mm 左右，每隔 100mm 用保温钩将搭接处的铁丝网拧紧并连接牢固。抹面层厚度一般为 20～30mm，采用"两遍操作，一次成活"的工艺，即第一遍抹面凝固稍干后进行，要压实、压光、平整、无裂缝。待抹面保护层完全干燥后，缠绕一层玻璃丝布，压边宽度为 100mm 左右，要求紧绷、平整、无褶皱，然后均匀涂抹一遍乳白胶，干燥后按照要求涂色，也可省去抹面保护层，而用镀锌铁板或者铝板包裹，它是目前普遍采用的工艺。定型管壳保温结构如图 5-6 所示。

（2）用硅酸铝毡保温。首先应将管道清理干净，然后将硅酸铝毡均匀涂抹高温粘接剂，一次粘贴在管道上，并用手轻轻拍打，使其粘贴严密。要求按层次粘贴，即每层粘贴完后，再进行下一层的粘贴，层与层之间必须交错，压缝不得有通缝，块与块之间的缝隙必须对严。紧贴保温层铺设一层铁丝网并紧固，然后进行抹面，缠绕玻璃丝布，涂色；也可以省去抹面保护层，而用镀锌铁板或者铝板包裹。

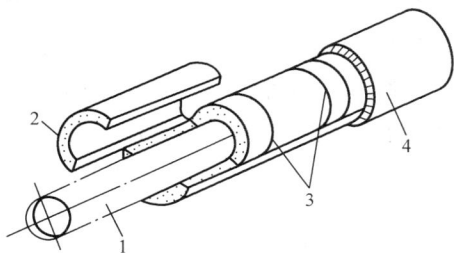

图 5-6　定型管壳保温结构

1—热力管道；2—定型管壳；

3—镀锌铁丝；4—保护层

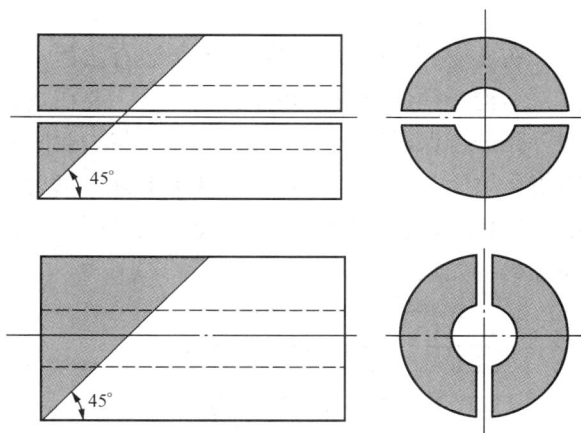

图 5-7　截锯法（阴影部分为截去部分）

（3）用硅藻土保温砖保温。在绑扎第一圈时，按一圈所有的砖数用锯锯出 1/2 数量的半截砖块，与整块砖间隔布置成一圈，用镀锌铁线绑扎牢固，每块砖上不少于两道铁线，按此方法直至保温完毕。砖块缝隙内必须用硅酸铝毡填满、压实，这样可增强保温效果。紧贴保温层铺设铁丝网，用灰浆抹面，缠绕玻璃丝布，涂色。

2. 圆管道弯头保温

（1）当弯头的管径以及弯曲半径较小时，可用定型管将弯头保温成直角。首先，将定型管壳的一端锯成 45°角，有两种锯法，如图 5-7 所示。然后按图 5-8 所示进行绑扎，外弯处的空间用硅酸铝毡填满，其他同直管段保温。小弯头保温结构如图 5-8 所示。

（2）当弯头的管径较大，其弯曲半径也较大时，不宜用定型管壳保温。目前，最常用、最方便的方法是用硅酸铝毡粘贴斑纹，方法同直管段的保温。

3. 三通保温

除可以用硅酸铝毡粘贴保温外，还可以用定型管壳保温。首先，将 4 块半圆形管壳的一端锯成 45°角，如图 5-9 所示。然后，按照图 5-10 所示进行绑扎，其他同直管段保温。

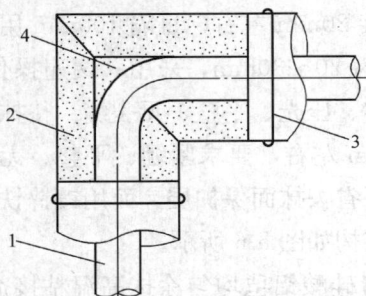

图 5-8　小弯头保温结构

1—热力管道；2—定型管壳；

3—镀锌铁丝；4—硅酸铝毡

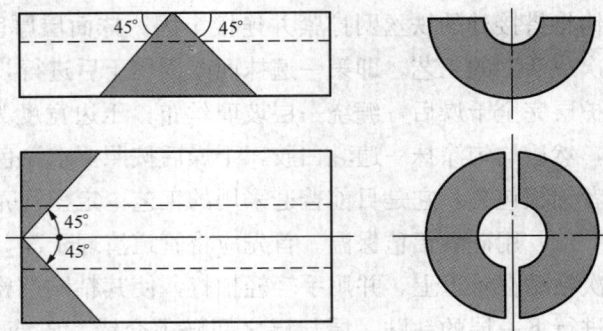

图 5-9　截锯法（阴影部分为截去部分）

4. 法兰保温

在发电厂中许多管道和设备都装有法兰，其中有些法兰需要经常拆卸和检修，因此其保温层结构必须便于拆卸和修复，并且，要在直管段保温结束后进行法兰的保温。一般采用定型管壳进行保温，两侧直管段的保温与法兰间距的预留应便于法兰螺栓的拆装，法兰处用硅酸铝毡填满、压实，与管道保温层平齐。然后选择一组内径与管道保温层外径相等的管壳将法兰包裹起来，用铁线绑扎牢固。最后用镀锌铁板或者铝板包裹，以保护保温层。管道法兰保温结构如图 5-11 所示。

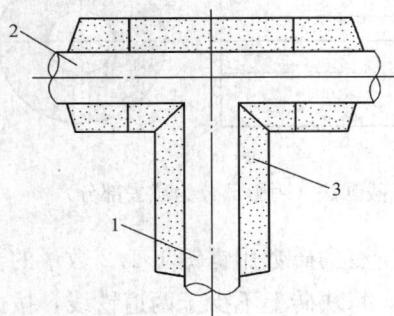

图 5-10　三通保温结构

1—支管道；2—母管道；3—定型管壳

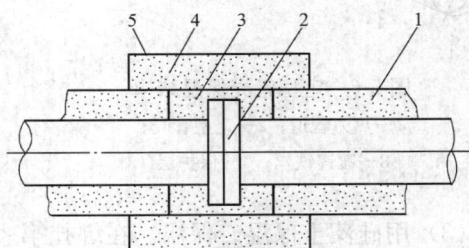

图 5-11　管道法兰保温结构

1—管道保温层；2—法兰；3—硅酸铝毡；

4—定型管壳；5—铁丝

5. 阀门保温

锅炉管道上安装有许多阀门，大多数为焊接阀门。由于阀门经常进行检修，因此阀门应单独进行保温，以便拆卸和修复。同法兰的保温一样，等管道保温结束后进行。首先根据阀门的大小制作一个拆装方便的铁皮盒，然后将铁皮盒罩在阀门上，盒内用硅酸铝面填满、压实，铁皮盒与两侧管道保温接触的缝隙用绝热纤维绳缠绕严密。焊接阀门保温结构如图 5-12 所示。

6．平壁设备保温

（1）对于无振动或者轻微振动的平壁，可以直接将保温材料贴于壁面进行保温。首先将要保温的平壁清理干净，按照要求焊接钩钉及承重托架。钩钉的形式可根据所选用的保温材料确定，当用软质制品保温时，如硅酸铝毡、岩棉板等，可选用型钩钉；当用硬质制品保温时，如用硅藻土保温砖、珍珠岩板等，则可选用塑性钩钉。钩钉要先从棱角焊起，然后在平面内焊接。在较大立面的底部必须焊接托架，用来承托里面保温层的重量，同时也方便地面保温的绑扎。

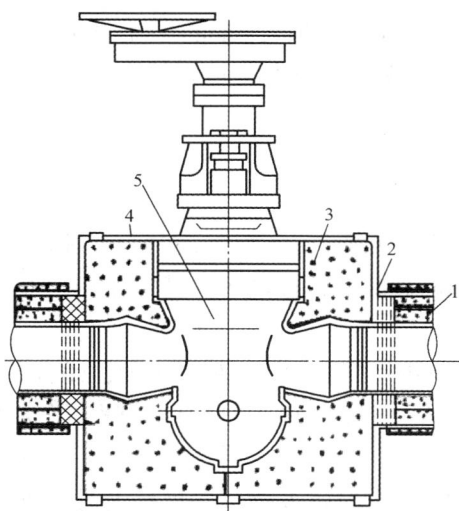

图 5-12　焊接阀门保温结构

1—管道保温层；2—绝热纤维层；3—硅酸铝毡；
4—铁皮壳；5—阀门体

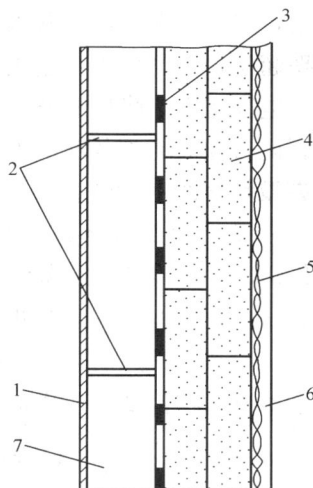

图 5-13　振动较大设备用硬质
制品保温时的结构

1—设备外壁；2—加固肋板；3—钢筋网络；
4—硬质保温材料；5—铁丝网；6—抹面层；7—空气层

当用软质制品保温时，先将软质制品穿插在 L 型钩钉上，并紧贴壁面，用铁线缠绕在钩钉上，初步固定保温层，一般采用"对角线"绑扎法。紧贴保温层铺设铁丝网，并与铁线拧紧，将压板穿入钩钉并折弯 90°，以固定保温层，最后进行抹面或者安装金属板。

当用硬质制品保温时，在立面的 S 型钩钉上先挂上一些铁丝束，做到一边挂一边绑扎，两根作为一股，每一个钩上挂四股。采用对角线连接法，当对角线两股铁丝串联在一起时，再用钢筋钩钉将其拧紧，然后挂上一层铁丝网并拧紧，最后用绝热灰浆抹面或者安装金属板。

（2）振动较大平壁面的保温。在锅炉的烟风系统上装有各种风机，这些风机以及与风机相连接的进出口管道在运行时，始终处于振动状态。因此，在用硬质制品保温时，就不能将硬质制品直接贴于壁面进行保温，而必须采取减震措施，即在风机外壳及进出口管道的加固肋板上焊接 Φ 6 的钢筋网格，网格的尺寸为 150mm×150mm，钢筋网格平面必须与风机及进出口管道外壁保持有一定的间隙，而不能将钢筋网格紧贴风机外壳及进出口管道壁面上。

为了施工方便，一般将钢筋直接搭在筋板上进行焊接，硬质制品的保温材料就绑扎在这样的钢筋网格上，如图 5-13 所示。当用软质制品保温材料保温时，就不必焊接钢筋网格，保温层可直接贴于风机外壳及进出口管道外壁面上，其方法与无振动平壁保温相同。目前，多采用软质制品保温材料进行保温。

第三节　超(超)临界锅炉炉顶密封及保温检修

一、密封重要性

锅炉正常运行是在负压状态下运行，因此冷空气就会从炉墙不严密处进入炉内，从而降低炉膛温度，增加燃煤量，降低锅炉效率，同时还会使烟气量增加、对流传热增强，使对流过热器管壁超温，甚至爆管，造成很大的经济损失。在烟气量增大的同时，引风机的负荷也随之增大，电耗增大，降低经济性。若在正压工况下，则烟气向外泄露，污染环境，造成散热损失，因此必须对锅炉各部位进行严格的封闭。

二、有罩炉顶的密封检查

1. 顶棚管金属密封的检查与修复

（1）停炉后，根据顶棚积灰情况，找出密封构件的泄漏点，不易发现时，可做风压试验进行检修。试验压力按锅炉运行规程的规定，如不明确时，可按高于炉膛工作压力 0.5kPa 进行正压试验，找到漏点后应进行补焊处理。

（2）金属密封构件变形或烧损严重的，应割掉。再将穿墙管根部梳形板和顶棚管上的间断鳍片按原设计补焊齐全，将损坏的耐火层清理干净，并重新浇筑耐火层，厚度应与原耐火层平行，如图 5-14 所示。

（3）由于炉膛区域顶棚管的刚度不够，而导致管排弯曲、下沉，应在两道垂直端板之间的管排上加焊扁钢带，以增强顶棚管的整体刚度。

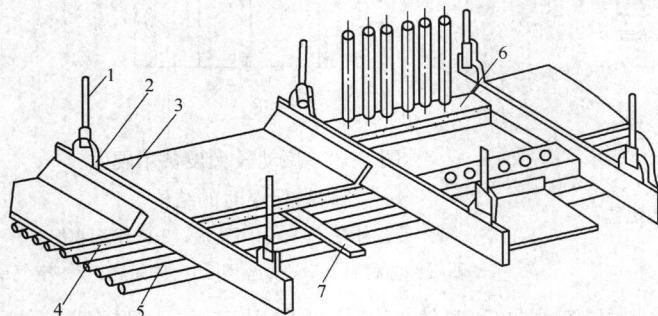

图 5-14　顶棚管金属密封结构

1—吊杆；2—垂直端板；3—密封板；4—耐火层；5—顶棚管；
6—穿墙管密封构件；7—加强钢带

（4）运行多年的锅炉，过热器和再热器穿管处的密封构件极易发生泄漏，经多次补焊效果不佳时，可用耐火和保温材料按下列工艺进行加强密封。

1）在穿墙管排区域，距离壁面 100mm 左右处，用 5mm×100mm 的扁钢组焊接成框格式密封槽。

2）在槽内密封构件表面粘贴厚 40～60mm 的硅酸铝毡，同时用硅酸铝毡将管排的空隙填满、压实。

3）在硅酸铝毡上捣制 50～60mm 厚的耐火可塑料。

4）用抹面材料与槽缘找平、抹光、压平。

2. 伸出前墙顶棚管膨胀节密封的检查与修复

(1) 膨胀节变形不大、漏点不多时，进行补焊即可。

(2) 膨胀节变形不大、泄漏严重时，则应在原膨胀节外部再增加一层薄板多波形外套。两膨胀节之间应留有 40～100mm 的空隙，并在其中填满硅酸铝毡。

3. 高温过热器和高温再热器管系的保温

(1) 为了保持热密封罩内 400℃左右的设计温度，超过 510℃的集箱管系应铺设保温层，其余集箱管系均呈裸露状态。

(2) 高温过热器和高温再热器集箱及其管排可用硅酸铝毡贴保温，保温厚度为 80～100mm，并在其外紧固不锈钢丝网，然后进行抹面。

4. 炉顶热密封罩的密封保温

(1) 热密封罩的壳体不得有泄漏、裂缝、变形等缺陷，否则应修复或补焊严密。

(2) 检查罩壳底部框架与膜式壁之间的外封装置，应达到下列要求：

1) 对于金属密封，不得开裂、腐蚀，对起不到热补偿作用的结构，应修整或更换。

2) 对于非金属密封，不应烧损、老化、变质，否则应更换。

3) 对于设计不够完善的密封，应加以改进，并保证其严密性。

(3) 在罩壳外壁铺设保温时的要求。

1) 仔细检查固定保温的钩钉是否损坏或缺少，如需修整或补焊钩钉，则每平方米不少于 8 个钩钉。

2) 罩型为波形板时，应将裁剪好的硅酸铝条涂抹粘合剂，粘贴于波形板槽内，使其平整。

3) 罩壳的垂直墙应为复合保温结构，内层粘贴 40～60mm 的硅酸铝毡，外层采用岩棉板进行铺设，具体要求同膜式壁的复合保温。

(4) 罩壳顶部保温结构的两种形式。

1) 复合保温的结构及保温要求同罩壳垂直墙的保温。

2) 轻质隔热浇筑层结构，浇筑时应按 2000～3000mm 的间距留出纵横膨胀缝，并在缝内夹以 40mm 厚的硅胶铝毡。浇筑层要与垂直墙的保温层结合严密。

(5) 罩壳顶部保温结束后必须安装技术外护板，以抵抗外力的作用。

(6) 罩壳内底部保温，应采用硬质制品或者浇制轻质隔热浇筑料，但必须与膜式壁保温相互连接，而且必须增加抹面层，以防人为损坏保温层。

(7) 外护板的恢复要求同膜式壁外护板的恢复。

(8) 在罩壳内壁铺设保温及铁丝网的注意事项。

1) 钩钉补焊机布置方式同膜式壁的要求，但钩钉和压板的材质均应采用耐热钢或不锈钢。

2) 罩壳垂直墙采用复合保温结构时，应先铺设岩棉板，再铺设硅酸铝毡，使硅酸铝毡设置在热面层，其他要求同罩壳外部垂直墙的保温。

3) 罩壳顶部墙也应为复合保温结构，工艺要求同垂直墙的保温，但钩钉应适当加密，每一层都应用压板锁定、压紧，以防保温层下沉、脱落。

4) 铁丝网应采用不锈钢丝网。

（9）管道、吊杆穿过罩壳的密封检修。

1) 检查管道、吊杆穿过罩壳处的密封，如因结构不良而引起泄漏时，应改进为双层套筒或膨胀节套筒的密封方式，其内部用硅酸铝毡填满、压实。

2) 汽包两端和下降管穿过罩壳的密封结构应严密不漏，并不得影响它们之间的相对膨胀。

三、无罩炉顶的密封检修

（一）有内护板炉顶耐火层密封检修

对于不设置热密封罩的结构，虽然也有金属密封，但是其结构一般不完善，所以泄漏现象经常发生，漏点也比较明显。根据运行时炉顶的泄漏情况，以及停炉后顶棚积灰情况，找出泄漏点，在检修时，针对泄漏点加以密封，并改进密封工艺。

（1）顶棚弯管两个前角的密封。顶棚弯管与前角侧壁连接的密封板漏焊或者开焊时，可以进行补焊处理。漏焊严重或者经常泄漏时，则应将密封结构改进为护板式包封罩。

（2）顶棚弯管与前壁交接处的密封。将顶棚弯管与前壁搭接的梳形板移焊于弯管排的上部。在梳形板与管壁表面先垫一层 20mm 厚的硅酸铝毡，再浇制 100mm 厚的耐火可塑料，并在其上面用硅酸铝毡填充压实，然后，按设计用密封板焊接严密。

（3）顶棚弯管与两侧壁交接处的密封。将原设计的密封斜板改进为补偿能力较大的折角弯板，方法同"顶棚弯管与前壁交接处的密封"。

（4）高温过热器和高温再热器管排两端的密封。高温过热器和高温再热器管排的两端与侧壁的间距非常狭窄，密封构件不易焊严，同样改进为局部护板式包封罩，密封方式同"顶棚弯管与前壁交接处的密封"。

（5）炉顶包封罩式密封。运行多年和泄漏严重的炉顶，除对穿墙管密封构件进行补焊外，还可将以上四个部位进行整体密封，即增装通长的护板式包封罩，外侧护板生根于管壁的梳形板上，里侧护板焊在炉顶内护板或者顶棚管的鳍片上，包封罩的上端焊在集箱预设的垫块上。整个包封罩应设计成具有足够补偿能力的膨胀结构，罩内用硅酸铝棉填满、压实，结构如图 5-15 所示。

（二）无内护板炉顶耐火层密封检修

1. 炉顶通道耐火层密封

（1）在漏点处将损坏的耐火层清理干净，露出顶棚管，四周边缘修成台阶形。

（2）在顶棚管上以及周边铺设 20mm 厚的硅酸铝毡，铺设耐热钢筋网。

（3）用高耐料浇制耐火层，振捣严密、平整，厚度高出原耐火层 80mm 左右。

顶棚局部密封结构如图 5-16 所示。

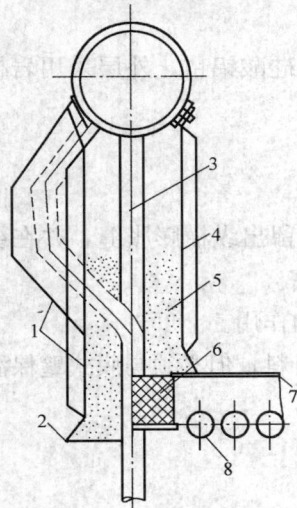

图 5-15　顶棚管与侧墙
包封罩式密封结构

1—外密封罩；2—梳形板；3—侧墙管；4—里侧密封罩；5—硅酸铝毡；6—耐火层；7—内护板；8—顶棚管

2. 顶棚穿墙管处密封

穿墙管处的密封非常困难，因此应重点强化密封。将穿墙管根部的耐火层清理干净，四周边缘修成台阶形。在顶棚管上铺设 20mm 厚的硅酸铝毡，在穿墙管根部粘贴 5mm 厚的硅酸铝毡，将穿墙管包裹起来，留出膨胀间隙。根据管束的尺寸制作密封盒，将密封盒罩在管束上。用高耐料浇制耐火层，厚度要超出原耐火层 80mm

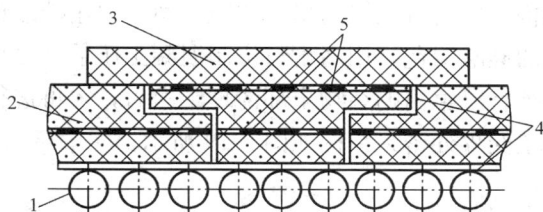

图 5-16　顶棚局部密封结构

1—顶棚管；2—原耐火层；3—高耐料；
4—硅酸铝毡；5—钢筋网格

左右。在密封盒内浇筑的耐火层上粘贴 100mm 厚的硅酸铝毡，将管间缝隙粘严，再用高耐料浇制。密封盒内的硅酸铝毡要压实、压严，以起到强化密封的作用。顶棚穿墙管处密封结构如图 5-17 所示。

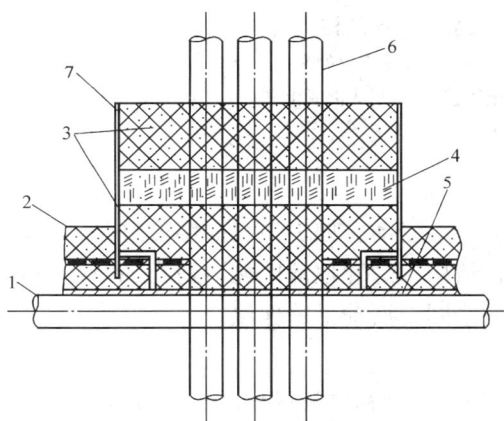

图 5-17　顶棚穿墙管处密封结构

1—顶棚管；2—原耐火层；3—高耐料；4—硅酸铝毡；
5—钢筋网格；6—穿墙管；7—密封盒

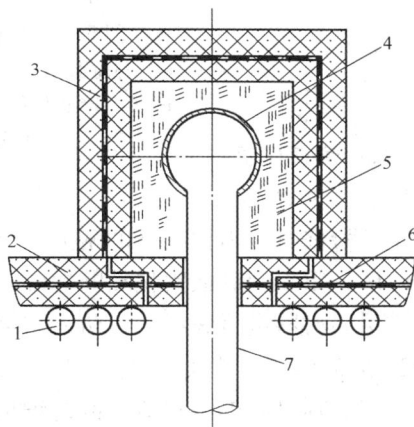

图 5-18　双炉膛顶棚分界处"十字缝"密封结构

1—顶棚管；2—顶棚耐火层；3—密封罩；4—双面
水冷壁上集箱；5—硅酸铝毡；6—钢筋网格；
7—双面水冷壁

3. 顶棚"十字缝"密封

双炉膛布置的锅炉，其炉膛分界处的双面水冷壁与顶棚管形成一道"十字缝"，于此处的缝隙比较宽，而且很长，加之水冷管的膨胀量很大，密封比较困难，所以应重点进行密封。可采用复合密封工艺，首先进行水平密封，将"十字缝"处的水冷壁及集箱粘贴 20mm 硅酸铝毡，预留膨胀间隙；然后用高耐料浇制耐火层，厚度与原耐火层平齐，完成一次密封；最后用硅酸铝毡将水冷壁及集箱粘贴严密，再用高耐料浇制密封罩，将其包裹起来。顶棚"十字缝"密封结构如图 5-18 所示。

4. 顶棚管与水冷壁交界处密封

顶棚管与水冷壁的膨胀量都很大，而且膨胀方向不同，在密封检修时，应采用活动连接结构，并留有足够的膨胀间隙。间隙内用硅酸铝毡填满、压实，然后在缝隙上面铺设 20mm 厚的硅酸铝毡，用高耐料浇制混凝土压盖，厚度为 150mm 左右，用压盖将缝隙盖住。注意必须将缝隙内的杂物全部清理干净后，才可进行以上施工，以免影响密封效果。顶棚管与水冷壁交界处密封结构如图 5-19 所示。

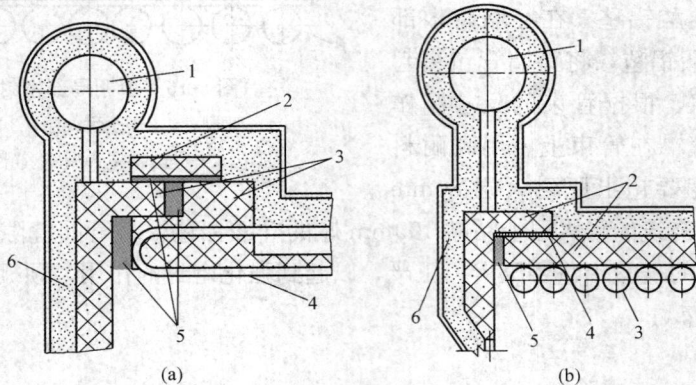

图 5-19　顶棚管与水冷壁交界处密封结构

（a）与前水冷壁交界处密封；（b）与侧水冷壁交界处密封

1—水冷壁上集箱；2—耐火混凝土压盖；3—耐火混凝土；

4—顶棚管；5—硅酸铝毡；6—保温层

（三）炉顶保温

1. 炉顶通道保温

正常检修时，内护板下的耐火层与保温层一般不宜变动。如炉顶表面温度过高，可拆除原保温层，重新用硅酸铝毡粘贴保温，或采用复合结构，炉膛顶部区域应适当加厚，最好采用硬质保温材料进行保温，以防人为损坏。保温方法同无振动平壁保温。

2. 炉顶各部集箱及管排保温

由于炉顶没有热密封罩，因此炉顶的各部集箱及管排均应铺设保温层。可使用硅酸铝毡保温。高温过热器和高温再热器的保温层厚度应比设计值至少增加 20%。保温方法同有罩炉顶集箱及排管的保温。

3. 高温汽水连接管道保温

高温汽水连接管道的保温应在集箱保温之前进行，既可用硅酸铝毡粘贴保温，也可用硅酸铝管壳保温。保温方法同圆管道的保温。

炉顶保温全部结束后，紧贴保温层铺设一层铁丝网，互相连接并紧固平整。统一进行抹面，形成一个整体。

第四节　超(超)临界锅炉炉顶柔性复合密封技术

一、锅炉泄漏

1. 锅炉泄漏简介

锅炉的泄漏一直是多年来困扰发电厂的主要问题之一。尤其是近年来，一些老电厂和新机组使用煤质差，检修频繁，加之为赶生产锅炉急停急启，严重破坏了其密封保温结构，造成漏风、漏灰，影响发电效率。此外，造成锅炉泄漏和热损失的原因主要是由于传统的密封结构设计不合理、施工工艺落后、使用材质性能差，无法补偿和适应锅炉停启过程中所产生的热胀冷缩。为保证电厂的高效运行和安全生产，经常需要对泄漏部位进行有效的密封和保温修复。

保温与密封是紧密结合和相关的，要保温就必须有良好的密封结构作为保障，因为有裂缝就有对流，有对流就会产生热量传递，有热量传递就会造成热损失。对一些火电锅炉来说，漏风率增加就意味着煤耗量的大大增加。据统计，一台 600MW 锅炉漏风率若增加 1%，每年就可能造成上百万的经济损失。

随着政府发出节能减排的号召、电力体制的逐渐改革、电厂竞价上网，降低煤耗，降低排放将成为未来电力企业的管理核心，而对锅炉的定期检查、密封堵漏则是最经济、有效的方法之一。

一般锅炉漏风（漏灰）会造成以下一些不良后果：较差的低 NO_x 燃烧性能，煤耗增加，飞灰中含碳率高，风机出口受到限制或者过载，在过热器中产生煤粉再燃烧，造成过热器管过热和结渣，风机功率损失，除尘效率降低；造成实际蒸汽温度与设计温度的差异，在锅炉顶部大量积灰，影响锅炉的停炉检修，并需花费人工和清灰费用，增加炉顶结构的负荷，对吊杆强度产生不良影响，使鳍片内外表面温差增大，产生较大热应力，在焊缝等薄弱环节产生裂缝，造成更大的泄漏。

2. 锅炉泄漏的危害

锅炉泄漏的危害有以下几点：

（1）形成对流，造成热损失，降低发电效率，增加煤耗。

（2）漏风漏灰，增加烟灰对炉内设备的冲刷。

（3）增加粉尘浓度，影响作业环境及除尘效果。

二、NET 柔性复合密封技术的定义

NET 柔性复合密封技术为层状结构，由 NET 快速粘接剂、NET 高效耐熔料、NET 高强度耐磨料、多层耐火纤维、特殊网丝等多层弹性复合布置而成。该技术可用于 50～1000MW 火电机组锅炉的任何部位，以取代传统的耐火保温材料和金属密封。

传统方式由于锅炉的热胀冷缩，产生较大热应力，还因不同材料的膨胀点、膨胀系数不同，高温耐冲刷性差，造成密封效果难以长久维持，在短时间内就被破坏。

其他一些，如钢结构高层炉顶，虽然有效耐用，但费用高，而且对安装和焊接要求也高，对一些老电厂锅炉的密封堵漏无法采用。NET 多层复合密封技术结合了传统技术和新技术的各大优点，施工方便、工期短、效果好、适用面广泛、经济合理、更能满足客户的要求。与对空间、间隙配合要求很高的扇形密封钢板相比，更适合应用于各种传热空间的密封。

多层柔性复合密封堵漏技术还有很多应用，特别适用于电厂锅炉漏灰、漏烟、漏气、漏粉、漏煤等部位，为电厂的文明生产、降低成本、减少煤耗及创一流提供有力保证。

柔性复合密封结构见图5-20。

三、NET 柔性复合密封技术的主要特点

（1）密封层质量轻、造价经济、效果好。

（2）施工方便、灵活，可根据施工部位任意调整。

（3）能有效吸收和抵消锅炉的热应力，耐久性强。

四、柔性复合密封堵漏技术的适用范围

柔性复合密封堵漏技术是减少锅炉泄漏、省钱省时的有效方法。锅炉泄漏的典型部位如图5-21所示。

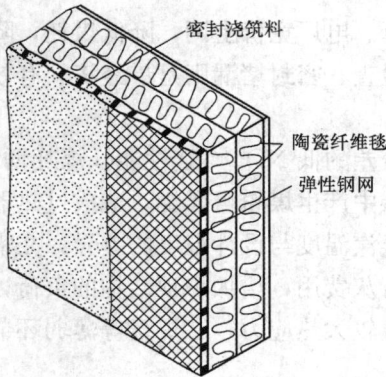

图 5-20　柔性复合密封结构图

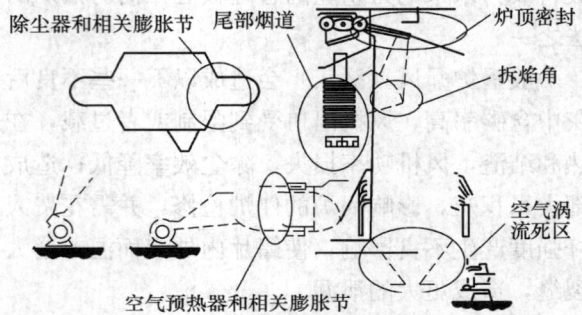

图 5-21　锅炉泄漏的典型部位

锅炉的泄漏还会造成很多不良影响，以下作进一步说明。

（1）炉顶积灰。锅炉运行时，必须消除炉膛泄漏，以改善环境，而炉顶积灰恰恰证明了锅炉有严重的泄漏，炉顶积灰这一电厂的共性问题会产生严重的安全隐患，并带来持续的维修费用，增加成本。由于炉顶积灰过多，会增加构筑件和承压部件的压力，并且构筑件和承压部件长期埋在灰中过热，可能对构件强度产生不良影响，另外对人员也有灼伤的潜在危险，使检修工作无法完成，使缺陷无法被消除，冷却和清除积灰也将消耗很大的清理费用。

锅炉泄漏造成漏风积灰，使安全风险增大。漏风将造成烟道内水分增加，粉尘吸收水分后质量急剧增加，从而直接危及到设计中没有考虑到这部分负荷的构件，影响构件的安全。

粉尘严重影响健康，影响环境和文明生产，增加处理积灰的费用和发电成本。

图5-22为锅炉炉顶泄漏的典型部位。

（2）减少风机容量。锅炉泄漏造成漏风的后果是减少风机容量。在运行期间，电厂的风机是按设计要求设立的，若过量空气通过对流烟道、炉顶、空气预热器等部位渗透到炉膛中，就会增加风机的功率消耗，风机长期过载将影响风机寿命，增加维修费用。

（3）再燃烧。在正常运行中若发生不对流烟道的再燃烧现象，则表明除了炉膛中的空气以外，在对流烟道还存在空气和未燃烧的燃料。这种燃烧会错误地触发高氧信号，最终导致

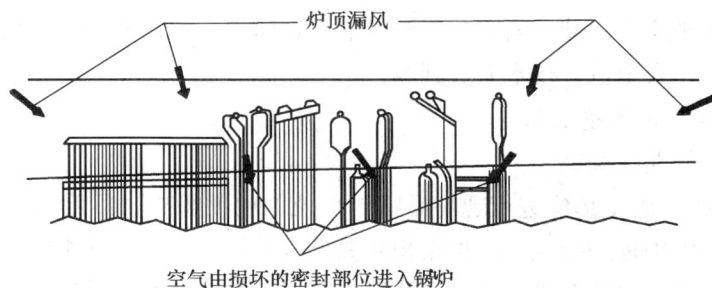

图 5-22　锅炉炉顶泄漏典型部位

炉膛缺氧，破坏燃烧的平衡。当烟气中燃料含量增大，且达到煤粉的燃点时，遇到空气将发生二次燃烧，这将造成热管过热和火焰灭火，使粉尘中含碳量增加和产生结渣，增加燃料的消耗。

（4）锅炉热效率的损失。锅炉泄漏不仅增加排烟热损失，还会恶化炉膛燃烧，降低锅炉的热效率，产生大量经济损失。因此产生同样数量的蒸汽要投入更多的燃料，这种经济损失数量与漏风量成正比。

（5）产生更大泄漏。锅炉泄漏造成冷热不均、温差大，使部件的膨胀量和膨胀方向可能与设计值相差太大，从而拉裂膨胀节和挤碎密封耐火层，造成更大的泄漏。同时使鳍片内外表面温差增大，产生较大的热应力，造成焊缝等薄弱环节产生裂缝。

（6）增加爆管可能性。锅炉泄漏使泄漏部位烟灰速度加大，烟气方向改变。由于飞灰浓度增加，飞灰撞击管壁的几率加大，飞灰硬度搞高，使四管磨损加大，爆管可能性增大，从而造成不必要的停炉检修，其费用大大增加，因此锅炉密封堵漏是四管防磨防爆的重要措施。

（7）增加金属构件的腐蚀。由于锅炉的泄漏，使外面空气及空气中的水分进入烟气和炉膛中，由于煤中硫的燃烧和水产生硫酸作用，增加了对空气预热器、烟道除尘等金属构件的腐蚀，减少了金属构件的寿命，增加了维修费用。

（8）除尘器问题。除尘器对炉膛和除尘本身的漏风很敏感，空气的泄漏会造成能过除尘器烟气流量的增加，造成除尘器效率降低。达不到环保的要求而造成损失，在除尘器的热端，漏风与局部露点腐蚀结合能加速金属部件的腐蚀，增加维修费用。

五、NET 柔性复合密封技术规范及工艺

1. 设计依据

（1）密封技术相关专业规范。

（2）火电施工质量检验及相关评定标准。

（3）《工业设备及管道绝热工程施工规范》。

（4）《电力建设安全工作规程》（火力发电厂部分）。

2. 施工条件

（1）施工区域预清理，确保施工现场无障碍物。

（2）施工用照明及电源设备到位。

（3）施工部位搭设必要支架及固定钢槽。

255

（4）开辟一块必要的存储空间，并与外界隔离，防止工程用料受潮或受外界污染。

（5）施工人员、安全员、技术人员到场。

3. 炉顶柔性密封施工技术工艺

（1）密封施工前期检查。

1）根据业主指定施工部位进行现场需密封部位的前期检查，拆除检修部位的保温，进入大罩壳内对炉顶内护板进行检查。根据积灰高低（波峰和波谷）详细做好记录，然后进行清灰。清灰不用水冲，以免形成泥浆堵塞泄漏点。对于积灰堵塞，采用压缩空气吹扫。

2）检查所密封部位的清理情况，仔细检查炉顶棚四周炉墙接合处大风箱等部位所需密封穿墙管处的金属护板积灰是否清除，对破损的金属护板、膨胀节进行修补。

3）检查密封部位各种构件是否都已修复，一些受热层金属密封件等也已修复达到完整性。

（2）密封施工准备。

1）对需密封堵漏部位要清洁干净，金属构件要除锈打磨干净，并把浮灰清除干净，使所修复工作面达到无尘粒、无锈迹状态。头道工序需由业主方验收合格后，方可进入下道工序。

2）任何大的表面裂缝在需金属焊补时都要焊补牢固；对一些较大材料的缝隙，用耐高温粘合剂加陶瓷纤维棉进行浸渍后填补。

3）密封工作面焊接采用 L 形钉，其间距为 20～35cm，呈交错排列布置（根据现场情况定），每平方米不少于 10 根。钢钉不能焊接在水冷壁等承压部件上，且要两面焊接牢固。

4）再次清扫工作面污染灰尘后，要进行一次密封，采用可耐 1400℃以上高温的钢板粘合剂加陶瓷纤维棉进行浸渍后填补钢铁构件的根部与交接处，采用非金属弹性复合密封弥补一次金属结构密封的不足，对于细小的裂缝进行有效处理，填补的弹性复合材料不会在运行中受热膨胀被拉裂。

（3）密封施工工艺。

1）表面铺设三层陶瓷纤维（两层厚、一层薄），总厚度为 63.5mm 左右，每层陶瓷纤维之间及陶瓷纤维与管壁之间均涂抹耐高温粘合剂。粘合剂的涂料要均匀、完全覆盖住陶瓷纤维接触面，在其侧面接缝处同样涂抹粘合剂。对可能严重泄漏的部位，可根据情况增加层数。陶瓷纤维铺设厚度分别为 25.4、12.7mm 两种，每层陶瓷纤维之间要压实、铺设平整，接缝处错缝距离尺寸不小于 50mm。

2）陶瓷纤维外表面铺设一层菱形特制钢网，其作用是为防止密封面遭受冲击而增加钢性强度。钢网以完全覆盖陶瓷纤维密封层为准，钢网之间采用钢丝扎紧连接。

3）所铺设的钢网穿过钢钉，用方形固止卡环和圆形钢环穿过钢钉压紧密封层，并把圆形钢环焊在钢钉上，以紧固密封层。在管排的高度方向上用不锈钢丝穿过管子将外部钢板扎牢。表面达到平整、无瑕疵。

4）根据工期要求，每一工作面按规定的节点验收，直至工作面最后一道工序完成。

5）恢复原检修，拆除保温。

4. 密封施工质量保证

(1) 密封部位保质期为两个大修周期,保质期内在业主正常运行工况下造成的泄漏由乙方免费修复。接到业主通知后,保证 24h 内给予答复,并在 72h 内到达现场。

(2) 施工主材料采用高强度陶瓷纤维毯、高温粘合剂。陶瓷纤维的抗拉强度达到 86kPa,密度为 $128kg/m^3$,耐热温度 1260℃;高温粘合剂的使用温度达到 1400℃以上。

(3) 施工辅材均为钢制品。

(4) 安全文明施工、保质保量。

(5) 做到工完料尽、场地清。

密封施工工艺见图 5-23。

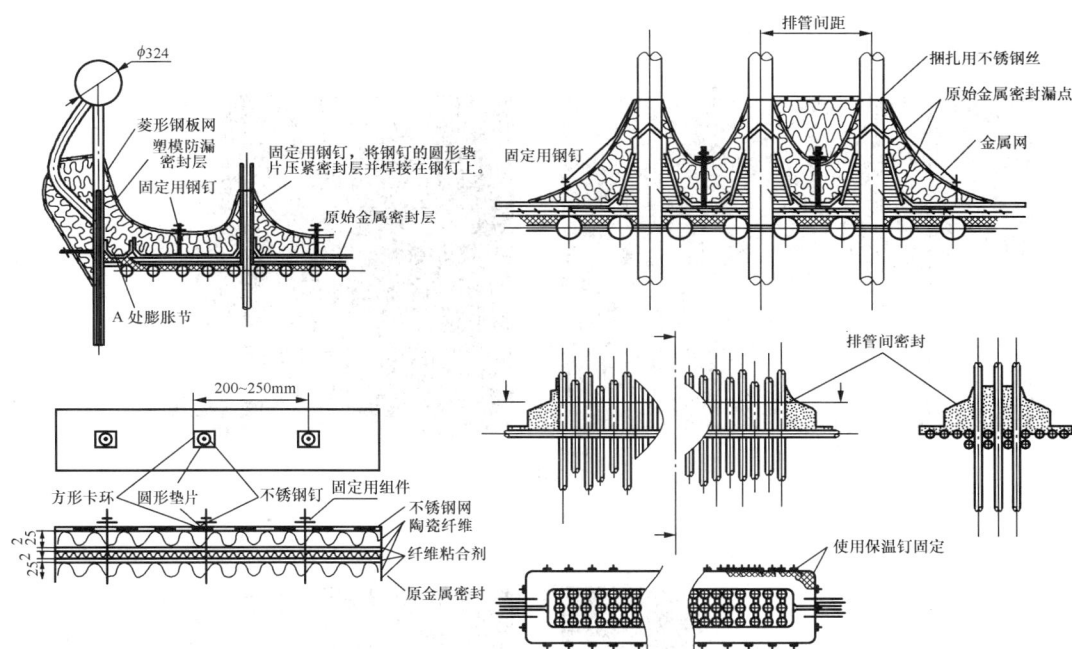

图 5-23 密封施工工艺图

六、其他相关工程质量标准

(1) 工程质量完全符合国家火电机组锅炉密封技术标准。

(2) 保证 8 年内密封范围内粉尘浓度小于国家标准 $2mg/Nm^3$。

(3) 保证 8 年内密封范围内漏风率小于 0.2%。

(4) 工程总体质量达到优良。

(5) 安全施工、事故为零。

(6) 在规定时间内完工,一般与大修同步。

(7) 所选用材料均符合国家质量标准。

七、施工实图 (600MW 机组)

图 5-24 为 600MW 机组施工实图。

(a)

(b)

图 5-24　600MW 机组施工实图（一）

（a）炉顶积灰清理前；（b）炉顶积灰清理后

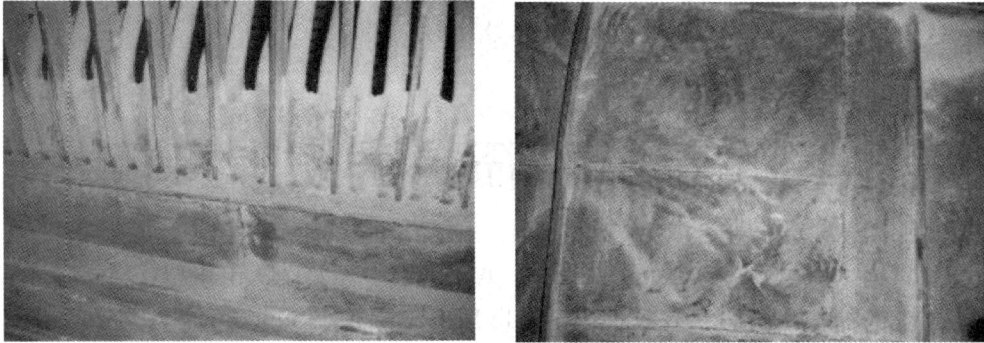

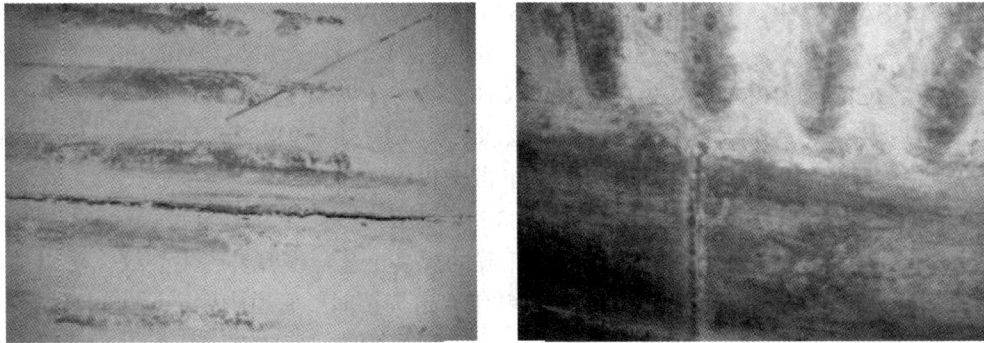

(c)

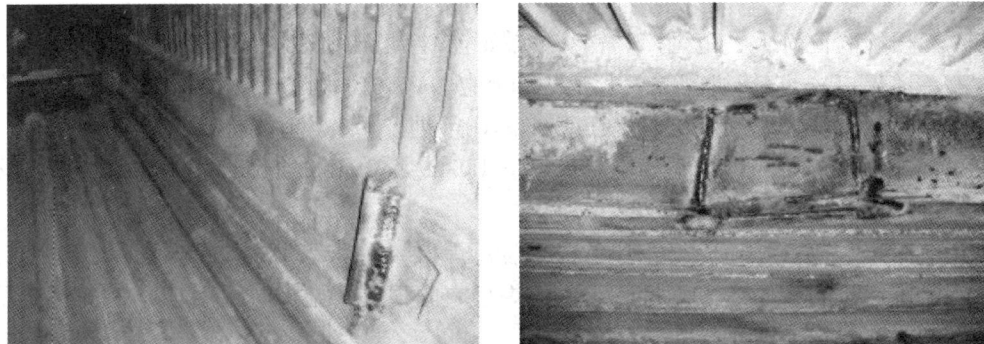

(d)

图 5-24　600MW 机组施工实图（二）

（c）炉顶漏灰处未焊接前；（d）炉顶漏灰处焊接后

第六章　超（超）临界锅炉焊接技术

超（超）临界锅炉安装，焊口数量众多、焊口位置分布复杂。由于超（超）临界锅炉温度、压力参数的提高，锅炉管道采用了 SA213T23、HR3C、Super304、A335P92 钢，其焊接安装呈现以下特点：

（1）承压部件焊接钢种多，主要有 15CrMoG、SA106C、SA-210C、12Cr1MoVG、SA182F23、SA213T23、SA213T12、SA335P12、SA209T1、SA213T91、SA335P91、SA213T92、SA335P92、CodeCase2328（Super304H）、15NiCuMoNb5（WB36）、SA213TP310HCbN(HR3C)、A691Gr. 1-1/4CrCL22 等十几种钢材。

（2）焊口数量多，特别是高合金焊口数量多，SA213T91、SA213T92、Super304H、HR3C 等高合金焊口总数达到上万道，给施工带来很大的难度。

（3）特殊材料的焊接。SA213T91、SA335P91、SA213T92、SA335P92 等钢材中 Cr 含量达到 9％或者 9％以上，在施焊中如果不遵循正确的焊接工艺，很容易产生裂纹。对以上 Cr 含量高的合金钢管道以及 Super304H、HR3C 不锈钢管道焊接时，管道内壁需要进行充氩保护。

（4）焊接种类多，焊接材料复杂，其中焊条主要包括 R407、R307、R317、J507、A307、A137、E9018-B9、E9015-G，焊丝包括 TIG-R40、TIG-R30、TIG-R31、TIG-R10、TIG-J50、H1Cr19Ni9Nb、ER505、ER90S-B9、TGS-9CB、TGS-2CW、YT-304H、YT-HR3C 等。

（5）无损检验比例大、范围广。锅炉受热面本体设备及汽水管道二次门内焊口（包括二次门后第一道焊口）、汽轮机侧重要管道焊口均按 100％比例进行无损探伤，其中三级过热器、受热面不锈钢管及 T91/P91、T91/P91 焊口须进行 100％射线检验。

（6）特殊规格焊口的焊接，如主蒸汽管道 ID349×91/ID248×66/SA335P92，热段大口径管道 ID699×43/SA335P92。

（7）地面组合率低，地面组合焊口占安装总焊口数的 15.34％。

（8）由于锅炉布置紧凑，管排和组件的焊接空间很小，施焊时很困难。有将近 1 万道焊口需要借助镜面焊来完成焊接作业。

第一节　超（超）临界锅炉焊接管理

一、超（超）临界锅炉焊接施工网络计划及保证工期措施

超（超）临界锅炉焊接专业要按照施工总体网络编制本专业施工进度计划，将工程项目

施工内容进行详细分解,确定施工工期,编制出项目的二级进度控制计划。二级计划中包含年度施工计划、季度施工计划。施工完全按照锅炉专业排定的里程碑进度、关键工序进度、不同作业项目的开工及完工时间进行,使其满足整个工程施工的要求。

二、保证工期措施

为保证施工进度如期完成,针对工程的施工特点、施工难度以及影响施工进度的关键点,提出以下工期保证措施。

(一)人员准备、协调

在焊接开工前,项目部焊接管理组根据施工网络,按阶段、时间定出所需高压焊工人数。督促各个施工单位如期将焊工调至现场,并选派经验丰富的焊接管理人员在现场进行监督控制。

(二)机械配置

根据焊接工程量,配置足够数量的电焊机和热处理机。采用安装电焊机防护棚方式集中布置,电焊二次线接快速接头插盘引至各个施工作业层。

焊接施工前,建立焊条库,库内设置焊条堆放货架、烘干箱、恒温箱,并配备除湿器、电暖器、温湿度记录仪、排风扇、分体式空调,数量充足。地面铺设防潮材料,保持库内温湿度在标准范围内。

金属实验室提前到达现场,准备好暗室、铅房、检验仪器等设施。

(三)焊接材料的准备

焊接技术人员在开工前提前统计好焊接工程量,做好焊接材料备料计划。物资部根据施工预算并参考备料计划提前购置焊接材料,焊条、焊丝入库前须经过外观检验。合金焊材要委托金属实验室进行光谱复查,杜绝不合格的焊材进入施工现场。对入库的焊材做好登记台账。

(四)安装、焊接、热处理、检验工序的施工组织协调

为了保证整个工程的施工进度及施工质量,要求在施工时安装、焊接、热处理、检验各工序之间进行交接。项目部焊接组负责对各工序、各部门之间进行协调,焊接管理人员每天对现场的焊接施工情况进行有效控制、协调。

开工前,各单位技术人员须将需要进行预热、热处理的焊口委托单提前送到热处理部门。热处理部门接到委托单后,应提前布线。

焊接前,项目部焊接技术人员或施工单位技术人员对现场的管道进行统一编号,并每天进行无损检验委托,无损检验委托单上应注明焊口编号及对应的焊工钢印。

对于大径厚壁合金钢管道焊口,焊接前技术人员应在坡口侧600mm处用醒目的黄色标注管道规格、材质及所使用的焊丝、焊条牌号。未做标注的均为碳钢焊口。

无损检验人员应及时将检验结果反馈给各单位工程技术人员。对于需要中间探伤的焊缝,要在检验合格后,方可重新预热、焊接下一道焊缝;如不合格,按检验人员标识位置挖掉缺陷,其挖削的坡口状态应经过焊接技术人员的确认,确认合格后由技术人员通知热处理人员升温至预热温度开始补焊,补焊完毕后,按上述程序进行检验,直至合格。

焊接完毕后,技术人员通知热处理人员进行热处理。热处理完毕后,热处理部门应填写热处理完工通知单反馈给委托单位。技术人员接到热处理完工通知后，填写无损检验委托单委托检验。无损探伤结束后，实验室应及时反馈检验结果。

对于省煤器、二级过热器及一级再热器等困难位置的焊口，由于涉及预热、热处理工序，因此金属室应安排超声、射线检验人员对所有完成的焊口及时进行检验，并及时将结果反馈到焊接部门。

对于结果通知单，每天上午金属实验室要将前一天的检验结果通知单填写清楚，包括已经检验的焊口编号、不合格焊口号、不合格焊口缺陷名称及缺陷位置等。

金属室透视人员应对已经透视完的焊口进行标识，以区分未透视焊口，防止下次透视时由于疏忽进行重复透照，进而造成有一部分焊口透视了两遍，有些焊口没有透视。另外，对于透视合格的焊口和有缺陷需要返修的焊口，要分别用不同的符号进行标识，具体的标识符号由金属实验室确定。

对发生缺陷的焊口，班组应立即组织进行返修，返修程序严格按照作业指导书及交底内容进行。

对于工期较短的部件焊接或影响后续作业开展的管道焊接，金属实验室应安排人员每天下午下班前到现场查看焊接进度，防止当天焊口没有检验，致使第二天的施工无法进行。对于绑扎加热片难度较大及检验难度较大的焊口，金属实验室应提前做好策划，施工时及时解决问题，以防延误工程开展。

对于 T92、P92 等新钢种，预热、焊接、焊后热处理以及补焊等严格按照制定的焊接工艺、热处理导则进行。

三、施工区域平面布置

（一）布置原则

施工区域布置总原则是保证质量、使用方便、节约能源、提高效益，符合现场文明施工。

（二）焊接平面布置

1. 电焊机布置

锅炉组合场采用电焊机集装箱方式布置，电焊机采用电焊机防护棚方式布置。在各个电焊机布置点搭设电焊机防护棚，防护棚内设电源箱连接电焊机一次线。电焊机二次线统一集中布置，用电缆托架顺着平台底部及钢架梁与柱输送至各个作业层，各个作业层设快速接头插盘。

图 6-1 为电焊机防护棚效果图，图 6-2 为电焊机二次线布置效果图。

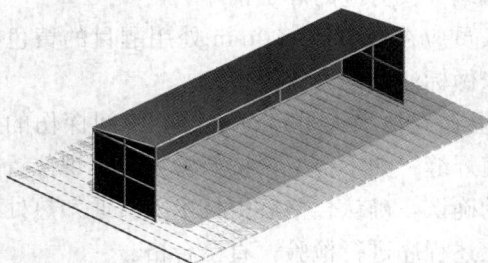

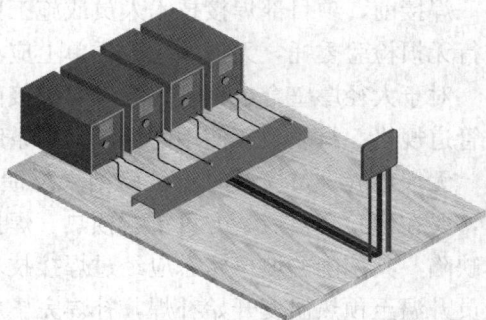

图 6-1　电焊机防护棚效果图　　　　　　图 6-2　电焊机二次线布置效果图

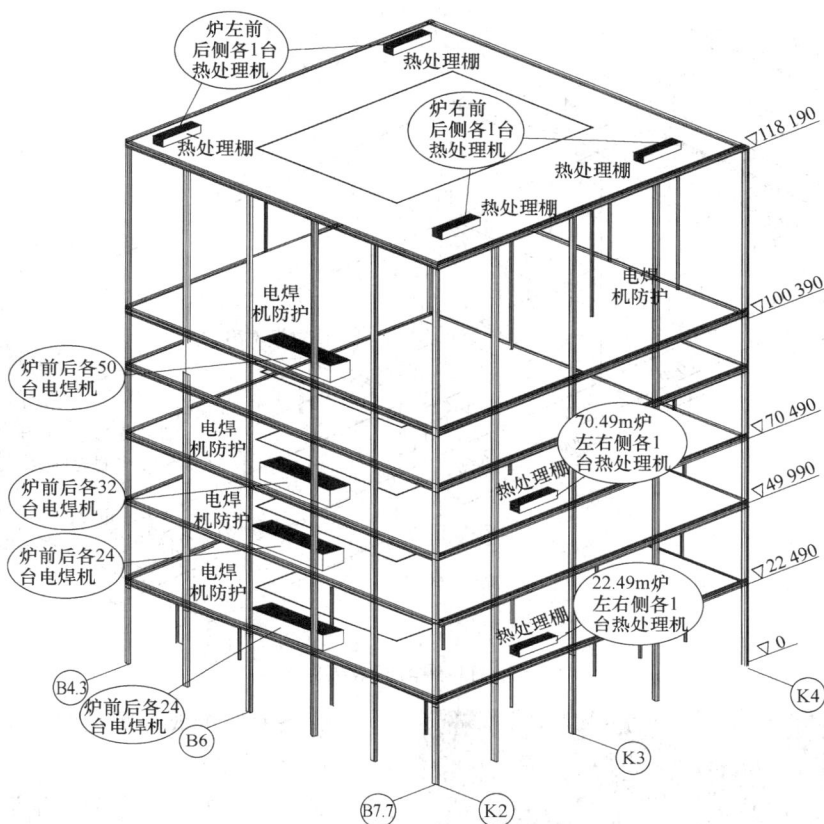

图中标注：

炉左前后侧各1台热处理机　热处理棚

炉右前后侧各1台热处理机

热处理棚　热处理棚

▽118.190

电焊机防护

电焊机防护

炉前后各50台电焊机

▽100.390

电焊机防护

70.49m炉左右侧各1台热处理机

炉前后各32台电焊机

电焊机防护

热处理棚

▽70.490

▽49.990

炉前后各24台电焊机

电焊机防护

22.49m炉左右侧各1台热处理机

▽22.490

热处理棚

▽0

B4.3

炉前后各24台电焊机

B6

K4

K3

B7.7　K2

注：1. 电焊机防护棚分别布置在22.49、49.99、70.49、100.39m处。

2. 热处理温控设备布置分别为炉顶118.19m4台、70.49m2台、22.49m2台。

图6-3　锅炉电焊机、热处理机布置示意图

锅炉电焊机、热处理机布置示意图见图6-3。

2. 焊前练习间

超（超）临界锅炉加热面困难位置焊口的数量众多，因此施工中必须采取有效的措施来保证焊接质量。针对锅炉焊口的各种困难位置，制作与各部件形状、结构相似的模拟件，在开工前组织焊工进行模拟练习，练习合格后方可进行正式焊接。焊前练习过程请业主、监理进行监督、检查，并严格遵循业主及监理的要求。

练习间效果图见图6-4。

3. 焊条库

为保证焊接施工质量，现场使用的焊条库为复合板结构库房、铝合金墙壁，墙壁上安装有6道窗户，地面铺设防潮木地板，以提高库房本身的保温、防潮、防火、通风能力。

焊条库配备电暖器、除湿器、排风扇、焊条烘干箱、焊条恒温箱、空调、焊条堆放货架，供应施工现场经烘烤合格的焊条。

263

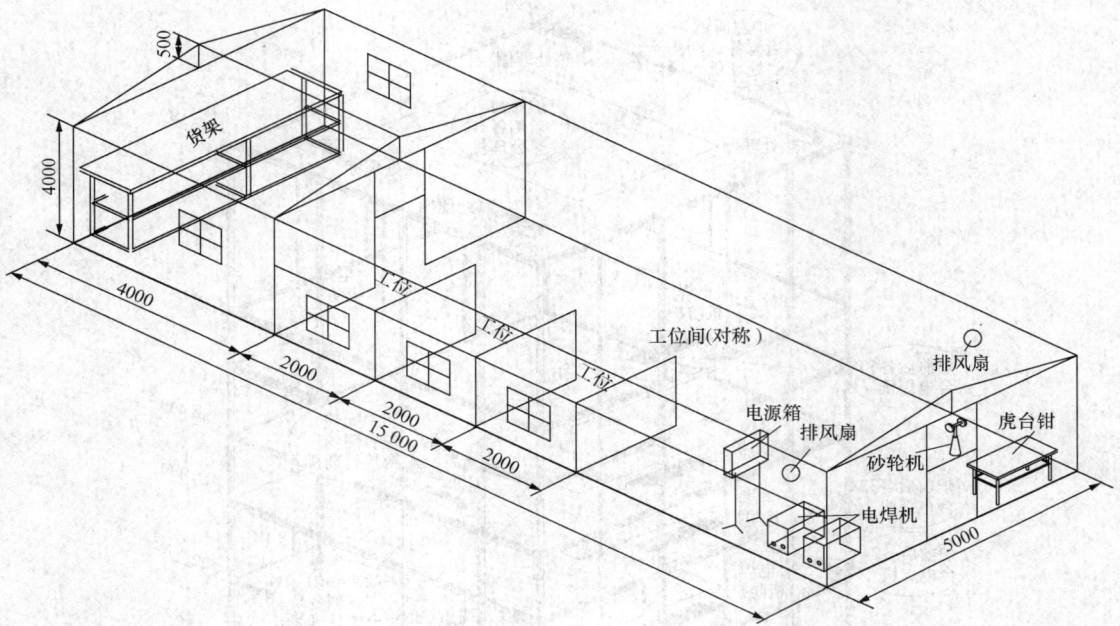

图 6-4　练习间效果图

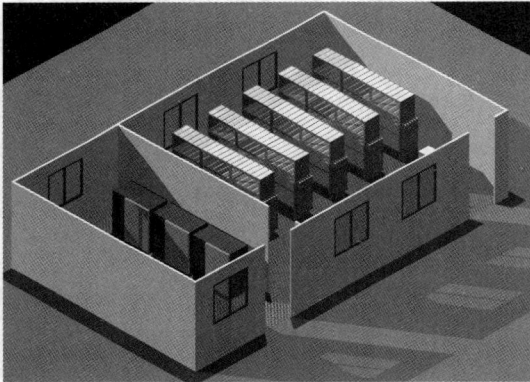

图 6-5　焊条库布置效果图

焊条库布置效果图见图 6-5。

4. 射源库布置

射源库布置在距办公、生活区域较远的海边，库房的搭设严格按照相关标准执行，并要布置有醒目的标识。

5. 办公区布置

办公区包括焊接管理组办公室、金属检验办公室、热处理办公室、焊条库管理办公室。焊工分散于各个专业公司及施工处，班组工棚及工具房随机炉布置。

四、焊接人员的资格和要求

（1）焊接人员包括焊接技术人员、焊接质量检查人员、焊接检验人员、焊工、焊接热处理人员及焊接施工管理人员。

（2）所有焊接人员都必须经过专业培训，并考核取得资格证书。

（3）凡通过某一项目、某一级别考试合格的焊工，只能从事该项目、该级别或可代替项目的焊接。

（4）焊接人员要认真执行有关焊接标准、焊接施工技术规范、焊接施工作业指导书中的各种规定。执行公司项目法运行规则中质量管理的相关内容。同时须结合业主或工程监理对该工程的特殊要求制订相应的管理办法。

（5）规定：从事工程的焊工应通过所属标段施工单位的焊接培训中心（有经贸委颁发资

质）考试，取得相应焊接项目资格。没有焊接培训中心的单位应在该省找一家有资质的焊接培训中心通过考试合格后才能上岗。

（6）焊工上岗须有业主核发的二期焊工上岗证才能焊接。

五、保证工程质量的主要措施

（1）开展全员质量教育，提高每个职工的质量意识，抓好各类焊工的技术教育和技术培训，提高员工思想、技术的综合素质是完成质量目标，创建精品工程的前提，用员工的工作质量保证工程的质量。

（2）贯彻以经济责任制为中心的质量责任制，设立焊口质量奖，做到奖优罚劣，把焊口的质量和个人的收入挂钩，实施质量否决权。

（3）技术管理、质量管理系统化、标准化、程序化。以科学的焊接技术管理程序、严格的质量控制办法、先进的检查试验方法、精确的检测试验数据来管理每一道焊缝。

焊接技术准备程序见图 6-6。

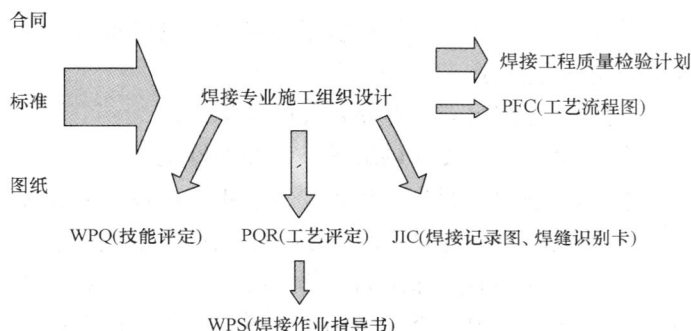

图 6-6　焊接技术准备程序图

焊接记录图（焊缝识别卡或 JIC）从焊接专业施工组织设计开始按分项工程统一编号，具体到每一道焊口。不仅作为焊接施工信息的记录，保证产品和焊接检查记录、热处理报告、无损检验报告的一致性和可追溯性，而且是焊接分项工程配合作业指导书进行施焊工艺指导的重要文件。

对于超设计部分焊口（如锅炉受热面割样、换管增加的焊口）也应统一编号，详细记录有关每道焊缝的施工信息，出具检查试验报告等见证资料。

焊接技术人员根据施工图纸、专业施工组织设计、焊接工艺评定报告编制焊接作业指导书，根据图纸、作业指导书编制施工技术交底，交底后实行双签字，以提高双方的责任感和严肃性。

（4）无损检验起始标记。大径厚壁管检验起始标记的钢印标识对透视底片布置、超声缺陷定位非常重要，可作为永久性标识。比以往焊缝检验现场安装以机炉位置定位，组合场组合以焊接位置定位更准确、可靠。

（5）焊工在施焊前应做到三校核：一校核焊接部件钢材；二校核焊接材料是否正确；三校核对口质量是否标准。

（6）在焊接过程中要做到三检查：一检查根层焊接质量；二检查焊缝外观质量；三检查焊缝是否清理干净。

（7）每日下岗前做到二自觉：一自觉填好自检记录并上报班组长；二自觉上报焊口数量及焊口编号，以便及时委托实验室检验。

（8）班组长接到焊工自检记录后要认真复查，签字后交给技术人员。技术人员校核后及时填报无损检验委托单，委托金属实验室进行无损检验。

（9）技术人员要及时了解无损检验结果，并及时将不合格焊口反馈给施工人员进行返修。

（10）发放结算质量奖时实行三不发放制度：一是自检记录不全不予发放；二是质量缺陷未消除不予发放；三是弄虚作假的不予发放。

六、焊接材料管理

（1）设立焊条库，对焊接材料进行统一管理，统一发放。

（2）焊材按项目预算和采购技术条件进行采购。焊材必须有出厂合格证和材质证明书，到货后经验收合格入库存储。

（3）焊材库设专人负责。配备保证存储环境温度和湿度的设备以及烘焙、恒温设备，保证库房温度不低于 5℃，湿度不大于 60%。

（4）焊材分类、分批号、分规格码放存储，并明显标识。

（5）保管员严格按说明书和工艺要求烘焙焊条，并做好记录。

（6）焊材领用一律凭焊材领用（回收）单。焊材领用单由技术人员按工艺卡（作业指导书）、焊缝识别卡（记录图）和定额填写后交焊工领用，保管员核实并登记发放。领用时一律使用保温筒，进入现场施工焊接时，保温筒一律插接电源保温，焊条随用随取。工作结束后统一交回剩余焊条和焊条头。对焊工交回的剩余焊条，焊条库保管员应仔细检查，对于不合格焊条做降级使用或报废处理，对于合格焊条只能重复使用一次（重复使用时可在焊条尾部做颜色标识）。

（7）焊材库必须有以下记录和资料：

1）焊材入库登记台账。

2）焊材发放（回收）记录。

3）焊条烘焙记录。

4）焊材库温度和湿度记录。

5）预算和定额。

6）材质证明书。

（8）存放一年以上的电焊条用于重要部件的焊接时，应重新鉴定电焊条，合格后方可使用。

（9）焊条重复烘焙不超过两次。电焊条的烘焙一般应符合以下要求：酸性药皮电焊条 120～150℃恒温 1h；碱性低氢型药皮电焊条 350℃恒温 1～1.5h。

（10）焊丝使用前应认真清理油、锈等污垢，直至露出金属光泽。

（11）焊接气体。钨极氩弧焊使用的电极宜采用铈钨棒，所用氩气纯度不低于 99.95%，并且有出厂合格证；氧气符合《工业氧》（GB/T 3863—2008）规定，纯度不低于 98.5%；乙炔气纯度应符合《溶解乙炔》（GB 6819—2004）规定，并且出厂时有质量证明书，用于焊接的乙炔气必须经过过滤。

（12）设备、机具、工装的配置、改进和检定。

1）焊机、二次线、焊把（焊枪）、工件连接一律使用铜鼻子、快速接头、线卡子。不允许将地线接在工件支架上，必须用线卡子紧固于工件上。

2）每名焊工配备必要的辅助工具，如锋钢锯条、手锤、扁铲、尖铲、电动砂轮、小手电（根部打底检查）。

3）高合金钢焊接根部充氩保护，可从管端或坡口处充氩形成气室，保护根部。配合材料有铜管、胶堵及可溶纸。

4）购置环形火嘴火焰喷烧器用于非电加热法预热的焊口预热。

5）购置数字式氧气浓度计，测量高合金钢根部充氩保护程度，氧含量控制在小于0.5%，以实测数据确保根部充氩效果。

6）远红外电加热温控柜、热处理炉控制仪表、热电偶、自动记录仪等测量工具仪表定期检定，保证测量数据、记录曲线准确反映焊接、热处理状态和过程。

七、保证焊接质量的重要环节——热处理

（1）编制热处理作业指导书，技术员交底后双方签字，操作人员按给定的工艺曲线输入微机。

（2）操作人员在当班完成热处理后，及时将热处理记录曲线及有关操作记录交技术员出具热处理报告，记录中应注明规格、钢号、操作人员姓名、日期。

（3）建立健全热处理操作制度。

第二节 超(超)临界锅炉焊接主要施工方案和重大技术措施

针对本专业施工项目中的主要设备（或系统），从施工顺序、方法、步骤、要求等方面进行详细的叙述，作为本专业组织施工的重要技术依据。

一、焊接方法的选择

超（超）临界锅炉焊接施工作业中采用的焊接方法主要有手工电弧焊（SMAW）、手工氩弧焊（GTAW）、管板自动钨极氩弧焊、半自动氩弧焊（MIG焊）。

从焊接作业效率及成本考虑，原则上，壁厚 $\delta \leqslant 6.5mm$ 的管道焊口采用全氩弧焊接方法，如锅炉受热面管道焊口；壁厚 $\delta > 6.5mm$ 的高温高压焊口均采用氩弧焊打底，电焊盖面的焊接方法。另外，对于壁厚大于6.5mm的一、二、三级过热器等管排上焊接位置困难的焊口，出于焊口外观质量及合格率的考虑，在工艺评定覆盖范围内的也采用全氩弧焊接方法。

油管道焊口采用全氩弧方法焊接或采用氩弧焊打底、电焊盖面焊接方法。

中低压管道焊口采用氩弧焊打底，电焊盖面焊接方法。

热工仪表管采用全氩弧焊接方法。

钢结构及密封焊缝采用手工电弧焊焊接方法。

大直径（≥1000mm）的管子或容器接头除采用氩弧焊打底工艺外，均应采取双面电弧焊，但承压管道或容器必须清根。

烟、风、煤、粉系统管道焊缝采取手工电弧焊方法。

管道上焊接非开孔型管座、吊架、加强筋等采取手工电弧焊方法。

铝母线等铝及铝合金采用熔化极半自动惰性气体保护焊（MIG）。

空气预热器、电除尘、凝汽器等设备焊接采取手工电弧焊方法。

钛管密封焊采用管板自动钨极氩弧焊。

二、焊接材料的选择

（1）超（超）临界锅炉焊接材料原则上按照规程规范、工艺评定及图纸的具体要求选用。对于 P92、Super304、HR3C 等新钢种的焊接材料根据工艺评定结果选用，对新钢种实施业主提供的专用焊接、热处理、金属监督检查导则。焊接材料的选用见表 6-1。

表 6-1 焊接材料选用表

钢　　种	焊接材料	
	氩弧焊丝	电焊条
SA210C、20	TIG-J50	J507
WB36	OE-Mo	TENACITO65
15CrMoG、SA213-T12、A335P12（ASME P-No. 4）	TIG-R30	R307
12Cr1MoVG	TIG-R31	R317
A335P22（ASME P-No. 5A）、12Cr2Mo1、A182F22 A335P22、SA213-T22	TIG-R40	R407
SA213-T91	TGS-9CB	
SA335-P91	ER505	E9015-B9
1Cr18Ni9Ti、SA213TP-347H 、SA213TP-304H	H1Cr19Ni10Nb	A137
SA335-P92	MTS-616	MTS-616
SA-213-TP310HCbN（HR3C）	YT-HR3C	
Super304	YT-304H	
SA213-T23	TGS-2CW	

注　焊条、焊丝应有制造厂的质量合格证。

焊条及焊丝的选用应根据母材的化学成分、机械性能和焊接接头的抗裂性、碳扩散以及焊接的预热、热处理、使用条件等综合考虑。同种钢材焊接时，焊丝、焊条的选用一般应符合焊接金属性能、化学成分与母材相当及焊接工艺性能良好的要求。

国内购置的电焊条应符合下列标准：《碳钢焊条》（GB/T 5117—1995）、《低合金钢焊条》（GB/T 5118—1995）、《不锈钢焊条》（GB/T 983—1995）、《铝及铝合金焊丝》（GB/T 10858—2008）、《铜及铜合金焊丝》（GB/T 9460—2008）。

氩弧焊丝应符合上海电力修造厂标准：

1）Q235-AF、20 号一般钢结构（六道、电除尘等）焊接可选用 J422 焊条。

2）20 号、16Mn、16MnR 等材质重要钢结构（凝汽器、辅助蒸汽集箱）焊接可选用 J507 焊条。

（2）异种钢焊接材料的选用。

1）两侧钢材均非奥氏体不锈钢时，可选用成分介于二者之间或合金含量低的一侧相配的焊条（焊丝）。

2）两侧之一为奥氏体不锈钢时，可选用含镍量较高的不锈钢焊条（焊丝）。

（3）对二氧化碳气体保护焊焊丝、埋弧焊焊丝焊剂及铝母线焊丝的选用依照有关规范、母材材质进行。

三、焊接工艺评定

对所承担机组管道的规格、材质进行统计，根据工程实际情况，确定所需增做工艺评定项目，见表6-2。

表6-2 所承担机组管道的规格、材质统计

序号	材 质	规 格	焊接方法	备 注
1	SA213T23	$\phi48.3\times11.11mm$	Ws	
2	SA213T92	$\phi48.3\times12.5mm$	Ws	
3	HR3C	$\phi57.2\times4.23/\phi48.3\times10.16mm$	Ws	
4	SA335P92	ID349×80mm	Ws/D	根据业主要求增做，材料由业主提供

四、施工方案

（一）坡口的制备及装配

（1）焊接接头形式、坡口尺寸和对口间隙应符合《火力发电厂焊接技术规程》（DL/T 869—2011）。坡口的制作应保证焊口质量，便于焊接操作，在坡口允许角度范围内，应尽量减小坡口角度，促使填充金属量减少。坡口制作还应力求减少应力及变形，方便无损检验。

（2）坡口的制备以机械加工的方法进行。如使用火焰切割切制坡口，则应将割口表面的氧化物、熔渣及飞溅物清理干净，并将不平处修理平整。

（3）焊件在组装前应将坡口表面及附近母材内、外壁的油、漆、垢、锈等清理干净，直至发出金属光泽。清理范围如下：

1）手工电弧焊对接焊口：管道外壁每侧各为10～15mm，管道内壁每侧各为10mm。

2）角接接头焊口：焊脚高度值＋10mm。

（4）锅炉范围内的焊口不允许用火焰切割方法进行加工。焊件对口时一般应做到内壁齐平，如有错口，其错口值应符合下列要求：

1）对接单面焊的局部错口值不超过壁厚的10%，且不大于1mm。

2）对接双面焊的局部错口值不超过焊件厚度的10%，且不大于3mm。

（5）对接管口端面应与管子中心线垂直，其偏斜度Δf的允许范围见表6-3。

表6-3 管子端面与管子中心线偏斜度的要求

管子外径（mm）	≤60	60～159（含159）	159～219	>219
Δf（mm）	0.5	1	1.5	2

（6）管子对口弯折要求：

1) 管径＜100mm，偏差值≤1/100。

2) 管径≥100mm，偏差值≤3/200。

(7) 对接口时，如焊口间隙过大，应设法修整到规定尺寸，严禁在间隙内加填塞物。禁止强力对口，对口时组合件应垫实，焊接结束并热处理后，临时加固的支撑才能去掉（所有需热处理的焊口只有在热处理之后才能承载）。

（二）焊前预热

(1) 焊前预热：采用电加热方法预热，用热电偶测温。

(2) 不同钢材焊前预热温度应根据制造厂、规程规范的要求执行，对于新钢种要严格遵循工艺评定的相关要求执行。通用钢材的预热温度选择见表6-4。

表 6-4 通用钢材预热温度选择表

钢　　种	管　材	
	壁厚（mm）	预热温度（℃）
含碳量≤0.35%的碳素钢及其铸件	≥26	100～200
15CrMo、T12、A335P12	≥10	150～250
12Cr1MoV	≥8	200～300
A335P22、12Cr2Mo1、T22	≥6	250～350
SA213-T91、A335P91	—	200～300
P92	—	Ws150-200/Ds200-250
WB36	≥15	150～200

(3) 异种钢焊接预热温度的选择。以焊接性能较差或合金含量较高一侧钢材的预热温度为异种钢的预热温度。

(4) 特殊情况下的焊前预热温度要求。

1) 在0℃及以下低温下，壁厚不小于6mm的耐热钢管子、管件焊接时，其预热温度可按表6-4中规定值提高30～50℃。

2) 在-10℃及以下低温下，壁厚小于6mm的耐热钢管子及壁厚大于15mm的碳素钢管焊接时应适当预热。

3) 接管座与主管焊接时，应与主管规定的预热温度为准。

4) 非承压件与承压件焊接时，预热温度应按承压件选择。

（三）焊接中断

(1) 施焊过程除工艺和检验上要求分次焊接外，均应连续完成。若被迫中断时，应采取防止裂纹产生的措施（如后热、缓冷、保温等）。对有特殊要求的钢种焊接中断后再焊时，应使用无损检测手段仔细检查并确认无裂纹后，方可按照工艺要求例如要求预热的焊口必须重新预热继续施焊。

(2) 焊接开始后，层间温度应维持在规定的最低预热温度且不高于400℃，直至开始进行热处理工作。

(3) 对于P92、P91等有特殊要求的钢材，应严格遵循并按照焊接工艺评定的规定实施。

（4）对于 P-Nos. 4，5A ［A335P12、A335P22（Cr 含量≤3%）］的材质，焊接如果被迫中断时，焊缝允许缓冷至室温。

（5）对于 P-No. 5B（Cr 含量＞3%）的材质被迫中断时，要求进行后热处理，且控制冷却速度。

（6）对于奥氏体不锈钢焊接，层间温度不大于 175℃，及每个层道焊接完毕必须冷却至 175℃以下，才可焊接次层。

（四）焊后热处理

焊后热处理按照焊接工艺评定执行，并编制热处理作业指导书来规范此项工作。一般情况下，焊后热处理作业应有自动记录曲线；火焰预热需有记录，并有专人监控。

（1）不同钢材的热处理温度应根据制造厂要求、规程规范的要求执行，对于新钢种要严格遵循工艺评定的相关要求和业主指定的焊接、热处理、金属监督专用导则执行。通用钢材的热处理温度选择见下表 6-5。

表 6-5 　　　　　　　　　　　　　　通用钢材热处理温度选择表

钢　种	管　材	
	壁厚（mm）	热处理温度（℃）
Q235-AF、20、SA210C、A106B、WB36 A672B70CL33、SA299（ASME P-No. 1）	≥30	600～650
15NiCuMoNi5	≥25	550～570
15CrMo、SA335P12（ASME P-No. 4）	＞10	670～700
12Cr1MoV、12Cr2Mo1	≥8	720～750
12Cr2MoWVTiB	≥6	750～780
A335P22（ASME P-No. 5A）	≥6	720～750
SA213-T91、A335P91	—	750～770
P92	—	750～770

（2）凡采用氩弧焊或低氢型焊条，焊前预热和焊后适当缓冷的下列材质、规格部件可免做焊后热处理，见表 6-6。

表 6-6 　　　　　　　　　　　　可免做焊后热处理的部件材质、规格

材　质	规　格	材　质	规　格
15CrMo	δ≤10mm 且 ϕ≤108mm	12Cr1MoV	δ≤6mm 且 ϕ≤108mm
		12Cr2MoWVTiB	δ≤6mm 且 ϕ≤63mm

（3）异种钢热处理温度的选择应按两侧钢材及所用焊条（焊丝）综合考虑，一般不超过合金成分低侧钢材的下临界点 A_{c1}。常见钢材的 A_{c1} 点见表 6-7。

表 6-7　　　　　　　　　　　　　常见钢材 A_{c1} 点

材　质	下临界点 A_{c1}（℃）	材　质	下临界点 A_{c1}（℃）
碳钢（P-No.1）	725	2.25Cr-1Mo，3Cr-1Mo（P-No.5A）	805
碳钼钢（P-No.3）	730	5Cr-1/2Mo（P-No.5B，Gr.No.1）	820
1Cr-1/2Mo（P-No.4，Gr.No.1）	745	9Cr-1/2Mo（P-No.5B，Gr.No.2）	810
1.25Cr-1/2Mo（P-No.4，Gr.No.2）	775		

（4）焊后热处理全部采用电加热，用热电偶测温。

（5）热处理的升、降温速度一般可按 $6250/\delta$（单位为℃/h，其中 δ 为焊件厚度）且不大于 300℃/h 取值。降温过程中，温度在 300℃ 以下时可不控制降温速度。

（6）热处理的恒温时间参照《火力发电厂焊接热处理技术规程》（DL/T 819—2010）的有关规定。

（7）热处理的加热宽度，从焊缝中心算起每侧不小于管子壁厚的 3 倍，且不小于 60mm。

（8）热处理的保温宽度，从焊缝中心算起每侧不小于管子壁厚的 5 倍，以减少温度梯度。

（9）热处理的温度必须准确、可靠，应采用自动温度记录仪。所用仪表、热电偶及其附件，应根据计量的要求进行标定或校验。

（10）焊后不能按规定及时进行热处理的合金钢管道应立即加热到规定温度进行后热（消氢）处理。对于 SA335-P12、SA335-P22、10CrMo910、12Cr1MoV 钢材，推荐后热处理规范为加热到 300～350℃，保温 2h。

（五）焊接、金属监督检查和试验

焊接质量检查和监督包括对焊工资格和技术状态的审查，对焊接材料、设备、机具的监督检查，对焊接过程、热处理过程执行工艺情况的检查，焊接结束后焊口外观质量检查和无损探伤检验以及资料的整理验收工作。

1. 焊前练习检验

合格焊工在对锅炉受热面管子施焊前，应进行与实际焊接条件相适应的模拟焊前考核，并进行射线检验，符合要求后，方可进入施工现场进行焊接。具体要求详见《焊工练习、鉴定管理办法》。

2. 外观检查

严格按火电施工质量检验及相关评定标准、建质〔1996〕111 号文、《火力发电厂焊接技术规程》（DL/T 869—2011），以及项目部有关机组焊接专业检验计划中规定的检验项目和程序要求进行检督和验收，严格实行焊接质量三级检查验收制度。

对于机组焊接专业检验计划中规定的报监理签证的四级项目，应单独列项、绘制记录图，按相关要求进行验收签证。对于三级验收项目验收签证记录随机、炉专业，不单独列项，但机、炉验收签证单上必须有项目部质量部门焊接质检员的签字，对其中有关焊接内容的验收负责。二级以下验收项目由各施工处、专业公司负责检查验收，项目部质量部负责抽查。

3. 无损检验

按照《火力发电厂焊接技术规程》（DL/T 869—2011），安装焊口无损检验比例规定见表 6-8。

表 6-8　　　　　　　　　　　　安装焊口无损检验比例规定

序号	范　　围	检验方法及比例（%）					
		外观自检	外观专检	射线	超声	硬度	光谱
1	锅炉受热面管子	100	100	100		5	100
2	外径大于 159mm 或壁厚大于 20mm 的炉本体范围内的管子	100	100	100	100		100
3	外径大于 159mm、温度高于 450℃ 的蒸汽管道	100	100	100	100		100
4	工作压力大于 8MPa 的汽、水、油、气管道	100	100	50	100		100
5	工作温度大于 300℃ 且不大于 450℃ 的汽水管道及管件	100	50	50	100		100
6	工作压力为 0.1～1.6MPa 的压力容器	100	50	50	100		100
7	工作压力小于 9.81MPa 的锅炉受热面管子	100	25	25		5	
8	工作温度大于 150℃ 且不大于 300℃ 的蒸汽管道及管件	100	25	5	100		
9	工作压力为 4～8MPa 的汽、水、油、气管道	100	25	5	100		
10	工作压力为 1.6～4MPa 的汽、水、油、气管道	100	25	5			
11	工作压力为 0.1～1.6MPa 的汽、水、油、气管道	100	25	1			
12	烟、风、煤、粉、灰等管道及附件	100	25				
13	外径小于 76mm 的锅炉水压范围外的疏水、放水、排污和取样管子	100	100				
14	承受静载荷的钢结构	100	25	按设计要求比例进行			

（1）汽、气、油、水介质管道的一次门内所有奥氏体不锈钢的异种钢焊接接头进行 100% RT。

（2）烟、风、煤、粉、灰管道进行 100% 渗油检查。

（3）钢结构的无损探伤方法及比例按照设计要求进行。

（4）凝汽器管板密封应做 100% 渗透检验。

（5）铝母线：对接焊缝进行 20% 射线检验；导体及外套的搭接或角接焊缝做 100% 的 PT 检验。

（6）锅炉受热面的无损检验：本工程锅炉受热面全部管子均属 I 类焊接接头，二级过热器、三级过热器、一级再热器、二级再热器需进行 100% 的射线检验，其余进行不小于 50% 的射线检验。各类焊缝的质量级别规定为：射线检验为 II 级合格；超声波、磁粉、渗透检验均为 I 级合格。

（7）脱硫吸收塔筒体、底板焊缝：T 形对接焊缝 100% RT；纵、横对接焊缝 ≥10% UT；隐蔽对接焊缝 ≥20% UT；底板板带对接焊缝 100% UT；筒体、底面焊缝内壁磨平后 100% PT。烟道入口 C276 板焊接后所有焊缝 100% PT。事故浆液箱、石灰石浆液箱、石膏浆液缓冲箱、废水旋流站给料箱、滤液箱、废水缓冲箱：T 字形对接焊缝 100％RT；内壁角焊缝和底板对接接头 100％PT。

4. 硬度检验

T91/P91、T92/P92 安装焊缝热处理后做 100％的硬度检验，焊缝金属的硬度控制范围为 HB180～HB250，低于 HB180 或高于 HB250 均为不合格。外径大于 159mm 合金钢管道的安装焊口在热处理后做 100％的硬度检验；外径不大于 159mm 合金钢管道的安装焊口在热处理后做 5％的硬度检验。若经焊接工艺评定，且具有与作业指导书规定相符的热处理自动记录曲线图的焊接接头，可免去硬度测定。

大中径管的焊缝硬度测量应每隔 90°角作为一个测试部位，使用里氏硬度仪为每一部位测量 5 次，再求其平均值作为有效数据。5 次测量数据不应超过平均值的 ±15HL。

5. 光谱分析

(1) 合金钢件焊后应对焊缝进行光谱分析复查，要求如下：

1) 合金钢的厂家焊缝及现场安装焊缝做 100％光谱分析复查；对高合金部件焊口进行光谱分析后，应磨去弧光灼烧点。

2) 技术人员填写光谱委托单时，应将编号写到相应的项目上。

(2) 锅炉钢结构和有关金属结构在安装前，应用光谱逐件分析合金钢（不包括 16Mn）零部件。

(3) 受热面合金钢部件的材质应符合设备技术文件的规定；安装前必须进行材质复查，并在明显部位做出标记；安装结束后应核对标记，标记不清者再进行一次材质复查。

(4) 中低合金钢管子、管件、管道附件及阀门在使用前应逐件进行光谱复查，并做出材质标记。

6. 渗透检验

(1) 膜式壁及蛇形管排厂家焊口及两侧 200mm 范围内：合金含量大于 10％的按 100％做渗透检验；合金含量为 3％～10％的按 50％做渗透检验；合金含量小于 3％的按 25％做渗透检验；碳钢按 10％做渗透检验。

(2) 膜式壁及蛇形管排现场安装焊口及两侧 200mm 范围内：合金含量大于 10％的按 100％做渗透检验；合金含量为 3％～10％的按 50％做渗透检验；合金含量小于 3％的按 25％做渗透检验；碳钢按 10％做渗透检验。

(3) T91/P91、T92/P92 等细晶马氏体钢材质的主蒸汽管道、高温再热蒸汽管道、高/低压旁路出口（阀前）和相关的支管（二次阀前）焊口对口前坡口管端做 100％渗透检验，检验范围为焊口热处理后焊口及两侧 200mm 区域。

(4) 搭接或套接焊的油、氢介质管道焊缝表面做 100％渗透检验。

(5) 与压力管道焊接的热工测点焊缝表面做 100％渗透检验。

(6) 锅炉本体、汽轮机本体和四大管道的疏放水是承插式焊口，则承插焊缝做 100％渗透检验。

(7) 承压部件上焊接的临时部件清除后做 100％渗透检验。

(8) 管道探伤孔塞焊缝和集箱手孔内置焊缝做 100％渗透检验。

7. 焊接质量检验的一般要求

(1) 外观检查不合格的焊缝不允许进行其他项目检查。

(2) 需做热处理的焊口,一般应在热处理之后才能进行无损探伤检验。

(3) 详细检验要求见国华浙能工〔2006〕26 号文。

8. 焊缝返修

安装现场对于超标焊口原则上割去重焊;对于个别操作不便的不合格小径管焊口或大径管焊口的局部超标缺陷,应依据 DL/T 869—2004 挖补返修,但是合金焊口同一部位挖补次数不得超过 3 次。

(1) 焊接完毕后清理焊渣、飞溅物,检查焊缝外观成型情况,发现咬边、未填满等外观缺陷及时修补合格,及时填写焊接自检记录表,养成良好的工艺作风。因为有些焊缝,特别是高合金钢焊缝,其表面一些小缺陷的修补还要涉及预热、热处理等工序,所以对这种焊口,焊工及检查人员一定要在热处理之前查出外观缺陷并及时进行修补,避免热处理之后进行外观补焊而造成浪费,同时也不利于焊缝质量。

(2) 对于无损检验确定的需挖补焊缝,严格按照无损检验结果通知单和返修工艺卡进行挖补。缺陷要清除干净、彻底,补焊区域坡口应有适当宽度,不得有沟槽、尖角和台阶,要圆滑过渡,两侧面应有 10°～15°的倾角 (特别是大径厚壁管焊缝的挖补),经无损检测人员和焊接质检人员检测和确认后,方可按工艺要求进行补焊。

(3) 对于壁厚≤7mm 的小径管焊口,采用氩弧焊补焊工艺;对于壁厚＞7mm 的小径管焊口,采用氩弧焊打底、电焊盖面的补焊工艺;对于大径管,采用氩弧焊打底、电焊盖面补焊工艺;对于困难位置小径厚壁管,采用氩弧焊补焊工艺。

(4) 补焊工艺包括补焊坡口的挖制、补焊方法的选择、焊接材料的选择、预热、后热及层间温度的控制、焊后热处理工艺规范、补焊次序及焊接规范、焊接质量检验方法及合格标准的确定等复杂工序,因此对补焊工艺必须持十分严肃、认真的态度。

(5) 缺陷的挖补和坡口的制备实际上是同时进行的。本工程凡是返修口均用机械方法进行挖制,禁止用火焰进行切割。

(6) 根据质量检查结果,确定缺陷部位、性质和大小,进而分析产生的原因。结合原来的焊接工艺,制订详细的返修工艺措施。为确保质量,应挑选经过考核合格且具有丰富经验的焊工担任补焊工作。

(7) 补焊时采用的焊接材料、焊接工艺与正式焊接相同。对于大径管,操作时应采用多层多道、小规范的快速不摆动焊法焊接。

(8) 严格控制层间温度,每补焊一层后按规定使焊补区缓冷。每层焊道均应仔细清理、仔细检查,在无缺陷的情况下,再补焊下一层。接头应相互错开。

(9) 不需焊后热处理的焊缝缺陷返修时,补焊过程可伴随锤击工艺,以消除补焊应力;要求热处理的焊缝,补焊后采取与原热处理工艺相同的规范进行热处理。

(10) 热处理结束后,补焊区表面须经修整打磨,使其外形与原焊缝基本一致。

(11) 焊接接头有超标缺陷时可采取挖补方式返修,但同一位置挖补次数一般不超过 3 次,中高合金钢不得超过 2 次。

（12）焊口返修时，防风、雨、雪棚应与正式施焊时相同。

（六）季节性施工保障措施

（1）大风、大雾、雨、雪等恶劣天气，严禁露天焊接施工。

（2）焊接时允许的最低环境温度如下：A-Ⅰ类碳素钢为－10℃；A-Ⅱ、A-Ⅲ、B-Ⅰ类普通合金钢为0℃；B-Ⅱ、B-Ⅲ类中高合金钢为5℃；C类钢不做规定。

如果自然的环境温度不满足以上要求，可以在焊接施工现场采取措施局部加热取暖。

（3）焊接高合金钢或厚壁钢材时，可以提高预热温度20～50℃，焊后注意保温缓冷。

（4）焊接接头、坡口及其附近200mm范围内有水、雪、霜、浮锈、油污等杂物时，必须清除杂物，坡口及其附近15mm范围内应露出金属光泽，母材上无裂纹、夹层、重皮等缺陷。

（5）施工中若没有特殊情况，严禁用火焰切割方法加工坡口。经火焰切割过的坡口必须经过磨削加工，淬硬性材料还须经过表面探伤检验合格。

（6）焊条必须严格按作业指导书的要求烘焙，领用时装入保温筒，随用随取。现场保温筒必须通电恒温。

（七）冬季施工措施

露天焊接时，除做好挡雨雪措施外，还需根据气候情况做好挡风措施；锅炉安装时，要根据现场情况，对锅炉炉墙进行部分整体挡风，各施工点根据气候情况再进行局部挡风。气温偏低时，除按工艺卡或技术交底预热之外，还应设法提高施工场地的局部环境温度，降低环境湿度。

冬季施工时，在焊口处搭设通长防风保温棚，棚内接行灯，必要时棚内布置电暖器。对不需电加热的所有高压管道焊口均用火焰进行预热，焊接完毕注意保温缓冷。

（八）防潮措施

气候潮湿、多雨，空气湿度大，因此防雨防潮尤为重要，具体做法如下：

（1）焊条必须严格按焊接规范要求烘焙，领用时装入经预热到80～110℃的专用保温筒内；进入作业点将保温筒电源接好，通电保温，随用随取；焊工使用焊条时要逐根拿取，取完焊条后立即将筒盖盖严。

（2）将组合场垫高，并铺渗水能力强的石子或砂土，在组合场等焊接区域设排水沟，根据施工结构的特点在焊接区域周围搭设不同形式的防雨棚。

（3）焊口打磨不易过多，以免生锈。预先打磨好的坡口涂防锈剂保护，焊接前再用砂纸打磨一遍。当日焊口必须当日焊毕，不允许氩弧焊打底后不盖面或中间无故停止焊接，隔夜再施焊。

（4）雨天焊接前用火焰对焊口附近200mm的范围进行烘焙，去除潮气及水分。焊接过程应随时做好防雨措施，尤其在焊口预热及热处理过程中，无论天气好坏，都必须做好防护。

五、大径厚壁管道焊接工艺要求

（1）采用GTAW＋SMAW焊接方法。

（2）采用电加热器进行预热。从点固、打底、填充到盖面整个焊接过程，焊口的温度均应维持在预热温度的下限至层间温度的上限（400℃）之间。根据焊接规范，GTAW 打底预热温度可按下限温度降低 50℃。

（3）点固焊时，焊接材料、焊接工艺、焊工及预热温度等应与正式施焊相同，点固焊后应检查各个焊点的质量，如有缺陷应立即清除，重新进行点固焊。如采用添加物方法点固，添加物应尽量与母材材质保持一致；若不相同，则应在添加物外表焊两层以上与母材对应的焊材。当去除临时点固物时，不应损伤母材，应将残留疤痕清除，打磨修整干净。

（4）壁厚＞35mm 的管子焊口采用多层多道焊，各层道接头相互错开。GTAW 打底层厚度不小于 3mm，每层焊接厚度不大于焊条直径＋2mm，单焊道摆动宽度不大于所用焊条直径的 5 倍。各层道接头相互错开，注意引弧和收弧质量。

（5）每个层道都要仔细清理、检查，自检合格后方可焊接次层，直至完成。

（6）严禁在被焊工件表面引燃电弧、试验电流或随意焊接临时支撑物，表面不得焊接对口用卡具。

（7）对于壁厚 $\delta\geqslant70$mm 的管道，检验上要求分次焊接；对于壁厚 $\delta<70$mm 的管道，要求连续焊接完。

（8）在整个焊接过程中，热处理人员一定要严格控制焊缝及其热影响区的温度，保证预热温度和层间温度的正常。

（9）焊后及时进行热处理工作。

六、小径管全氩弧焊接工艺要求

超（超）临界锅炉受热面管焊接工作量大，且受热面管排具有间距小、密集型布置等特点，因此给施焊造成很大的困难。对这部分焊口（省煤器、二级过热器、三级过热器）采用全氩弧焊接工艺的优点为：焊件能在惰性气体的保护下焊接，合金元素烧损少，焊接热能量集中，接头热影响区小，熔池清晰可见，操作方便、质量容易控制。其工艺要求如下：

（1）坡口内、外壁必须保持清洁，一般可用机械加工方法。

（2）对口间隙不宜过大或过小，以防焊缝根部出现内凹或未焊透缺陷。当采用外填丝时，坡口间隙为 2.5～3mm；采用内填丝时，坡口间隙为 3～3.75mm。

（3）对于困难位置焊口，视焊接操作方便可采用内、外相结合的填丝方法进行焊接。焊接时从最困难的位置引弧，在障碍最少处收弧、封口。

（4）地面组合或困难位置、密排受热面管子焊接采取两人对称焊接。焊接水平固定焊缝时，下部施焊人员焊至 3 点或 9 点钟，再由上面施焊人员从 3 点或 9 点钟位置处继续施焊，必须保证焊接接头的质量。

（5）根层焊缝厚度为 3mm。小径管焊接应一次完成，禁止氩弧焊打底过夜。氩弧焊施焊过程中，必须注意引弧、接头和收弧，防止产生焊接缺陷。

（6）在负温或潮湿天气施焊时，应用火焰对坡口区进行适当预热，去除水分或潮气。

（7）施焊前焊工应了解焊口位置、数量及相互间隙，合理选择焊接顺序，避免由于管排位置不好或对口顺序错误而增加焊接困难。

（8）打底层焊接时，当焊接到整个周长的 3/4 左右时，焊工应用小手电筒检查已焊完的焊缝根部质量。如发现未焊透或焊瘤等缺陷，应及时进行返修，返修工艺同正式焊接工艺。

七、T91/P91 焊接工艺要求

这种钢具有较高的热稳定性，但是可焊性差，如不采取正确的焊接工艺，很容易产生裂纹。焊接时应严格以工艺评定为依据，按照作业指导书的规定进行。其工艺要求如下：

（1）打底过程中应进行充氩保护，而且应检查保护质量。保护质量好时颜色为亮白色；不好时为黑色、乌色、灰色等暗色，应磨掉，再重新打底。

（2）焊前预热温度为 200～300℃；氩弧焊打底预热温度为 100～150℃。

（3）焊接时层间温度控制在 200～300℃，焊后冷却到 100～120℃恒温至少 1h，并及时进行焊后热处理。对于 T91 焊后冷却至室温并及时进行热处理。

（4）T91/P91 热处理温度为 750～770℃。

（5）T91 焊接最低层数为 2 层；P91 大径管焊接采用多层多道焊，大径厚壁管水平固定位置盖面层的焊缝每层至少焊 3 道，中间应有"退火焊道"。

（6）P91 焊接时，每层焊接厚度不超过焊条直径，焊条摆动宽度不超过焊条直径的 4 倍。

（7）对于 P91 焊接，每层焊接完毕后，用砂轮将焊缝表面打磨露出金属光泽，再进行下一层道的焊接。

（8）当焊接接头不能及时进行热处理时，应于焊后立即进行加热温度为 350℃、恒温时间为 1h 的后热处理。

（9）考虑到 T91/P91 钢材安装焊接时，周围环境温度如果低于 0℃，需采取措施提高焊缝区周围整体温度高于 0℃，施工时可采用将管排或管道焊缝区域整体封闭的方法，在封闭区域内设置热源均匀加热（至少安装两个温度计），待整体温度提高后方可开始施焊。

八、T92/P92 钢焊接工艺要求

T92/P92 钢的冷裂纹敏感性略低于 T91/P91 钢，但是焊缝热影响区性能对工艺的敏感性大。

（1）T92/P92 钢焊工要从企业选拔的最优秀的 T91/P91 熟练焊工中进行挑选，并培训取证，以便保证 T92/P92 钢的焊接质量。

（2）T92/P92 钢的氩弧焊预热温度和手工电弧焊预热温度分别为 150～200℃和 200～250℃。温度升到预热温度后至少保温 30min，方可开始焊接。

（3）为了测温更准确，实际预热温度采用现场测温，热电偶测定的温度只是作为升温的依据。

（4）为防止 T92/P92 钢根层焊缝金属氧化，氩弧焊打底及焊条填充第一层焊道时，应在管子内壁充氩气保护，对口间隙用耐高温胶带粘贴。

（5）T92/P92 钢焊接时尽可能采用小线能量，以减少碳化物的析出量和铁素体含量，防止马氏体晶粒长大，从而提高焊缝的冲击韧性。T92/P92 钢的焊接线能量不得大于 20kJ/cm。

（6）氩弧焊打底层间温度为 200～250℃；手工电弧焊的层间温度为 200～300℃。

（7）T92/P92 钢焊接时，每层焊道厚度不得超过焊条直径，焊条摆动宽度不得超过焊条直径的 4 倍。对于 $\phi2.5$ 的焊条，焊道厚度为 2mm 左右，宽度为 10mm 左右；对于 $\phi3.2$

的焊条，焊道厚度为 2.5～2.8mm，宽度为 12mm 左右。严格控制焊接线能量小于 20kJ/cm。

（8）对于 T92/P92 钢焊接，每层焊道焊接完毕后，用砂轮将焊缝表面打磨至露出金属光泽，再进行下一层道的焊接。

（9）考虑到 T92/P92 钢材安装焊接时，周围环境温度如果低于 5℃，需采取措施提高焊缝区周围整体温度高于 5℃，施工时可采用将管子或管道焊缝区域整体封闭的方法，在封闭区域内设置热源均匀加热（至少安装两个温度计），待整体温度提高后方可开始施焊。

九、Super304 焊接工艺要求

Super304 钢合金含量较高、熔池铁水流动性差、焊接位置施工困难等，因此焊接这种材料时，对焊接规范、焊工操作技能以及焊口组对的要求就更高、更严格。

（1）焊接时为保证坡口两侧熔合好，坡口角度应比一般铁素体钢大。坡口角度为 30～35°，钝边为 0.5～1mm，间隙为 2～3mm。间隙太小容易造成未焊透；间隙过大，填充金属量大，焊接速度相对减慢，热输入量增加，从而造成合金元素烧损。

（2）打底电流为 75～80A，而盖面电流为 70～75A，这样有利于层间温度的控制，从而减少焊缝的氧化。

（3）采取尽可能快的焊接速度，每次温度降到 100℃以后再进行焊接，这样既可以减少焊接接头在危险温度范围内的停留时间，又可以使焊缝外观呈现金黄色。

（4）采用管排整根充氩的方法，保护效果较好。

（5）将钨棒锥度磨成 15°，较尖的钨极电弧更集中，温度集中有利于熔池形成和提高焊接速度，防止层间温度过高。

（6）焊接时，根部焊缝不宜过厚或过薄。根部过薄时容易烧穿；过厚时，热输入量增加，层间温度升高，焊缝易被氧化。根层厚度控制为 2～3cm，盖面层控制在 1.5～2.5cm 范围内。

十、钢结构焊接

钢结构焊接工艺要点如下：

（1）焊接方法采用手工电弧焊，多层多道成型。

（2）焊条采用 J507，规格为 ϕ3.2、ϕ4.0。

（3）焊接电流：ϕ3.2 焊条为 110～130A，ϕ4.0 焊条为 130～170A。

（4）预热温度为 100～150℃。

（5）层间温度保持在 150～300℃之间。

（6）必要时采取后热，后热温度为 200～300℃。

（7）焊条使用前应严格进行 350℃/1h 烘干。

（8）制订合理的焊接顺序，采用对称焊接方法，以减小焊接变形。

十一、热工仪表小径管的焊接

测温测压用的热工仪表管均为外径很小的薄壁管子，如取样管、风压管、测温管等。由于这类管子细长，有的温度压力参数很高，因此焊接时也有较高的工艺要求。其具体内容如下：

（1）焊接工作应由合格焊工担任，壁厚小于 3mm 的管子可不开坡口，预留间隙 1～3mm。施焊前，接口内外壁表面应除锈、清洁，错口、折口符合要求。

（2）壁厚≤2mm 的对接口可一道成型；壁厚＞2mm 的对接口均应焊接两层，保证焊缝增高 1.5～2.5mm。

（3）施工中，避免管子在焊接接头弯折。高压等级以上管道的弯头处不允许开凿测孔，测孔与管子弯曲起点的距离不得小于管子的外径，且不得小于 100mm。

（4）阀门、三通、套筒等零件壁厚比管子壁厚大，应采用电弧焊或氩弧焊。操作时电弧应偏向较厚件一侧坡口，焊缝的外表形状缓和过渡到较厚件一边。

（5）不锈钢宜用氩弧焊施焊，其工艺技术按不锈钢焊接规范要求，操作时尽量一次成型。对于碳钢、耐热钢仪表管，氩弧焊一次成型法更为方便、可靠。

十二、焊接缺陷及其防止措施

焊接过程中，由于多种原因，在焊接接头处会产生焊接缺陷。根据各个工程焊接情况的统计，常见缺陷有裂纹、未焊透、未熔合、气孔、夹渣、内凹、咬边、弧坑、过烧。无论哪一种缺陷，都具有一定的危害性，会直接造成脆断和爆管、降低焊缝强度、引起应力集中、缩短构件使用寿命。因此，必须提高焊工技术水平，加强焊工职业道德教育，强化全员质量意识，做好焊接过程监督工作，严格焊后检查、检验制度，最大限度地将缺陷的数量减少。其具体防止措施如下：

（1）裂纹的防止措施：合理选择焊材，改善焊缝组织，提高焊缝金属的塑性；改善工艺因素，控制焊接规范，采取降低焊接应力的工艺措施。

（2）未焊透及未熔合的防止措施：控制接头的坡口尺寸，在电流范围内选择较大的焊接电流，降低焊接速度，调整焊条、焊炬的角度，采取预热措施等。

（3）夹渣的防止措施：选用合格的焊材，适当减小焊接速度，层间清理应该彻底；减少单层焊道熔敷厚度，使熔渣充分上浮到熔池表面；调整焊接电流，有规律性地运条、搅拌熔池，使熔渣与熔池金属充分分离；氩弧焊时焊工手法要稳，避免钨极短路而造成夹钨。

（4）气孔的防止措施：不使用药皮开裂、剥落、变质、偏心和焊芯锈蚀的焊条；焊条使用前应严格烘干，坡口及焊丝表面要彻底除去油、锈等污物；选用合适的电流规范、焊接速度和电弧长度；焊接施工时应有屏风挡雨措施，施工环境温度过低时应采取预热措施。

（5）内凹的防止措施：焊条、焊丝尽量伸入坡口根部，并应快速运条，加速熔池冷却；盖面焊接时，应选用较小的焊接电流，以减少焊接线能量。

（6）过烧的防止措施：氩弧焊时，经过检查，若发现焊缝金属存在过烧，则应安排在管内充氩，加强焊接过程的气体保护；与氩弧焊打底相接的电焊填充层宜选用小焊条、小规范进行施焊。

十三、困难位置焊口焊接

加热面管排，如省煤器、二级过热器、一级再热器等因管排、管子间距都很小，施焊空间狭窄，有将近 1 万道焊口需要借助镜面焊来完成焊接作业，给焊接施工带来了很大困难。因此，为了保证工程质量，对这部分焊口，各方面均应高度重视，最大限度地减少返工。其具体施工方案如下：

（1）安排焊工提前进入现场，选派优秀焊工进行镜面焊的练习，练习用的工位架要尽量与现场实际位置保持一致。

（2）邀请焊接培训中心的教练及有镜面焊施工经验的老师傅来对焊工进行指导，保证焊工的练习效果。

（3）对管道壁较厚的焊口采用全氩弧焊接方法焊接时，电流值不能过高，每层焊接厚度≤3mm，焊接时焊把在某一位置停留时间不宜过长。检验部门若发现焊缝金属发黑、发渣，则应及时通知施工部门，以便及时采取纠正措施。

（4）对需要预热的焊口焊接前，热处理人员应用远红外测温仪测量坡口处的温度是否达到预热温度，不能只以热电偶测量值为准。电焊盖面时，焊口外形要求均匀、美观、圆滑过渡到母材，层道之间结合紧密、接头错开。由于牵涉到预热、热处理等工艺环节，因此每个施工人员都必须认真履行自己的职责，使管排的施工顺利进行。

（5）原则上管排的施工从两侧向中间施焊。焊完一排，经射线或超声检验合格后，方可进行下一管排的焊接。

（6）焊接过程中，实验室应及时跟踪现场，合理安排 UT 和 RT 探伤比例。检验人员应对当天焊口及时进行 UT 和 RT 检验，防止焊口检验滞后造成返修困难，避免焊口出现大面积返工，以致影响施工工期。

（7）检验人员对每天所焊焊口应做到及时跟踪检验。困难位置焊口的焊接应选拔优秀的焊工进行施焊。

焊接以上部件之前，为保证施工质量及进度，首先须制订出合理、详细的施工计划，施工计划中应分清准备、焊接、热处理、检验各工序之间的衔接关系及时间规定，各施工人员严格按照施工计划一步接一步地进行施工，不允许提前或滞后，然后选拔优秀的焊工进行施焊。以二级过热器进口散管与管排焊口（ϕ44.5×6.5/SA213T91）安装施工为例，简单介绍单排二级过热器焊接施工步骤和时间安排，其他管排的焊接依此类推，具体见表6-9。

表6-9　　　　　　　　　　　　　二级过热器单排管排施工步骤

序　号	施工步骤	耗用时间（h）
1	缠预热加热片	1～2
2	预热到温度	2
3	点口、焊口	8
4	拆、缠热处理加热片	1.5
5	升温到750℃±10℃	5
6	恒温	1
7	控制降温	3
8	自然冷却	2
9	拆加热片	1
10	RT、UT 检验	2
11	反馈结果	
12	提升管排、坡口打磨、间隙调整由铁工在非透视时间内穿插进行	

十四、应编制的焊接管理制度、焊接作业指导书

为提高焊接工程质量、保证安全文明施工，本工程开工前，应根据焊接技术法规、技术文件和施工图纸的要求，并结合施工现场的具体情况，编制焊接管理制度、作业指导书。需要编制的焊接管理制度和作业指导书见表 6-10。

表 6-10　　　　　　　　焊接专业管理制度及作业指导书编制参考目录

序号	编号	工程项目名称	专业	审批权限	监理报审	业主报审
焊接管理制度						
1		焊工资质管理办法	焊接	总工		
2		焊材管理办法	焊接	总工		
3		焊接工作程序及相关规定	焊接	总工		
4		焊工练习、鉴定管理办法	焊接	总工		
5		焊接工艺纪律	焊接	总工		
6		6 号机组焊接专业检验计划	焊接	总工	报审	报审
焊接专业						
1		焊接专业施工组织设计	焊接	总工	报审	报审
2		水冷壁安装焊接作业指导书	焊接	总工	报审	报审
3		省煤器焊接作业指导书	焊接	总工	报审	报审
4		锅炉再热器焊接作业指导书	焊接	总工	报审	报审
5		锅炉过热器焊接作业指导书	焊接	总工	报审	报审
6		锅炉大中径管焊接作业指导书	焊接	总工	报审	报审
7		锅炉密封焊接作业指导书	焊接	总工	报审	
8		锅炉六道安装焊接作业指导书	焊接	总工	报审	
9		机炉管道焊前预热及焊后热处理作业指导书	焊接	总工	报审	报审
10		电除尘安装焊接作业指导书	焊接	总工	报审	
11		P92 管道（主蒸汽、热段、高/低压旁路）焊接作业指导书管道焊接作业指导书	焊接	总工	报审	报审
12		再热蒸汽冷段管道焊接作业指导书	焊接	总工	报审	报审
13		主给水管道焊接作业指导书	焊接	总工	报审	报审
14		凝汽器组合安装焊接作业指导书	焊接	总工	报审	报审
15		凝汽器钛管板焊接作业指导书	焊接	总工	报审	报审
16		中低压管道焊接作业指导书	焊接	总工	报审	
17		油系统管道焊接作业指导书	焊接	总工	报审	
18		热工仪表管道焊接作业指导书	焊接	总工	报审	
19		电气铝母线安装焊接作业指导书	焊接	总工	报审	
20		焊接冬（雨）季安全施工技术措施	焊接	总工	报审	
21		受检焊口无损探伤一次合格率≥98%创优计划	焊接	总工		
22		焊接专业《工程建设标准强制性条文》实施计划	焊接	总工		
无损检测和理化检验						
1		暗室作业指导书	焊接	总工	报审	
2		射线检验作业指导书	焊接	总工	报审	

序号	编号	工程项目名称	专业	审批权限	监理报审	业主报审
3		超声波检验作业指导书	焊接	总工	报审	报审
4		渗透检验作业指导书	焊接	总工	报审	报审
5		磁粉检测作业指导书	焊接	总工	报审	
6		光谱分析作业指导书	焊接	总工	报审	
7		硬度检测作业指导书	焊接	总工	报审	报审
8		金相检查作业指导书	焊接	总工	报审	

第三节　超(超)临界锅炉受热面焊接技术

一、水冷壁组合焊接

水冷壁垂直段材质为 SA213T23＋SA182F23。

(一) 焊前准备

1. 工器具及材料准备 (见表 6-11)

表 6-11　　　　　　　　　　　　工器具及材料准备

序号	名称	规格	数量	备注
1	氩弧焊把、电焊钳、氩气瓶、氩气带、氩气表		10 套	检验合格
2	面罩	头盔式	10 个	检验合格
3	护目玻璃	8～10 号	20 块	检验合格
4	白玻璃	厚 2mm	50 块	检验合格
5	钢笔手电筒		10 个	检验合格
6	钢丝刷		10 个	检验合格
7	逆变电焊机	ZX7-400STG	10 台 (套)	检验合格
8	角磨机、线盘		3 台	检验合格
9	氧气、乙炔 (瓶、带、表)		2 套	检验合格
10	焊丝	$\phi 2.5$	235kg	TGS-2CW
11	工具袋		10 个	
12	焊丝头回收筒		10 个	

检查要求工具齐全、完好，氩气纯度不低于 99.95％，动力电源稳定，焊机接地线可靠，照明充足。焊丝牌号为 TGS-2CW，焊丝表面无锈斑。防风防雨棚搭设完毕，上道工序交接完毕 (如光谱复查分析单)。

2. 人员准备

焊接人员资质经报审，监理审批后，焊前练习相应施工位置合格后，方准对相应位置进行焊接。

参与作业的人员都接受完技术及安全交底，并遵守要求，同意按其内容进行施工。焊工应随身携带甲方下发的上岗证，随时备查。

（二）坡口准备

焊接前检查坡口周围没有裂纹、夹层等缺陷。坡口尺寸应严格按照工艺卡的规定加工，如果超出规定的尺寸，则必须向焊接技术员反映，并采取措施处理合格后，方可进行下一步的对口工序。坡口表面及附近母材（内、外壁）的油、漆、垢、锈、渣等须清理干净，直至发出金属光泽。清理范围：对接接头坡口每侧各 10～15mm。

（三）焊接作业程序及方法

1. 水冷壁管对口

（1）管组对的对口间隙为 1.5～2.5mm；焊口局部间隙过大时，应设法修整到规定尺寸，严禁在间隙内加填塞物。

（2）管道焊口禁止强力对口，更不允许用热膨胀法对口。

（3）焊工焊接前仔细检查坡口质量。

2. 点固焊要求

（1）采用氩弧焊进行点固焊，点固焊的焊接材料、焊工、工艺措施及质量要求等应与正式施焊相同。

（2）点固焊在坡口内引弧和熄弧，点焊后仔细检查，点焊一点，检查一点，如有缺陷及时清除，重新点焊。

3. 打底焊要求

（1）氩弧焊打底工艺，材质为 SA213T23＋SA182F23，地面组合为 5G 位置，焊接工艺参数详见焊接工艺卡。氩弧焊打底厚度为 2～3mm。

（2）在打底过程中，要随时用手电筒观察根部质量，对未焊透或者其他缺陷用机械方法磨掉，重新打底。焊缝检查合格后及时进行次层焊缝的焊接。

（3）焊接过程中要注意起弧、收弧和接头的质量。起弧时应适当抬高电弧，收弧时应将熔池填满。打底层焊接完成后，立即自检，合格后及时进行填充、盖面。

（4）不允许氩弧焊打底后过夜。

4. 填充、盖面焊

（1）次层焊缝焊接时，应将每道的熔渣、飞溅物清理干净，进行逐层检查，经自检合格后方可焊接下次层焊缝。

（2）为了控制焊接变形和减少缺陷，施焊时采用小电流、快速焊，尽量减少焊条及焊丝的摆动幅度。采取两人对称焊接方法，两名焊工采用相同的焊接规范。

（3）施焊过程中，应特别注意接头和收弧的质量，收弧时应将熔池填满。

（4）其他焊道单层厚度为 2～3mm，焊道宽度为 4～6mm，焊接时接头应错开 10～15mm。焊接过程中，层间温度≤400℃。

（5）每一层焊完后，焊工应及时清理检查，用扁铲、钢丝刷认真清除层间焊条熔渣，并认真检查根部及填充层的焊接质量，如发现表面缺陷，应立即用机械加工法清除（角膜砂轮、锋钢锯条），补焊后，再进行下一层道的焊接，直至焊接完毕。焊后把飞溅物、焊渣清理干净，进行 100% 自检。

（6）对于水冷壁管子焊口，要求连续焊接完。若被迫中断时，应采取防止裂纹产生的措施（如后热、缓冷、保温等）。再焊时，应仔细检查并确认无裂纹后，方可按照工艺要求继续施焊。

（7）严禁在被焊工件表面引燃电弧、调试电流或随意焊接临时支撑物，表面不得焊接对口用卡具。

（8）焊接时，管子或管道内不得有穿堂风，并做好防风挡雨措施。

（9）冬季施工中，当环境温度低于允许施焊的最低温度时，为防止温度梯度过大、冷却速度过快，应在焊口区域搭设局部防风保温棚。保温棚用架子管搭设，并用防火苫布或岩棉被封严，棚内设电暖器等加热源，提高环境温度至5℃以上时进行焊接。

5. 焊口返修

（1）对于外观检验中发现的焊缝缺陷要及时进行外表修补处理。

（2）对于无损检验后发现的内部缺陷，经金属实验室标明部位后进行挖补处理，补焊时应彻底清除缺陷，补焊工艺与正式焊接的工艺一致。补焊后重新进行无损检验，直到合格为止。

（四）焊口检验方法及比例

（1）焊工自检：100％。

（2）质检部门专检：100％。

（3）无损检验：100％。

（五）外观检验

（1）焊后焊工对焊口进行认真的自检，发现咬边、未填满等外观缺陷时立即修补，合格后方可上报工地质检员，并对当日所焊焊口按规定填写焊接自检记录表。

（2）工地质检员对焊工当日所焊焊口进行100％专检，重点检查焊缝外观工艺，对不符合要求的焊口通知焊工进行处理，直至合格。

（3）工地质检员检查完毕后，及时填写分项工程接头表面质量检验评定表，并上报三级质检员。

（4）项目部焊接质检员根据工地上报的检验评定表按比例进行100％专检，发现不合格焊口时通知工地进行处理，直至合格。

（5）对于外观检查不合格的焊缝，不允许进行其他项目检查。

（六）无损检验

焊接完毕后，焊接人员委托金属实验室进行无损检验，无损检验人员接到无损探伤委托单后应对焊口及时进行无损探伤检验，无损探伤检验比例为100％RT。

（七）质量验收评定

（1）焊缝成型良好，焊缝过渡圆滑，焊波均匀，焊缝宽度均直。焊工对所完成焊缝及时清理药皮后做100％自检，工地专职质检员做100％专检，并认真做好记录。

（2）焊缝表面不允许有裂纹、未熔合、气孔、夹渣、夹钨、根部未焊透等缺陷；咬边深度≤0.5mm，长度不大于焊缝全长的10％且≤40mm；外壁错口≤10％的壁厚且≤1mm；氩弧焊打底不允许有未焊透，焊缝余高为0～2mm，余高差≤2mm；弯折偏差值≤1/100。射线达到《钢制承压管道对接焊接接头射线检验技术规范》（DL/T 821—2002）规定的Ⅱ级，光谱无差错、符合要求，严密性水压试验一次成功，焊口无渗漏。

（八）强制性条文内容

（1）锅炉、压力容器和管道的运行操作、检验、焊接、焊后热处理、无损检测人员，应取得相应的资格证书。

（2）锅炉受热面在组合和安装前必须分别进行通球试验。试验用球直径应符合规定，通球后应做好封闭措施。

（3）禁止在压力容器上随意开检修孔、焊接管座、加带贴补和利用管道作为其他重物起吊的支吊点。

（4）凡是受监范围的合金钢材、部件，在制造、安装或检修中更换时，必须验证其钢号，防止错用。组装后还应进行一次全面复查，确认无误后，才能投入运行。

（5）锅炉受热面管子焊口的中心线距离管子弯曲点或集箱外壁、支架边缘至少70mm，同根管子两个对接焊口间距离不得小于150mm。

（6）焊口的局部间隙过大时，应设法修整到规定尺寸，严禁在间隙内加填塞物。

（7）除设计规定的冷拉焊口外，其余焊口均禁止强力对口，不允许利用热膨胀法对口。

（8）焊件经下料和坡口加工后应按照下列要求进行检查，合格后方可组对。

（9）管道管口端面应与管道中心线垂直。

（10）焊件组对时一般应做到内壁齐平。

（11）严禁在被焊工件表面引燃电弧、试验电流或随意焊接临时支撑物，高合金钢材表面不得焊接对口用卡具。

（12）施焊过程除工艺和检验上要求分次焊接外，均应连续完成。若被迫中断时，应采取防止裂纹产生的措施。再焊时，应仔细检查并确认无裂纹后，方可按照工艺要求继续施焊。

（13）焊口焊完后应进行清理，经自检合格后做出可追溯的永久性标识。

（14）焊接接头有超过标准的缺陷时，可采取挖补方式返修。但同一位置上的挖补次数一般不得超过3次，耐热钢不得超过2次。

（15）对修复后的焊接接头，应100%进行无损检验。

二、省煤器组合焊接

省煤器中间焊口材质为SA210C。

（一）焊前准备

1. 工器具及材料准备（见表6-12）

表6-12　　　　　　　　　　　　工器具及材料准备

序号	名称	规格	数量	备注
1	氩弧焊把、电焊钳、氩气瓶、氩气带、氩气表		10套	检验合格
2	面罩	头盔式	10个	检验合格
3	护目玻璃	8～10号	20块	检验合格

序号	名称	规格	数量	备注
4	白玻璃	厚2mm	50块	检验合格
5	钢笔手电筒		10个	检验合格
6	钢丝刷		10个	检验合格
7	逆变电焊机	ZX7-400STG	10台（套）	检验合格
8	角磨机、线盘		3台	检验合格
9	氧气、乙炔（瓶、带、表）		2套	检验合格
10	焊丝	$\phi2.5$	120kg	TIG-J50
11	工具袋		10个	
12	焊丝头回收筒		10个	

检查要求工具齐全、完好，氩气纯度不低于99.95%，动力电源稳定，焊机接地线可靠，照明充足。焊丝牌号为TIG-J50，焊丝表面无锈斑。防风防雨棚搭设完毕，上道工序交接完毕（如光谱复查分析单）。

2. 人员准备

焊接人员资质经报审，监理审批后，焊前练习相应施工位置合格后，方准对相应位置进行焊接。

参与作业的人员都接受完技术及安全交底，并愿意遵守其要求，同意按其内容进行施工。焊工应随身携带甲方下发的上岗证，随时备查。

3. 焊丝领用准备

焊工应当对当天所焊的焊口部位明确材质、规格，并分析计算所用焊材的焊材量，如有材质不清楚的，可向技术员询问确认，再到焊接组领用焊材审批单进行审批发放焊材。对于焊工所焊部位材质、规格不明确的，焊接组有权拒绝给其签发焊材审批单，并对其重新交底。焊工领用焊材以完成当天指定的工作量为主，多领的未能在当天用完的焊材应当退库保存。

（二）坡口准备

同水冷壁组合焊接。

（三）省煤器管对口

（1）管组对的对口间隙为2～3mm；焊口局部间隙过大时，应设法修整到规定尺寸，严禁在间隙内加填塞物。

（2）管道焊口禁止强力对口，更不允许用热膨胀法对口。

（3）焊工焊接前仔细检查坡口质量。

（四）点固焊要求

（1）采用氩弧焊进行点固焊，点固焊的焊接材料、焊工、工艺措施及质量要求等应与正式施焊相同。

（2）点固焊在坡口内引弧和熄弧，点焊后仔细检查，点焊一点，检查一点，如有缺陷及时清除, 重新点焊。

(五) 打底焊要求

(1) 打底前检查焊点有无开裂现象, 如有, 则用磨光机打磨掉。氩弧焊打底工艺和焊接工艺参数详见焊接工艺卡。氩弧焊打底厚度为 2~3mm。

(2) 在打底过程中, 要随时用手电筒观察内部根部质量, 对未焊透或者其他缺陷用机械方法磨掉, 重新打底。焊缝检查合格后及时进行次层焊缝的焊接。

(3) 焊接过程中要注意起弧、收弧和接头的质量。起弧时应适当抬高电弧, 收弧时应将熔池填满。打底层焊接完成后, 立即自检。

(4) 不允许氩弧焊打底后过夜。

(六) 盖面焊

(1) 盖面焊接时, 应将打底层的飞溅物清理干净, 进行检查, 经自检合格后方可盖面。

(2) 为了控制焊接变形和减少缺陷, 施焊时采用小电流、快速焊, 尽量减少焊丝的摆动幅度。

(3) 施焊过程中, 应特别注意接头和收弧的质量, 收弧时应将熔池填满。

(4) 焊道单层厚度为 2.5~3mm, 焊道宽度为 4~6mm, 焊接时接头应错开 10~15mm。焊接过程中, 层间温度≤400℃。

(5) 每一层焊完后, 焊工应及时清理检查, 用扁铲、钢丝刷认真清除层间焊条熔渣, 并认真检查根部及接头的焊接质量, 如发现表面缺陷, 应立即用机械加工法清除 (角膜砂轮、锋钢锯条), 补焊后, 再进行焊接, 直至焊接完毕。焊后把飞溅物清理干净, 进行 100% 自检。

(6) 严禁在被焊工件表面引燃电弧、调试电流或随意焊接临时支撑物, 表面不得焊接对口用卡具。

(7) 焊接时, 管子或管道内不得有穿堂风。

(8) 做好防风防雨措施, 冬季施工时, 若环境温度低于允许施焊的最低温度, 为防止温度梯度过大、冷却速度过快, 应在焊口区域搭设局部防风保温棚。保温棚用架子管搭设, 并用防火苫布或岩棉被封严, 棚内设电暖器等加热源, 提高环境温度至 10℃ 以上时进行焊接。

(七) 焊口返修

(1) 焊后焊工对焊口进行认真的自检, 发现咬边、未填满等外观缺陷时要及时进行外表修补处理。

(2) 对于无损检验后发现的内部缺陷, 经金属实验室标明部位后进行挖补处理, 补焊时应彻底清除缺陷, 补焊工艺与正式焊接的工艺一致。补焊后重新进行无损检验, 直至合格。

(八) 焊口检验方法及比例

(1) 焊工自检: 100%。

(2) 质检部门专检: 100%。

(3) 无损检验: ≥50%RT, 50% UT。

(九) 外观检验

(1) 焊工经自检外观合格后, 方可上报工地质检员, 并对当日所焊焊口按规定填写焊接自检记录表。

（2）工地质检员对焊工当日所焊焊口进行100％专检，重点检查焊缝外观工艺，对不符合要求的焊口通知焊工进行处理，直至合格。

（3）工地质检员检查完毕后，及时填写分项工程接头表面质量检验评定表，并上报三级质检员。

（4）项目部焊接质检员根据工地上报的检验评定表按比例进行100％专检，发现不合格焊口通知工地进行处理，直至合格。

（5）对于外观检查不合格的焊缝，不允许进行其他项目检查。

（十）无损检验

焊接完毕后，焊接人员委托金属实验室进行无损检验，无损检验人员接到无损探伤委托单后应对焊口及时进行无损探伤检验，无损探伤检验比例为100％RT。

（十一）质量验收评定

（1）焊缝成型良好，焊缝过渡圆滑，焊波均匀，焊缝宽度均直。焊工对所完成焊缝及时清理药皮后做100％自检，工地专职质检员做100％专检，并认真做好记录。

（2）焊缝表面不允许有裂纹、未熔合、气孔、夹渣、夹钨、根部未焊透等缺陷；咬边深度≤0.5mm，长度不大于焊缝全长的10％且≤40mm；外壁错口≤10％的壁厚且≤1mm；氩弧焊打底不允许有未焊透，焊缝余高为0～2mm，余高差≤2mm；弯折偏差值≤1/100。射线达到DL/T 821—2002规定的Ⅱ级，超声达到《管道焊接接头超声波检验技术规程》（DL/T 820—2002）规定的Ⅰ级，严密性水压试验一次成功，焊口无渗漏。

（十二）强制性条文内容

（1）锅炉、压力容器和管道的运行操作、检验、焊接、焊后热处理、无损检测人员，应取得相应的资格证书。

（2）锅炉受热面在组合和安装前必须分别进行通球试验。试验用球直径应符合规定，通球后应做好封闭措施。

（3）禁止在压力容器上随意开检修孔、焊接管座、加带贴补和利用管道作为其他重物起吊的支吊点。

（4）凡是受监范围的合金钢材、部件，在制造、安装或检修中更换时，必须验证其钢号，防止错用。组装后还应进行一次全面复查，确认无误后，才能投入运行。

（5）锅炉受热面管子焊口的中心线距离管子弯曲点或集箱外壁、支架边缘至少70mm，同根管子两个对接焊口间距离不得小于150mm。

（6）焊口的局部间隙过大时，应设法修整到规定尺寸，严禁在间隙内加填塞物。

（7）除设计规定的冷拉焊口外，其余焊口均禁止强力对口，不允许利用热膨胀法对口。

（8）管道管口端面应与管道中心线垂直，其偏斜度不得超过0.5mm。

（9）焊件组对时一般应做到内壁齐平，如有错口，其错口值不得超过0.6mm。

（10）严禁在被焊工件表面引燃电弧、试验电流或随意焊接临时支撑物。

（11）施焊过程除工艺和检验上要求分次焊接外，均应连续完成。若被迫中断时，应采取防止裂纹产生的措施。再焊时，应仔细检查并确认无裂纹后，方可按照工艺要求继续施焊。

（12）焊口焊完后应进行清理，经自检合格后做出可追溯的永久性标识。

（13）焊接接头有超过标准的缺陷时，可采取挖补方式返修。但同一位置上的挖补次数不得超过 3 次。

（14）对修复后的焊接接头，应 100％进行无损检验。

（15）Ⅰ级焊缝和母材厚度不大于 5mm 的Ⅱ级焊缝中，在评定框尺内不计点数的圆形缺陷数不得多于 10 个，超过 10 个时，焊缝质量的评级应分别降低 1 级。

（16）焊工应当熟悉业主及项目部焊接组下发的各项焊接管理文件，并遵照执行。

三、一级过热器组合焊接

一级过热器材质为 SA213T23。

（一）焊前准备

1. 工器具及材料准备（见表 6-13）

表 6-13　　　　　　　　　　　工器具及材料准备

序号	名　　称	规格	数量	备注
1	氩弧焊把、电焊钳、氩气瓶、氩气带、氩气表		10 套	检验合格
2	面罩	头盔式	10 个	检验合格
3	护目玻璃	8～10 号	20 块	检验合格
4	白玻璃	厚 2mm	50 块	检验合格
5	钢笔手电筒		10 个	检验合格
6	钢丝刷		10 个	检验合格
7	逆变电焊机	ZX7-400STG	10 台（套）	检验合格
8	角磨机、线盘		3 台	检验合格
9	氧气、乙炔（瓶、带、表）		2 套	检验合格
10	焊丝	$\phi2.5$	120kg	TGS-2CW
11	工具袋		10 个	
12	焊丝头回收筒		10 个	

检查要求工具齐全、完好，氩气纯度不低于 99.95％，动力电源稳定，焊机接地线可靠，照明充足。焊丝牌号为 TGS-2CW，焊丝表面无锈斑。防风防雨棚搭设完毕，上道工序交接完毕（如光谱复查分析单）。

2. 人员准备

焊接人员资质经报审，监理审批后，焊前练习相应施工位置合格后，方准对相应位置进行焊接。

参与作业的人员都接受完技术及安全交底，并愿意遵守其要求，同意按其内容进行施工。焊工应随身携带甲方下发的上岗证，随时备查。

3. 焊丝领用准备

焊工应当对当天所焊的焊口部位明确材质、规格，并分析计算所用焊材的焊材量，如有材质不清楚的，可向技术员询问确认，再到焊接组领用焊材审批单进行审批发放焊材。对于焊工所焊部位材质、规格不明确的，焊接组有权拒绝给其签发焊材审批单，并对其重新交底。焊工领用焊材以完成当天指定的工作量为主，多领的未能在当天用完的焊材应当退库保存。

4. 焊前预热、焊后热处理

（1）焊前预热温度为 150～250℃，预热宽度每侧不小于 100mm。保温宽度每侧不小于 200mm。

（2）焊后要进行热处理，温度为 700～730℃。

（二）坡口准备

同水冷壁组合焊接。

（三）一级过热器管对口

（1）管组对的对口间隙为 1.5～2.5mm；焊口局部间隙过大时，应设法修整到规定尺寸，严禁在间隙内加填塞物。

（2）管道焊口禁止强力对口，更不允许用热膨胀法对口。

（3）焊工焊接前仔细检查坡口质量。

（四）充氩保护及点固焊要求

（1）点固前应对焊口进行充氩保护，氩气流量开始充时可以为 20～10L/min，后逐渐减少。当氩气能对焊口部位保护好时，进行点焊与打底。

（2）采用氩弧焊进行点固焊，点固焊的焊接材料、焊工、工艺措施及质量要求等应与正式施焊相同。

（3）点固焊在坡口内引弧和熄弧，点焊后仔细检查，点焊一点，检查一点，如有缺陷及时清除，重新点焊。

（五）打底焊要求

（1）氩弧焊打底工艺，材质为 SA-213T23，地面组合为 5G 位置，焊接工艺参数详见焊接工艺卡。氩弧焊打底厚度为 2～3mm。

（2）在打底过程中，要随时用手电筒观察根部质量，对未焊透或者其他缺陷用机械方法磨掉，重新打底。焊缝检查合格后及时进行次层焊缝的焊接。

（3）焊接过程中要注意起弧、收弧和接头的质量。起弧时应适当抬高电弧，收弧时应将熔池填满。打底层焊接完成后，立即自检，合格后及时进行填充、盖面。

（4）不允许氩弧焊打底后过夜。

（六）填充、盖面焊

（1）填充、盖面焊接时，应将焊道上的熔渣、飞溅物清理干净，进行检查，经自检合格后，方可填充、盖面。

（2）为了控制焊接变形和减少缺陷，施焊时采用小电流、快速焊，尽量减少焊丝的摆动幅度。

（3）施焊过程中，应特别注意接头和收弧的质量，收弧时应将熔池填满。

（4）焊道单层厚度为 2～3mm，焊道宽度为 4～6mm，焊接时接头应错开 10～15mm。

焊接过程中，层间温度为250~350℃。

（5）每一层焊完后，焊工应及时清理检查，用扁铲、钢丝刷认真清除层间焊条熔渣，并认真检查根部及接头的焊接质量，如发现表面缺陷，应立即用机械加工法清除（角膜砂轮、锋钢锯条），补焊后，再进行焊接，直至焊接完毕。焊后把飞溅物清理干净，进行100%自检。

（6）严禁在被焊工件表面引燃电弧、调试电流或随意焊接临时支撑物，表面不得焊接对口用卡具。

（7）焊接时，管子或管道内不得有穿堂风。

（8）做好防风防雨措施，冬季施工时，若环境温度低于允许施焊的最低温度，为防止温度梯度过大、冷却速度过快，应在焊口区域搭设局部防风保温棚。保温棚用架子管搭设，并用防火苫布或岩棉被封严，棚内设电暖器等加热源，提高环境温度至5℃以上时进行焊接。

（七）焊口返修

（1）焊后焊工对焊口进行认真的自检，发现咬边、未填满等外观缺陷要及时进行外表修补处理。

（2）对于无损检验后发现的内部缺陷，经金属实验室标明部位后进行挖补处理，补焊时应彻底清除缺陷，补焊工艺与正式焊接的工艺一致。补焊后重新进行无损检验，直至合格。

（八）焊口检验方法及比例

（1）焊工自检：100%。

（2）质检部门专检：100%。

（3）无损检验：100%。

（九）外观检验

（1）焊工经自检外观合格后方可上报工地质检员，并对当日所焊焊口按规定填写焊接自检记录表。

（2）工地质检员对焊工当日所焊焊口进行100%专检，重点检查焊缝外观工艺，对不符合要求的焊口通知焊工进行处理，直至合格。

（3）工地质检员检查完毕后，及时填写分项工程接头表面质量检验评定表，并上报三级质检员。

（4）项目部焊接质检员根据工地上报的检验评定表按比例进行100%专检，发现不合格焊口通知工地进行处理，直至合格。

（5）对外观检查不合格的焊缝，不允许进行其他项目检查。

（十）无损检验

焊接完毕后，焊接人员委托金属实验室进行无损检验，无损检验人员接到无损探伤委托单后应对焊口及时进行无损探伤检验，无损探伤检验比例为100%RT。

（十一）质量验收评定

（1）焊缝成型良好，焊缝过渡圆滑，焊波均匀，焊缝宽度均直。焊工对所完成焊缝及时清理药皮后做100%自检，工地专职质检员做100%专检，并认真做好记录。

（2）焊缝表面不允许有裂纹、未熔合、气孔、夹渣、夹钨、根部未焊透等缺陷；咬边深度≤0.5mm，长度不大于焊缝全长的10%且≤40mm；外壁错口≤10%的壁厚且≤1mm；氩弧焊打底不允许有未焊透，焊缝余高为0～2mm，余高差≤2mm；弯折偏差值≤1/100。射线达到DL/T 821—2002规定的Ⅱ级，光谱无差错、符合要求，严密性水压试验一次成功，焊口无渗漏。

（十二）强制性条文内容

（1）锅炉、压力容器和管道的运行操作、检验、焊接、焊后热处理、无损检测人员，应取得相应的资格证书。

（2）锅炉受热面在组合和安装前必须分别进行通球试验。试验用球直径应符合规定，通球后应做好封闭措施。

（3）禁止在压力容器上随意开检修孔、焊接管座、加带贴补和利用管道作为其他重物起吊的支吊点。

（4）凡是受监范围的合金钢材、部件，在制造、安装或检修中更换时，必须验证其钢号，防止错用。组装后还应进行一次全面复查，确认无误后，才能投入运行。

（5）锅炉受热面管子焊口的中心线距离管子弯曲点或集箱外壁、支架边缘至少70mm，同根管子两个对接焊口间距离不得小于150mm。

（6）焊口的局部间隙过大时，应设法修整到规定尺寸，严禁在间隙内加填塞物。

（7）除设计规定的冷拉焊口外，其余焊口均禁止强力对口，不允许利用热膨胀法对口。

（8）焊件经下料和坡口加工后应按照下列要求进行检查，合格后方可组对。

（9）管道管口端面应与管道中心线垂直。

（10）焊件组对时一般应做到内壁齐平。

（11）严禁在被焊工件表面引燃电弧、试验电流或随意焊接临时支撑物，高合金钢材表面不得焊接对口用卡具。

（12）施焊过程除工艺和检验上要求分次焊接外，均应连续完成。若被迫中断时，应采取防止裂纹产生的措施。再焊时，应仔细检查并确认无裂纹后，方可按照工艺要求继续施焊。

（13）焊口焊完后应进行清理，经自检合格后做出可追溯的永久性标识。

（14）焊接接头有超过标准的缺陷时，可采取挖补方式返修。但同一位置上的挖补次数一般不得超过3次，耐热钢不得超过2次。

（15）对修复后的焊接接头，应100%进行无损检验。

（16）分级评定：圆形缺陷的焊缝质量分级应根据母材厚度和评定框尺尺寸确定，各级允许点数的上限值符合规定。

（17）Ⅰ级焊缝和母材厚度不大于5mm的Ⅱ级焊缝中，在评定框尺内不计点数的圆形缺陷数不得多于10个，超过10个时，焊缝质量的评级应分别降低1级。

（18）焊工应当熟悉业主及项目部焊接组下发的各项焊接管理文件，并遵照执行。

四、二级过热器组合焊接

二级过热器材质为SA213T91。

（一）焊前准备

1. 工器具及材料准备（见表 6-14）

表 6-14 工器具及材料准备

序号	名 称	规格	数量	备注
1	氩弧焊把、电焊钳、氩气瓶、氩气带、氩气表		各 10 套	检验合格
2	面罩	头盔式	10 个	检验合格
3	护目玻璃	8～10 号	20 块	检验合格
4	白玻璃	厚 2mm	100 块	检验合格
5	钢笔手电筒		10 个	检验合格
6	钢丝刷		10 个	检验合格
7	逆变电焊机	ZX7-400STG	10 台（套）	检验合格
8	角磨机、线盘		3 台	检验合格
9	氧气、乙炔（瓶、带、表）		2 套	检验合格
10	焊丝	$\phi 2.5$	250kg	TGS-9CB
11	工具袋		10 个	
12	焊丝头回收筒		10 个	

检查要求工具齐全、完好，氩气纯度不低于 99.95%，动力电源稳定，焊机接地线可靠，照明充足。焊丝牌号为 TGS-9CB，焊丝表面无锈斑。防风防雨棚搭设完毕，上道工序交接完毕（如光谱复查分析单）。

2. 人员准备

焊接人员资质经报审，监理审批后，焊前练习相应施工位置合格后，方准对相应位置进行焊接。

参与作业的人员都接受完技术及安全交底，并愿意遵守其要求，同意按其内容进行施工。焊工应随身携带甲方下发的上岗证，随时备查。

3. 焊丝领用准备

焊工应当对当天所焊的焊口部位明确材质、规格，并分析计算所用焊材的焊材量，如有材质不清楚的，可向技术员询问确认，再到焊接组领用焊材审批单进行审批发放焊材。对于焊工所焊部位材质、规格不明确的，焊接组有权拒绝给其签发焊材审批单，并对其重新交底。焊工领用焊材以完成当天指定的工作量为主，多领的未能在当天用完的焊材应当退库保存。

4. 焊前预热、焊后热处理

（1）焊前采用火焰预热，预热温度为 150～200℃，预热宽度每侧不小于 150mm。保温宽度每侧不小于 200mm。

（2）焊后要进行热处理温度为 750～770℃。

（二）坡口准备

同水冷壁组合焊接。

（三）二级过热器管对口

同一级过热器管对口。

（四）充氩保护及点固焊要求

（1）点固前应对焊口进行充氩保护，氩气流量开始充时可以为 15～25L/min，后逐渐减少。当氩气能对焊口部位保护好时，进行点焊与打底。

（2）采用氩弧焊进行点固焊，点固焊的焊接材料、焊工、工艺措施及质量要求等应与正式施焊相同。

（3）点固焊在坡口内引弧和熄弧，点焊后仔细检查，点焊一点，检查一点，如有缺陷及时用机械方法清除，重新点焊。

（五）打底焊要求

（1）氩弧焊打底工艺，材质为 SA-213T91，地面组合为 5G 位置，焊接工艺参数详见焊接工艺卡。氩弧焊打底厚度为 2～2.5mm。

（2）在打底过程中，要随时用手电筒观察根部质量，对未焊透或者其他缺陷用机械方法磨掉，重新打底。焊缝检查合格后及时进行次层焊缝的焊接。

（3）焊接过程中要注意起弧、收弧和接头的质量。起弧时应适当抬高电弧，收弧时应将熔池填满。打底层焊接完成后，立即自检，合格后及时进行填充、盖面。

（4）不允许氩弧焊打底后过夜。

（六）填充、盖面焊

（1）填充、盖面焊接时，应将打上道的熔渣、飞溅物清理干净，进行检查，经自检合格后，方可填充、盖面。

（2）为了控制焊接变形和减少缺陷，施焊时采用小电流、快速焊，尽量减少焊丝的摆动幅度，且不超过 10mm。

（3）施焊过程中，应特别注意接头和收弧的质量，收弧时应将熔池填满。

（4）焊道单层厚度为 2～2.5mm，焊接时接头应错开 10～15mm。焊接过程中，层间温度为 200～250℃。

（5）每一层焊完后，焊工应及时清理检查，用扁铲、钢丝刷认真清除层间焊条熔渣，并认真检查根部及接头的焊接质量，如发现表面缺陷，应立即用机械加工法清除（角膜砂轮、锋钢锯条），补焊后，再进行焊接，直至焊接完毕。焊后把飞溅物清理干净，进行 100％自检。

（6）严禁在被焊工件表面引燃电弧、调试电流或随意焊接临时支撑物，表面不得焊接对口用卡具。

（7）焊接时，管子或管道内不得有穿堂风。

（8）做好防风防雨措施，冬季施工时，若环境温度低于 5℃，为防止温度梯度过大、冷却速度过快，应在焊口区域搭设局部防风保温棚。保温棚用架子管搭设，并用防火苦布或岩棉被封严，棚内设电暖器等加热源，提高环境温度至 5℃以上再进行焊接。

（七）焊口返修

（1）焊后焊工对焊口进行认真的自检，发现咬边、未填满等外观缺陷要及时进行外表修补处理。

（2）对于无损检验后发现的内部缺陷，经金属实验室标明部位后进行挖补处理，补焊时应彻底清除缺陷，补焊工艺与正式焊接的工艺一致。同一位置返修最多不能超过 2 次，补焊后重新进行无损检验，直至合格。

（八）焊口检验方法及比例

（1）焊工自检：100%。

（2）质检部门专检：100%。

（3）无损检验：100%射线检验及着色。

（九）外观检验及无损检验

同一级过热器外观检验及无损检验。

（十）质量验收评定

（1）焊缝成型良好，焊缝过渡圆滑，焊波均匀，焊缝宽度均直。焊工对所完成焊缝及时清理药皮后做 100%自检，工地专职质检员做 100%专检，并认真做好记录。

（2）焊缝表面不允许有裂纹、未熔合、气孔、夹渣、夹钨、根部未焊透等缺陷；咬边深度≤0.5mm，长度不大于焊缝全长的 10%且≤40mm；外壁错口≤10%的壁厚且≤1mm；氩弧焊打底不允许有未焊透，焊缝余高 0～2mm，余高差≤2mm；弯折偏差值≤1/100。射线达到 DL/T 821—2002 规定的 Ⅱ 级，光谱无差错、符合要求，焊缝及母材 200mm 范围做 100%的着色合格；严密性水压试验一次成功，焊口无渗漏。

五、一级再热器组合焊接

一级再热器材质为 15CrMoG＋12Cr1MoVG。

（一）焊前准备

1. 工器具及材料准备（见表 6-15）

表 6-15 工器具及材料准备

序号	名　称	规格	数量	备注
1	氩弧焊把、电焊钳、氩气瓶、氩气带、氩气表		10 套	检验合格
2	面罩	头盔式	10 个	检验合格
3	护目玻璃	8～10 号	20 块	检验合格
4	白玻璃	厚 2mm	50 块	检验合格
5	钢笔手电筒		10 个	检验合格
6	钢丝刷		10 个	检验合格
7	逆变电焊机	ZX7-400STG	10 台（套）	检验合格
8	角磨机、线盘		3 台	检验合格
9	氧气、乙炔（瓶、带、表）		2 套	检验合格
10	焊丝	$\phi 2.5$	120kg	TIG-R30
11	工具袋		10 个	
12	焊丝头回收筒		10 个	

检查要求工具齐全、完好，氩气纯度不低于 99.95％，动力电源稳定，焊机接地线可靠，照明充足。焊丝牌号为 TIG-R30，焊丝表面无锈斑。防风防雨棚搭设完毕，上道工序交接完毕（如光谱复查分析单）。

2. 人员准备

焊接人员资质经报审，监理审批后，焊前练习相应施工位置合格后，方准对相应位置进行焊接。

参与作业的人员都接受完技术及安全交底，并愿意遵守其要求，同意按其内容进行施工。焊工应随身携带甲方下发的上岗证，随时备查。

3. 焊丝领用准备

焊工应当对当天所焊的焊口部位明确材质、规格，并分析计算所用焊材的焊材量，如有材质不清楚的，可向技术员询问确认，再到焊接组领用焊材审批单进行审批发放焊材。对于焊工所焊部位材质、规格不明确的，焊接组有权拒绝给其签发焊材审批单，并对其重新交底。焊工领用焊材以完成当天指定的工作量为主，多领的未能在当天用完的焊材应当退库保存。

（二）坡口准备

同水冷壁组合焊接。

（三）一级再热器管对口

（1）管组对的对口间隙为 1.5～2.5mm；焊口局部间隙过大时，应设法修整到规定尺寸，严禁在间隙内加填塞物。

（2）管道焊口禁止强力对口，更不允许用热膨胀法对口。

（3）焊工焊接前仔细检查坡口质量。

（四）点固焊要求

（1）采用氩弧焊进行点固焊，点固焊的焊接材料、焊工、工艺措施及质量要求等应与正式施焊相同。

（2）点固焊在坡口内引弧和熄弧，点焊后仔细检查，点焊一点，检查一点，如有缺陷及时清除，重新点焊。

（五）打底焊要求

（1）氩弧焊打底工艺，材质为 15CrMoG＋12Cr1MoVG，地面组合为 5G 位置，焊接工艺参数详见焊接工艺卡。氩弧焊打底厚度为 2～3mm。

（2）在打底过程中，要随时用手电筒观察根部质量，对未焊透或者其他缺陷用机械方法磨掉，重新打底。焊缝检查合格后及时进行次层焊缝的焊接。

（3）焊接过程中要注意起弧、收弧和接头的质量。起弧时应适当抬高电弧，收弧时应将熔池填满。打底层焊接完成后，立即自检，合格后及时进行盖面。

（4）不允许氩弧焊打底后过夜。

（六）盖面焊

（1）盖面焊接时，应将打底道的熔渣、飞溅物清理干净，进行检查，经自检合格后方可盖面。

（2）为了控制焊接变形和减少缺陷，施焊时采用小电流、快速焊，尽量减少焊丝的摆动幅度。

（3）施焊过程中，应特别注意接头和收弧的质量，收弧时应将熔池填满。

（4）焊道单层厚度为 2～3mm，焊道宽度为 4～6mm，焊接时接头应错开 10～15mm。焊接过程中，层间温度≤400℃。

（5）每一层焊完后，焊工应及时清理检查，用扁铲、钢丝刷认真清除层间焊条熔渣，并认真检查根部及接头的焊接质量，如发现表面缺陷，应立即用机械加工法清除（角膜砂轮、锋钢锯条），补焊后，再进行焊接，直至焊接完毕。焊后把飞溅物清理干净，进行 100％自检。

（6）严禁在被焊工件表面引燃电弧、调试电流或随意焊接临时支撑物，表面不得焊接对口用卡具。

（7）焊接时，管子或管道内不得有穿堂风。

（8）做好防风防雨措施，冬季施工时，若环境温度低于允许施焊的最低温度，为防止温度梯度过大、冷却速度过快，应在焊口区域搭设局部防风保温棚。保温棚用架子管搭设，并用防火苫布或岩棉被封严，棚内设电暖器等加热源，提高环境温度至 5℃以上时进行焊接。

（七）焊口返修

（1）焊后焊工对焊口进行认真的自检，发现咬边、未填满等外观缺陷要及时进行外表修补处理。

（2）对于无损检验后发现的内部缺陷，经金属实验室标明部位后进行挖补处理，补焊时应彻底清除缺陷，补焊工艺与正式焊接的工艺一致。补焊后重新进行无损检验，直至合格。

（八）焊口检验方法及比例

（1）焊工自检：100％。

（2）质检部门专检：100％。

（3）无损检验：100％RT。

（九）外观检验

（1）焊工经自检外观合格后方可上报工地质检员，并对当日所焊焊口按规定填写焊接自检记录表。

（2）工地质检员对焊工当日所焊焊口进行 100％专检，重点检查焊缝外观工艺，对不符合要求的焊口通知焊工进行处理，直至合格。

（3）工地质检员检查完毕后，及时填写分项工程接头表面质量检验评定表，并上报三级质检员。

（4）项目部焊接质检员根据工地上报的检验评定表按比例进行 100％专检，发现不合格焊口通知工地进行处理，直至合格。

（5）对外观检查不合格的焊缝，不允许进行其他项目检查。

（十）无损检验

焊接完毕后，焊接人员委托金属实验室进行无损检验，无损检验人员接到无损探伤委托单后应对焊口及时进行无损探伤检验，无损探伤检验比例为100%RT。

（十一）质量验收评定

（1）焊缝成型良好，焊缝过渡圆滑，焊波均匀，焊缝宽度均直。焊工对所完成焊缝及时清理药皮后做100%自检，工地专职质检员做100%专检，并认真做好记录。

（2）焊缝表面不允许有裂纹、未熔合、气孔、夹渣、夹钨、根部未焊透等缺陷；咬边深度≤0.5mm，长度不大于焊缝全长的10%且≤40mm；外壁错口≤10%的壁厚且≤1mm；氩弧焊打底不允许有未焊透，焊缝余高0～2mm，余高差≤2mm；弯折偏差值≤1/100。射线达到DL/T 821—2002规定的Ⅱ级，光谱无差错、符合要求，严密性水压试验一次成功，焊口无渗漏。

六、二级再热器组合焊接

二级再热器材质Super304H。

（一）焊前准备

1. 工器具及材料准备（见表6-16）

表6-16　　　　　　　　　　**工器具及材料准备**

序号	名　　称	规格	数量	备注
1	氩弧焊把、电焊钳、氩气瓶、氩气带、氩气表		10套	检验合格
2	面罩	头盔式	10个	检验合格
3	护目玻璃	8～10号	20块	检验合格
4	白玻璃	厚2mm	50块	检验合格
5	钢笔手电筒		10个	检验合格
6	钢丝刷		10个	检验合格
7	逆变电焊机	ZX7-400STG	10台（套）	检验合格
8	角磨机、线盘		3台	检验合格
9	氧气、乙炔（瓶、带、表）		2套	检验合格
10	焊丝	ϕ2.5	120kg	YT-304H
11	工具袋		10个	
12	焊丝头回收筒		10个	

检查要求工具齐全、完好，氩气纯度不低于99.95%，动力电源稳定，焊机接地线可靠，照明充足。焊丝牌号为YT-304H，焊丝表面无锈斑。防风防雨棚搭设完毕，上道工序交接完毕（如光谱复查分析单）。

2. 人员准备

焊接人员资质经报审，监理审批后，焊前练习相应施工位置合格后，方准对相应位置进行焊接。

参与作业的人员都接受完技术及安全交底，并愿意遵守其要求，同意按其内容进行施工。焊工应随身携带甲方下发的上岗证，随时备查。

3. 焊丝领用准备

焊工应当对当天所焊的焊口部位明确材质、规格，并分析计算所用焊材的焊材量，如有材质不清楚的，可向技术员询问确认，再到焊接组领用焊材审批单进行审批发放焊材。对于焊工所焊部位材质、规格不明确的，焊接组有权拒绝给其签发焊材审批单，并对其重新交底。焊工领用焊材以完成当天指定的工作量为主，多领的未能在当天用完的焊材应当退库保存。

（二）坡口准备

同水冷壁组合焊接。

（三）二级再热器管对口

（1）管组对的对口间隙为 2.5～3.5mm；焊口局部间隙过大时，应设法修整到规定尺寸，严禁在间隙内加填塞物。

（2）管道焊口禁止强力对口，更不允许用热膨胀法对口。

（3）焊工焊接前仔细检查坡口质量。

（四）充氩保护及点固焊要求

（1）点固前应当对焊口进行充氩保护，氩气流量开始充时可以为 15～25L/min，后逐渐减少。当氩气能对焊口部位保护好时，进行点焊与打底。

（2）采用氩弧焊进行点固焊，点固焊的焊接材料、焊工、工艺措施及质量要求等应与正式施焊相同。

（3）点固焊在坡口内引弧和熄弧，点焊后仔细检查，点焊一点，检查一点，如有缺陷及时清除，重新点焊。

（五）打底焊要求

（1）打底前检查焊点有无开裂现象，如有，则用磨光机打磨掉。氩弧焊打底工艺、焊接工艺参数详见焊接工艺卡。氩弧焊打底厚度为 2～3mm。

（2）在打底过程中，要随时用手电筒观察内部根部质量，对未焊透或者其他缺陷用机械方法磨掉，重新打底。焊缝检查合格后及时进行次层焊缝的焊接。

（3）焊接过程中要注意起弧、收弧和接头的质量。起弧时应适当抬高电弧，收弧时应将熔池填满。打底层焊接完成后，立即自检。

（4）不允许氩弧焊打底后过夜。

（六）盖面焊

（1）盖面焊接时，应将打底层的飞溅物清理干净，进行检查，经自检合格后方可盖面。

（2）为了控制焊接变形和减少缺陷，施焊时采用小电流、快速焊，尽量减少焊丝的摆动幅度。

（3）施焊过程中，应特别注意接头和收弧的质量，收弧时应将熔池填满。

（4）焊道单层厚度为 2～3mm，焊道宽度为 4～6mm，焊接时接头应错开 10～15mm。

焊接过程中,层间温度≤100℃。

(5)每一层焊完后,焊工应及时清理检查,用扁铲、钢丝刷认真清除层间焊条熔渣,并认真检查根部及接头的焊接质量,如发现表面缺陷,应立即用机械加工法清除(角膜砂轮、锋钢锯条),补焊后,再进行焊接,直至焊接完毕。焊后把飞溅物清理干净,进行100%自检。

(6)严禁在被焊工件表面引燃电弧、调试电流或随意焊接临时支撑物,表面不得焊接对口用卡具;光谱分析后应用磨光机或锉磨去灼烧点。

(7)做好防风防雨措施。

二级再热器焊口返修、焊口检验、外观及无损检验、质量验收评定要求与一级再热器相同。

七、SA335P92 钢管道焊接工艺实践应用

随着火电机组单机容量的提高,过热蒸汽温度和压力进一步提高,在某电厂四期百万超超临界燃煤机组的建设中,使用了 P92 钢管道,而此种钢焊接在国内没有应用先例。该电厂四期工程 7 号机组是国内单机容量最大、运行参数最高的燃煤发电机组,其主蒸汽管道设计温度可达 605℃、压力为 26.25MPa。该工程的屏式过热器至高温过热器连接管道、主蒸汽管道、高压旁路管道、高压导汽管道设计为 P92 钢,材料全部从国外进口。这种新型钢材的焊接,在国内还没有成熟的经验可供借鉴。本部分主要介绍了在该电厂四期 2×1000MW 工程 7 号机组施工中,以 P92 钢焊接工艺评定为基础,加强 P92 钢焊接及热处理工艺参数控制,取得了较好的效果。

(一)P92 钢的焊接性分析

(1)P92 钢是在 P91 钢的基础上,通过超纯净冶炼、控扎技术和微合金化工艺改进的一种细晶强韧化热强钢,在化学成分上将 Mo 含量减少到 0.5%,并且增加了 1.7% 的 W,用 V、Nb 元素合金化并控制 B 和 N 元素含量的高合金铁素体耐热钢,同过加入 W 元素,以提高钢的高温蠕变断裂强度。

(2)P92 钢焊接接头斜 Y 形坡口试验裂纹率与其他合金钢比较,其裂纹敏感性低于 P22 钢。

(3)焊缝的高温蠕变断裂强度取决于焊材中的强化合金元素含量,以及焊缝的组织状态,焊缝的合金化靠焊接材料来保证,而提高焊缝的冲击韧性除焊材保证外,还需预热、层间温度、线能量、焊后热处理等各项焊接工艺措施来保证。

(4)P92 钢的组织为马氏体,属于高合金钢,焊接性较差,易出现冷裂纹、焊缝冲击韧性下降等问题,必须严格按照工艺要求方可获得满意的焊接接头。

(5)应该严格控制焊接和热处理工序,不允许无故中止焊接热循环。

(6)热处理保温时间要足够长,有利于焊接接头冲击韧性的提高。

(二)钢材和焊材合金成分

该电厂四期 7 号机组使用的钢材牌号为 SA335P92,其合金含量见表 6-17。

P92 钢焊接材料均选用德国伯乐蒂森公司 MTS616 焊条及焊丝,其合金含量见表 6-18。

表 6-17 　　　　　　　　　　　　　**SA335P92 钢合金含量表**

成分		C	Mn	P	S	Si	Cr	W	Mo	V	Nb	N	B	Al	Ni
SA335P92	min	0.07	0.30				8.50	1.50	0.30	0.15	0.04	0.030	0.001		
	max	0.13	0.60	0.020	0.010	0.50	9.50	2.00	0.60	0.25	0.09	0.070	0.006	0.040	0.40

表 6-18 　　　　　　　　　　　　　**MTS616 合金含量表**

成分		C	Mn	P	S	Si	Cr	W	Mo	V	Nb	N	Cu	Ni
MTS616	min	0.10	0.62			0.27	8.76	1.52	0.50	0.199	0.04	0.035	0.004	0.60
	max	0.11	0.70	0.008	0.005	0.33	9.00	1.67	0.55	0.234	0.06	0.067	0.005	0.65

（三）焊前准备

（1）人员要求：P92 钢焊接施工人员必须经焊前模拟练习合格后，方可上岗。

（2）焊接设备及焊材选择。

1）焊接设备选用带高频的逆变式弧焊机和性能良好、运行稳定的热处理设备。

2）焊丝要去除表面的油、垢及锈等污物，露出金属光泽。焊条按要求必须进行烘培，使用时置于 80～100℃ 保温筒内，随用随取。

（3）坡口制备：钝边厚度不超过 2mm，以防铁水流动性差而造成根部未熔合。

（4）对口工艺要求。

1）坡口及其内、外两侧 15～20mm 范围内打磨至露出金属光泽。

2）现场 P92 钢对口只能使用管夹进行，严禁焊接对口用夹具。

（5）氩气的纯度检查。每瓶氩气使用前，都应用该瓶氩气在试板上堆焊一层熔敷金属，然后用磨光机打磨，检查有无气孔，以试验氩气的纯度。

（四）P92 钢现场焊接工艺及过程控制措施

（1）SA335P92 钢焊接工艺：采用 GTAW＋SMAW，两人对称焊接。

（2）焊前氩气室的制备。大口径焊口在对口前用硬纸壳和水溶纸做好氩气室，充氩保护范围以坡口中心为准，每侧各 200～300mm 位置，焊口外壁处周围用高温胶带密封，从管子开口处充氩，如图 6-7 所示。

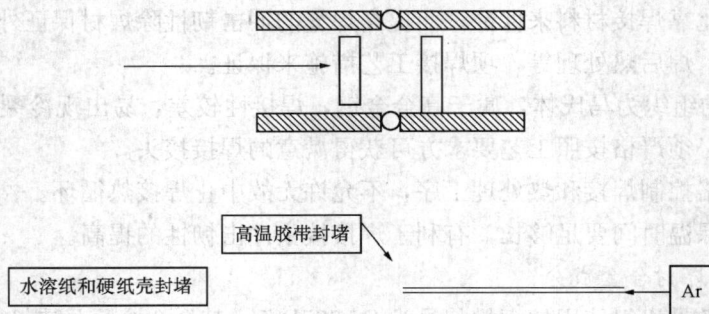

图 6-7　焊前氩气室的制备

（3）P92 大口径钢焊接工艺过程。

1）焊接前先进行预热并开始充氩，确保充氩效果良好。

2）待预热温度达到规定要求后，检验充氩效果，开始氩弧焊焊接，需要指出的是因电阻加热进行预热时，热电偶布置在加热区以内，电焊工需采用 150℃测温笔对坡口根部测温。

3）采用两层氩弧焊，第一层氩弧焊比较薄，会导致击穿，影响根部质量，第二层氩弧焊更能增加对第一层的保护，防止根部氧化。特别指出的是应边揭开充氩保护用胶布边焊接，以防止空气进入后造成根部氧化。

4）焊接过程中一定要严格控制线能量的输入，保持小电流、窄焊道焊接，采用多层多道焊，严格按照焊接工艺参数执行。焊道厚度要求见表 6-19。

表 6-19　　　　　　　　　　　　　焊道厚度要求

焊接方法	焊层	焊材直径（mm）	焊层厚度（mm）
GTAW	1	2.4	4 以内
GTAW	2	2.4	
SMAW	3～4	3.2	每层 3 以内
SMAW	>4	4.0	每层 4 以内
SMAW	盖面	3.2	3

（五）焊后热处理及焊口跟踪

P92 钢，特别是大于 70mm 焊口的焊后热处理，根据 P92 钢焊接工艺评定，并结合《火力发电厂焊接技术规程》，采取了下列措施：首先在焊到 25mm 左右时停止焊接，对部件先做缓冷至 110℃、低温保护 2h 的低保处理，然后立即做升温至 350℃、恒温 3h 的脱氢处理后，由检测中心完成中间射线探伤，焊口合格后重新预热，完成焊接；焊接完毕后，按照热处理工艺要求对焊口完成热处理。热处理工艺要求如图 6-8 所示。

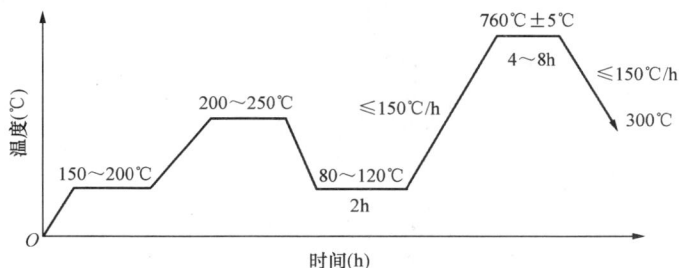

图 6-8　热处理工艺要求

（六）SA335P92 钢现场焊接结论

在该电厂四期工程 7 号机组焊接施工中，共完成 P92 钢焊口 165 只，一次探伤合格率达到 100%。经对焊缝及热影响区的硬度检查，硬度在图 6-9 所示范围内，符合规定的硬度要求。在机组总启动和 168% 满负荷试运期间，所有 P92 钢焊缝均未发生任何异常现象。P92 钢焊接技术难题的攻克，不仅为该工程焊接施工解决了关键的技术问题，同时也为 P92 钢

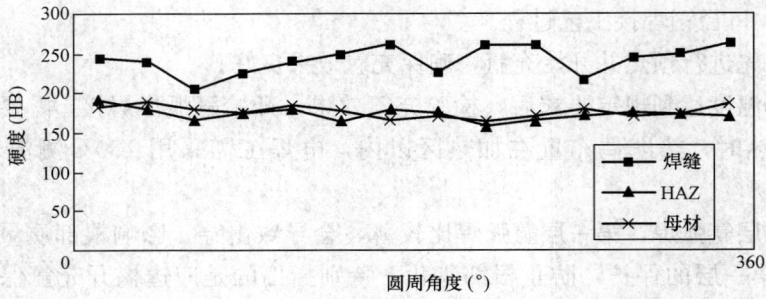

图 6-9 焊缝及热影响区的硬度检查范围

焊接积累了经验，为以后 P92 钢焊接打下了良好的基础。

第七章　超（超）临界锅炉检修管理

第一节　超（超）临界锅炉检修管理

超（超）临界机组应制订计划检修管理的工作程序，明确各级权限职责，通过实践逐渐形成一套具有特色、优化的综合检修方式，加强检修全过程管理，保证机组的安全、稳定、经济运行，提高设备健康水平。

一、术语和定义

（1）点检定修制：对设备按照规定的检查周期和方法进行预防性检查，取得设备状态信息，制订有效的维修策略，把维修工作做到设备发生事故之前，使设备始终处于受控状态的设备管理方法。

（2）定期检修：一种以时间为基础的预防性检修，根据设备磨损和老化的统计规律，事先确定检修等级、检修间隔、检修项目、需用备件及材料等的检修方式。

（3）状态检修：根据状态检测和诊断技术提供的设备状态信息，评估设备状况，在故障发生前进行检修的方式。

（4）改进性检修：对设备先天性缺陷或频发故障，按照当前设备技术水平和发展趋势进行改造，从根本上消除设备缺陷，以提高设备的技术性能和可用率，并结合检修过程实施的检修方式。

（5）故障检修：设备在发生故障或其他失效时进行的非计划检修。

（6）非标项目：检修技术规程中规定的标准项目以外，为消除重大设备缺陷或频发性故障，对设备的局部结构或零部件进行改进、更新，但不构成新的固定资产的项目以及在检修中进行的属于高一级别检修类别的标准项目内容。

（7）重大非标项目：非标项目中单项费用在 50 万元及以上的项目，其他为一般非标项目。

（8）技术改造项目：对发电企业现有设备和设施以及相应配套的辅助性生产、环保、劳动保护设施，利用国内外成熟、适用的先进技术、先进设备、先进工艺进行完善、配套、改造，以消除其重大隐患和缺陷，提高效率，降低能耗，确保发电企业安全稳定生产的资本型支出项目。

（9）特殊项目：检修技术规程中规定的标准项目以外的项目，包含非标项目及技术改造项目。

(10) 重大特殊项目：非标项目单项费用在 50 万元及以上、技术改造项目单项费用在 50 万元及以上的特殊项目，其他为一般特殊项目。

二、发电企业实施检修管理的重点

(1) 负责检修工程策划、准备、组织及实施。

(2) 负责编制检修计划、检修策划书、检修工艺及质量标准和作业指导书。

(3) 负责检修所需备品备件、相关物资的招标采购工作。提高廉洁自律意识，规范招标工作，加强招标的监督工作。

(4) 负责检修工作的具体实施。

(5) 负责检修现场的安全、质量、工期和文明生产情况的管理。

(6) 负责检修后的试验传动、冷热态验收及检修后评价。

(7) 编制本单位负责工作的检修总结。负责检修资料归档保存。

三、检修管理内容与方法

(1) 发电设备检修管理应推行检修全过程管理，使检修管理规范化、标准化、科学化，以提高检修质量。

(2) 在符合国家和行业法律规范，满足安全生产、市场需要的前提下，通过优化检修策略，逐渐形成一套融定期检修、状态检修、改进性检修和故障检修为一体的、优化的综合检修方式，以提高设备安全性和可靠性，降低设备检修成本，追求企业更大的经济效益。

(3) 为使检修质量得到有效控制，把设备检修、维护中的各个质量环节和有关因素控制起来，应做到预防为主、防检结合，贯彻"应修必修，修必修好"的原则，从而达到有效降低电力生产安全风险，提高发电设备可用系数，充分发挥设备潜力的目的。同时，所有项目的检修和质量验收均应实行签字责任制和质量追溯制，将质量与责任挂钩，对检修中或检修后出现的质量问题应进行追踪考核。发电企业设备检修应保证发电设备安全、经济、持续、可靠地运行，确保机组 A 级检修后 180 天无非计划停运。

(4) 加强检修费用的管理，确保检修费用合理地用于提高设备健康水平和经济效益。

(5) 在检修全过程管理中，应完善检修规程；明确设备检修工作的管理原则；保证设备检修管理工作规范、有序；通过实行有效的工作程序，控制设备检修工作中的风险；向员工推行新实施或新更改的检修方法及程序。

(6) 检修工作应程序化、规范化、信息化，使检修信息系统的管理符合所有适用的监管规定；同时通过遵守为消除检修活动的潜在危险而制订的最新标准及程序，使因缺乏制度或不遵守程序而引起的事故得以杜绝，设备健康水平不断提高。

(7) 安全、文明、规范、有序地开展检修工作，消除和减少检修工作存在的潜在风险，提高检修现场安全文明生产水平。

(8) 新投产的发电企业应建立点检定修制度并执行，已经投产的发电企业应逐步推行点检定修制度，并在适合的时间予以实施。

四、检修策略执行步骤

(1) 确定分析系统的范围。

（2）选择系统内的设备和部件。

（3）整理设备和部件编码。

（4）对系统和设备进行功能和功能故障分析，即分析设备完成功能是什么，在什么情况下不能完成规定的功能，故障的概率是多少。

（5）确定设备和部件的重要性、关键性和非关键性的作用。

1）将系统内的设备进行分析，找出对人身安全、机组可靠性和经济性等影响最大的设备和部件，进而按设备的重要程度划分为 A、B、C 三类设备，同时结合考虑该设备是否有冗余，对不同类别的设备采取不同的检修方式，并确定检修任务。

A 类设备是指该设备损坏后，对人员、电网、机组或其他重要设备的安全构成严重威胁，以及直接导致环境严重污染的设备，应采用以预防性检修为主的检修方式，结合点检结果，制订设备的检修周期并严格执行。

B 类设备是指该设备损坏或在自身和备用设备皆失去作用时，会直接导致机组的安全性、可用性、经济性降低或导致环境污染，以及本身价值昂贵且故障检修周期或备件采购制造周期比较长的设备，应采用预防性检修和状态检修相结合的检修方式，检修周期应根据日常点检管理、劣化倾向管理和状态监测的结果及时调整。

C 类设备是指在 A、B 类设备以外的其他设备，以事后检修为主要检修方式。

对于 A 类设备实行点检优先、检修计划优先、定期维护工作优先、维修资源优先、故障管理优先原则。

2）设备部件分析。针对 A、B 类设备，将设备的各个检修部件进行分析，通过分析各个部件对该设备的影响程度及修复难易程度，将部件分为 A1、A2、A3，B1、B2、B3 类，从而确定设备的检修项目。对于 C 类设备可不进行部件分析。

（6）根据实践结果，不断完善和更新，实施优化检修的调整。

（7）通过前面步骤，将确定设备的检修方式和检修项目（内容），最终形成一套完整的综合检修模式。在确定检修模式时应考虑到：

1）在决定维修工作时，严格遵循国家有关法律规定、电力行业法规以及企业的有关安全要求和指导方针。

2）设备的可靠备用、平均故障间隔时间，或者用更可靠的设备替换的成本收益。

3）来自同类电厂相似的经验。

4）设备劣化倾向、一般故障和典型故障的信息。

5）最新的维修方法和维修技术。

6）在兼顾维修成本、损失电（热）量、安全和环境影响等各种因素的基础上，将设备故障降至最小，在成本条件和可接受风险的基础上制订检修策略。

7）如果经济上可行，则发电企业进行设备改造以消除故障。

8）为了确保设备检修的顺利进行，必须有足够的备品备件（除非在当地市场容易取得）。

9）检修管理系统中应保存完整的检修过程记录，用以评估检修策略的绩效，对于识别故障类型、周期性发生的问题、发生费用较高的检修项目等，都应经常进行评估。

五、检修类别、检修间隔和停用时间、检修项目

1. 检修等级

以机组检修规模和停用时间为原则，将发电企业机组的检修分为 A、B、C、D 四个等级。

（1）A 级检修：是指对发电机组进行全面的解体检查和修理，以保持、恢复或提高设备性能。

（2）B 级检修：是指针对机组某些设备存在的问题，对机组部分设备进行解体检查和修理。B 级检修可根据机组设备状态评估结果，有针对性地实施部分 A 级检修项目或定期滚动检修项目。

（3）C 级检修：是指根据设备的磨损、老化规律，有重点地对机组进行检查、评估、修理、清扫。C 级检修可进行少量零件的更换，设备的消缺、调整、预防性试验等作业以及实施部分 A 级检修项目或定期滚动检修项目。对机组进行定期的检查、清扫；检查设备状况，尤其是易磨、易损、易堵部件；对设备进行必要的试验；消除点检时和运行中发现的设备缺陷，以保证设备能维持额定负荷运行。

（4）D 级检修（含计划节检）：是指当机组总体运行状况良好时，对主要设备的附属系统和设备进行消缺。D 级检修除进行附属系统和设备的消缺外，还可根据设备状态的评估结果，安排部分 C 级检修项目。对主要附属设备、公用系统进行日常保养、巡检、点检和消除缺陷，保证设备正常运行。

2. 检修间隔和停用日数

（1）国产火力发电机组检修间隔。

A 级检修：每 5～6 年进行 1 次。

B 级检修：一般安排在 A 级检修后第三年进行。

C 级检修：间隔为 10 个月至 1 年；对于年内有 A、B 级检修的机组，不安排 C 级。

A 级检修间隔内检修组合方式为 A—C（D）—C（D）—B—C（D）—A。

（2）发电企业可根据设备的运行状况，灵活采用不同等级检修组合方式，但必须在年度计划中明确提出。

（3）发电企业可根据机组的技术性能或实际利用小时数，适当调整 A 级检修间隔和检修等级组合方式，但应进行技术论证，并经上级单位同意，报电网生产调度机构批准。

（4）启停调峰（每周不少于两次）的机组和燃用劣质燃料的机组，其 A 级检修间隔可低于上述规定，并可视具体情况，每年增加一次 D 级检修或一次 D 级检修的停用日数。

（5）新机组第一次 A/B 级检修可根据制造厂家要求和合同规定、机组的具体情况决定，第一次 A/B 级检修时间可安排在火力发电机组正式投产后 1 年左右。

（6）主要设备的附属设备和辅助设备可根据状态检测分析结果和制造厂家的要求，合理确定检修等级和检修间隔。

3. 检修项目的确定

检修项目由标准项目和非标项目构成。

（1）A 级检修项目包括：

1）检修技术规程中规定的 A 级检修标准项目参照附录 A（DL/T 838—2003《发电企业设备检修导则》附录1）制订。

2）更换到期的零部件。

3）设备制造厂要求的项目。

4）进行全面检查、清扫、测量和修理。

5）进行定期监测、试验、校验和鉴定。

6）按锅炉压力容器和技术监督有关规定要求进行的例行检查工作。

7）技术改造、环境保护、反措及科技项目。

8）机组防磨、防爆、防腐蚀检查处理及消除设备缺陷。

9）根据设备状态检测的结果，需要进行检修的项目。

10）电厂安全性评价需要在 A 级检修中完成的项目。

（2）B 级检修项目，包括 C 级检修项目及其他非标项目。C 级检修项目包括：

1）检修技术规程中规定的标准项目。

2）运行中发生的设备缺陷。

3）重点清扫、检查和处理易损、易磨部件，必要时进行实测和试验。

4）防磨、防爆检查。

5）机组附属和辅助设备检修。

6）根据状态检测的结果，需要进行检修的项目及其他非标项目。

7）安全评价整改、专项检查整改、春秋检项目、二十五项反措等项目属于检修性质的，需要在各级检修中实施的，应作为检修项目纳入。

凡是只有停机才能检修的设备，其检修应与机组检修同步进行。

各级检修标准项目可根据设备的状况、状态检测的分析结果进行调整，在一个 A 级检修周期内的所有标准项目都必须进行检修。

六、检修计划管理

（1）发电企业每年编制一次"年度检修时间计划"、"年度专项大修项目及资金计划"和"三年检修滚动规划"。

（2）三年检修滚动规划的编制。三年检修滚动规划（见附录 B）主要是对三年中后两年需要在 A、B 级检修中安排的重大特殊项目进行预安排。"三年检修滚动规划"按年度检修计划程序编制，并与"年度专项大修项目及资金计划"同时上报。发电企业应根据机组的实际情况编制滚动规划。滚动规划的内容应包括：工程项目名称、上次 A/B 级检修时间、重大特殊项目的立项依据和重要技术措施概要、预定停机天数、预定检修时间及费用。

（3）年度检修时间计划、年度专项大修项目及资金计划的编制。

1）发电企业应根据本企业主、附设备的检修间隔、技术指标和健康状况，结合滚动计划，参考点检及状态检测结果合理编制年度检修时间计划和年度专项大修项目及资金计划。

2）在编制年度检修时间计划时，应明确本次检修的重点项目和需解决的主要缺陷，结合当地电网年负荷需求特点以及本单位实际情况选择适当的开工时间。编制年度检修时间计划需要填写"年度 A、B、C、D 级检修计划汇总表"及"年度发电检修计划进度表"，见附录 C 和附录 D。

3）年度专项大修项目及资金计划的编制内容应包括检修项目名称（按机组、公用系统、生产建筑物、非生产设施分列）、检修级别、重大非标项目名称、立项原因、主要技术措施、检修工期安排、材料及费用预算（需逐项附重大非标项目可研报告），需填写"年度专项大修项目及资金计划申请表"，见附录 E。

"年度专项大修项目及资金计划"中的费用包括机组 A 级检修费用、重大非标项目及费用、全年生产维护费用、外委维护费用。对于一般非标项目，发电企业利用 A 级检修费用及生产维护费自行安排。

4）重大非标项目应逐项列入"年度专项大修项目及资金计划"中。

七、检修费用

1. 检修费用的划分

检修费用包括 A 级检修费用、重大非标项目费用、生产维护费用、外委生产维护费用。

（1）A 级检修费用：指发电主设备及主要附属设备、公用系统、生产建筑物实施 A 级检修所发生的费用。

（2）重大非标项目费用：指重大非标项目所发生的费用。

（3）生产维护费用：指发电主设备及主要附属设备 B、C、D 级检修及日常维护，公用系统、生产建筑物、非生产设施小修及日常维护所发生的费用。

（4）外委生产维护费用：指由外委维护单位所发生的生产维护费用。

2. 检修费用列支范围

（1）设备、设施等固定资产检修、维护及 A 级检修用的备品备件、材料费。

（2）检修工程外包人工费。

（3）检修外借零星人工费。

（4）检修外委试验费（不在技术监督服务费中列支的）。

（5）大修启动试验（报竣工前）用油费。

3. 检修费用范围外列支

（1）维持设备正常运行消耗的大宗材料费及各种用油费。

（2）构成固定资产的设备购置费。

（3）非检修所需的设备拆迁费。

（4）办公用品及计算机消耗材料费。

（5）各种非检修用的劳务人工费。

（6）劳保用品费用及非检修所需的器具费。

（7）计量检验费。

（8）技术服务费。

4. 检修费用的核定

（1）机组 A 级检修费用按 5 年周期，根据计划按定额下达，对火电 100MW 及以上的机组，每延长 1 年 A 级检修间隔，当年增补 A 级检修定额的 15% 费用。每减少 1 年间隔，降低 A 级检修定额的 20% 费用。

（2）当机组发生外委生产维护费用时，根据外委生产费用的发生情况对生产维护费用进行相应的核减。

（3）机组 A 级检修费用定额（万元）。A 级检修标准项目费用包括备品备件及材料费、人工费；非标项目中包含或部分包含标准项目的，扣减相应标项费用定额。

八、检修全过程管理

1. 定义

检修全过程管理是设备全过程管理的重要组成部分，要求从检修计划制订、备品备件及材料采购、技术文件编制、组织施工、试验传动、冷热态验收及检修总结和检修后评价等每一个环节均处于受控状态，以达到预期的检修效果和质量目标。发电企业根据实际情况派人到检修现场进行监督、指导。重大特殊项目要编写调研计划，经过充分调研，确定切实可行的技术方案后方可实施，确保项目达到预期目标。

2. 检修准备

（1）发电企业应成立检修管理组织机构并确定其职责。其主要组织机构有检修领导组、现场指挥组、安全监察组、技术质量管理组、启动试运组、物资保障组、后勤保障组等。

（2）发电企业针对系统和设备的运行情况、存在的缺陷和上次检查结果，结合上次检修总结进行现场查对，根据查对结果及年度检修计划的要求，确定检修的项目，制订符合实际情况的对策和措施，并做好有关设计、试验和技术鉴定工作。

（3）发电企业编制检修计划，包括标准项目和非标项目及监督、试验、测绘等项目，不需停机的、平时可轮换检修的项目尽量不在机组停机集中检修期间安排。

（4）发电企业落实检修费用、制订备品备件和材料计划等，并做好材料备件的订货工作。

（5）发电企业编制、修订作业指导书，制订项目的工艺方法、质量标准和施工的安全、组织、技术措施，制订具体实施方案，编制、修订作业指导书。

（6）发电企业编制质量验收计划，准备好技术记录表单、试验报告、质量验收单等。

（7）发电企业编制检修项目施工进度计划，绘制施工网络图。

（8）发电企业划分检修现场安全、文明管理区域，确定责任人。

（9）发电企业绘制检修现场定置图（检修或拆下的设备、零部件规范化放置图）。

（10）发电企业组织检查施工机具、专用工具、安全用具和试验器械，并经试验合格。

（11）发电企业组织全体检修人员和有关管理人员学习，对质量标准、技术措施、安全措施、安全规程等要经考核、考试合格后方可上岗。

（12）发电企业与外包施工单位的协议及合同已签订，并界定双方的服务项目和责任范围。

（13）发电企业进行机组修前试验及数据测量。

（14）检修准备工作要求编制检修策划书。检修策划书（检修计划任务书）内容包括检修目标、检修指标、组织机构、现场定制图、检修项目（标项、非标）、重点验收项目、施工进度计划（网络图）、安全技术措施、验收标准（含冷、热态验收）等。

（15）发电企业对检修准备工作要予以高度重视，A 级检修准备时间不少于 10 个月（首次检修不少于 12 个月），B 级检修准备时间不少于 6 个月，并应在计划开工前 1 个月具备开工条件。准备工作也要制订一个详细的进度计划，倒排工期，并提前下发执行，且应在计划开工前 1 个月全部完成。

3. 检修实施

（1）检修施工期间是检修工作高度集中的阶段，也是检修全过程管理的关键阶段，发电企业和检修单位都要严格执行安全规程、安全技术措施、质量标准、工艺要求等各类作业和程序文件，认真落实安全文明责任制、质量责任制、经济责任制。

（2）检修管理人员应随时掌握施工进度，做好劳动力、特殊工种、修配加工、施工机具、施工场地、施工电源、材料、备品备件等方面的平衡调度工作。

（3）发电企业要认真执行检修工艺规程和有关技术标准，严把质量关，进行全过程质量监督，做好分段验收、设备分部试运行和机组启动试运的组织管理和质量把关工作。国际电气管理检修单位对检修质量、现场安全情况及文明生产工作负责。

（4）施工期间，发电企业按标准对检修现场的文明施工进行监督、检查。

（5）施工期间注意事项。

1）检修开工前检查安全措施、工作票及隔离措施落实情况。检查检修过程人员着装、各种器具和防护用具的使用佩戴。

2）检修开工后应尽早进行设备解体检查，及时召开解体分析会，尽早发现问题，对解体情况进行全面评估，及时调整检修重点项目和关键进度。发现重大设备问题时要及时上报。

3）对于可能影响工期的项目，以及尚需进一步落实技术措施的项目，设备解体工作应尽早进行。

4）解体重点设备或有严重问题的主要辅助设备时，主管生产领导及专业负责人应在现场，掌握第一手资料，协调有关问题，抓住关键部位，指导检修工作。

5）设备解体后要进行全面检查，查找设备缺陷，掌握设备技术状况，鉴定以往重要检修项目和技术改造项目的效果。对已掌握的设备缺陷要进行重点检查，分析原因，及时制订对策。

4. 检修质量管理和验收监督

（1）检修人员在施工前应认真学习检修工艺规程，严格按规定程序和工艺要求执行。质检人员应深入现场，随时掌握检修情况，工作中坚持质量标准。

（2）应对整个检修过程的质量控制做出总体安排，有计划地对直接影响质量的检修工序进行监督控制，在关键工序上设置 H、W 点，确保这些工序处于受控状态。

（3）质量验收执行质检点（H、W 点）验收、零星验收、分段验收相结合的方式，质量验收执行三级验收制度，可与监理评价相结合。对于重要检修工作，如锅炉防磨防爆检查、汽轮机主轴瓦检查、转子找中心、汽轮机通流间隙调整等，通知企业电力生产经营部派人监督指导。

（4）验收不合格，质检人员应填写"不符合项通知单"，要求检修单位按不符合项程序进行处理，查明原因，防止重复发生；若有让步放行，需总工程师或以上领导批准。

（5）所有项目的检修和质量验收均应实行签字责任制和质量追溯制，将质量与责任挂钩，对检修中或检修后出现的质量问题应进行追踪考核。

做好工器具、仪表的管理，记录翔实，当天清点，实现闭环，严格执行工艺纪律，严防工器具遗留在设备或管道内。在检修策划书中应有对工器具管理的专项标准。

（6）分部试运、总体验收、整体试运、报竣工。

检修工作结束和分段验收合格后，才可进行回装，进入分部试运。分部试运由运行负责人主持，检修负责人及有关检修人员、运行人员和安监人员参加。分部试运行必须在分段验收合格，并核查检修项目无遗漏、检修质量合格，有关设备变更报告已与运行人员交底，检修现场已清理、安全设施完整，检修人员已撤离现场后，方能进行。

总体验收（冷态验收）在分部试运全部结束后进行，各检修单位汇报检修项目完成情况，由发电企业主管生产领导主持，核查分段验收、分部试运及全部检修资料是否齐全，进行现场检查、质量监督并验收。

机组启动进行整体试运（包括冷、热态试验及带负荷试验），整体试运应在发电企业主管生产领导的主持下进行。

机组经过整体试运行，依据检修策划书确定的各项指标并经现场全面检查后，由发电企业主管生产领导批准正式向电网企业报竣工。机组检修后报竣工的时间为发电企业正式将机组交付电网调度的时间。

5. 检修进度管理

（1）检修进度计划应以保证检修质量为前提，科学制订，一经批准应严格执行。总体工期应符合本制度的规定，既不宜提前，更不应超期。发电企业宜采用进度网络图的办法统筹规划和管理检修进度，协调各专业的相互联系。

（2）要随时掌握检修工作的进展情况，严格执行网络进度计划，施工过程中跟踪检查实际进度，并与计划进度进行比较、分析，确定后续工作和总工期的限制条件，通知各专业共同掌握。

（3）检修过程中发现重大设备问题（例如受热面大面积腐蚀等），要立即书面汇报并制订解决方案，如果该问题影响到检修工期时，应及时向上级汇报，同时向所在调度部门申请延期。

6. 检修信息管理

（1）检修信息是指与设备管理和设备检修相关的各类信息，包括管理制度、管理标准制定和实施、检修记录、新的设备管理系统的引进和应用；设备规格参数和设备检修的各类许可及记录；与设备检修有关的各类分析报告与总结等。检修记录应严格管理，保存好临时记录。记录格式应符合要求，有测量人、记录人、测量时间、测量条件、测量方法等，并要求有至少两次测量数据。检修记录应详细记录实际施工过程及进行的测绘，及时总结，为检修规程修编积累资料。

（2）执行步骤。

1）对所有检修信息进行分类，确定分级管理原则。

2）应当记录和保存的检修信息包括设备规格参数、设备缺陷记录、工单、工作票、动火票、检修规程、检修总结和检修后评价报告等，见附录 F 和附录 G。

3）应当由检修管理人员（发电企业和检修单位）记录和保存的检修信息：检修技术记录、检修试验报告、质量验收单、点检分析报告等。

4）应当由档案中心保存的检修信息包括设备异动报告、重大特殊项目竣工报告、机组大修总结报告和设备检修策略等。

7. 检修规程管理

（1）规程内容。

由设备管理责任人编制检修规程，规程内容至少应包括：

1）设备概况及参数，主要备品配件规格、型号、材质等，专用工器具、试验仪器，检修台账（投产后设备历年出现重大问题的原因、处理情况、处理结果及设备改造情况）。

2）检修策略、检修类别、检修项目、项目验收级别、分段验收项目、试验规程、检修周期及工期。

3）检修工艺、技术标准和质量标准。

4）设备结构及部件相关图表。

（2）规程审核：由设备管理部门专业主管进行审核。

（3）规程批准：由发电企业总工程师或生产副总经理审批。

（4）必须遵照既定的标准和规程检修发电设施，尤其应注重下列事项：

1）计划检修及事故抢修工作。

2）有较高潜在危险的检修工作。

3）非计划检修。

4）关键的报警、控制及停机设备和装置的检修。

（5）新投产的发电企业编制检修规程时，要兼顾点检定修的技术标准，但内容应满足技术标准和检修规程两方面的需要。

（6）审批后的检修规程应列为发电企业的企业标准，并及时发布实施。

（7）检修规程应发放到本单位生产领导、设备管理人员、运行人员和检修维护人员，并报上级单位备案。

（8）检修规程仅限内部使用，严禁个人私自外借。

（9）设备管理人员和检修人员应加强对检修规程等相关知识的培训，严格依照检修规程规定的检修策略、检修周期、技术质量标准和检修试验规程等制订检修计划，并按照检修规程的要求和检修文件包管理标准的要求制定并执行检修的作业文件——检修文件包。

（10）在检修工作中要做好检修记录，详细记录实际工作中的步骤、使用工具、更换备件、消耗材料，测绘图纸记录准确，并进行总结，为检修规程的修编积累资料。

（11）检修规程应每 3～5 年进行一次完善和修订，对于设备改造和新增设备应及时对原规程进行补充和完善。

（12）检修规程的修订应由专业技术人员进行，专业主管审核，发电企业总工程师或主管生产领导批准方可执行。

（13）有变更应及时通知或上报各规程持有人，保证规程持有人所持规程是最新且有效的，并在发电企业内部网络上公布。

8. 检修质量管理

（1）检修质量验收人员必须坚持质量标准，把好质量验收关，深入现场，调查研究，随时掌握检修情况，对检修质量进行实时跟踪，全过程监控。

（2）加强质量监督，执行作业指导书，严格按照停工待检点（H点）、见证点（W点）进行验收，确保检修质量。若验收合格后又有返工，则必须重新履行验收程序。所有项目的检修和质量验收均应实行签字责任制和质量追溯制。有条件的单位可引入监理制，对检修的质量和进度进行监督。

（3）管理人员对检修质量验收方式及奖惩办法的制定和执行情况负责。

（4）技术人员对检修的工艺过程、验收点质量标准、验收技术指标和执行情况负责。

（5）检修作业人员对检修工艺质量和测量的数据准确性负责。

（6）设备各项性能指标达到设计标准或预期的标准。

（7）规定的检修和试验项目都已完成。

（8）设备完整无缺，缺陷消除，无渗漏。

（9）出力恢复，效率较修前提高。

（10）保护及自动装置动作准确、可靠，主要监视仪表及信号指示正确。

（11）设备见本色，设施完好，保温完整，铭牌齐全，设备现场整洁。

（12）各项技术记录及各种验收单正确、齐全。

9. 检修总结及设备评估

（1）检修竣工后，发电企业生产主管领导应尽快组织有关人员认真总结经验，对检修中的安全、质量、项目、工时、材料消耗、费用进行统计分析，对机组试运行情况进行总结，对本次检修进行经济技术评价。检修总结和检修后评价的目的如下：

1）确保检修质量逐步提高，保证检修达到预期的目的。

2）保证设备安全性、可靠性稳步提高。

3）保证设备性能达到历史最高水平或设计要求。

4）使检修费用支出合理。

5）统一和规范管理程序，明确各级权限职责。

（2）检修总结和检修后评价范围。从检修准备至检修竣工验收各个环节，整个检修工程的全过程管理，对检修工程的安全、质量、费用、项目内容、工期进度等指标进行全面评价。

（3）检修总结和检修后评价内容。

1）检修工程规划和计划的编制。

2）检修项目和实施计划。

3）检修开工前的准备。

4）检修实施阶段项目组织和管理。

5）检修实施阶段安全管理。

6）检修评价和总结应包括以下内容：

①安全、质量、设备健康水平、经济水平、技术水平指标以及工期、费用等是否达到大修项目实施前提出的预期目标。

②是否恢复和提高设备和系统的安全性、可靠性、经济性。

③是否执行国家环保政策，改善环境条件。

④是否恢复和提高设备性能及节能降耗。

⑤文件包、技术文件是否得到落实。

⑥检修中缺陷、渗漏治理的情况。

⑦检修项目的调整和变更范围情况。

⑧检修项目实施进度及工期情况。

⑨对日常维护和运行工作提出建议。

⑩对检修外委项目的招标进行说明，并对参加检修的队伍资质重新进行评价。

⑪检修费用发生构成和结算情况，核查是否存在超计划、超定额及挪用资金情况。

⑫检修后仍存在问题的项目（包括原因、可能的影响、处理意见、预防措施等）。

（4）检修总结和检修后评价报告。

1）发电企业在机组检修后 30 天内完成修后机组效率试验、完成检修冷、热态评价、检修总结报告及检修后评价，并经主管生产的副总经理审核后上报。试验报告作为评价检修质量的依据之一。

2）发电企业对检修后评价要包括从检修准备至总结各个环节的整体检修工程的全过程，对检修工程的安全、健康、环境保护、质量、费用、项目内容、工期进度等指标进行全面评价，并总结存在问题，提出改进措施。

3）发电企业检修竣工资料整理、移交存档。

4）总结要准确反映设备分析、技术分析、项目构成、资金结构和工程进度的实际情况，杜绝各项指标、数据的漏报及对应关系错误、数量和项目不匹配的现象，杜绝迟报、未报。

10.检修材料、备品备件管理

（1）发电企业应加强备品备件管理，制定检修备品备件、材料管理制度，内容包括定额标准、计划编制和审批、定货采购、运输、验收和保管、不合格品的处理、记录与信息处理等。

（2）检修物资需用计划应由检修班组编制，并附技术要求和质量保证要求。非标检修项目所需的大宗材料、特殊材料、机电产品和高值备品备件宜由生产技术主管部门编制专门计划，并制定技术规范。非集中采购物资由发电企业供应部门自行组织招标采购。对于特殊物资、长加工周期的备品备件要提前考虑供货周期，确保采购时间。

（3）为保证检修任务的顺利完成，对影响检修总体进度、在三年滚动计划中提出并批准后已确定技术方案的交货期较长的备品设备，应及早进行订货等。

（4）为保证采购材料和备品设备质量优良、价格合理、交货及时，发电企业应严格执行有关设备、备品采购的相关规定，严格执行招（议）标管理规定，制定并执行供应商入厂认证规定、设备购置招（议）标标准、采购过程中的责任追究制、备品入库验收签证标准等。

（5）消耗材料和备品应有必要的储备。

11. 外包工程管理

（1）发电企业应制定严格、详细的设备委托维护和检修工程外包管理标准，内容至少应包括立项程序、招投标管理标准、承包商资质审查管理标准、合同管理标准、技术管理标准、质量控制标准、安全管理标准等。

（2）设备委托维护和检修工程的承包商应具有与承包工程相适应的工程业绩和资质，有完善的质量保证体系和质量监督体系，尽可能选择技术能力、相关经验（相同或相近型号机组的检修经验）与该机组相当的承包商。另外，对承包商的财务状况、公司业绩、商业道德等因素都必须进行评估，评估合格的承包商方可进入选择范围。发电企业在选择承包商时，必须通过招投标方式择优确定。因违约或无能力履行合同而被发电企业终止合同的承包商，两年内不能参加投标活动。

（3）发电企业应加强设备委托维护、检修外包工程合同的管理。合同中至少应明确项目、安全、质量、进度、付款方式、违约责任等条款，并预留一定比例的质保金。

（4）发电企业从项目立项开始，明确外包项目管理的技术负责人和质量验收人，对外包项目进行全过程质量管理，杜绝以包代管。

（5）审核承包商提出的"检修作业指导书"、技术方案、质量保证体系和方案等。

（6）对承包商进行技术交底。

（7）对检修现场和项目进行监督，检查承包商是否按照其提出的"检修作业指导书"、技术方案、质量保证体系和方案进行施工。

（8）对承包方的工作业绩进行评价。

（9）发电企业在提交维护、检修计划时，对设备委托维护和检修外包工程项目要作详细的说明，内容至少应包括外包项目、工程预算、参加投标的承包商及对承包商的评估。发电企业应将设备委托维护、检修外包工程的总结随同年度生产工作总结上报，内容至少应包括外包项目、工时、费用、承包商及效果评价等。

第二节　超（超）临界锅炉点检定修管理

一、点检定修制

点检定修制是以点检为核心，全员、全过程对设备进行动态管理的一种设备管理体制，其核心是点检员设备负责制。点检定修制的内涵充分体现了现代化的设备管理理论和方法，不仅是一套科学有序、职责明确的设备管理理论体系，还是一套发电企业生产管理的标准体系。它具有兼容性、开放性、持续改进的特点和特性。点检定修制适用于大型化、高度自动化、技术密集型企业的设备管理。

点检定修是思想（设备终身管理；设备主人；各司其职，协作配合；以人为本，自主管理；技术经济比较；降低成本费用等）、是体制（从传统的三级管理改变为一级管理，通过组织机构的变化实现扁平化）、是机制（按照业务管理程序进行控制，以流程保证效果、目的）、是方法（落实内容、标准、时间，明确工具、方法、流程，量化等）。

推行点检是组织体制建设和标准化建设的过程，即强调设备管理工作的定量化、规范化、标准化。有些单位还没有把点检定修放在全厂设备管理的核心地位，设备终身管理的原则没有体现，资产管理系统（EAM）等管理平台的功能没有充分使用。

点检定修虽然改变了传统设备管理的业务结构，改变了业务层次和业务流程，但又继承了传统管理的有效方法。点检定修制自身也在不断地优化和发展，以适应不同时期、不同企业的具体情况。点检定修的创新设备管理模式是多年设备管理经验的一个潜移默化的积累和不断优化。推行点检定修制重在真正把点检的内涵体现出来，掌握点检定修与设备可靠性的内在联系，掌握点检定修与技术监控的内在联系，掌握点检定修与安全管理的内在联系，做到有实效。

二、点检定修的责任制落实

电厂成熟的管理经验就是坚持"四不放过"、"两票三制"、"二十五项反措"等基础管理制度，管理的核心就是落实责任制，然而实践的结果表明，"成也责任制、败也责任制"，关键就是要看是否真正地将责任落实到位。在传统的安全生产管理模式下，我们每个人都是设备的主人，是企业的主人，每个人都有分管的设备，都要对设备负责。推行点检定修时，一直强调要设备到人，就是为了落实责任制。以电厂检修队伍建设为例，经历过检修分场、检修公司等管理体制的变迁，运行、检修反复分合，多头负责、多头管理。在点检定修制中，设备管理由传统的以"修"为主转变为以"管"为主，明确了点检员是设备的责任主体，既负责设备点检，又负责设备全过程管理。在运行、点检、检修三方中，点检处于核心地位。

通过定方法、定标准等一系列工作流程，科学地进行设备维护检修，这是与传统的落实责任的区别。企业相关的措施和制度要保证点检员的责、权、利有机统一，为设备点检定修创造和谐的工作环境，使设备在可靠性、维护性、经济性等方面达到协调优化管理。

三、全员设备管理

设备点检综合利用运行人员的日常点检、点检员及其他专业人员的专业点检、精密点检、技术诊断和劣化倾向管理、综合性能测试等几个方面的力量和手段，形成保证设备健康运转的多层防护体系，体现对设备全员管理的原则，将具有现代化管理知识和技能的人、现代化的仪器装备和现代化的管理方法三者有机地结合。

点检定修制的定义是设备运行阶段以设备部点检员为核心的运行管理和检修管理相统一的设备管理体制，绝不能强调了点检定修管理，即点检员是设备的责任主体，而忽视了运行和检修对设备管理的责任。检修应进行测量和试验，以及对设备数据进行总结、归档等工作，点检员提出的要求：检修的管理、时间的管理、数据的管理等，检修公司要不折不扣地执行。

从体制建立上讲，生产系统一般设有发电部、设备部和检修公司（或维修项目部），在点检管理办法上明确规定了发电部负责日常点检；设备部负责专业点检、精密点检（包括技术监控和技术诊断）和定修管理；检修公司（或维修项目部）负责按照设备管理部门的要求，完成相应的设备维修工作。各部门对维修过程中的安全、质量、工期负责，并提供完整的维修记录，相互之间分工协作。

四、点检员绩效的核心是可靠性和费用

图 7-1 为费用与可靠度的关系图。

以经济合理的费用、人工、工期为代价，保证不同设备的可靠性要求。

设备管理追求的是设备可靠性提高、经济性提高、费用下降、安全性提高。点检员管理内容包括：设备故障、缺陷、可靠性；维护、检修；费用；备品备件；台账以及技术管理；安全、指标、性能。

设备故障率曲线呈浴盆形状（见图 7-2），并具有三个明显的区域。开始使用阶段（区域Ⅰ）往往由于设计、材料、制造、安装、运行工况不正常等原因造成故障率高。随着缺陷的排除和系统调试正常，设

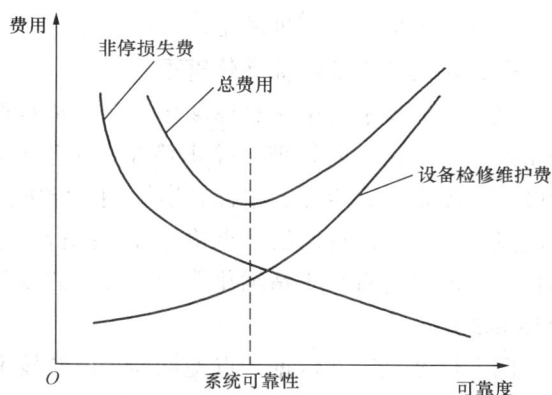

图 7-1　费用与可靠度关系图

备故障率迅速降低，进入偶然失效期（区域Ⅱ），这段时间是产品的有效寿命期。我们就是要在合理的费用内延长设备的有效寿命期。区域Ⅲ是元件的损耗失效期，这一阶段的故障率随时间的延长而急速增加，故障率曲线属于递增型。到这一阶段，大部分元件开始失效，说明元件的耗损已经严重，寿命即将终止，若能够在这个时期到来之前维修设备，替换或维修某些耗损的部件，就能将故障率降下来，延长设备使用寿命，推迟耗损失效期的到来。

五、点检管理是自主管理

点检管理是自主管理、终身管理，这和全员管理是不矛盾的。点检包含日常点检、专业点检和精密点检等多种手段，日常点检是经常和必须的，只有全员和动态的管理才能算是完善的设备管理体系。点检员是设备管理的责任主体，要求掌握设备状态及状态持续时间，其他部门和员工不对设备管理负直接的责任。例如某发电企业点检实施得

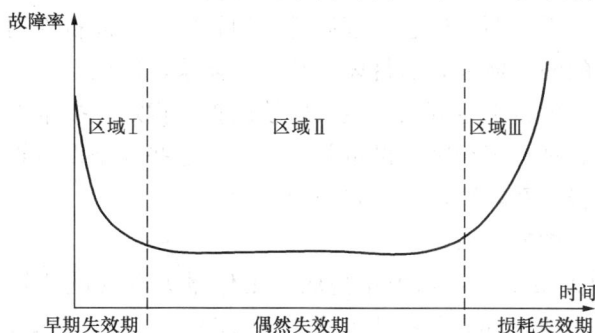

图 7-2　设备故障率曲线图

比较好，突出的优点就是该企业的点检员不相互推托，设备出了事故时，点检员能独立和有责任心地负起应负的责任。

六、从定性到定量

点检强调定量，点检员每天进行现场点检和 SIS 点检就是要清楚所管辖设备在运行过程中的各种参数和状态的数值，并通过对一些关键性和重要设备状态的定量与趋势分析，提前发现问题，提前预防。同时在数据的基础上，可以通过一些信息化手段，来实现辅助判断、报警和趋势分析。

通过点检员对设备运行数据的积累与分析，使设备处于受控状态；通过劣化趋势分析，

就可以提前采取措施，避免设备事故的发生。目前应用的定量管理和趋势分析手段有 SIS 点检、质量控制图、可靠性管理系统和一些成熟的设备诊断系统等，通过思想的转变和方法的引入，逐步形成定量管理的工作方法。

七、规范化作业和标准化管理

点检定修要求规范化和标准化。在设备状态检查方面，形成日常点检、专业定期点检、精密点检，劣化倾向管理与技术诊断、精度和性能测试五层防护体系；日常点检的实施要"八定"，即定人、定点、定标、定周期、定方法、定量、定业务流程、定点检要求。按照既定的点检计划、点检路线、点检标准去执行点检行为，配以信息技术手段的支撑，实现有效和科学，同时也有利于精细化管理。长期的规范化和标准化管理机制是本质安全、本质经济的必由之路。

四大标准是基本依据。点检标准、设备技术标准、检修作业标准和设备维护保养标准被称为点检定修的"四大标准"。几年来的实践证明，实施标准化作业是搞好点检工作的基础，是取得点检成效的技术保证和必要途径。日常工作中应提倡点检管理标准不到位点检工程不启动的原则。

定期工作至关重要。从设备周期的基本可靠性规律可知，只要设备的运行条件正常，就可以确保安全稳定运行，并且延长设备寿命。这就要求必须关注和重视设备的冷却、润滑、维护和保养，定期更换易损件；必须严格设备的定期工作，明确维护保养标准，确保可执行、可检验。

八、点检定修与安全管理

管生产必须管安全，安全监督和安全责任是两个概念，管设备必须管安全，设备管理人员是安全责任主体。我们一直说安全生产的两个体系，监督体系和保障体系，保证设备安全稳定运行就是设备部的事，是点检员的事。设备发生事故、生产事故调查，肯定是技术人员去查，点检员、点检长、运行专责工程师、副总工程师、设备部长去查，这些人是设备管理的主体，不能靠安监部去查，安监部是监督体系，责任一定要划分清楚。

九、正确认识和处理设备管理与检修维护的关系

新厂在从基建向生产过渡阶段，企业人员少、技术力量薄弱、工作量大等问题比较突出，给安全生产工作带来一定的困难。外委项目部人员技术水平参差不齐、人员不够固定、安全意识差、对生产现场不熟等问题对电厂安全生产带来潜在的威胁。新厂新制企业与外委项目部间能否相互配合好，能否共同克服各种困难，共同渡过这段艰难期，能否管好设备、开展好维护工作，这是对新厂新制单位和外委项目部的共同考验和挑战。新厂与外委项目部间是利益相关关系，项目部工作做不好就无法保证维修工作的顺利完成。电厂因为维护单位不能做好设备维护工作而使设备的稳定运行受到威胁，就无法完成安全生产目标。老厂同样存在设备陈旧、技术改造工作繁重、技术力量稀释、人员流动性大、工作量大等突出问题，给安全生产工作带来一定的影响。

要找准新厂新制单位与外委项目部各自的定位，找准老厂设备部点检和检修公司各自的定位。一方面，要克服"甲方"意识，转变对乙方的态度，给各级管理人员灌输如果没有乙方的全力工作，甲方就没有安全生产和经济效益的思想；要有激励乙方干部职工的机制和氛

围；在安全生产、学习培训、生活后勤、合同与激励等方面做细致的工作。另一方面，乙方要增强主人意识，不断提高自身技术水平和安全意识，要把维护的设备看成是自家的设备，对设备、系统存在的技术问题、安全问题多提合理化建议，主动帮助业主分析设备健康状况，共同管理好生产设备；要树立品牌意识、服务意识，把承包的项目完成好。当前，新厂新制下部分点检人员业务水平和个人素质参差不齐，个别人在与乙方接触时，不讲求方法和态度，影响了双方的合作，各单位应该给予关注，扭转这种思想。

业主方与项目公司要建立多渠道的沟通机制，重视各层次的交流，增进相互了解和尊重。业主方管理层与项目部管理层间要定期沟通，友好解决基层暴露出的问题，不要把问题表面化、对立化。双方都要融入大监督体系中，共同担负起安全生产的重任。对依然存在分歧的，要友好协商，求同存异。对工作量尚不能准确核定的，可以先在合同中暂估工作量，以后再准确核定。项目部与电厂的上级主管单位也应定期进行沟通，如参加安全生产会议等，双方共同协商，解决基层单位不易解决的问题，减少影响基层安全生产的各种不利因素。要建立外委项目部业绩评价机制，建立项目部准入和退出机制，定期通报各项目部的安全生产工作，推行好的管理经验。

十、点检定修的技术局限性

点检定修制是与状态检修、优化检修相适应的全员、全过程对设备进行动态管理的科学方法。点检人员使用简单的工具仪器进行点检获以取设备信息，对获取的信息进行统计分析进而得出点检结论，指导设备定修。但是，鉴于点检定修提出的时间背景和技术背景，传统的点检定修在实现的技术手段上存在很大的局限性，主要体现在以下几个方面：

（1）数据无法海量保存。点检的一个很重要的手段就是对点检数据进行分析，从而得出对设备状态的判断。目前，大多数点检定修的实施都是由点检员进行现场的数据采集，点检员用简单的仪器仪表进行测量，手工将采集的数据录入计算机，因此点检的数据量是有限的，也无法实现海量保存。

（2）数据缺乏连续性。传统点检获得的数据是不连续的，这里所说的不连续是指数据不能以秒级进行连续采集存储，只能由点检员每天测量得到一个瞬时值，这个瞬时值如果没有突变是很难得出科学点检结论的。

（3）数据无法回放分析。点检的分析很多是通过数据回放和二次处理后分析得出的，而传统点检数据获取数据的不连续性和数据存储的局限性限制了点检数据的回放和二次处理分析。

（4）数据不能有效共享。数据共享必须有一个平台，这个平台包括计算机网络硬件平台和数据库软件平台，数据共享的前提是有统一的信息编码。现在大多数点检数据存储局限于点检仪或者点检员的个人计算机，难以实现数据信息的共享。

（5）对于设备的状态检测不能在同一工况下。点检员按照流程规定对设备进行点检，一个设备上可能会有几个点检点，由于受技术手段的限制，点检员在现场不能同时对几个点进行测量，当然同一设备的状态参数检测就肯定不在同一工况。这里以一台风机为例，机务点检员起码要检测其前后轴承的温度，前后轴承的水平、垂直和轴向振动等8个点，这个过程大约需要5min时间。而现在大机组均投入AGC，AGC升速率一般都在10～18MW/min之间，这个时间段可能会有 50～120MW 的负荷变化。负荷的变化一般会引起所测参数的变化，这个变化显然使点检获得的数据不在同一工况或者说是同一时间，从而大大影响点检分析的准确性。

（6）点检员没有测量所有相关参数的手段。点检数据分析一般有两种情况，一种是单个数据的分析，另一种是以设备系统的方式对相关数据综合分析。单个数据分析指的是，对所关心的某一数据进行分析，这个分析包括数据跳变、劣化分析、预警分析等。以设备系统方式对相关数据综合分析是指对发生了变化的数据进行关联分析以后，才能得出这个变化是否劣化。例如，关于风机的轴瓦温度，假如在连续两天的点检中，该温度有升高的趋势，如何判断这个趋势是正常的升高还是发生了劣化，可能会需要机组负荷、风机电动机电流、挡板开度、环境温度、冷却油流量等一系列相关数据来验证。但是，点检员无法通过现场测量来得到这些数据，因此无法进行设备系统的综合分析。

十一、必须建立持续改进的有效机制

在推行点检定修的过程中必须坚持结合实际，确保实效的持续改进机制。要定期对点检定修工作进行分析，及时对点检路线、内容、周期、方式和标准、规定等进行调整、优化，既规范点检员的行为，又提高工作的有效性，避免挫伤点检员的积极性。

十二、点检定修的深化

点检定修在我国实践已有近 30 年的时间，国外对点检定修的探索历程更长。点检定修最终的目的是要对设备实行状态检修，即使是计划的大小修，也应该是建立在对设备状态科学诊断的基础上。正如前面所述，限于点检定修提出的历史背景和当时的技术条件，这个"科学诊断"有很大的局限性，传统意义上的点检定修已经日渐不能适应发电企业越来越高的管理要求，应用网络信息技术，深化点检定修，构建现代点检定修制已成为历史的必然。下面介绍一下某发电企业的主要做法。

1. 提高认识、准确定位

点检定修既是一种工作方法，也是一种思想方法，这一观念现在已达成共识，并与构建以"精心"文化为核心的企业文化建设融为一体。说它是工作方法，是因为点检定修是一套设备检修管理的科学、完整的体系；说它是思想方法，是因为它突破了传统的设备管理思想，解决了老体制多年没有解决的责任制和管理效率低下的问题。该发电企业把点检定修定位到公司最核心竞争力的新高度，提出点检定修在目前的基础上要有理论上的突破与实践上的提高，充分利用现代信息技术手段，全面开创具有盘电特色的现代点检新局面。

2. 开阔思路、科技为先

随着 DCS 和计算机网络技术的飞速发展，为设备诊断和点检定修实现信息化提供了有效的手段。特别是我国电力规划专家在业内率先提出 SIS 系统这个全新的概念之后，SIS 的发展和应用如雨后春笋。该系统可对大量的设备系统数据进行秒级海量存储，可以快速实现任意一点数据几年的历史追溯。系统功能涵盖了数据处理、远程监视、性能计算、能损分析、运行绩效考核等。为了构建基于 SIS 系统的现代点检模式，SIS 系统规划设计了设备管理、SIS 点检、智能预警三大模块，为点检定修提供了强大的技术支撑。

3. 创新理念、全面突破

任何一个创新都首先是理念的创新，该发电企业在点检定修的实践中提出了现代点检的新理念，并将其归纳提炼为点检定修的"六化"。所谓"六化"，就是点检标准科学化、点检流程规范化、点检手段多样化、点检数据信息化、点检分析制度化、定修管理实用化。目前，"六化"已成为该企业点检定修实施的总纲要。"六化"涵盖了点检定修的主要内容，其中"点检手段多样化"和"点检数据信息化"从一定意义上讲是对传统点检定修的突破与提升。在总结点检定修几年来实施的经验上，遵循"六化"原则，企业就如何建立现代点检做了以下探索：

（1）点检标准科学化。过去的点检重点在于摸索设备磨损规律，建立完善了给油脂标准。通过几年的生产实践，点检员对主要设备和重要零部件的特性和磨损规律已经初步掌握，具备了制定科学点检标准的基础。结合设备厂家技术标准，制定了较为完善的点检标准，要点是要建立科学的定修项目，难点是自选动作的确定。

（2）点检流程规范化。点检定修实施的效果如何，工作的规范化是十分重要的，点检五层防护体系的规范运作是关键。运行人员配备点检仪开展了日常点检；对于进行专业点检的设备部点检员，根据每个点检员所辖范围的不同，进一步规范了点检的流程，包括 SIS 点检的内容和要求。规定每个点检员早晨首先要登录办公自动化系统，对缺陷进行策划下达；接着在 SIS 系统上进行 SIS 点检；9：00 开始，按照规定的点检路线进行专业点检。同时，对已处理的缺陷进行验收。根据工作任务的不同，在 11：00～11：30 点检结束；下午主要进行点检分析和日常事务处理。

（3）点检手段多样化。点检手段多样化简单地讲就是在传统点检的基础上，引入了 SIS 点检的新理念。利用功能强大的 SIS 系统，进行 SIS 点检，辅之以基于 SIS 系统的设备智能预警，通过数据融合分析技术，对设备的健康状况做出精确的判断，使点检的实现方式有了质的飞跃。

（4）点检数据信息化。制约点检不能发挥最大功效的问题就是点检数据的不开放、不共享。通过与点检仪厂家合作，实现了现场点检数据的自动采集。采集的数据回传到点检员办公计算机送入共享的点检数据库，使点检员能够把现场点检数据和 SIS 点检数据集成到一个数据平台，形成一个统一的数据仓库，实现点检数据的融合与共享，大大方便了点检员的点检分析，同时也提高了分析的准确性。基于这个点检信息平台，通过进一步的扩展，在 INTERNET 上可以方便地实现专家的远程分析诊断与技术支持。

（5）点检分析制度化。点检的核心问题就是通过点检分析得出正确的检修指导。点检分析是联系点检和定修的纽带，因此将运行人员的日常点检、点检员现场点检、SIS 点检、高级主管的精密点检紧密结合起来，建立并强制执行定期分析、专题分析相结合的分析制度，用科学的分析结论指导设备检修。

（6）定修管理实用化。点检的目的就是最终实现定修，也可以称为状态检修。通过点检的深入实施，目前该企业 A 类设备的检修在原来定期检修的基础上又有了延长，大修周期达到 6 年；B 类及以下设备基本达到了状态检修，小修的周期一般是 1.5 年，主要设备都建立了检修模型。

十三、多措并举，鼓励全员参与管理，全面提高员工素质

安全生产必须靠大家，靠全员。学习培训、生活后勤、思政文娱考核与激励同样是安全生产管理的有机组成部分。要激发职工参与企业管理的动力，与一线及各级员工进行沟通，了解真实情况，真诚倾听员工意见，拉近与员工的距离。拓宽职工参与企业管理的渠道，鼓励和调动一线员工、技术骨干、中层干部的积极性，为企业发展提供持续的动力。

企业发展的目的是为了人，企业管理离不开人。点检定修制扁平化管理的特点决定了对人提出了更高的要求。落实责任制靠人，落实各项管理工作靠人，确保人身和设备安全同样靠人。企业给予员工的培训就成为及其重要的工作，员工的职业生涯设计就成为一项重要的工作。必须把培训作为一项长期工作来抓，为员工创造锻炼机遇，搭建成长平台，树立人人都是人才，人人都能成才的理念，满足不同需求层次员工的个人发展需要，实现员工与企业的共同发展。

临渊羡鱼，不如退而结网。近几年来，我国电力工业迅速发展，发电装机容量突破 9 亿 kW。随着电力市场改革的推进，发电企业之间的竞争越发激烈，安全生产、稳发满发是发电企业永久的追求。发电企业要想生存发展，就必须从提高技术装备、管理手段和员工水平等方面来提高发电企业的综合实力和市场竞争力。提高企业竞争力最直接和最有效的办法就是加强管理，电力工业的发展和电力市场的成熟也促进了点检定修制的进一步深化。

第三节　大型火电机组检修全过程规范化管理

某发电厂是一座现代化特大型坑口火力发电厂，目前拥有 4 台 335MW、2 台 600MW 和 2 台 1000MW 机组，总装机容量 4540MW。一、二期工程安装 4 台 300MW 机组，1985～1989 年相继建成投产。2001～2003 年，先后对 4 台 300MW 机组进行科技改造，每台机组增容至 335MW。三期工程安装 2 台 600MW 机组，1997 年全部投入商业运行。四期工程建设的两台 1000MW 超超临界机组，是国内首批百万千瓦超超临界火电机组引进技术国产化的依托项目，被列为国家重点建设工程。工程自 2005 年 4 月 28 日开工建设，分别于 2006 年 12 月 4 日和 2007 年 7 月 5 日投产发电。

机组大修全过程管理是确保机组安全、稳定、经济、文明运行的重要管理环节之一。多年来，该厂在充分总结历次大修管理经验的基础上，形成了较为完善的大修全过程管理程序，实现了管理工作的"八化"，即大修准备"超前"化、大修管理"网络"化、安全管理"刚性"化、质量控制"标准"化、工期控制"细致"化、大修项目"节能"化、现场检修"清洁"化、总结评价"阶段"化，对大修工作的顺利完成起到了良好的推动作用，实现了机组修后四个一次成功，做到了"零缺陷"开机，机组修后各项性能指标均有明显提高。

一、大修准备"超前"化

大修前，认真开展机组修前性能分析，有的放矢地编制检修项目计划、技术监督项目计划、配合项目计划、重点工期控制和网络计划，对计划、措施、物资、检修工器具、人员组织、外包工程项目、检修作业文件和技术资料等方面进行全面落实，编制下发"机组大修准备全过程管理程序"，及时做好大修准备工作的跟踪监督。大修中实施"大修一卡通"——

"大修手册"。该手册涵盖了安全、质量、经济等方面的大修目标，以及大修组织结构、大修指挥体系、大修重点工期控制表、质量验收、QDR 的填写、物资领用程序等所有管理内容，使大修管理一目了然，简便有效。

二、大修管理"网络"化

建设大修网站，实现大修资料管理"网络"化。在大修工作进行期间，以大修管理网站为平台，对机组检修过程中涉及的诸要素相关信息进行及时发布，对于工作包等软件资料进行及时上传，实现了大修资料的集中管理，既方便了资料查阅，实现了无纸化办公，又可让检修职工随时了解大修的工作进度，使大修工作信息化优势得以充分发挥。另外，在百万机组首次大修中推广应用了 PROJECT 编制大修网络计划，突破了以往大修计划进度采用方框图的做法，有效地实现了工作进度与工期进度的同步进行，做到了横到每一天、纵到每一步，从而保证了大修网络进度的直观、明了，细致有效。

三、安全管理"刚性"化

（1）开展"最佳作业区"评比。为进一步加强大修全过程管理，将"高严细实，精雕细刻"的工作作风深入、扎实地落实到大修每一天、每一项工作中去，安全、优质、高效地做好大修工作，该电厂在每次大修中均开展以"比安全、比文明卫生和比工艺质量"为主要内容的"最佳作业区"评比竞赛活动。参加大修工作的各工作组积极参与，在大修现场掀起"比安全、比文明卫生和比工艺质量"的热潮，对大修顺利进行起到了积极促进作用。

（2）实行"作业信息牌"制度和"脚手架完工信息牌"制度。作业信息牌制度要求各作业区域必须悬挂写有部门、工作内容、工期、负责人、联系方式等内容的信息牌，以规范作业现场，便于职能部室的现场监督。"脚手架完工标示牌"要求在脚手架搭设完毕，并经专业人员检验合格后，再在脚手架左右上角处固定悬挂，此项制度在规范了脚手架使用程序的同时，进一步提高了大修现场的安全文明水平。

四、质量管理"标准"化

大修中不断创新质量管理新模式，实行了质量缺陷报告制度及设备品质、功能再鉴定制度，在大修期间开展质量日活动，为实现机组修后经济技术指标提升和长周期安全稳定运行打下了坚实的基础。

（1）实行大修工作包制度。通过严格执行"大修工作包"管理制度，使检修工作更加程序化、规范化，提高了工作效率和检修质量。对工作包从准备、编制、审批、下发、实施、验收，到关闭、归档、信息反馈、考核等事项进行详细规定和约束，对检修人员用工计划、备品备件计划、质量监督计划、工作风险分析、工作隔离指令、检修程序和检修报告等项目不断充实和细化，加强现场完工确认，并严格质量监督点的各级验收，避免了检修工序的颠倒和跨越，确保了检修质量。

（2）实行质量缺陷报告制度。"质量缺陷报告制度"简称"QDR"，该制度对质量缺陷的发现、报告、处理、关闭的全过程及相关监督、考核等事项做了明确规定，使设备大修期间的缺陷处理真正做到"有法可依、有据可查"。当检修人员工作中发现影响设备质量的缺陷或异常时，便及时通知生技部相关诊断工或专业主管，经批准后按 QDR 填写设备质量缺陷报告，在 QDR 中进行设备异常描述及建议措施，并经检修队专工审核批准后提交至生技部，再由生技部负责组织专业组有关成员进行现场核实，提出相应的处理意见，经检修副总或生技部主任批准后，在1~2个工作日内完成缺陷处理，并按"H"点进行验收。整个处理过程的每一个环节都有专人签字，专人负责，哪一个环节出现问题，就由哪位负责人负责，考核到人，增强了人员的责任心与积极性，同时也避免了推诿扯皮的现象发生，大大提高了工作效率。

（3）实行设备品质、功能再鉴定制度。设备再鉴定工作是对大修后设备的一次检验，通过试运行检查设备是否达到修后要求标准，包括设备品质再鉴定和功能再鉴定。在设备品质再鉴定合格后，方可进行功能再鉴定。在检修工作完成并具备设备调试、试运条件后，由检修、运行和生技部验收人员三方共同到现场对设备试运进行再鉴定，检查设备性能是否达到修后要求标准。通过设备再鉴定制度，可有效检验设备检修质量，为机组修后"零缺陷"启动打下坚实基础。

（4）开展质量日活动。大修中创新监督管理方式，将每周的星期四定为"质量日"。质量日期间，召开全体质量督察组成员会议，总结上周大修质量督察情况，布置下周质量督察的重点和要求，并对上周督察活动开展较好的小组给予通报表扬；质量督察组成员对一周来所有质量督察的闭环情况进行现场核实、现场验收，对整改不力者进行从重处罚，从而形成有检查、有落实、有整改、有考核、有总结的质量督察体系。

五、工期控制"细致"化

大修期间各部门在保证质量的前提下，对影响总工期较大的工作进行重点控制，在人员上合理安排，在工期上实行倒排，在进度上进行细化，在工序上进行优化，较好地实现了质量与工期的齐头并进，为大修工作的如期圆满完成打下了良好的基础。

（1）细化工期，"抢"字当头。为如期圆满完成大修任务，生技部在大修准备阶段即编写大修网络计划，对重点项目实行节点控制。大修中，科学组织，"抢"字当头，把各项工作尽量往前赶。

（2）主线工作，倒排工期。在大修中，各部门、各专业紧紧围绕检修主线开展工作，对影响总工期较大的工作进行工期倒排，对工作的每一道工序、每一个阶段进行了细致的倒排，有些甚至细化到按小时倒排，强化措施，落实到人，确保按期关闭。部门管理人员、专业技术人员始终驻守现场，及时组织协调解决现场遇到的困难，确保了主线工作按期完成。

六、大修项目"节能"化

随着电力体制的改革，用"价值思维"指导每项工作是企业发展不可逆转的潮流。机组大修并不是指单纯地消除设备缺陷，保持机组健康水平，而是更需在提高效益、优化指标上下工夫，提升机组各项经济技术指标是机组大修的终极目标。机组大修中，该电厂通过加强节能潜力分析，认真梳理影响机组经济运行的重要因素，强化"节能"化大修意识，将节能工作与大修技改项目相结合，在大修中大力实施以节能为目的的技术改造。其中，在335MW机组大修中，实施技改后的凝汽器真空相对提高1.3kPa，额定负荷下可降低煤耗约2.77g/kWh，节能效果十分显著；在1000MW机组大修中对6台磨煤机出口至分离器管道、分离器壳体、分离器回粉管、分离器至燃烧器一次粉管进行保温并铺设铝皮，修后管道外表面温度不超过50℃，锅炉热效率提高0.8%。为进一步挖掘节能潜力，大修中编制和下发"汽轮机揭缸提效检修工作导则"等一系列节能大修管理规定，通过对设备和系统进行改造和优化，提高了机组运行经济性。

七、现场检修"清洁"化

在机组大修中，该电厂倡导"清洁检修"检修理念，将"清洁检修"纳入到工作包及冷态验收中，作为大修的一项重点工作。从现场安全设施的治理、检修工艺纪律的执行、每个设备检修全过程到机组总启动前的验收，要求各部门对工作的每个阶段、每个环节都从细节着手，将"清洁检修"做到实处，落实到细处。各检修部门大力弘扬"清洁检修"理念，从细微处做起，认真做好每一个环节。例如在主要通道的门口、电梯门口等处，印刷"清洁检修"标示；为认真执行"三不落地"，制作了"标准地垫"；为严格上缸工艺纪律，制作了"上缸前，您准备好了吗"温馨提示牌；对抗燃油站检修搭设帐篷，避免了二次污染。各职能部室充分发挥监督管理作用，严格把关，既保证整个大修现场规范整洁、井然有序，确保了设备修后零污染启动。

八、总结评价"阶段"化

"阶段"化总结评价是该电厂实现大修管理可控、在控、持续提升的重要管理手段之一，包括大修解体阶段总结、冷态验收总结和机组修后评价工作三部分。

大修解体阶段总结由各检修部门、各专业结合自身实际，针对解体阶段工作进展、发现问题的原因分析、解决方案、备品落实以及下一步的工作计划等情况向大修指挥部进行总结汇报，对在管理、技术方面实施的新制度、新工艺、新方法等管理创新活动进行汇报，并找出存在的不足和遗留的问题，制订相应的措施，以便下一步设备复装工作的顺利开展。

冷态验收总结是对大修软件资料管理及硬件检修质量的一次全面检查，是验证机组是否完全具备整体启动条件，确保机组启动后健康稳定运行的前提，并严格按照大修指挥部要求进行，各项工作做到闭环管理。冷态验收过程按照现场硬件检查、技术资料汇报、指挥部成员抽查、询问及点评五个步骤进行。

机组修后评价是验证大修质量的有效手段，采用一系列的试验、测量等方法对设备修后各项技术经济指标给出一个真实、客观的评价，并从中找出存在的问题和差距，逐步促进了该电厂大修全过程管理水平持续提升。

大修全过程管理规范化、标准化、科学化、高效化、精细化运作水平取决于机组修前状态参量的准确采集和综合分析的完整性、及时性；取决于机组修中过程控制手段的严格性、系统性；取决于机组修后总结的全面性、真实性。多年来，该电厂通过有效的控制手段，坚持"以目标管理、过程控制和阶段评价相结合"的原则，持续创新大修全过程管理流程，提升了大修管理水平，收到了良好的效果。

第八章　锅　炉　机　组　调　试

第一节　锅炉性能试验大纲

一、锅炉设备简介

某电厂四期工程 2×1000MW 机组 DG3000/26.15-Ⅱ1 型锅炉为高效超临界参数变压直流锅炉、一次再热、平衡通风、运转层以上露天布置、固态排渣、全钢构架、全悬吊结构Ⅱ型锅炉。设计煤种与校核煤种为兖矿煤和济北煤矿的混煤。

锅炉水冷壁采用下部螺旋盘绕上升和上部垂直上升膜式壁结构，螺旋盘绕区布置内螺纹管。启动系统有两个启动分离器和一个储水罐，配备一台再循环泵，具有快速启动能力。采用前后墙对冲燃烧方式，48 只 HT-NR3 低 NO$_x$ 燃烧器分三层布置在炉膛前后墙上。过热器为辐射对流型，低温过热器布置于尾部竖井后烟道，屏式过热器和高温过热器布置于炉膛上部。过热蒸汽温度采用水煤比和两级喷水减温控制。高温再热器布置于水平烟道，低温再热器布置于尾部竖井前烟道，再热蒸汽温度采用尾部烟气挡板调节，在低温再热器出口至高温再热器进口管道上设置事故喷水减温器。锅炉采用双进双出钢球磨正压直吹式制粉系统，每炉配 6 台磨煤机，5 台磨煤机运行带 BRL 负荷。

1. 锅炉主要技术规范

锅炉的主要设计参数如表 8-1 所示。

表 8-1　　　　　　　　　　　锅炉的主要设计参数

项　　目	单　位	B-MCR	BRL
锅炉蒸发量	t/h	3033	2889
过热器出口蒸汽压力	MPa(a)	26.25	26.11
过热器出口蒸汽温度	℃	605	605
再热蒸汽流量	t/h	2469.7	2347.1
再热器进口蒸汽压力	MPa(a)	5.1	4.841
再热器出口蒸汽压力	MPa(a)	4.9	4.641
再热器进口蒸汽温度	℃	354.2	347.8
再热器出口蒸汽温度	℃	603	603
省煤器进口给水温度	℃	302.4	298.5

2. 燃料特性

燃料特性如表 8-2 所示。

表 8-2　　　　　　　　　燃　料　特　性

项　目	符　号	单　位	设计煤种	校核煤种
1. 工业分析				
收到基全水分	M_t	%	8.00	10.00
空气干燥基水分	M_{ad}	%	2.48	2.51
收到基灰分	A_{ar}	%	24.40	27.75
干燥无灰基挥发分	V_{daf}	%	39	37.73
收到基低位发热量	$Q_{net.ar}$	kJ/kg	21 271	19 053
2. 哈氏可磨性指数	HGI		64	62
3. 磨损系数	K_e		5.6	5.8
4. 元素分析				
收到基碳	C_{ar}	%	53.80	48.40
收到基氢	H_{ar}	%	3.95	3.85
收到基氧	O_{ar}	%	8.14	7.85
收到基氮	N_{ar}	%	1.11	1.25
收到基硫	S_{ar}	%	0.60	0.90
5. 灰熔化温度				
灰变形温度	DT(t_1)	℃	1270	1200
灰软化温度	ST(t_2)	℃	1350	1290
灰熔化温度	FT(t_3)	℃	1410	1350
6. 灰分析资料				
二氧化硅	SiO_2	%	58.61	56.03
三氧化二铝	Al_2O_3	%	23.20	22.79
三氧化二铁	Fe_2O_3	%	6.50	6.67
氧化钙	CaO	%	2.90	6.48
氧化镁	MgO	%	1.49	2.40
氧化钾	K_2O	%	2.02	1.79
氧化钠	Na_2O	%	0.71	0.89
氧化锰	MnO	%	0.14	0.19
三氧化硫	SO_3	%	1.63	2.28
其他		%	2.8	0.48

3. 锅炉给水、补给水及蒸汽品质要求

（1）锅炉给水质量标准（采用联合处理方式）。

1）总硬度：0 μmol/L。

2）溶解氧：30～200 μg/L（加氧处理）。

3）铁：≤10μg/kg。

4）铜：≤2μg/kg。

5）二氧化硅：≤20μg/kg。

6）pH值（CWT工况）：8.0～9.0（加氧处理）。

7）电导率（25℃）：≤0.15 μS/cm。

8）钠：≤5μg/kg。

（2）锅炉补给水质量标准：

1）补给水量：正常时（按B-MCR的2%计）60.7t/h；启动或事故时（按B-MCR的12%计）364t/h。

2）补给水制备方式：一级除盐加混床系统。

3）电导率（25℃）：≤0.20μS/cm。

4）二氧化硅：≤20μg/kg。

（3）蒸汽品质要求。

1）钠：≤5μg/kg。

2）二氧化硅：≤20μg/kg。

3）电导率（25℃）：≤0.20μS/cm。

4）铁：≤10μg/kg。

5）铜：≤2μg/kg。

二、性能试验项目

（1）锅炉最大连续出力（B-MCR）试验。

（2）锅炉热效率试验（BRL工况）。

（3）空气预热器漏风率试验（BRL工况）。

（4）锅炉断油最低出力（不投油最低稳燃负荷）试验。

（5）烟风道静压差（BRL工况）。

（6）NO_x排放浓度（BRL工况）。

（7）汽水系统压降（B-MCR工况）。

（8）过热蒸汽温度、再热蒸汽温度控制试验。

（9）过热器、再热器两侧出口汽温偏差试验。

（10）高压加热器全切锅炉额定出力试验（BRL工况）。

（11）送风机、引风机和一次风机出力试验（在锅炉B-MCR工况下采用运行仪表确认风机出力满足要求）。

三、保证值及保证条件

（1）在下述工况条件下，锅炉最大连续出力（B-MCR）为3033t/h：

1）燃用所给定的煤种。

2）额定给水温度。

3）过热蒸汽温度和压力为额定值，再热蒸汽进、出口温度和压力为额定值。

4）蒸汽品质合格。

（2）在下述工况条件下，锅炉保证热效率为93.8%（按低位发热量）：

1）燃用设计煤种。

2）大气温度为20℃，暖风器不投运，大气相对湿度为63%。

3）锅炉带额定负荷BRL工况下。

4）省煤器出口过剩空气系数保持设计值。

5）锅炉热效率计算按ASME PTC4 98版进行计算及有关项目的修正，其中散热损失一项按ASME PTC4.1版ABMA曲线取值。

6）煤粉细度在设计规定的范围内（$R_{90}=21\%$）。

7）燃尽风投运。

8）煤粉均匀性系数$n=0.9\pm0.1$。

（3）在下述工况条件下，空气预热器的漏风率（单台）在投产第一年内不高于6%，运行1年后不高于8%：

1）燃用所给定的煤种。

2）锅炉负荷在额定蒸发量（BRL）时。

（4）在下述工况条件下，不投油最低稳燃负荷不大于30%B-MCR：

1）燃用设计煤种。

2）煤粉细度在设计规定的范围内（$R_{90}=21\%$）。

3）不投油最低稳燃负荷至少经过四小时的验收试验。

（5）烟、风压降。在燃用设计煤种和锅炉带额定负荷BRL工况条件下，烟、风压降实际值与设计值的偏差不大于10%。空气预热器二次风入口到炉膛的压降为2.7kPa，炉膛至空气预热器出口压降为3.44kPa。

（6）锅炉NO_x的排放浓度。在燃用设计煤种和锅炉带额定负荷BRL工况下，锅炉NO_x的排放浓度不超过300mg/m³（O_2含量为6%）。

（7）工质压降。在B-MCR、锅炉给水品质合格、水处理方式转换为CWT方式运行半年以上工况条件下，过热器、再热器、省煤器的实际汽、水侧压降数值不超过设计值（省煤器入口到末级过热器出口压降设计值为4.2MPa，再热器入口至再热器出口压降设计值为0.2MPa）。

（8）汽温差。满足下述条件时，滑压运行在30%～100% B-MCR范围内过热蒸汽能维持其额定汽温，在50%～100% B-MCR范围内再热蒸汽能维持额定汽温，偏差不超过±5℃。

1）燃用给定的煤种。

2）过量空气系数保持设计值。

3）过热器、再热器各部位均不得有超温现象。

（9）锅炉容量。在下述工况条件下，锅炉额定蒸发量（BRL）为2889t/h：

1）燃用所给定的煤种。

2）5台双进双出磨煤机运行。

3）额定给水温度。

4）过热蒸汽温度和压力为额定值，再热蒸汽进、出口温度和压力为额定值。

5）蒸汽品质合格。

四、试验条件

（1）试验所用煤种在质量和分析特性上应尽可能接近设计煤种。锅炉验收试验时使用的设计煤种，其工业分析的允许变化范围为：

1）干燥无灰基挥发分：±5%（绝对值）。

2）收到基全水分：±4%（绝对值）。

3）收到基灰分：-10%～+5%（绝对值）。

4）收到基低位发热量：±10%（相对值）。

5）灰的变形温度（校核煤种）：±50℃。

（2）试验前，电厂应提供试验用煤的元素分析和工业分析，或者可能的试验用煤的燃料分析资料。

（3）在整个试验过程中要保证有足够的燃料。

五、对运行工况的要求

1. BRL 和 BMCR 工况

（1）每次效率试验需要 6h 左右，其中 4h 为试验记录时间，前后各需 1h 的稳定时间。出力试验约需 4h，其中记录时间 2h。

（2）每次试验前的稳定阶段开始时，机组应达到下述条件：锅炉已经在规定的试验负荷下稳定运行，燃用试验煤种；暖风器停运；过热器、再热器出口的蒸汽压力和温度维持在设计值；试验期间锅炉的运行参数、燃烧器的调整设置及风箱的状态等已经双方认可，以获得最佳燃烧工况；所有磨煤机均可用；吹灰工作已经结束，试验期间暂停吹灰。应确定好试验前的吹灰时间，以确保能够做到试验期间不吹灰；终止所有的排污程序，将排污阀门进行隔离。试验期间暂停排污。在试验以前安排进行排污；锅炉自动控制全部可投用；试验期间，炉膛负压表和氧量表等表计能投入，并指示正确；试验期间锅炉不投油助燃，锅炉不吹灰、不打焦、不排污；试验过程中，不进行制粉系统的切换和启停等影响锅炉稳定的调整，不进行风压、风量的调整试验，稳定阶段和试验阶段运行参数应满足表 8-3 中的要求。

表 8-3	工质参数波动范围	
参　　数	短时间的波动	长时间的波动
蒸汽压力	4%，约 1MPa	3%
给水流量	4%，约 110t/h	3%
省煤器出口的氧量	1.0% O_2（干）	0.5% O_2（干）
给水温度	20F，约 10℃	10F
蒸汽温度	20F，约 10℃	10F
过热器/再热器减温水流量	40%减温水流量	N/A
燃料量	10%	N/A

（3）要保证所有相关的部门都知道试验正在进行之中，保证任何工作都不会影响锅炉运行，除非得到所有有关单位的同意，特别是锅炉仪表、控制或投入使用的试验用辅助装置。

（4）运行人员应明确在整个试验过程中机组要维持在规定的负荷。每个工况试验时间不小于 4h，每次调整到试验工况，至少稳定运行 1h 再进行试验。

2. 低负荷及变负荷工况

锅炉低负荷稳燃试验要求在 30％BMCR 负荷下稳定运行，运行人员应事先准备好操作方案，检查确认燃油系统随时可投入助燃。汽温及汽温偏差试验在 30％～100％BMCR 负荷下进行，考察汽温偏差情况。

六、测试项目与方法

1. 汽水流量

给水流量、减温水流量、主蒸汽流量测量采用 DCS 数据。

2. 烟气分析

烟气取样点应布置在省煤器出口烟道和两台空气预热器出口烟道。空气预热器的烟道上使用多点采样。使用多组分烟气分析仪确定烟气中各组分的含量时，在试验前都要用标准气样和干空气对分析仪进行校验。

分析省煤器出口烟气中的氧气含量和 NO_x 含量，在每台省煤器出口烟道的等面积的中心进行烟气取样；分析空气预热器出口烟气中的氧气含量，在每台空气预热器出口烟道的等面积的中心进行烟气取样。

3. 温度测量

在空气预热器出口管道用热电偶测量烟气温度，用数据采集系统记录；靠近送风机入口的环境条件（温度）用干湿球温度/湿度计测量；汽水温度、烟风系统各处温度、金属温度等利用 DCS 系统记录。

4. 汽水压力

汽水压力用安装在就地的压力变送器测量，如省煤器入口加装压力变送器 1 块；末级过热器出口加装压力变送器 2 块；再热器入口加装压力变送器 2 块；再热器出口加装压力变送器 2 块。

5. 烟风压力

烟气负压、空气压力和差压，包括磨煤机的差压，应使用运行仪表进行测量，利用 DCS 系统记录。

主要测量部位为：空气预热器二次风入口 A、B 两侧；空气预热器二次风出口 A、B 两侧；空气预热器一次风入口 A、B 两侧；空气预热器一次风出口 A、B 两侧；炉膛；空气预热器烟气入口 A、B 两侧；空气预热器烟气出口 A、B 两侧。

6. 其他

环境温度、湿度、大气压力用干湿球温度计和大气压力计测量；调节装置、挡板的位置由 DCS 得到，挡板的设定值可以由 DCS 或者直接观测得到；运行仪表读数，利用 DCS 系统记录。

七、取样方法与样品处理

1. 原煤取样

入炉煤取样应在所有运行的给煤机上进行，取样间隔时间 2 小时。各个给煤机的煤样应分别放入密封的容器。当最后一个煤样取完后，应将每个所取煤样分为 A、B 两个煤样，A 样用于全水分分析，B 煤样用于工业分析、元素分析和发热量分析。

2. 炉渣取样及处理

在捞渣机出口附近定期取样，每 0.5h 取样一次。炉渣样的缩制程序与原煤样完全相同。

3. 飞灰取样

飞灰取样仅在效率试验中进行；飞灰取样在两台空气预热器出口（电除尘入口）管道上用多点等速取样。总取样有效时间与锅炉试验工况时间相等；等速飞灰样的缩制程序与原煤样完全相同。

4. 汽水取样

由化学人员进行汽水取样和分析。试验获得的入炉煤、飞灰、炉渣样应制作 4 份样品，设备供货方和用户方各 1 份，留底备用 1 份，调试单位 1 份。

试验取得的煤、灰、渣样品经过缩制处理后，放在较厚的贴有标签的塑料袋内，并用胶带封紧袋口，封口处由业主和调试单位各自确定的试验负责人签字确认。煤样需要密封，以防水分蒸发。

八、试验数据分析与处理

锅炉热效率试验依据（ASME PTC4 1998）《锅炉机组性能试验规程》中规定的热损失法，以低位发热量计算。

以锅炉 DCS 设定的给水流量考核锅炉最大连续负荷和不投油稳燃负荷。汽水回路和烟风系统的压力降应根据规定测点之间的静压差进行计算。汽水侧压力降采用末级过热器出口压力与省煤器入口压力之差计算；风系统阻力采用空气预热器冷风入口与炉膛压力之差计算；烟道系统阻力采用空气预热器烟道出口与炉膛压力之差计算。

第二节 风机联合试运转及风量标定调试措施

一、调试目的

（1）检验送风机、引风机、一次风机、磨煤机密封风机的制造、安装质量。

（2）检验烟风、制粉系统安装质量是否达到设计要求。

（3）掌握送、引、一次风机和磨煤机密封风机的运行特性。

（4）了解锅炉一、二次风特性，确定一、二次风风量测试元件的流量系数，以便在运行中可以精确掌握系统中空气流量，为锅炉启动及燃烧调整提供有关数据。

（5）对各磨煤机出口一次风管的风量进行测定，并对各一次风进行调平。

（6）合理组织炉内空气动力状况。

二、调试方法和步骤

1. 风机联合试运转前的检查内容

（1）烟风、制粉系统风门动态检查。

（2）试验前对系统内所有风门进行检查核对，不一致或存在缺陷者进行消缺处理。

（3）风门挡板的动态检查，尤其注意对制粉系统的风门进行检查，包括各磨煤机的一次风关断门、一次冷风门、一次热风门、容量风门、旁路风门、分离器出口关断门、冷风吹扫风门等。

（4）风门挡板的检查重点：集控室标识与就地的一一对应关系、开关程序及灵活性、开关方向、远操的准确性及可靠性。对于风门尤其注意检查内部焊接是否牢固，防止有脱焊的现象；对于煤粉管道关断门等气动关断门重点注意能否全开全关，有无卡涩情况。风门挡板检查清单见表8-4。

表 8-4　　　　　　　　　　仪器、备件、材料汇总风门挡板检查清单

序号	名　称	规格、型号	数　量
1	振动表		3只
2	光电转速表		2只
3	钳形电流表		2只
4	温度计	0～100℃	2只
5	秒表		1块
6	对讲机		2只
7	皮托管	800mm	2只
		2000mm	2只
		3000mm	2只
8	膜盒式压力计	500、1000、300Pa	各2只
9	U形压力计	1m	24只
10	大气压力计		1只
11	干湿球温度计		1只
12	乳胶管	$\phi6×9mm$	200m
13	手电筒		4个

（5）检查所有风机地脚螺栓、联轴器螺栓是否已紧固。

（6）风机转子盘车360°，检查叶轮与机壳无摩擦。

（7）冷却水畅通，水量充足。

（8）风机及电动机的润滑油系统已投入，高位油箱应进油，回油畅通。调整送、引、一次风机及电动机轴承入口油压、油温、油位、油质均满足要求。

（9）检查风机入口、出口挡板是否可靠正常，并记录吸风机入口门由全关至全开的时间，然后将入口门关至零。

（10）风机动叶、静叶执行机构设定在最小位置。

（11）风机电动机已经送电。

（12）检查空气预热器。

（13）空气预热器送电。

2. 联合试运转

（1）关闭送风机、一次风机、密封风机的出口风门，全开引风机入口烟气挡板，全关出

口烟气挡板，将送风机、引风机、一次风机的动叶（引风机为静叶）角度调整至最小值。全开一/二次风、燃尽风总风门，磨煤机进出口及煤粉管道风门，将燃烧器和燃尽风上的中心风及内、外二次风各风门开度设定在锅炉运行说明书推荐的位置。全开烟道系统风门。

（2）启动 A、B 空气预热器。

1）风机启动顺序为：A 引→A 送→B 引→B 送→A 一次风机→B 一次风机→磨煤机密封风机。如有特殊情况，可调整启动顺序。

2）风机启动时记录风机启动时间，空载电流。

3）风机全速运行后，按顺序开启风机出口门：A 引→A 送→B 引→B 送→A 一次风机→B 一次风机→磨煤机密封风机。

4）在保持炉膛负压稳定及保证风机电流不超限的前提下，按顺序逐渐开大风机动叶（引风机为静叶）角度或风机入口风门开度：A 引→A 送→B 引→B 送→A 一次风机→B 一次风机→磨煤机密封风机。密封风机风门开度应保证密封风风压不小于 12kPa。

5）现场检查风机运行情况。运行人员应随时调整动叶开度，以控制风机电流、炉膛负压在规定范围内。在送风机和一次风机动叶开度 0%、25%、50%、75%、100%（不超风机额定电流）工况下，记录各参加试验风机的轴承温度、电流、开度、风压、振动、油温等。

6）联合试运转时，现场监护人员应认真负责，及时检查冷却水、润滑油量、油位是否正常，定时记录轴承、电动机绕组温度等。如果发现风机振动异常等，应及时汇报，并按有关规程处理。

7）风机联合试运转持续时间为 8h。

8）试验结束后，在维持炉膛负压稳定的前提下，按顺序逐渐关闭风机动叶及入口挡板：磨煤机密封风机→A 一次风机→B 一次风机→B 送→B 引→A 送→A 引。

9）送、引、一次、密封风机的风量、风压校核试验。如果发现某台风机风压低，风量不足，达不到设计要求，就应对该风机进行性能试验，校核该风机的实际性能是否达到厂家的保证值，或者通过数据分析，找出问题并消除。性能试验时，测量风机出入口截面静压、温度，流量截面动压、静压、温度，大气压力、干湿度及温度。计算风机流量、全压，对比厂家提供的参数，查明原因。

3. 测速元件标定

（1）二次风总风量和燃尽风测速元件标定。在保持炉膛负压稳定及保证风机电流不超限的前提下，全开锅炉 4 个燃尽风风箱入口风门，关闭 A～F 层燃烧器二次风箱入口风门，调节风机动叶开度在 2～3 个风量下，用比托管测量 4 个燃尽风风箱入口风量和 2 个二次风总风道的风量，读取燃尽风测风元件、二次风总风测风元件的差压读数，由此计算二次风测风元件的流速系数。

（2）磨煤机容量风、旁路风测速元件标定。全关冷风吹扫风门，全开旁路风门、容量风门和煤粉管道关断门，调节一次风机入口动叶在 2～3 个风量工况下，用比托管测量磨煤机两端容量风、旁路风的风量，读取磨煤机旁路风、容量风量测风元件的差压读数，由此计算测速元件的流速系数。

（3）一次冷风测速元件标定。全开一次冷风总风门，在 2～3 个风量工况下用比托管测量一次冷风总风道的风量，读取笛形管测风元件的差压读数，计算测速元件的流速系数。

（4）一次送粉管道测速元件标定。关闭磨煤机冷风吹扫风门，全开煤粉管道关断门、各磨煤机的容量风门和旁路风门、去磨煤机的一次热风门和一次冷风门、一次风机出口的热风门和冷风门，调节一次风机入口动叶在 2～3 个风量工况下，用皮托管测量各送粉管道内的气流动压，读取装设在送粉管道上的测速元件（靠背管）的差压值，由此计算测速元件的流速系数。

4. 一次送粉管道均匀性试验

在进行送粉管道测速元件标定的同时，计算不同工况下各送粉管道内的风速，同一磨煤机 8 根管道内的流速偏差为±5％时认为合格，否则应调整煤粉管道上的缩孔，直至各一次送粉管道内的风量达到均匀。

5. 轴流式一次、送、引风机喘振定值试验

（1）轴流式送风机喘振保护装置的喘振报警定值由现场服务专家确定或经试验确定。

（2）引风机喘振保护定值由厂家确认为 5kPa。

（3）送风机和一次风机喘振保护定值的确定方法。调整每台风机的动叶开度或入口导叶开度为 0％时，开启风机，用 U 形压力计与风机机壳上的皮托管测出这一工况的压力值，然后将此值加上 2000Pa，即为喘振报警值（如测得的压力值为正值，则取 2000Pa 为喘振报警值）。

6. 轴流式送、引、一次风机并列试验

（1）轴流式送风机并机试验。

1）保持送、引风机运行，动叶开度或入口导叶开度在最小。关闭送风机出口联络风门。逐渐开大 A 送风机动叶开度至 50％，B 送风机动叶开度保持不变，相应调节两台引风机入口导叶开度，保持炉膛负压。逐渐开大 B 送风机动叶开度至 50％，观察 B 送风机是否发生喘振现象。若 B 送风机正常运行，则表明并列试验成功；若 B 送风机发生临界喘振现象，则逐渐关小 A 送风机动叶开度，正常后，待送风机动叶开度或入口导叶开度在 45％左右时重复上述试验。

2）按照上述方法进行 A 送风机并列试验。

（2）轴流式引风机并机试验。

1）保持送、引风机运行，动叶开度或入口导叶开度在最小。逐渐开大 A 引风机入口导叶开度至 50％，B 引风机入口导叶开度保持不变，相应调节两台送风机动叶开度，保持炉膛负压。逐渐开大 B 引风机动叶开度至 50％，观察 B 引风机是否发生喘振现象。若 B 引风机正常运行，则表明并列试验成功；若 B 引风机发生临界喘振现象，则逐渐关小 A 引风机动叶开度，正常后，待引风机动叶开度或入口导叶开度在 45％及以下时重复上述试验。

2）按照上述方法进行 A 引风机并列试验。

（3）轴流式一次风机并机试验。

1）保持一次、送、引风机运行，动叶开度或入口导叶开度在最小。关闭一次风机出口联络风门，逐渐开大 A 一次风机动叶开度至 50％，B 一次风机动叶开度保持不变，相应调

节两台引风机入口导叶开度，保持炉膛负压。逐渐开大 B 一次风机动叶开度至 50％，观察 B 一次风机是否发生喘振现象。若 B 一次风机正常运行，则表明并列试验成功；若 B 一次风机发生临界喘振现象，则逐渐关小 A 一次风机动叶开度，正常后，待一次风机动叶开度或入口导叶开度在 45％左右时重复上述试验。

2）照上述方法进行 A 一次风机并列试验。

三、质量检验标准

（1）轴承工作稳定，滑动轴承温度＜65℃，滚动轴承温度＜80℃，轴承振动＜0.08mm。

（2）无漏油、漏水、漏风等现象。

（3）烟风挡板开关灵活、指示正确。

（4）风量标定准确。

（5）煤粉管道风量均匀。

四、主要记录内容

（1）试运转记录采用规定的表格。

（2）记录项目为试验时间、风机启动时间、空载电流、动叶开度、电动机电流、风机风压、系统各部风压、炉膛负压、风机轴承温度及振动、电动机轴承及绕组温度。

（3）风机异常、缺陷及其处理结果。

（4）冷态试验过程中应记录运行风机的电动机电流、挡板开度及各有关风门的开度。测速元件标定过程中应记录标准皮托管每一点的动压、测速元件的差压、介质温度、大气压力、测点处静压及风门开度。

第三节　制粉系统出力试验报告

一、试验条件

（1）锅炉燃用设计煤种。

（2）锅炉运行持续时间大于 36h。

（3）磨煤机运行持续时间大于 6h。

（4）制粉系统运行在最佳控制数据。

（5）磨煤机、给煤机、风门挡板等制粉系统的缺陷已消除，能正常运行。

二、试验方法

（1）试验选择在 B 制粉系统上进行。在一次风管上进行煤粉取样，进行煤粉细度分析。取原煤样两份，一份由电厂化学车间做工业分析，另一份进行原煤可磨性系数测定。

（2）试验前制粉系统经过调整，运行状况正常。

（3）试验工况调整好后，在整个试验过程中，制粉系统运行参数保持不变。

（4）在 10kV 配电室读取磨煤机电能表数，计算功率。

（5）磨煤机出入口温度、磨煤机电流、各调节门挡板开度等制粉系统运行参数由表盘记录。

三、试验结果及评价

试验前对磨煤机进行了优化调整，各粉管的风速经过调整偏差小于5％，调整结果如表8-5所示。

试验共进行了两个工况，磨煤机在额定出力工况下稳定运行2h，出力为78.7t。逐渐增大磨煤机出力到最大出力工况，稳定运行2h，磨煤机出力达到85.6t/h。试验时的煤粉细度如表8-6所示，煤质特性如表8-7所示，试验时的主要运行数据如表8-8所示。

磨煤机的技术规范要求磨煤机在磨制设计煤种时出力不低于84.1t/h。

表8-5　　　　　　　　　　　　　　　　粉管风速调整结果

粉　　管	B1	B2	B3	B4
风速(m/s)	23.7	24.0	23.0	23.1
偏差(％)	2.39	4.03	−0.38	0.08
粉　　管	B5	B6	B7	B8
风速(m/s)	22.5	23.2	22.7	22.6
偏差(％)	−2.59	0.27	−1.69	−2.12

表8-6　　　　　　　　制粉系统出力试验 B 磨煤机煤粉细度

项　　目	R_{90}(％)	R_{200}(％)	n
最大出力	18.0	1.4	1.14
额定出力	17.8	1.3	1.16

注　n 为均匀性系数。

表8-7　　　　　　　　　制粉系统出力试验时的煤质特性

分析项目	符　号	单　位	结　果
全水分	M_t	％	10.2
空气干燥基水分	M_{ad}	％	2.19
空气干燥基灰分	A_{ad}	％	27.96
空气干燥基挥发分	V_{ad}	％	28.85
固定碳	FC	％	41.00
收到基低位发热量	$Q_{net,ar}$	MJ/kg	20.15
空气干燥基高位发热量	$Q_{gr,ad}$	MJ/kg	22.92
哈氏可磨性指数	HGI		76

表 8-8 制粉系统额定出力试验主要运行数据

序　号	名　　　称	单　位	数　值
1	1端容量风量	t/h	47
2	2端容量风量	t/h	46
3	1端容量风门开度	%	58
4	2端容量风门开度	%	59
5	1端旁路风门开度	%	10
6	2端旁路风门开度	%	10
7	1端旁路风量	t/h	2.6
8	2端旁路风量	t/h	2.5
9	磨煤机入口温度	℃	239
10	磨煤机入口总风量	t/h	98
11	磨煤机入口热风门开度	%	99
12	磨煤机入口冷风门开度	%	35
13	磨煤机电流	A	97
14	1端给煤量	t/h	41.4
15	2端给煤量	t/h	37.1
16	磨煤机1端出口温度	℃	69
17	磨煤机2端出口温度	℃	68

四、制粉系统单位电耗

1. 试验条件

（1）锅炉燃用设计煤种。

（2）锅炉运行持续时间大于 36h。

（3）磨煤机运行持续时间大于 6h。

（4）锅炉保持负荷稳定时间大于 3h。

（5）磨煤机保持试验负荷稳定时间大于 2h。

（6）制粉系统运行在最佳控制数据。

（7）给煤机提前标定完毕，称重精度达到 0.5%。使用 0.5% 精度的电能表及秒表测量磨煤机功率。

2. 试验方法

（1）试验在 B 制粉系统上进行，由电厂化学车间进行原煤工业分析。

（2）保持制粉系统运行参数不变。

（3）在 10kV 配电室读取磨煤机的电能表读数，计算功率。

（4）磨煤机运行参数由表盘记录。

3. 试验结果及评价

额定出力工况下 B 磨煤机的磨煤功率为 1309.45kW，磨煤单耗为 16.68kW·h/t；最大出力工况下 B 磨煤机的磨煤功率为 1389.45kW，磨煤单耗为 16.23kWh/t。

第四节　制粉系统优化调整

一、试验目的

调整煤粉细度符合锅炉燃烧调整要求；磨煤机一次风速调平。

二、试验方法

（1）在磨煤机出口一次风管上利用等速取样装置进行煤粉取样（每台磨煤机固定端与非固定端各取一根粉管），进行煤粉细度分析。

（2）若煤粉细度与设计值（21％）偏差较大，则先对磨煤机分离器挡板进行调整或调整钢球量，然后再取样分析，直至煤粉细度合适。

（3）在磨煤机出口一次风管上测量一次风速，如每端四根一次风管的风速偏差大于5％，则调整节流缩孔，直至风速偏差在5％以内。

（4）在制粉系统稳定运行的基础上，选定1台磨煤机逐步增加至最大出力（设计值85t/h），稳定运行并读取测量磨煤机电能表读数。

三、试验结果

1. 煤粉细度试验

从 C 磨煤机煤粉细度（见表 8-9）来看：C 磨煤机的四根管所取煤粉细度均小于设计要求值 $R_{90}=21％$，但煤粉均匀性系数 n 的平均值仅为 0.58，该值通常为 0.8～1.2，达不到设计要求 $n=0.9\pm0.1$ 的要求，n 值过小说明煤粉中过粗的煤颗粒百分比较大，将影响煤粉的燃尽，降低锅炉热效率。

表 8-9　　　　　　　　　煤　粉　细　度

取样管	R_{200}（％）	R_{90}（％）	均匀性系数 n
A6	8.0	25.1	0.75
A7	8.8	29.1	0.85
A8	7.7	26.5	0.82
B7	3.8	23.0	0.85
B6	7.3	26.6	1.00
D3	6.4	30.0	1.03
D2	6.0	30.4	1.08
E3	5.2	28.3	1.07
E2	2.6	20.1	1.03
F7	5.0	26.7	1.03
F6	3.8	23.0	1.00
C1	8.1	20.4	0.57
C2	6.2	18.1	0.61
C3	7.3	19.1	0.57
C4	8.0	20.1	0.57

2. 一次风粉管调平结果

A 磨煤机在此前经过停磨检查，疏通了堵塞的回粉管，清理了杂物，但在调整分离器时还有部分分离器叶片由于卡涩而不能转动，这将在分离器内形成涡流，影响分离效果，建议停磨时彻底消除该缺陷。A 磨煤机一次风风速偏差还较大（见表 8-10），风速明显偏低，判断应该是一次风粉管出现了积粉，停 A 磨煤机时对低风速管进行单根大风速吹扫。C 磨煤机经过一次调整后风速偏差有所减小，经过进一步调整后应能满足要求。

表 8-10　　　　　　　　　　　　　一次风粉管调平结果

检查前		A1	A2	A3	A4	A5	A6	A7	A8
压差	mmH$_2$O	45	57	35	34	22	34	12	26
风速	m/s	23.2	26.3	20.5	20.5	16.3	20.3	12.0	17.9
偏差	%	18.45	33.89	4.43	4.25	−16.89	3.29	−38.77	−8.64
检查后		A1	A2	A3	A4	A5	A6	A7	A8
压差	mmH$_2$O	46	50	39	35	34	28	20	25
风速	m/s	23.6	24.6	21.8	20.8	20.6	18.6	15.7	17.5
偏差	%	15.84	20.68	6.96	1.75	0.88	−8.73	−23.11	−14.28
调整前		C1	C2	C3	C4	C5	C6	C7	C8
压差	mmH$_2$O	48	49	35	43	40	30	35	38
风速	m/s	24.6	24.8	20.9	23.1	22.2	19.3	20.8	21.7
偏差	%	10.75	11.73	−5.64	4.38	0.02	−12.80	−6.28	−2.16
调整后		C1	C2	C3	C4	C5	C6	C7	C8
压差	mmH$_2$O	51	51	44	39	47	37	40	42
风速	m/s	25.6	25.6	23.6	22.5	24.3	21.8	22.5	23.1
偏差	%	8.39	8.35	0.04	−4.82	3.01	−7.90	−4.77	−2.30

针对磨煤机出力与煤粉细度达不到设计要求，一方面对磨煤机存在的缺陷进行消除，另一方面增加装球量，因目前磨煤机电动机电流在 95A 附近，距 70t/h 额定出力时的额定电流 125A 还有较大余量。

3. 一次风粉管风速测试数据（见表 8-11）

表 8-11　　　　　　　　　　　　　一次风粉管风速测试数据

一次风粉管	A1	A2	A3	A4	A5	A6	A7	A8
压差(mmH$_2$O)	57	54	47	30	36	26	25	25
风速(m/s)	26.4	25.7	24.0	19.2	21.1	17.9	17.6	17.6
偏差(%)	24.68	21.18	13.22	−9.55	−0.33	−15.30	−16.95	−16.95
一次风粉管	B1	B2	B3	B4	B5	B6	B7	B8
压差(mmH$_2$O)	49	50	51	25	35	28	48	48
风速(m/s)	30.5	30.8	31.2	21.8	25.8	23.1	30.2	30.2
偏差(%)	9.16	10.27	11.53	−21.92	−7.74	−17.36	8.04	8.04

一次风粉管	D1	D2	D3	D4	D5	D6	D7	D8
压差（mmH₂O）	35	36	33	31	41	48	41	34
风速（m/s）	25.5	25.9	24.8	24.1	27.7	30.1	27.7	25.4
偏差（%）	−3.26	−1.76	−6.09	−8.63	4.89	13.88	4.82	−3.85
一次风粉管	E1	E2	E3	E4	E5	E6	E7	E8
压差（mmH₂O）	44	41	33	38	48	48	40	40
风速（m/s）	24.2	23.6	21.1	22.7	25.5	25.5	23.2	23.2
偏差（%）	2.58	−0.07	−10.88	−4.01	7.97	7.75	−1.66	−1.67
一次风粉管	F1	F2	F3	F4	F5	F6	F7	F8
压差（mmH₂O）	37	34	33	25	37	41	47	38
风速（m/s）	22.0	21.2	20.9	18.1	21.9	23.1	24.9	22.4
偏差（%）	0.66	−2.76	−4.32	−16.93	0.57	6.12	14.14	2.52

4. 磨煤机试验结果分析

磨煤机煤粉细度不合格，设计煤粉细度 $R_{90} = 21\%$，颗粒过大，炉渣含碳量高达 4.1%。观火孔处及灰中有较多未燃尽的较大煤粉颗粒。

磨煤机风煤比偏小，容量风：给煤量约为 1∶1，给煤量达到 80t/h 以上。而磨煤机料位测量偏低，两侧偏差较大，变化趋势也没有固定的规律可循。磨煤机风煤比过大，正常运行中风量远大于给煤量。磨煤机出力达不到额定出力而料位指示偏高。当机组增带负荷时，E、F 磨煤机风量增加较多，而给煤量增加较少，但料位仍能保持较高状态。如：有时磨煤机总容量风达 85～90t/h（总风量达 110t/h 以上），而给煤量仅 55～60t/h。磨煤机两侧容量风挡板开度偏差过大。磨煤机分离器应增加差压测点，以便监视分离器工作情况是否正常。

第五节　燃烧优化调整试验大纲

一、煤粉燃烧器布置

燃烧设备系统为前后墙布置，采用对冲燃烧、旋流式燃烧器系统，风、粉气流从投运的煤粉燃烧器、燃尽风喷进炉膛后，各只燃烧器在炉膛内形成一个独立的火焰。

前、后墙各布置 3 层 HT-NR3 燃烧器，每层 8 只；同时在前、后墙各布置 1 层燃尽风喷口，其中每层 2 只侧燃尽风（SAP）喷口、8 只燃尽风（AAP）喷口。每只煤粉燃烧器中心均配有点火油枪，油枪采用机械雾化，总容量为锅炉 B-MCR 所需热量的 30%，单支油枪出力为 1350kg/h。燃烧器的布置简图如图 8-1 所示。每台磨煤机带 1 层中的 8 只燃烧器，燃烧器与磨煤机的连接关系如图 8-2 所示。燃烧器层间距为 5.8198m，燃烧器列间距为 3.683m，上层燃烧器中心线距屏底距离约为 22.3m，下层燃烧器中心线距冷灰斗拐点距离约为 3.381m。最外侧燃烧器中心线与侧墙距离为 4.0962m，燃尽风与最上层燃烧器中心线距离为 7.1501m。

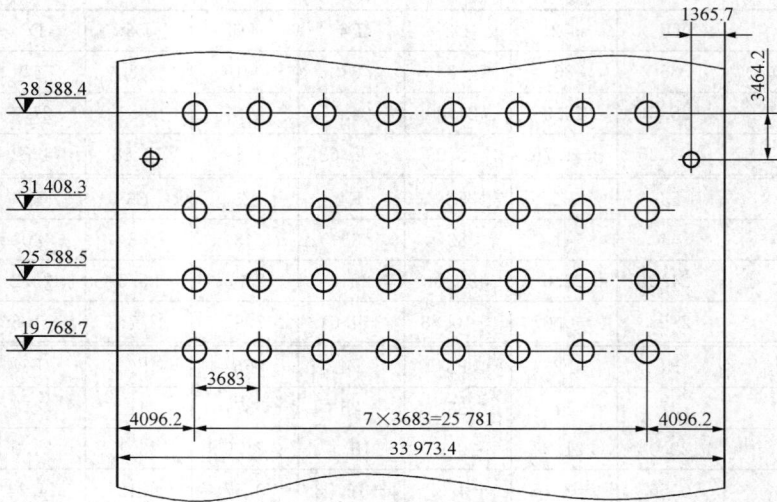

图 8-1 燃烧器布置简图（单位：mm）

前 墙										后 墙									
左侧墙	E8	E7	E6	E5	E4	E3	E2	E1	右侧墙	右侧墙	F1	F2	F3	F4	F5	F6	F7	F8	左侧墙
	C8	C7	C6	C5	C4	C3	C2	C1			A1	A2	A3	A4	A5	A6	A7	A8	
	D8	D7	D6	D5	D4	D3	D2	D1			B1	B2	B3	B4	B5	B6	B7	B8	

1	2	3	4		1	2	3	4		1	2	3	4		1	2	3	4		1	2	3	4		1	2	3	4
F 磨煤机					E 磨煤机					D 磨煤机					C 磨煤机					B 磨煤机					A 磨煤机			
5	6	7	8		5	6	7	8		5	6	7	8		5	6	7	8		5	6	7	8		5	6	7	8

图 8-2 燃烧器与磨煤机连接关系图

在 HT-NR3 燃烧器中，燃烧的空气被分为三股，即直流一次风、直流二次风和旋流三次风。燃烧器配风示意图如图 8-3 所示。

一次风由一次风机提供。一次风管内靠近炉膛端部布置有一个锥形煤粉浓缩器。燃烧器风箱为每个 HT-NR3 燃烧器提供二次风和三次风。每个燃烧器设有一个风量均衡挡板，该挡板的调节杆穿过燃烧器面板，能够在燃烧器和风箱外方便地对该挡板的位置进行调整。三次风旋流装置设计成可调节的形式，并设有执行器，可实现程控调节。调整旋流装置的调节导轴即可调节三次风的旋流强度。在燃烧系统中有一中心风系统，由单只燃烧器中心风管、单只燃烧器中心风手动挡板、每层燃烧器中心风母管、每层中心风母管入口处挡板构成。

二、燃尽风系统

燃尽风主要由中心风、内二次风、外二次风、调风器及壳体等组成。燃尽风（AAP）结构示意图如图 8-4 所示。中心风为直流风，内、外二次风为旋流风。其中中心风通过手柄调节套筒位置来进行风量的调节；内、外二次风通过调节挡板、调风器（其开度通过手动调节机构来调节）实现风量的调节。

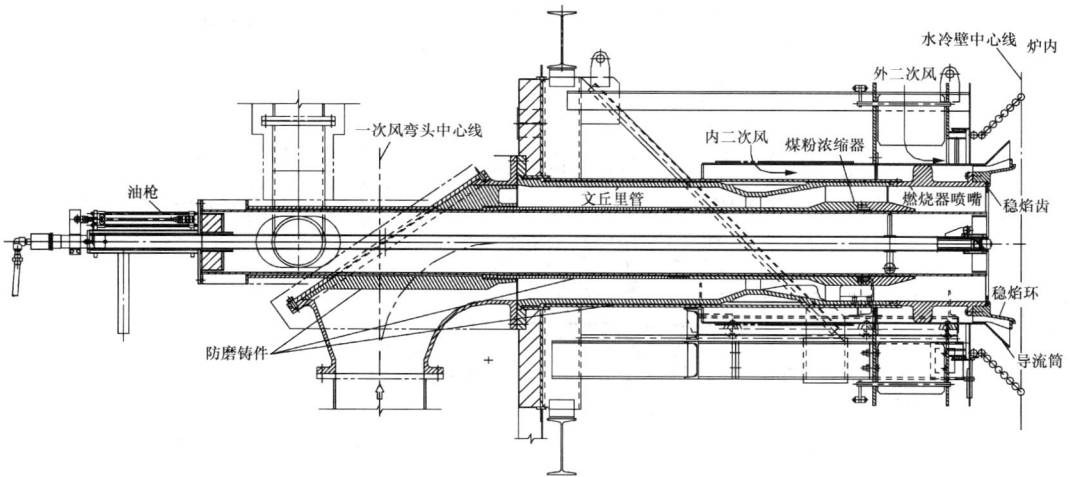

图 8-3 燃烧器配风示意图

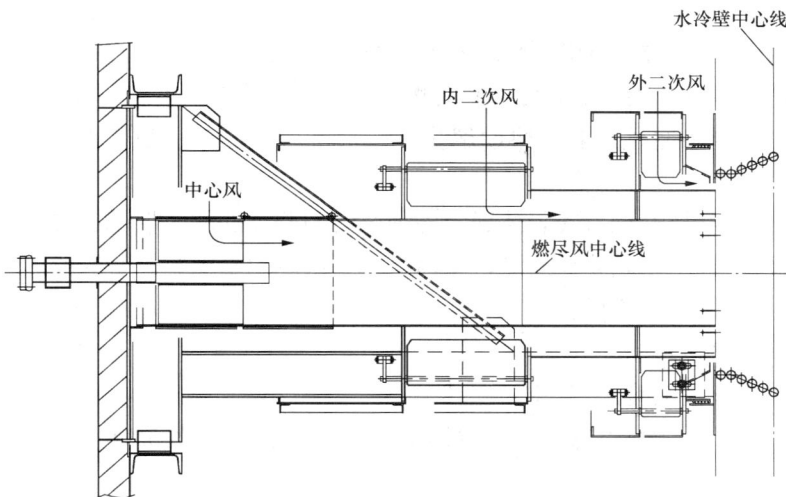

图 8-4 燃尽风（AAP）结构示意图

侧燃尽风（SAP）主要由中心风、外二次风调风器及壳体等组成。侧燃尽风（SAP）结构示意图如图 8-5 所示。中心风为直流风，外二次风为旋流风。其中中心风通过手柄调节套筒位置来进行风量的调节；外二次风通过调节挡板、调风器（其开度通过手动调节结构来调节）实现风量的调节。燃尽风总风量通过风箱入口风门执行器来实现调节。

三、燃烧优化调整试验

1. 试验目的

燃烧优化调整试验贯穿整个锅炉的启动、试运以及试生产阶段，通过参加启动调试，全面掌握超临界锅炉的启动过程及特性，为后续机组的投运积累经验；同时对燃烧系统进行优化调整，寻找较佳的运行方式和工况，提高锅炉的经济性以及低的污染物排放水平，并为性能保证值试验提供合理的运行工况，保证顺利通过性能保证值试验。

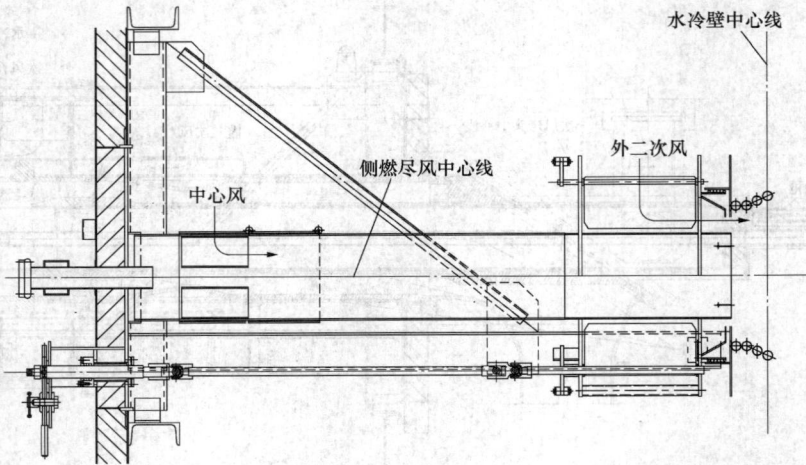

图 8-5　侧燃尽风（SAP）结构示意图

2. 试验内容

（1）启动调试。由于启动调试都是由专业的调试单位负责进行，且日本 BHK 公司也将派专家到现场进行指导，锅炉的技术人员将配合 BHK 以及调试单位的专家对设备的安装情况进行检查，完成冷态通风试验，协助解决锅炉启动中出现的问题。其工作主要包括以下内容：

1）设备检查，包括燃烧器安装情况、各种风门的调节性能、烟风道的气密性等。

2）冷态试验，包括测风装置及测速管标定；一次风调平试验；二次风挡板特性试验。

3）分系统及整机启动调试。

4）锅炉 168h 试运行。

（2）燃烧优化调整试验。

1）改变省煤器出口的过量空气系数试验。进行过量空气系数分别为 1.10、1.12、1.15、1.18、1.20、1.25 的试验。

2）燃烧器配风方式试验。分别进行变二次套筒位置、变三次风旋流强度、变 OFA 风量比率及变 SAP、AAP 的挡板配比的试验。

3）燃烧器投运方式试验。通过改变磨煤机的投运方式，进行不同燃烧器投运方式下的试验。

4）改变锅炉负荷试验。

5）切高压加热器试验。

6）测定空气预热器的漏风率。

7）测定各个工况下锅炉的热效率、NO_x 排放量及烟风阻力等。

（3）最低不投油稳燃试验。

1）试验测点布置。为了避免在锅炉上重复开孔，燃烧优化调整试验所需测点尽可能使用性能试验测点。①在一次风管上安装带压缩空气密封的煤粉取样管座及一次风速测量点，共 48 个（位置现场确定）；②风箱风压测量点，每层风箱左、右共 3 点，前、后风箱各 12

个，共 24 个（位置现场确定）；③在空气预热器进口烟道安装烟气取样及烟温测量管座 16 个，每个烟道 8 个（位置现场确定）；④在空气预热器出口烟道安装烟气取样及烟温测量管座 20 个，飞灰等速取样测点 20 个，每个烟道各 5 个，撞击式飞灰取样测点 4 个，每个烟道各 1 个（位置现场确定）；⑤在给煤机入口落煤管上安装原煤取样孔；⑥在一次风机和送风机出口安装空气温度测量管座，各 3 个（位置由现场确定）。

2）测量项目、方法及仪器仪表见表 8-12。

表 8-12　　　　　　　　　　测量项目、方法及仪器仪表

测量项目	测量仪表	测量位置	测量方法
O_2、NO_x、CO	烟气分析仪	空气预热器进、出口	等截面多点网络法进行标定取得代表点，10～15min 测量一次
烟气温度	热电偶、数据采集系统	空气预热器进、出口	等截面多点网络法进行标定取得代表点，10～15min 测量一次
空气温度	热电偶、数据采集系统	一次风机、送风机出口	等截面多点网络法，10～15min 测量一次
原煤样	特制取样器	给煤机入口原煤管	每台磨煤机每 20～30min 取样一次，每次采集 1～2kg，混合后，缩得工况煤样
煤粉样	等速取样装置	一次风管	等截面法，等速取样，选定 1 台或 2 台磨煤机的各一次风管上取样
飞灰取样	固定式飞灰取样装置	空气预热器出口烟道截面	采用等速取样枪进行标定，每一工况取样一次
炉底大渣	特制取样器	炉底渣出口	试验前将渣斗排完，试验结果前间断取样
环境条件	干湿球温度计、大气压力表	风机入口附近	每 30min 记录一次
给水、主蒸汽、再热蒸汽、减温水参数	运行表计或计算机打印	各测点处	每 15min 记录一次
汽水压降	压力表	各测点处	每 15min 记录一次
炉膛温度场	红外线高温计	各层看火门	每工况记录一次
其他有关运行参数	监控设备	各测点处	每 15min 记录一次

注　所有的试验仪器仪表均经校验合格，并能满足试验的精度要求。

每个工况下煤样、飞灰、大渣样缩分为 2 份，由电厂燃料化验室对其中一份进行煤样工业分析及飞灰、大渣中的含碳量分析，另一份由东锅燃料化验室对其进行煤样元素分析和飞灰、大渣中的含碳量分析。

3）主要试验器材、仪器仪表及相关物资见表 8-13。

表 8-13　　　　　　　　　　主要试验器材、仪器仪表及相关物资

序　号	名　称	规格或型号	单　位	数　量
1	白色橡胶管	$\phi12\times8mm$	m	2000
2	乳胶管	$\phi6\times9mm$	m	100
3	烟气混合器		只	10
4	医用白胶布		筒	10
5	电工黑胶布		卷	20

序　号	名　　　称	规格或型号	单　位	数　量
6	抽气泵		台	4
7	红外高温计	TR630	台	1
8	帆布手套		双	50
9	塑料袋	330mm×330mm	个	500
10	防尘口罩		个	20
11	热电偶	ϕ0.5 包丝	m	3000
		铠装	根	108
12	烟气分析仪	TESTO350	台	2
13	电子温度计		台	2
14	电源插座		个	10
15	干湿球温度计		只	2
16	电源盘		个	2
17	数据采集板	IMP	块	8
18	笔记本电脑	Lenovo	台	1
19	打印机		台	1
20	通信卡	IMP	台	1
21	通信电缆线		m	500
22	电子微压计		台	2
23	毕托管		支	2
24	飞灰等速取样枪		套	1
25	多头煤粉取样系统		套	1
26	卫生口罩		个	50
27	A4 打印纸		包	2
28	膜式泵		台	4
29	文件夹		个	10
30	记录夹		个	10
31	记号笔		支	5
32	签字笔		支	20
33	烟气取样枪	现场加工	套	36
34	塑料桶		个	4

4）数据处理。锅炉热效率计算热损失，输入热量计入燃料低位发热量和磨煤机电耗。

5）试验期间的要求。试验期间煤粉细度不大于 21%（R_{90}）；主要运行参数波动范围见表 8-14。

表 8-14　　　　　　　　　　　　　主要运行参数波动范围

参　数	容许偏差	参　数	容许偏差
蒸发量(%)	±3	蒸汽温度(℃)	−10～+5
蒸汽压力(%)	±2		

试验期间暖风器停运；试验期间，不进行排污、吹灰、打焦以及其他干扰运行工况的操作；所有参加试验人员应服从指挥，坚守岗位，履行职责，并注意人身和仪器设备的安全；遇到危及设备和人身安全的意外情况时，运行人员有权按规程进行紧急处理，并及时告知试验负责人停止试验。

四、燃烧试验后的优化

1. 燃尽风入口风门挡板自动投入

燃尽风入口风门挡板平均开度与负荷关系曲线如图 8-6 所示，另需要将省煤器出口左、右两侧的氧量偏置加入到自动控制中，保持燃尽风入口挡板的平均开度与曲线一致，通过调整燃尽风左、右两侧入口风门的挡板开度，使两侧的氧量尽量均匀。省煤器出口平均氧量与负荷关系曲线如图 8-7 所示。

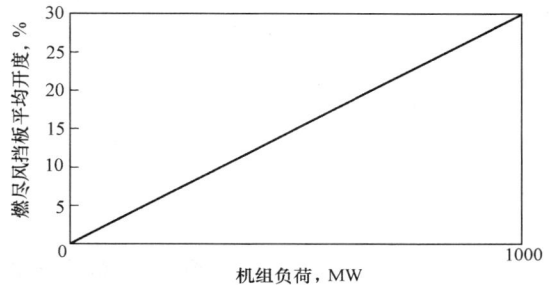

图 8-6　燃尽风入口风门挡板平均开度与负荷关系曲线

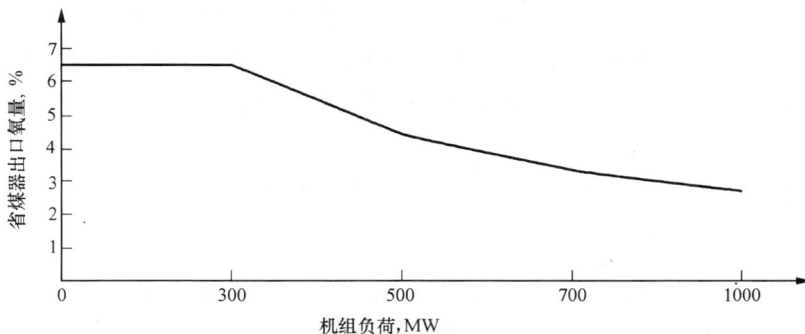

图 8-7　省煤器出口平均氧量与负荷关系曲线

2. 受热面管壁温度控制

从试验结果来看，引起高温受热面管壁温度存在偏差的最主要原因还是燃烧偏差一次风管道阻力不一致，同一台磨煤机出口 8 根粉管的带粉不均匀，再加上运行调整上自动投入率不高等原因。通过试验找出了壁温控制的方法：由于一级喷水减温的自动控制是根据水煤比、大屏出口汽温以及设计的喷水量等因素共同控制，涉及的因素比较多，因此手动控制比较困难，会造成燃料、给水以及汽温的波动。而二级喷水减温则只与高温过热器出口的汽温有关，因此即使手动，难度也不是太大，但如果自动需要投入，则宜将自动跟踪高温过热器出口平均汽温改为跟踪同侧的汽温，可以避免左、右两侧的汽温偏差。

3. 控制燃烧的风量

燃尽风量的测点安装在燃尽风入口风道的上方，从风箱的布置结构来看，由于燃尽风位于整个大风箱系统的最上层，热二次风是从下向上进入风箱，风量在入口风道上呈上高下低分布，风量测量装置正好处在风箱入口流速高的位置，因此燃尽风量指示偏大。

对测风装置的安装位置修改前后如图 8-8 所示。

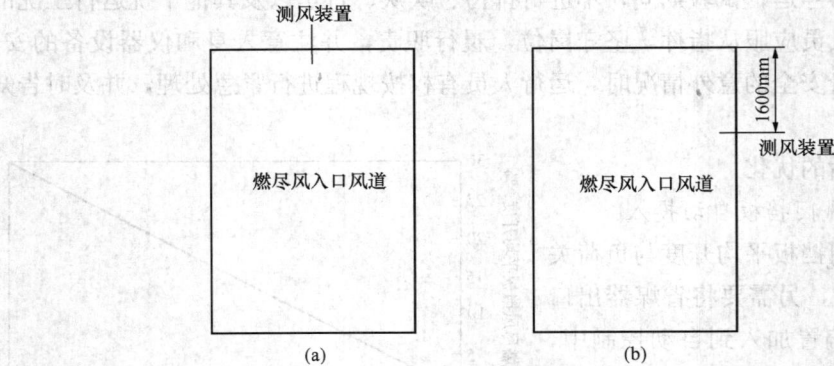

图 8-8　测风装置修改前后的安装位置

(a) 原布置；(b) 修改后布置

前墙入口风道的测风装置改装到前墙侧，后墙的测风装置改装到后墙侧。在燃烧优化试验期间，根据试验测试结果，对每台燃烧器的外二次风挡板（气动执行器）开度进行了调整，从原来的 75%、60%、45%、30%、30%、45%、60%、75%的开度，调整为 80%、50%、50%、80%、80%、50%、50%、80%的开度，目前该设置已能够满足锅炉高效、低污染燃烧的需要。

由于目前反馈装置还是按原有的挡板开度进行设置，因此需要对燃煤位（燃油位保持不变）反馈进行调整，达到目前的位置。

图 8-9 为燃烧器外二次风调整前后省煤器出口氧量及 NO_x 分布情况的对比（上方的曲线为 O_2 分布，下方曲线为 NO_x 分布）。

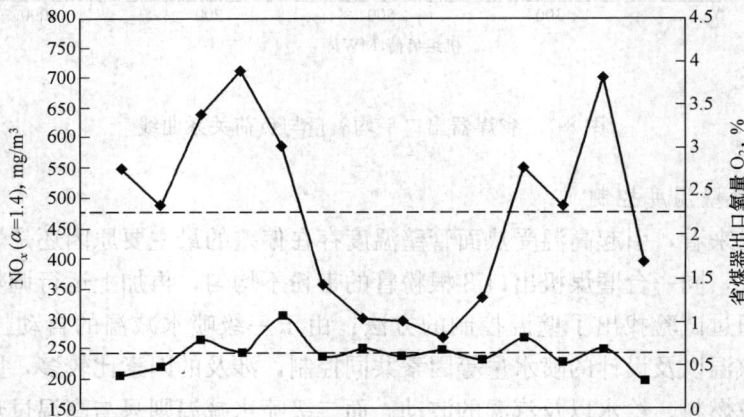

图 8-9　燃烧器外二次风挡板开度为 75%、60%、45%、

30%、30%、45%、60%、75%的氧量及 NO_x 分布

第六节　空气预热器漏风测试报告

一、试验条件

（1）确认经燃烧调整锅炉机组各主、辅机能正常运转，并满足试验要求。

（2）锅炉汽温、给水、风量调节系统投入运行。

（3）确认锅炉机组的烟、风及汽水系统无泄漏。

（4）确认锅炉机组所有受热面在开始试验前均保持正常运行时的清洁度，试验前进行全面吹灰。

（5）确认试验前试验机组系统已经与其他非试验系统隔离。

（6）试验期间，炉膛负压表和氧量表等表计能投入并好用。

（7）试验期间煤种尽量接近设计值并稳定。

（8）试验期间应尽量保持锅炉各参数的稳定。

（9）调整到试验工况，不再进行风压、风量的调整。

（10）试验期间锅炉不投油助燃，锅炉不吹灰、不排污。

（11）试验前进行系统隔离，定排、连排、暖风器停用。

二、试验方法

（1）烟气成分分析。

1）空气预热器入口烟气分析。在空气预热器入口两侧的垂直烟道上按照网格法布置测点，将烟道中抽取的烟气样送入烟气多点取样混合器中混合，用燃烧效率分析仪对烟气成分进行分析。

2）空气预热器出口烟气分析。在空气预热器出口两侧的垂直烟道上按照网格法布置测点，将烟道中抽取的烟气样送入烟气多点取样混合器中混合，用燃烧效率分析仪对烟气成分进行分析。

（2）在给煤机处进行原煤取样，由电厂化学人员进行工业分析，由发电用煤质量监督检验中心进行元素分析。

（3）其他运行数据。由运行人员按要求记录主要表盘参数。

三、试验结果及评价

空气预热器漏风试验与热效率试验同时进行，共进行了两次，按照进出空气预热器的烟气量计算漏风率，取两次试验结果的算术平均值作为最终结论。A 侧空气预热器漏风率为 7.93％，B 侧空气预热器漏风率为 5.52％。

试验仪器清单见表 8-15，试验时的入炉煤元素分析见表 8-16，试验时的测量结果见表 8-17。

表 8-15　　　　　　　　　　测试仪器清单

序　号	名　称	型　号	编　号	校验日期	有效期	设备状态
1	燃烧效率分析仪	KM9106	1447022241		1 年	良好
2	烟气预处理器					良好

表 8-16 空气预热器漏风试验入炉煤元素分析

序　号	名　称	单位	工况一	工况二
1	收到基碳	%	50.69	53.47
2	收到基氢	%	3.22	3.43
3	收到基硫	%	0.60	0.59
4	收到基氧	%	7.03	7.59
5	收到基氮	%	0.92	0.97
6	收到基灰分	%	26.74	23.45
7	收到基水分	%	10.80	10.50
8	空气干燥基水分	%	3.0	2.78
9	空气干燥基挥发分	%	28.44	26.36
10	收到基低位发热量	kJ/kg	20 100	21 110

表 8-17 空气预热器漏风试验测量结果　　　　　　　（%）

项目	A空气预热器进口	A空气预热器出口	B空气预热器进口	B空气预热器出口
工况一				
氧量	2.45	3.95	2.86	3.83
漏风率	A侧：7.87		B侧：5.07	
工况二				
氧量	3.21	4.66	2.85	3.98
漏风率	A侧：7.98		B侧：5.96	
平均值				
漏风率	A侧：7.93		B侧：5.52	

第七节　RB（跳闸）功能试验报告

一、试验条件

（1）CCS、FSSS 的单系统 RB 冷态试验及两个系统联调时的 RB 冷态试验均已做过且成功；热工其他系统及机、炉、电等相关专业的冷、热态试验都已完成且试验数据完备。

（2）机组带满负荷的情况下，CCS 的自动调节系统已经运行 12h 以上。

二、试验过程

1. 送/引风机 RB 试验

（1）由于送/引风机存在逻辑联跳，因此两种风机的 RB 对机组的影响相同，只选择引风机进行 RB 试验。

（2）所有的试验条件已具备，CCS 运行在协调控制方式。

（3）确认负荷大于 520MW，满足 RB 的发生条件。

（4）下列控制均处于"自动"状态，而且其指令输出值距输出上、下限均有调节余量：

1）燃烧控制系统，包括所有的磨煤机容量风控制系统。

2）一次风压控制系统。

3）过热器温度控制系统。

4）再热器温度控制系统。

5）除氧器水位控制系统。

（5）炉膛负压控制系统中 A、B 引风机均在"自动"状态，且控制状况良好，每台引风机都有足够的调节余量。

（6）送风系统在"自动"状态，送风机的挡板开度在 30％以上。

（7）给水系统中汽泵控制系统处于"自动"状态，其指令输出值距上、下限均有调节余量。

（8）就地事故按钮跳闸，A 引风机发生 RB，试验记录卡和试验曲线分别见表 8-18 和图 8-10。

（9）试验过程中，当机组各参数及工况稳定，但送风机 B 出现超电流现象时，运行人员可手动解除协调进行手动操作。

表 8-18　　　　　　　　　　单侧送/引风机 RB 试验记录卡

试验开始时间		年　　月　　日　　时　　分				
试验开始前有关参数						
机组负荷	901.21MW	主蒸汽压力	23.53MPa	主蒸汽温度	595.06℃	再热蒸汽温度
运行磨煤机		A、B、C、D、F 五台				
运行油枪		无				
炉膛负压		−72.04Pa				
给水流量		2570.16t/h				
备注						
各项试验条件满足后，试验开始						
跳闸单侧送、引风机		A 侧（✓）或 B 侧（　）				
备注						
试验结果						
RB 工况是否发生		是（✓）或否（　）				
磨煤机跳闸顺序		A、C		间隔时间		10s
备注						
试验结束，锅炉稳定后的有关参数						
机组负荷	499.76MW	主蒸汽压力	17.86MPa	主蒸汽温度	576.25℃	再热蒸汽温度
运行磨煤机		B、D、F 三台				
运行油枪		F、D、B 三层 24 支				
炉膛负压		−124.366Pa				
给水流量		1439.517t/h				
试验结束时间		年　　月　　日　　时　　分				
试验数据						
RB 试验过程中负荷、主蒸汽压力、主蒸汽温度、炉膛负压、给水流量等参数的历史变化曲线见图 8-10						

注　表格中的（　），满足要求的则在其中划"✓"。

再热蒸汽温度 596.8℃（试验开始前）

再热蒸汽温度 556.142℃（试验结束）

引风机RB.TND
21:05:56.4

70MWRB-D04S208A1.UNIT7@W1	RB目标值	490.000	MW Scale: 1000 400 Actual Value
70MKA01AG1CE3123SEL.UNIT7@W1	发电机功率选择	515.960	MW Scale: 1000 400 Actual Value
70CBA02AO01.UNIT7@W1	负荷指令	76.472	Scale: 100 0.000 Actual Value
70LDCSP-D04S210SP.UNIT7@W1	修正后机组负荷指令	515.344	MW Scale: 1000 700 Actual Value
70LBA10MSP-D04S201A1.UNIT7@W	汽轮机主蒸汽压力选择	17.791	MPa Scale: 28.000 18.000 Actual Value
70MWB1D-D04S212A1.UNIT7@W1	锅炉主控输出	447.500	MW Scale: 1000 400 Actual Value
70LAB30CF00123SEL.UNIT7@W1	补偿后省煤器入口给水流量选择	1314.738	t/h Scale: 3000 1000 Actual Value
70TOTALAIRFWL-D03S042.UNIT7@	总风量	2118.677	t/h Scale: 4000 1000 Actual Value
70TFUELFLW-D04S030A3.UNIT7@W	总燃料量	253.597	t/h Scale: 500 200 Actual Value
70FRD-D04S032A1.UNIT7@W1	煤燃料量指令	253.422	t/h Scale: 500 200 Actual Value
70HAD20CP00123SEL.UNIT17@W1	炉膛压力选择	572.171	Pa Scale: 800 -800 Actual Value
70MWTF-D04S221D5.UNIT17@W1	汽轮机跟随方式	-60.233	Scale: 4.000 1000 Actual Value
70RB50ACT-D04S232D5.UNIT17@W1	50%RB发生	0	Scale: 3.000 -1000 Actual Value
70LABFWD-D01S046SP.UNIT17@W1	给水流量设定值	1	t/h Scale: 3000 1000 Actual Value
		1332.208	
		2119.570	

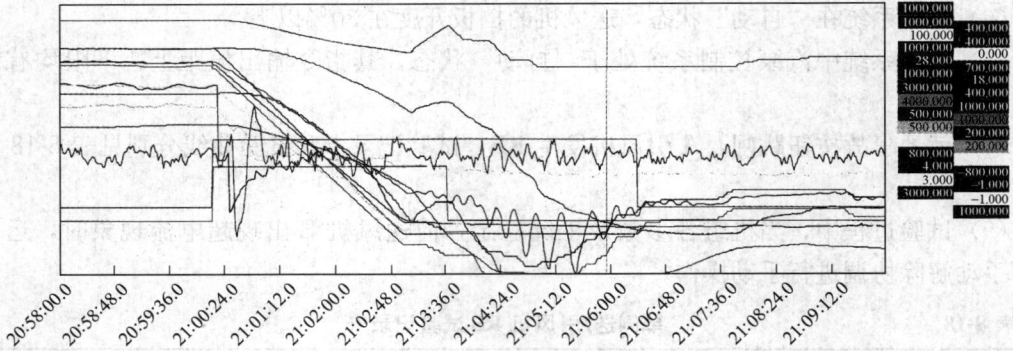

图 8-10　单侧送/引风机 RB 试验曲线

2. 一次风机 RB 试验

（1）选择一次风机 B 为 RB 试验时切除的对象。

（2）所有的试验条件已具备，CCS 运行在协调控制方式下。

（3）确认负荷大于 520MW，满足 RB 发生条件。

（4）下列控制均处于"自动"状态，而且其指令输出值距输出上、下限均有调节余量：

1）燃烧控制系统，包括所有的磨煤机容量风控制系统。

2）过热器温度控制系统。

3）再热器温度控制系统。

4）除氧器水位控制系统。

（5）一次风压控制系统中 A、B 一次风机均在"自动"状态，且控制状况良好，每台一次风机都有足够的调节余量。

（6）炉膛负压控制系统中 A、B 引风机均在"自动"状态，且控制状况良好，每台引风机都有足够的调节余量。

（7）送风系统在"自动"状态，A、B 送风机的挡板开度在 30％以上。

（8）给水系统中汽泵控制系统处于"自动"状态，其指令输出值距上、下限均有调节余量。

（9）就地事故按钮跳闸，B 一次风机发生 RB，试验记录卡和试验曲线分别见表 8-19 和图 8-11。

（10）试验过程中，虽然机组各参数及工况稳定，但在 RB 动作后，由于 B 侧二次风量——变送器风量信号变化大，送风自动退出运行，协调功能自动退出，运行人员开始手动干预。

表 8-19　　　　　　　　　　　　　　　单侧一次风机 RB 试验记录卡

试验开始时间		年　　月　　日　　时　　分				
试验开始前有关参数						
机组负荷	919.45MW	主蒸汽压力	24.3MPa	主蒸汽温度	593.19℃	再热蒸汽温度　600.29℃
运行磨煤机		B、C、D、E、F 五台				
运行油枪		无				
炉膛负压		−248.15Pa				
给水流量		2655.94t/h				
备注						
各项试验条件满足后，试验开始						
跳闸单侧一次风机		A 侧（　）或 B 侧（✓）				
备注						
试验结果						
RB 工况是否发生		是（✓）或否（　）				
磨煤机跳闸顺序		C、B		间隔时间		10s
备注						
试验结束，锅炉稳定后的有关参数						
机组负荷	500.38MW	主蒸汽压力	22.81MPa	主蒸汽温度	554.16℃	再热蒸汽温度　547.96℃
运行磨煤机		D、E、F 三台				
运行油枪		F、E、D 三层 24 支				
炉膛负压		−15.28Pa				
给水流量		1543.81t/h				
试验结束时间		年　　月　　日　　时　　分				
试验数据						
RB 试验过程中负荷、主蒸汽压力、主蒸汽温度、炉膛负压、给水流量等参数的历史变化曲线见图 8-11						

注　表格中的（　），满足要求的则在其中划"✓"。

3. 汽动给水泵 RB 试验

（1）选择汽动给水泵 A 为 RB 试验切除的对象。

（2）所有的试验条件已具备，CCS 运行在协调控制方式下。

（3）确认负荷大于 520MW，满足 RB 发生条件。

（4）下列控制均处于"自动"状态，而且其指令输出值距输出上、下限均有调节余量：

1）燃烧控制系统，包括所有的磨煤机容量风控制系统。

2）一次风压控制系统。

3）过热器温度控制系统。

4）再热器温度控制系统。

5）除氧器水位控制系统。

引风机RB.TND

21:05:56.4

点名	描述	数值	单位	
70MWRB-D04S208A1.UNIT7@W1	RB目标值	490.000	MW	Scale: 1000 400 Actual Value
70MKA01AG1CE3123SEL.UNIT7@W1	发电机功率选择	515.960	MW	Scale: 1000 400 Actual Value
70CBA02AO01.UNIT7@W1	负荷指令	76.472		Scale: 0.000 Actual Value
70LDCSP-D04S210SP.UNIT7@W1	修正后机组负荷指令	515.344	MW	Scale: 1000 700 Actual Value
70LBA10MSP-D04S201A1.UNIT7@W	汽轮机主蒸汽压力选择	17.791	MPa	Scale: 28.000 18.000 Actual Value
70MWBID.D04S212A1.UNIT7@W1	锅炉主控输出	447.500	MW	Scale: 1000 400 Actual Value
70LAB30CF00123SEL.UNIT7@	补偿后省煤器入口给水流量选择	1314.738	t/h	Scale: 3000 1000 Actual Value
70TOTALAIRFWL-D03S042.UNIT7@W1	总风量	2118.677	t/h	Scale: 4000 1000 Actual Value
70TFUELFLW-D04S030A3.UNIT7@W1	总燃料量	253.597	t/h	Scale: 500 200 Actual Value
70FRD-D04S032A1.UNIT7@W1	煤燃料量指令	253.422	t/h	Scale: 500 200 Actual Value
70HAD20CP00123SEL.UNIT17@W1	炉膛压力选择	572.171 −60.233	Pa	Scale: 800 −800 Actual Value
70MWTF-D04S221D5.UNIT17@W1	汽轮机跟随方式	0		Scale: 4.000 −1000 Actual Value
70RB50ACT-D04S232D5.UNIT17@W1	50%RB发生	1		Scale: 3.000 −1000 Actual Value
70LABFWD-D01S046SP.UNIT17@W1	给水流量设定值	1332.208 2119.570	t/h	Scale: 3000 1000 Actual Value

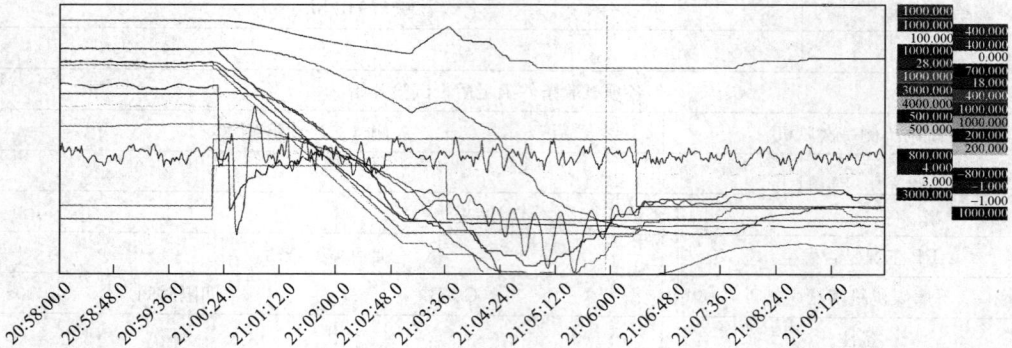

图 8-11　单侧一次风机 RB 试验曲线

（5）炉膛负压控制系统中 A、B 引风机均在"自动"状态，且控制状况良好，每台引风机都有足够的调节余量。

（6）送风系统在"自动"状态，主燃料系统在"自动"状态，其指令输出值距输出上、下限均有调节余量。

（7）给水系统中汽泵控制系统处于"自动"状态，其指令输出值距上、下限均有调节余量。

（8）就地手动打闸，A 给水泵发生 RB，试验记录卡和试验曲线分别见表 8-20 和图 8-12。

（9）试验过程中，虽然机组各参数及工况稳定，但由于回油流量信号变化较大，影响了燃烧控制系统的稳定，运行人员手动结束。

表 8-20　　　　　　　　　　　　　　单侧给水泵 RB 试验记录卡

试验开始时间			年　　　月　　　日　　　时　　　分				
试验开始前有关参数							
机组负荷	935.9MW	主蒸汽压力	24.5MPa	主蒸汽温度	570.97℃	再热蒸汽温度	573.24℃
运行磨煤机		B、C、D、E、F 五台					
运行油枪		无					
炉膛负压		−58.768Pa					
给水流量		2701.564t/h					
备注							

续表

各项试验条件满足后，试验开始		
跳闸单侧给水泵	A 侧（√）或 B 侧（　）	
备注		
试验结果		
RB 工况是否发生	是（√）或否（　）	
磨煤机跳闸顺序	C、B	间隔时间　　10s
备注		
试验结束，锅炉稳定后的有关参数		
机组负荷　495.5MW	主蒸汽压力　20.7MPa	主蒸汽温度　544.50℃　再热蒸汽温度　537.82℃
运行磨煤机	D、E、F 三台	
运行油枪	F、E、D 三层共 24 支	
炉膛负压	−81.927Pa	
给水流量	1149.959t/h	
试验结束时间	年　　月　　日　　时　　分	
试验数据		
RB 试验过程中负荷、主蒸汽压力、主蒸汽温度、炉膛负压、给水流量等参数的历史变化曲线见图 8-12		

注　表格中的（　），满足要求的则在其中划"√"。

一次风机RB.TND
16:30:59.0

70MWRB-D04S208A1.UNIT7@W1	RB目标值	557.698	MW	Scale: 1000　400	Actual Value
70MKA01AG1CE3123SEL.UNIT7@W1	发电机功率选择	558.834	MW	Scale: 1000　400	Actual Value
70CBA02AO01.UNIT7@W1	负荷指令	75.500		Scale: 100　0.000	Actual Value
70LDCSP-D04S210SP.UNIT7@W	修正后机组负荷指令	557.698	MW	Scale: 1000　400	Actual Value
70LBA1A0MSP-D04S201A1.UNIT7@W	汽轮机主蒸汽压力选择	23.876	MPa	Scale: 28.000　18.000	Actual Value
70MWBID-D04S212A1.UNIT7@W1	锅炉主控输出	536.688	MW	Scale: 1000　400	Actual Value
70LAB30CF00123SEL.UNIT7@W1	补偿后省煤器入口给水流量选择	1585.867	t/h	Scale: 3000　1000	Actual Value
70TOTALAIRFWL-D03S042.UNIT7@	总风量	1944.372	t/h	Scale: 4000　1000	Actual Value
70TFUELFLW-D04S030A3.UNIT7@W	总燃料量	311.428	t/h	Scale: 500　200	Actual Value
70FRD-D04S032A1.UNIT7@W1	煤燃料量指令	310.862	t/h	Scale: 500　200	Actual Value
70HAD20CP00123SEL.UNIT17@W1	炉膛压力选择	571.714		Scale: 800　−800	Actual Value
70MWTF-D04S221D5.UNIT17@W1	汽轮机跟随方式	−157.005	Pa	Scale: 4.000　−1000	Actual Value
70RB50ACT-D04S232D5.UNIT17@W1	50%RB发生	0		Scale: 3.000　−1000	Actual Value
70LABFWD-D01S046SP.UNIT17@W1	给水流量设定值	1597.720	t/h	Scale: 3000　1000	Actual Value
		1947.578			

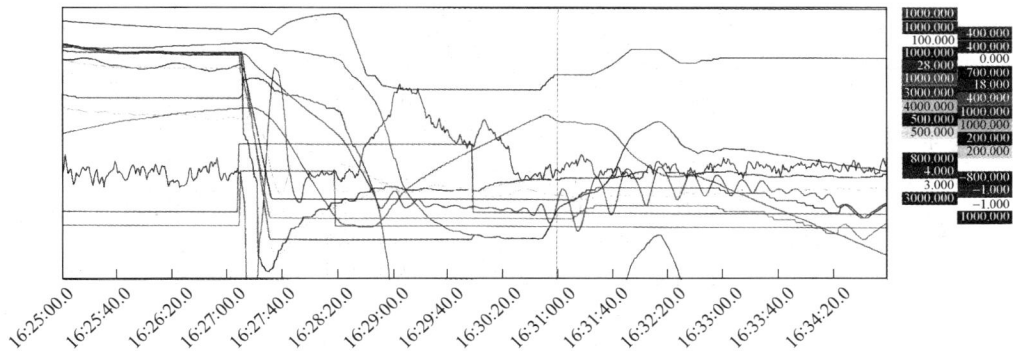

图 8-12　单侧给水泵 RB 试验曲线

4. 磨煤机 RB 试验

（1）锅炉保持 4 台磨煤机运行。

（2）确定机组负荷大于 720MW，机组运行在协调控制方式下。

（3）剩余的磨煤机具有足够的调节余量。

（4）下列控制均处于"自动"状态，而且其指令输出值距输出上、下限均有调节余量：

1）燃烧控制系统，包括所有的磨煤机容量风控制系统。

2）一次风压控制系统。

3）过热器温度控制系统。

4）再热器温度控制系统。

5）除氧器水位控制系统。

（5）炉膛负压控制系统中 A、B 引风机均在"自动"状态，且控制状况良好，每台引风机都有足够的调节余量。

（6）送风系统在"自动"状态，主燃料系统在"自动"状态，其指令输出值距输出上、下限均有调节余量。

（7）给水系统中汽泵控制系统处于"自动"状态，其指令输出值距上、下限均有调节余量。

（8）通过强制热工保护跳闸 D 磨煤机，试验记录卡和试验曲线分别见表 8-21 和图 8-13。

（9）试验过程中，当机组各参数及工况稳定时，RB 功能自动结束。

表 8-21 磨煤机 RB 试验记录卡

试验开始时间		年　月　日　时　分				
试验开始前有关参数						
机组负荷	730.232MW	主蒸汽压力	18.351MPa	主蒸汽温度	596.909℃	再热蒸汽温度	582.919℃
运行磨煤机		A、B、C、D、E 五台				
运行油枪		无				
炉膛负压		−106.193Pa				
给水流量		2154.69t/h				
备注						
各项试验条件满足后，试验开始						
跳闸磨煤机		A（　）B（　）C（　）D（√）E（　）F（　）				
备注						
试验结果						
RB 工况是否发生		是（√）或否（　）				
磨煤机跳闸顺序				间隔时间		s
备注						
试验结束，锅炉稳定后的有关参数						
机组负荷	698.978MW	主蒸汽压力	18.13MPa	主蒸汽温度	592.538℃	再热蒸汽温度	598.176℃
运行磨煤机		A、B、C、E 四台				
运行油枪		E、B、C 三层 23 支				
炉膛负压		−67.374Pa				
给水流量		1978.861t/h				
试验结束时间		年　月　日　时　分				
试验数据						
RB 试验过程中负荷、主蒸汽压力、主蒸汽温度、炉膛负压、给水流量等参数的历史变化曲线见图 8-13						

注 表格中的（　），满足要求的则在其中划"√"。

四跳一RB(D)-HSR

22:45:10.0			
70MWRB-D04S208A1.UNIT7@W1	RB目标值	690.000	MW	Scale: 1000 0.000 Actual Value
70RBACT-D04S232D6.UNIT7@W1	RB动作	1		Scale: 3.000 -1.000 Actual Value
70MKA01AG1CE3123SEL.UNIT7@W1	发电机功率选择	709.915	MW	Scale: 1000 500 Actual Value
70CBA02AO01.UNIT7@W1	负荷指令	94.779		Scale: 100 0.000 Actual Value
70LDCSP-D04S210SP.UNIT7@W1	修正后机组负荷指令	710.759	MW	Scale: 1000 500 Actual Value
70LBA10MSP-D04S201A1.UNIT7@W1	汽轮机主蒸汽压力选择	18.225	MPa	Scale: 25.000 15.000 Actual Value
70MWBID-D04S212A1.UNIT7@W1	锅炉主控输出	655.500	MW	Scale: 1000 500 Actual Value
70LAB30CF00123sel.UNIT7@W1	补偿后省煤器入口给水流量选择	1986.098	t/h	Scale: 3000 1000 Actual Value
70TOTALAIRFWL-D030S042.UNIT7@W	总风量	2347.684	t/h	Scale: 4000 1000 Actual Value
70TFUELFLE-D04S030A3.UNIT7@W1	总燃烧量	290.798	t/h	Scale: 500 0.000 Actual Value
70HAHFOT-D02S030A1.UNIT7@W1	末级过热器出口温度	273.616	℃	
70HAD20CP00123SEL.UNIT7@W1		599.202	℃	Scale: 620 500 Actual Value
70HAJ50CTRHOT-D02S050A.UNIT7@	炉膛压力选择	-128.486	Pa	Scale: 800 -800 Actual Value
	再热器出口温度	597.531	℃	Scale: 620 500 Actual Value

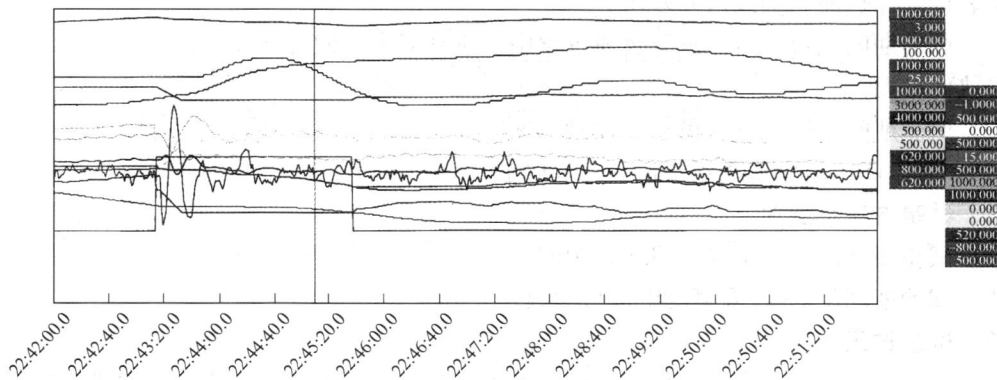

图 8-13　磨煤机 RB 试验曲线

三、出现问题及处理过程

（1）引风机 RB 过程中，RB 目标负荷的下降速率较慢，虽然对风机的 RB 功能影响不大，但对一次风机和给水泵 RB 将造成重大影响，经检查是由于跟踪速率影响造成的，现已经修改，在后面的一次风机和给水泵 RB 试验中已经验证。

（2）给水泵 RB 试验中，磨煤机容量风控制的大幅度波动主要是由于在投油时会有流量信号大幅度波动造成的，该信号干扰较大，现在虽然增加了滤波功能，但不能解决最终问题，只能通过修改控制策略或更换抗干扰的信号测量装置解决。

（3）一次风机 RB 过程中送风机控制切手动的问题已经不是首次，在正常运行中已经出现，需要进一步咨询设备厂家查清原因，同时增加 RB 过程中闭锁信号故障、控制偏差大等强制切手动的条件，保证 RB 功能的正常运行。

四、系统功能评价

机组 RB 功能设计合理、功能比较完善，试验证明该机组 RB 功能锅炉燃烧稳定，机组各主要参数变化正常，且能够快速消除扰动，保证机组安全稳定运行。

第八节　锅炉连续最大出力试验报告

一、试验目的

确定锅炉所能达到的连续最大蒸发量。

二、试验条件

（1）锅炉各辅机运行正常，允许锅炉满负荷运行。

（2）锅炉满负荷运行时各项参数正常，具备带最大负荷连续运行的条件。

（3）高压加热器投入运行且工作正常。

（4）汽轮机侧做好带最大负荷超压运行的准备。

（5）制粉系统运行正常，制粉量充足，细度合格，并能按试验要求进行调整。

（6）试验期间燃用煤种应接近设计煤种。

（7）与试验有关的电气、热工等设备均已做好试验准备，炉膛负压表、炉膛出口氧量表等热工表计和保护能正确投入并好用。

（8）试验期间运行人员注意升负荷过程中控制减温水，使过热器、再热器不超温，严密监视受热面壁温。

（9）试验期间电厂化学人员连续化验汽水品质。

（10）试验前机组已连续正常运行 3 天以上。

三、试验方法及步骤

（1）试验期间进行入炉煤、飞灰、炉渣取样。

（2）试验期间从 DCS 采集机组运行参数。

四、试验结果

（1）锅炉连续最大出力试验期间各运行参数正常，不超温、不超压；各辅机均能满足锅炉连续最大出力要求。

（2）锅炉连续最大出力试验期间平均主蒸汽流量（等于省煤器入口给水流量）为 3150.4t/h，是锅炉设计最大流量 BMCR 工况（3033t/h）的 103.9％。

（3）锅炉连续最大出力试验期间平均电负荷为 1067.43MW。

锅炉连续最大出力试验期间试验数据汇总见表 8-22。

表 8-22 　　　　　　　　　　锅炉连续最大出力试验期间试验数据汇总

名　称	单　位	参　数
机组负荷	MW	1067.43
锅炉总风量	t/h	3156.0
锅炉总燃料量	t/h	441.0
给水流量	t/h	3150.4
末级过热器出口压力（A/B）	MPa	25.465/25.561
分离器压力	MPa	28.099
省煤器进口压力	MPa	30.106
省煤器进口给水温度	℃	298.0
低温再热器进口压力（A/B）	MPa	4.975/4.912
高温再热器出口压力（A/B）	MPa	4.660/4.648
高温过热器出口蒸汽温度（A/B）	℃	593/594
一级减温水流量（A/B）	t/h	47.106/57.385
二级减温水流量（A/B）	t/h	78.472/103.79
高温再热器出口蒸汽温度（A/B）	℃	596/597

续表

名　　　称	单　　位	参　　数
低温再热器进口温度（A/B）	℃	344/346
再热蒸汽减温水流量（A/B）	t/h	0/0
热一次风母管压力	kPa	10.546
密封风母管压力	kPa	14.868
空气预热器入口一次风压力（A/B）	kPa	11.329/11.395
空气预热器入口二次风压力（A/B）	kPa	2.256/2.284
空气预热器出口一次风压力（A/B）	kPa	10.499/10.451
空气预热器出口二次风压力（A/B）	kPa	0.897/0.965
燃烧器二次风压力	kPa	0.565
空气预热器进口二次风温度（A/B）	℃	−3/−4
空气预热器出口二次风温度（A/B）	℃	319/318
空气预热器进口一次风温度（A/B）	℃	8/8
空气预热器出口一次风温度（A/B）	℃	308/307
空气预热器进口烟气温度（A/B）	℃	352/354
空气预热器出口烟气温度（A/B）	℃	96.5/97.5
省煤器出口烟气含氧量（A/B）	%	3.85/2.79
空气预热器出口烟气含氧量（A/B）	%	4.312/4.459
炉膛负压	Pa	−53
省煤器出口烟气压力（A/B）	Pa	−401.8/−576.3
空气预热器进口烟气压力（A/B）	Pa	−1.113/−1.105
空气预热器出口烟气压力（A/B）	Pa	−1.678/−1.662
送风机电流（A/B）	A	93.3/91.9
送风机动叶开度（A/B）	%	76.5/70.0
引风机电流（A/B）	A	248.3/253.7
引风机静叶开度（A/B）	%	50.5/48.2
一次风机电流（A/B）	A	102.0/104.1
一次风机动叶开度（A/B）	%	82.1/79.6
A磨煤机电流	A	97.9
A磨煤机风量	t/h	90.8
A磨煤机驱动端/非驱动端给煤量	t/h	41.6/38.2
A磨煤机入口风温	℃	246
B磨煤机电流	A	102.2
B磨煤机风量	t/h	89.0
B磨煤机驱动端/非驱动端给煤量	t/h	32.5/32.9
B磨煤机入口风温	℃	238
C磨煤机电流	A	99.4
C磨煤机风量	t/h	97.3
C磨煤机驱动端/非驱动端给煤量	t/h	42.5/38.9
C磨煤机入口风温	℃	184

续表

名　　称	单　位	参　数
D 磨煤机电流	A	102.1
D 磨煤机风量	t/h	96.6
D 磨煤机驱动端/非驱动端给煤量	t/h	37.9/32.7
D 磨煤机入口风温	℃	220
E 磨煤机电流	A	99.2
E 磨煤机风量	t/h	104.8
E 磨煤机驱动端/非驱动端给煤量	t/h	34.2/30.5
E 磨煤机入口风温	℃	187
F 磨煤机电流	A	101.9
F 磨煤机风量	t/h	101.6
F 磨煤机驱动端/非驱动端给煤量	t/h	33.9/33.7
F 磨煤机入口风温	℃	208
高温过热器壁温	℃	≤608
屏式过热器壁温	℃	≤592
高温再热器壁温	℃	≤616
大气压力	kPa	101.6
环境温度	℃	−3.5
环境湿度	%RH	62
飞灰含碳量	%	2.2
炉渣含碳量	%	3.9
收到基水分	%	9.2
收到基灰分	%	24.34
收到基挥发分	%	27.20
收到基低位发热量	kJ/kg	20.92
干燥无灰基挥发分	%	40.94
给水硬度	μmol/L	0
给水二氧化硅	μg/L	9.5
给水联氨	μg/L	15
给水 pH 值		9.02
给水溶氧	μg/L	0
凝结水泵出口给水硬度	μmol/L	0
凝结水泵出口给水二氧化硅	μg/L	10.31
凝结水泵出口给水 pH 值		9.09
凝结水泵出口给水溶氧	μg/L	15
再热蒸汽二氧化硅	μg/L	7.34
再热蒸汽 pH 值		9.21
再热蒸汽钠	μg/L	1.03

第九节　锅炉性能及热效率试验报告

一、试验项目

按照《火电机组启动验收性能试验导则》（电综〔1998〕179号）的要求，对其规定的锅炉验收项目进行试验，根据试验前的分工，机组散热测试包括在锅炉试验中。其主要项目有：

（1）锅炉热效率试验。

（2）锅炉最大连续出力试验。

（3）锅炉断油最低稳燃出力试验。

（4）锅炉额定出力试验。

（5）锅炉额定负荷下空气预热器漏风测试。

（6）制粉系统出力试验。

（7）磨煤机单耗试验。

（8）机组散热测试。

因锅炉最大连续出力BMCR试验和最低稳燃负荷试验之前已经完成，所以本次试验对其余项目进行测试。

二、主要性能参数保证值及条件

（1）额定负荷锅炉热效率不小于93.8%。

（2）磨煤机最大出力达到84.1t/h。

（3）空气预热器漏风率不大于6%。

（4）磨煤机电耗不大于17.24kWh/t。

（5）确认经燃烧调整后锅炉机组各主、辅机能正常运转，并满足试验要求。

（6）锅炉蒸汽温度、给水、风量调节系统投入运行。

（7）确认锅炉机组的烟、风及汽水系统无泄漏。

（8）确认锅炉机组所有受热面在开始试验前均保持正常运行时的清洁度，试验前应进行全面吹灰。

（9）确认试验前试验机组系统已经与其他非试验系统隔离。

（10）检查运行仪表，包括重新检查仪器的校验证书，确认所有试验用记录仪表在最近的6个月内均安装完毕，并进行校验。

（11）试验期间，炉膛负压表和氧量表等表计能正常投入。

（12）试验期间煤种尽量接近设计值并稳定。

（13）试验期间尽量保持锅炉各参数的稳定。主要运行参数允许波动范围如下：主蒸汽压力为额定蒸汽压力±2%；主蒸汽温度为额定蒸汽温度$^{+5}_{-10}$℃；再热蒸汽温度为额定蒸汽温度$^{+5}_{-10}$℃。

（14）调整到试验工况后，不再进行风压、风量的调整。

（15）试验期间锅炉不投油助燃，不吹灰、不排污。

（16）试验前进行系统隔离，定排、连排、暖风器停用。

（17）每个工况试验时间不小于 4h，每次调整到试验工况，稳定运行 1h 再进行试验。

三、试验方法

（1）排烟温度测量。在空气预热器进出口烟道上，按网格法布置热电偶，用数据采集系统自动记录烟气温度。

（2）烟气成分分析。

1）空气预热器入口烟气分析：在空气预热器入口两侧垂直烟道上按照网格法布置测点，从烟道中抽取的烟气样送入烟气多点取样混合器中混合，用燃烧效率分析仪对烟气成分进行分析。

2）空气预热器出口烟气分析：在空气预热器出口两侧垂直烟道上按照网格法布置测点，从烟道中抽取的烟气样送入烟气多点取样混合器中混合，用燃烧效率分析仪对烟气成分进行分析。

（3）原煤取样。在给煤机的捣煤口进行取样，由电厂化学人员进行工业分析，由电厂所在省发电用煤质量监督检验中心进行元素分析。

（4）飞灰取样。在空气预热器出口进行等速取样，试验期间连续取样，所得灰样混合后，送电厂化学车间分析其可燃物含量。

（5）大渣取样。在捞渣机处取样，经缩分后送化学车间化验其可燃物含量。

（6）空气湿度、温度测量和大气压力测量。在送风机入口处，用干湿球温度计测量冷空气温度、湿度和大气压力。

（7）其他运行数据。由运行人员记录相关运行参数。

四、试验仪器

锅炉热效率试验时的测试仪器如表 8-23 所示。

表 8-23 锅炉热效率测试仪器清单

序号	名　称	型　号	编　号	校验日期	有效期	设备状态	经手人
1	燃烧效率分析仪	KM9106	—		1 年	良好	
2	热电偶	K 型	—		1 年	良好	
3	毛发式温湿度计	WSB-F1	—		1 年	良好	
4	大气压力表	DYM3	—		2 年	良好	
5	烟气预处理器					良好	

五、试验结果及评价

锅炉额定负荷下的热效率试验共进行了两个工况，两次测得锅炉额定负荷下的热效率分别为 94.40% 和 94.46%，取两次结果的算术平均值作为最终结果。试验锅炉额定负荷下的热效率试验计算结果如表 8-24 所示。

表 8-24　　　　　　　　　　**锅炉额定负荷下的热效率试验计算结果**

序　号	名　称	单　位	工况一	工况二
煤质特性数据				
1	收到基碳	%	50.69	53.47
2	收到基氢	%	3.22	3.43
3	收到基硫	%	0.60	0.59
4	收到基氧	%	7.03	7.59
5	收到基氮	%	0.92	0.97
6	收到基灰分	%	26.74	23.45
7	收到基水分	%	10.80	10.50
8	空气干燥基水分	%	3.0	2.78
9	空气干燥基挥发分	%	28.44	26.36
10	收到基低位发热量	kJ/kg	20 100	21 110
实际测试分析数据				
11	飞灰含碳量	%	1.2	0.9
12	炉渣含碳量	%	2.1	1.9
13	排烟温度	℃	126	129
14	排烟 O_2 含量	%	3.89	4.32
15	空气相对湿度	%	38	36
16	大气压力	Pa	99 400	99 500
17	空气预热器入口平均烟温	℃	356.5	359.9
约定值				
18	飞灰份额	%	88.00	88.00
19	炉渣份额	%	12.00	12.00
20	散热损失	%	0.18	0.18
21	其他损失	%	0.26	0.26
计算结果				
22	干烟气损失	%	4.2	4.45
23	燃料氢燃烧造成的损失	%	0.21	0.22
24	燃料中水分造成的损失	%	0.08	0.07
25	空气中水分造成的损失	%	0.05	0.05
26	未燃尽碳损失	%	0.59	0.39
27	热损失总和	%	5.57	5.62
28	空气热量收益	%	0.04	0.20
29	燃料显热收益	%	-0.02	-0.01
30	收益总计	%	0.02	0.19
31	锅炉热效率	%	94.45	94.57
32	修正后锅炉热效率	%	94.40	94.46

进行锅炉额定出力试验时，机组工作稳定，主蒸汽和再热蒸汽温度均符合机组运行要求，锅炉及各主要辅机运行正常，各主要受热面金属壁温符合设计要求，无超温现象。锅炉额定负荷下，A侧空气预热器漏风率为7.93%，B侧空气预热器漏风率为5.52%。试验状态下磨煤机出力达到85.6t/h，符合设备设计规范的要求。试验工况下的磨煤单耗为16.23kW·h/t。

额定出力试验共进行了三个工况的测试：工况一为6台磨煤机运行、额定给水温度的试验工况；工况二为改变燃烧器运行组合、5台磨煤机运行的试验；工况三为改变给水温度的试验。

进行锅炉额定出力试验时，机组运行稳定，主蒸汽和再热蒸汽温度满足机组要求，锅炉及各主要辅机运行正常，各主要受热面金属壁温符合设计要求，无超温现象。

额定出力试验时的汽水品质为：给水pH值为9.03，氢电导率为0.079μS/cm，硬度为0.00μmol/L，溶解氧为0μg/L，联氨为15μg/L，二氧化硅为12.45μg/L；主蒸汽pH值为9.09，氢电导率为0.075μS/cm，二氧化硅为9.74μg/L，钠离子为2.89μg/L。

第十节　锅炉机组热力数据汇总

一、锅炉性能数据汇总（见表8-25）

表8-25　　　　　　　　　　　　　锅炉性能数据汇总

项目 \ 负荷	单位	VWO	TRL	100%THA	70%THA	50%THA	30%BMCR	高压加热器单列切除	高压加热器全切
1. 蒸汽及水流量									
过热器出口	t/h	3033.0	2888.5	2733.4	1833.6	1289.8	909.9	2566.4	2350.0
再热器出口	t/h	2469.7	2347.1	2245.5	1554.6	1115.4	797.5	2304.3	2321.9
省煤器进口	t/h	3033.0	2888.5	2733.4	1833.6	1289.8	909.9	2566.4	2350.0
过热器一级喷水	t/h	91.0	86.7	82.0	55.0	38.7	27.3	77.0	70.5
过热器二级喷水	t/h	121.3	115.5	109.3	73.3	51.6	36.4	102.7	94.0
再热器喷水	t/h	0	0	0	0	0	0	0	0
2. 蒸汽及水压力/压降									
过热器出口压力	MPa	26.25	26.11	25.99	19.70	14.03	10.01	25.87	25.73
一级过热器（低温过热器）压降	MPa	0.42	0.37	0.33	0.20	0.14	0.10	0.29	0.25
二级过热器（屏式过热器）压降	MPa	0.56	0.49	0.45	0.26	0.20	0.14	0.39	0.32

续表

项目 \ 负荷	单位	VWO	TRL	100%THA	70%THA	50%THA	30%BMCR	高压加热器单列切除	高压加热器全切
三级过热器（高温过热器）压降	MPa	0.26	0.23	0.21	0.13	0.09	0.06	0.18	0.15
包墙出口到过热器出口压降	MPa	1.24	1.09	0.99	0.59	0.43	0.30	0.86	0.72
顶棚和包墙压降	MPa	0.82	0.72	0.64	0.4	0.29	0.2	0.55	0.47
过热器总压降	MPa	2.06	1.81	1.63	0.99	0.72	0.5	1.41	1.19
再热器进口压力	MPa	5.09	4.84	4.63	3.20	2.30	1.61	4.75	4.78
一级再热器（低温再热器）压降	MPa	0.09	0.09	0.08	0.05	0.04	0.02	0.08	0.09
二级再热器（高温再热器）压降	MPa	0.11	0.10	0.10	0.06	0.04	0.03	0.10	0.10
再热器出口压力	MPa	4.89	4.65	4.45	3.09	2.22	1.56	4.57	4.59
启动分离器压降	MPa	0.4	0.36	0.33	0.19	0.14	0.1	0.3	0.24
启动分离器压力	MPa	28.71	28.28	27.95	20.88	14.89	10.61	27.58	27.16
水冷壁压降	MPa	1.52	1.32	1.17	0.64	0.41	0.24	1.01	0.81
省煤器压降（不含位差）	MPa	0.02	0.02	0.02	0.01	0.01	0.01	0.01	0.01
省煤器重位压降	MPa	0.20	0.20	0.20	0.20	0.20	0.20	0.20	0.20
省煤器进口至启动分离器进口压降	MPa	1.74	1.54	1.39	0.85	0.62	0.45	1.22	1.02
省煤器进口压力	MPa	30.45	29.82	29.34	21.73	15.51	11.06	28.80	28.18
省煤器进口至过热器出口总压降	MPa	4.2	3.71	3.35	2.03	1.48	1.05	2.93	2.45
3. 蒸汽和水温度									
过热器（高温过热器）出口	℃	605	605	605	605	605	605	605	605
过热汽温度左右偏差	℃	±5	±5	±5	±5	±5	±5	±5	±5
再热器进口	℃	356.3	349.8	344.8	347	353.3	356	350	354.3
再热器（低温再热器）出口	℃	512	512	514	518	527	502	515	512
再热器（高温再热器）出口	℃	603	603	603	603	603	573	603	603

续表

项目 \ 负荷	单位	VWO	TRL	100%THA	70%THA	50%THA	30%BMCR	高压加热器单列切除	高压加热器全切
再热蒸汽温度左右偏差	℃	±5	±5	±5	±5	±5	±5	±5	±5
省煤器进口	℃	302.4	298.5	294.8	269.4	248.8	229.6	260.1	192.1
省煤器出口	℃	342	338	333	306	283	276	309	267
过热器减温水	℃	342	338	333	306	283	276	309	267
再热器减温水	℃	(188)	(186)	(184)	(169)	(156)	(145)	(187)	(189)
启动分离器温度	℃	425	424	423	390	366	358	414	402
4. 空气流量									
空气预热器进口一次风（含旁路）	kg/h	767 100	700 902	696 240	600 702	504 080	467 202	734 542	820 422
空气预热器进口二次风	kg/h	2 716 960	2 650 140	2 522 800	1 810 840	1 426 560	1 157 240	2 538 000	2 588 140
一次风旁路风量	kg/h	340 096	267 256	269 376	213 668	160 068	92 826	251 030	216 936
空气预热器出口旁路混合后一次风	kg/h	631 800	552 002	544 000	419 602	314 100	213 802	545 002	549 002
空气预热器出口二次风	kg/h	2 660 800	2 598 800	2 473 300	1 775 300	1 398 400	1 145 700	2 492 200	2 550 300
空气预热器中的漏风									
一次风漏到烟气	kg/h	142 300	149 760	151 040	164 260	167 780	202 260	172 720	220 200
一次风漏到二次风	kg/h	−7000	−860	1200	16 840	22 200	51140	16 820	51 220
二次风漏到烟气	kg/h	49 160	50 480	50 700	52 380	50 360	62 680	62 620	89 060
总的空气侧漏到烟气侧	kg/h	191 460	200 240	201 740	216 640	218 140	264 940	235 340	309 260
5. 烟气流量									
炉膛出口	m³/h	1 2965 800	12 335 000	11 559 800	8 021 700	5 908 700	4 442 800	11 803 200	12 107 600
三级过热器（高温过热器）出口	m³/h	13 046 200	12 441 600	11 634 100	8 076 300	5 946 600	4 477 700	11 906 000	12 222 000
二级再热器（高温再热器）出口	m³/h	11 899 500	11 356 300	10 659 200	7 393 100	5 508 500	4 172 500	10 868 700	11 154 300
省煤器出口	m³/h	4 083 300	3 768 100	3 455 000	2 188 300	1 312 700	1 272 400	3 335 800	3 346 400
前烟井（挡板调温）	m³/h	2 680 900	2 714 900	2 742 200	2 222 500	2 195 000	1 416 000	2 760 000	2 527 100

续表

负荷 项目	单位	VWO	TRL	100%THA	70%THA	50%THA	30%BMCR	高压加热器 单列切除	高压加热器 全切
后烟井（挡板调温）	m³/h	4 083 300	3 768 100	3 455 000	2 188 300	1 312 700	1 272 400	3 335 800	3 346 400
脱硝装置（SCR）进口	m³/h	6 603 700	6 322 300	6 030 200	4 303 400	3 383 100	2 626 400	5 927 800	5 758 300
脱硝装置（SCR）出口	m³/h	6 613 300	6 331 800	6 039 600	4 312 500	3 392 200	2 635 100	5 937 000	5 767 100
空气预热器进口	m³/h	6 613 300	6 331 800	6 039 600	4 312 500	3 392 200	2 635 100	5 937 000	5 767 100
空气预热器出口	kg/h	3 841 360	3 716 240	3 570 942	2 695 940	2 179 740	1 847 040	3 626 440	3 768 660
6. 空气预热器出口烟气含尘量	g/m³	34	34	34	32	29	25	34	34
7. 空气温度									
空气预热器进口一次风	℃	30	29	29	28	27	26	29	29
空气预热器进口二次风	℃	25	24	24	24	23	26	24	28
空气预热器出口一次风	℃	340.7	336.2	335	323.1	320.5	297.3	320.1	291.4
旁路混合后一次风	℃	177	191	187	176	174	182	189	190
空气预热器出口二次风	℃	347.3	342.9	341.2	327.1	322.4	299.1	326.2	298
8. 烟气温度									
炉膛出口	℃	1016	1000	972	901	820	746	990	997
二级过热器（屏式过热器）进口	℃	1373	1360	1318	1253	1120	976	1351	1360
二级过热器（屏式过热器）出口	℃	1142	1129	1089	1022	920	823	1119	1127
三级过热器（高温过热器）进口	℃	1142	1129	1089	1022	920	823	1119	1127
三级过热器（高温过热器）出口	℃	1024	1011	980	909	827	754	1001	1009
一级过热器（低温过热器）进口	℃	814	803	783	718	654	601	794	801
一级过热器（低温过热器）出口	℃	570	563	552	498	467	482	553	548

负荷 项目	单位	VWO	TRL	100%THA	70%THA	50%THA	30%BMCR	高压加热器 单列切除	高压加热器 全切
二级再热器（高温再热器）进口	℃	1000	988	957	886	807	737	978	985
二级再热器（高温再热器）出口	℃	910	899	875	809	746	684	890	897
一级再热器（低温再热器）进口	℃	884	873	850	783	720	655	864	870
一级再热器（低温再热器）出口	℃	421	416	417	406	407	396	418	417
省煤器进口	℃	562	554	544	489	457	470	544	540
省煤器出口	℃	355	348	341	303	272	259	316	270
脱硝装置（SCR）进口	℃	377	373	370	350	345	320	355	325
脱硝装置（SCR）出口	℃	377	373	370	350	345	320	355	325
空气预热器进口	℃	377	373	370	350	345	320	355	325
空气预热器出口（未修正）	℃	130.6	125.6	125.6	120.6	120.6	112.2	120	112.2
空气预热器出口（修正后）	℃	126.4	121.2	121	114.4	112.8	102.4	115.1	106.8
9. 空气压降									
空气预热器一次风压降	kPa	0.25	0.25	0.20	0.15	0.15	0.10	0.25	0.25
空气预热器二次风压降	kPa	0.98	0.93	0.88	0.49	0.34	0.25	0.88	0.88
燃烧器一次风压力值（同设计院接口处）	kPa	0.95	1.06	1.0	0.86	0.86	0.94	1.01	1.03
燃烧器二次风压力值（同设计院接口处）	kPa	1.57	1.46	0.96	0.92	0.81	0.85	1.37	1.42
10. 烟气压力及压降									
炉膛设计压力	kPa	±5800	±5800	±5800	±5800	±5800	±5800	±5800	±5800
炉膛可承受压力	kPa	±8700	±8700	±8700	±8700	±8700	±8700	±8700	±8700

续表

项目 \ 负荷	单位	VWO	TRL	100%THA	70%THA	50%THA	30%BMCR	高压加热器单列切除	高压加热器全切
炉膛出口压力	kPa	0.00	0.00	0.00	0.00	0.00	0.00	0.00	0.00
省煤器出口压力	kPa	−1.37	−1.32	−1.27	−1.00	−0.88	−0.81	−1.27	−1.30
脱硝装置(SCR)压降	KPa	0.75	0.70	0.63	0.40	0.25	0.20	0.70	0.65
空气预热器压降	kPa	1.18	1.13	1.03	0.64	0.44	0.29	1.03	1.03
炉膛到空气预热器出口与设计院接口烟道分界处压降(考虑自生通风,不包括脱硝装置阻力)	kPa	2.92	2.77	2.17	1.90	1.58	1.36	2.62	2.26
炉膛到空气预热器出口与设计院接口烟道分界处压降(考虑自生通风,包括脱硝装置阻力)	kPa	3.67	3.47	2.80	2.30	1.83	1.56	3.32	2.91
11. 燃料消耗量(实际)	t/h	401.3	386.3	370.0	264.2	196.2	140.9	372.7	380.0
12. 输入热量	MW	2353	2265	2170	1549	1151	826	2185	2229
13. 锅炉热损失									
干烟气热损失	%	4.30	4.22	4.22	4.22	4.39	4.71	3.96	3.46
氢燃烧生成水热损失	%	0.23	0.23	0.23	0.21	0.20	0.18	0.20	0.17
燃料中水分引起的热损失	%	0.05	0.05	0.05	0.05	0.05	0.04	0.05	0.04
空气中水分热损失	%	0.07	0.07	0.07	0.07	0.07	0.08	0.07	0.06
未燃尽碳热损失($n=0.9$)	%	0.79	0.79	0.79	0.79	0.79	0.79	0.79	0.79
辐射及对流散热热损失	%	0.17	0.18	0.18	0.27	0.37	0.53	0.18	0.18
未计入热损失	%	0.26	0.26	0.26	0.26	0.26	0.26	0.26	0.26
总热损失	%	5.87	5.80	5.80	5.87	6.13	6.59	5.51	4.96
14. 锅炉热效率									

续表

项目 \ 负荷	单位	VWO	TRL	100%THA	70%THA	50%THA	30%BMCR	高压加热器单列切除	高压加热器全切
计算热效率(按ASMEPTC4计算,高位发热值)	%	89.55	89.60	89.60	89.55	89.30	88.86	89.89	90.41
计算热效率(按低位发热量计算)	%	94.13	94.20	94.20	94.13	93.87	93.41	94.49	95.04
制造厂裕度	%		0.40						
保证热效率	%		93.80						
15. 热量、炉膛热负荷									
燃料向锅炉供的热量	MW	2371	2283	2186	1561	1160	833	2202	2246
主蒸汽吸热量	MW	1817	1747	1668	1211	904	669	1686	1744
再热蒸汽吸热量	MW	406	394	383	252	180	105	385	381
低温过热器吸热量	MW	184	171	149	89	49	35	135	157
屏式过热器吸热量	MW	311	302	292	223	160	103	286	298
高温过热器吸热量	MW	183	174	167	120	79	46	163	170
炉膛、顶棚、包墙吸热量	MW	955	928	904	684	556	428	930	899
省煤器吸热量	MW	184	172	156	95	60	57	172	220
截面热负荷	MW/m²	4.5	4.3	4.1	2.9	2.2	1.6	4.1	4.2
容积热负荷	kW/m³	79	76	73	52	39	28	73	75
有效投影辐射受热面热负荷(EPRS)	kW/m²	240	231	221	158	117	84	223	227
燃烧器区域面积热负荷	MW/m²	1.6	1.6	1.5	1.1	0.8	0.6	1.5	1.5
16. NO_x 排放浓度									
脱硝装置进口 NO_x 排放浓度(以 $O_2=6\%$ 计)	mg/m³	300	300	300	300	300	300	300	300

续表

项目 \ 负荷	单位	VWO	TRL	100％THA	70％THA	50％THA	30％BMCR	高压加热器单列切除	高压加热器全切
脱硝装置出口NOx排放浓度（以 O2＝6％计）	mg/m³	75	75	75	75	75	75	75	75
脱硝效率	％	75	75	75	75	75	75	75	75
17. 空气预热器出口烟气含尘浓度（以 O2＝6％计）	mg/m³	30	30	30	30	30	30	30	30
18. 风率									
一次风率	％	20	18	18	19	18	15	18	18
二次风率	％	80	82	82	81	82	85	82	82
19. 过量空气系数									
炉膛出口	—	1.14	1.14	1.14	1.18	1.26	1.44	1.14	1.14
省煤器出口	—	1.15	1.15	1.15	1.19	1.27	1.45	1.15	1.15
20. 烟速									
三级过热器（高温过热器）	m/s	8	8	8	5	4	3	8	8
二级再热器（高温再热器）	m/s	11	10	10	7	5	4	10	10
一级过热器（低温过热器）	m/s	9	8	7	5	2	2	7	8
一级再热器（低温再热器）	m/s	10	10	11	8	8	5	10	10
省煤器	m/s	8	8	7	4	2	3	7	8

二、锅炉性能数据汇总（见表8-26）

表 8-26　　　　　　　　　　锅炉性能数据汇总

项目 \ 负荷	单位	VWO	TRL	100％THA	70％THA	50％THA	30％BMCR	高压加热器单列切除	高压加热器全切
1. 蒸汽及水流量									
过热器出口	t/h	3033.0	2888.5	2733.4	1833.6	1289.8	909.9	2566.4	2350.0
再热器出口	t/h	2469.7	2347.1	2245.5	1554.6	1115.4	797.5	2304.3	2321.9
省煤器进口	t/h	3033.0	2888.5	2733.4	1833.6	1289.8	909.9	2566.4	2350.0
过热器一级喷水	t/h	91.0	86.7	82.0	55.0	38.7	27.3	77.0	70.5

项目 ＼ 负荷	单位	VWO	TRL	100%THA	70%THA	50%THA	30%BMCR	高压加热器单列切除	高压加热器全切
过热器二级喷水	t/h	121.3	115.5	109.3	73.3	51.6	36.4	102.7	94.0
再热器喷水	t/h	0	0	0	0	0	0	0	0
2. 蒸汽及水压力/压降									
过热器出口压力	MPa	26.25	26.11	25.99	19.70	14.03	10.01	25.87	25.73
一级过热器（低温过热器）压降	MPa	0.42	0.37	0.33	0.20	0.14	0.10	0.29	0.25
二级过热器（屏式过热器）压降	MPa	0.56	0.49	0.45	0.26	0.20	0.14	0.39	0.32
三级过热器（高温过热器）压降	MPa	0.26	0.23	0.21	0.13	0.09	0.06	0.18	0.15
包墙出口到过热器出口压降	MPa	1.24	1.09	0.99	0.59	0.43	0.30	0.86	0.72
顶棚和包墙压降	MPa	0.82	0.72	0.64	0.4	0.29	0.2	0.55	0.47
过热器总压降	MPa	2.06	1.81	1.63	0.99	0.72	0.5	1.41	1.19
再热器进口压力	MPa	5.09	4.84	4.63	3.20	2.30	1.61	4.75	4.78
一级再热器（低温再热器）压降	MPa	0.09	0.09	0.08	0.05	0.04	0.02	0.08	0.09
二级再热器（高温再热器）压降	MPa	0.11	0.10	0.10	0.06	0.04	0.03	0.10	0.10
再热器出口压力	MPa	4.89	4.65	4.45	3.09	2.22	1.56	4.57	4.59
启动分离器压降	MPa	0.4	0.36	0.33	0.19	0.14	0.1	0.3	0.24
启动分离器压力	MPa	28.71	28.28	27.95	20.88	14.89	10.61	27.58	27.16
水冷壁压降	MPa	1.52	1.32	1.17	0.64	0.41	0.24	1.01	0.81
省煤器压降（不含位差）	MPa	0.02	0.02	0.01	0.01	0.01	0.01	0.01	0.01
省煤器重位压降	MPa	0.20	0.20	0.20	0.20	0.20	0.20	0.20	0.20
省煤器进口至启动分离器进口压降	MPa	1.74	1.54	1.39	0.85	0.62	0.45	1.22	1.02
省煤器进口压力	MPa	30.45	29.82	29.34	21.73	15.51	11.06	28.80	28.18
省煤器进口至过热器出口总压降	MPa	4.2	3.71	3.35	2.03	1.48	1.05	2.93	2.45
3. 蒸汽和水温度									
过热器（高温过热器）出口	℃	605	605	605	605	605	605	605	605

续表

项目 \ 负荷	单位	VWO	TRL	100％THA	70％THA	50％THA	30％BMCR	高压加热器单列切除	高压加热器全切
过热汽温度左右偏差	℃	±5	±5	±5	±5	±5	±5	±5	±5
再热器进口	℃	356.3	349.8	344.8	347	353.3	356	350	354.3
再热器（高温再热器）出口	℃	603	603	603	603	603	573	603	603
再热蒸汽温度左右偏差	℃	±5	±5	±5	±5	±5	±5	±5	±5
省煤器进口	℃	302.4	298.5	294.8	269.4	248.8	229.6	260.1	192.1
省煤器出口	℃	342	338	333	306	283	276	309	267
过热器减温水	℃	342	338	333	306	283	276	309	267
再热器减温水	℃	(188)	(186)	(184)	(169)	(156)	(145)	(187)	(189)
启动分离器温度	℃	425	424	423	390	366	358	414	402
4. 空气流量									
空气预热器进口一次风	kg/h	804 782	795 000	788 422	634 280	530 800	522 942	826 362	914 482
空气预热器进口二次风	kg/h	2 755 320	2 637 300	2 508 560	1 830 300	1 441 800	1 132 020	2 522 120	2 572 420
一次风旁路风量	kg/h	255 288	254 752	261 702	152 078	114 370	128 238	237 068	189 832
空气预热器出口旁路混合后一次风	kg/h	660 602	647 400	638 402	434 800	325 500	294 902	639 602	643 802
空气预热器出口二次风	kg/h	2 702 000	2 585 600	2 458 500	1 801 100	1 420 000	1 110 800	2 475 700	2 534 300
空气预热器中的漏风									
一次风漏到烟气	m³/h	147 440	148 980	149 780	173 980	175 600	188 420	171 140	219 700
一次风漏到二次风	m³/h	−3260	−1380	240	25 500	29 700	39 620	15 620	50 980
二次风漏到烟气	m³/h	50 060	50 320	50 300	54 700	51 500	60 840	62 040	89 100
总的空气侧漏到烟气侧	m³/h	197 500	199 300	200 080	228 680	227 100	249 260	233 180	308 800
5. 烟气流量									
炉膛出口	m³/h	13 269 700	12 624 500	11 831 500	8 198 100	6 038 400	4 536 100	12 072 900	12 382 600
三级过热器（高温过热器）出口	m³/h	13 352 000	12 733 600	11 907 500	8 254 000	6 077 000	4 571 700	12 178 000	12 499 600

项目 \ 负荷	单位	VWO	TRL	100%THA	70%THA	50%THA	30%BMCR	高压加热器单列切除	高压加热器全切
二级再热器（高温再热器）出口	m³/h	12 178 400	11 622 900	10 909 700	7 555 700	5 629 500	4 260 100	11 117 000	11 407 600
省煤器出口	m³/h	4 197 000	3 873 100	3 551 200	2 245 800	1 346 700	1 303 500	3 426 600	3 437 000
前烟井（挡板调温）	m³/h	2 755 600	2 790 500	2 818 600	2 280 900	2 251 800	1 450 600	2 835 100	2 595 600
后烟井（挡板调温）	m³/h	4 197 000	3 873 100	3 551 200	2 245 800	1 346 700	1 303 500	3 426 600	3 437 000
脱硝装置（SCR）进口	m³/h	6 787 600	6 498 400	6 198 300	4 416 400	3 470 800	2 690 700	6 089 100	5 914 300
脱硝装置（SCR）出口	m³/h	6 797 100	6 507 900	6 207 700	4 425 500	3 479 800	2 699 400	6 098 300	5 923 000
空气预热器进口	m³/h	6 797 100	6 507 900	6 207 700	4 425 500	3 479 800	2 699 400	6 098 300	5 923 000
空气预热器出口	kg/h	3 933 000	3 797 800	3 648 380	2 762 582	2 231 700	1 864 560	3 701 680	3 846 700
6. 空气预热器出口烟气含尘量	g/m³	42	42	42	39	36	30	42	42
7. 空气温度									
空气预热器进口一次风	℃	30	29	29	28	27	26	29	29
空气预热器进口二次风	℃	25	24	24	30	30	30	24	30
空气预热器出口一次风	℃	337.5	335.2	333.6	320.5	320.2	297.7	318.5	290
旁路混合后一次风	℃	222	218	212	221	220	182	214	215
空气预热器出口二次风	℃	344.2	341.4	340.3	325.7	323.2	299.7	325.4	296.5
8. 烟气温度									
炉膛出口	℃	1016	1000	972	901	820	746	990	997
二级过热器（屏式过热器）进口	℃	1373	1360	1318	1253	1120	976	1351	1360
二级过热器（屏式过热器）出口	℃	1142	1129	1089	1022	920	823	1119	1127

项目＼负荷	单位	VWO	TRL	100％THA	70％THA	50％THA	30％BMCR	高压加热器单列切除	高压加热器全切
三级过热器（高温过热器）进口	℃	1142	1129	1089	1022	920	823	1119	1127
三级过热器（高温过热器）出口	℃	1024	1011	980	909	827	754	1001	1009
一级过热器（低温过热器）进口	℃	814	803	783	718	654	601	794	801
一级过热器（低温过热器）出口	℃	570	563	552	498	467	482	553	548
二级再热器（高温再热器）进口	℃	1000	988	957	886	807	737	978	985
二级再热器（高温再热器）出口	℃	910	899	875	809	746	684	890	897
一级再热器（低温再热器）进口	℃	884	873	850	783	720	655	864	870
一级再热器（低温再热器）出口	℃	421	416	417	406	407	396	418	417
省煤器进口	℃	562	554	544	489	457	470	544	540
省煤器出口	℃	355	348	341	303	272	259	316	270
脱硝装置（SCR）进口	℃	377	373	370	350	345	320	355	325
脱硝装置（SCR）出口	℃	377	373	370	350	345	320	355	325
空气预热器进口	℃	377	373	370	350	345	320	355	325
空气预热器出口（未修正）	℃	126.1	124.4	124.4	119.4	118.3	117.2	118.9	111.7
空气预热器出口（修正后）	℃	122.1	120.3	120.1	113.6	111.2	107.9	114.2	106.6
9. 空气压降									
空气预热器一次风压降	kPa	0.39	0.34	0.34	0.25	0.15	0.15	0.34	0.39
空气预热器二次风压降	kPa	1.03	0.93	0.88	0.49	0.34	0.25	0.83	0.83
燃烧器一次风压力值（同设计院接口处）	kPa	1.05	0.97	1.01	1.0	0.99	1.08	0.93	0.95

项目 \ 负荷	单位	VWO	TRL	100%THA	70%THA	50%THA	30%BMCR	高压加热器单列切除	高压加热器全切
燃烧器二次风压力值(同设计院接口处)	kPa	1.63	1.52	1.4	0.95	0.84	0.87	1.41	1.47
10. 烟气压力及压降									
炉膛设计压力	kPa	±5800	±5800	±5800	±5800	±5800	±5800	±5800	±5800
炉膛可承受压力	kPa	±8700	±8700	±8700	±8700	±8700	±8700	±8700	±8700
炉膛出口压力	kPa	0.00	0.00	0.00	0.00	0.00	0.00	0.00	0.00
省煤器出口压力	kPa	−1.40	−1.35	−1.30	−1.02	−0.89	−0.82	−1.30	−1.33
脱硝装置(SCR)压降	KPa	0.80	0.74	0.67	0.42	0.26	0.21	0.74	0.69
空气预热器压降	kPa	1.23	1.18	1.08	0.64	0.44	0.34	1.08	1.03
炉膛到空气预热器出口与设计院接口烟道分界处压降(考虑自生通风,不包括脱硝装置阻力)	kPa	2.92	2.77	2.17	1.90	1.58	1.36	2.62	2.26
炉膛到空气预热器出口与设计院接口烟道分界处压降(考虑自生通风,包括脱硝装置阻力)	kPa	3.67	3.47	2.80	2.30	1.83	1.56	3.32	2.91
11. 燃料消耗量(实际)	t/h	449.0	432.2	414.0	295.2	219.3	157.4	416.8	424.9
12. 输入热量	MW	2354	2266	2170	1548	1149	825	2185	2228
13. 锅炉热损失									
干烟气热损失	%	4.25	4.18	3.95	4.07	4.23	4.52	3.87	3.33
氢燃烧生成水热损失	%	0.25	0.25	4.52	0.23	0.22	0.20	0.22	0.19
燃料中水分引起的热损失	%	0.06	0.06	1.31	0.05	0.05	0.05	0.06	0.05
空气中水分热损失	%	0.06	0.06	0.06	0.05	0.05	0.06	0.05	0.05

续表

项目 \ 负荷	单位	VWO	TRL	100％THA	70％THA	50％THA	30％BMCR	高压加热器单列切除	高压加热器全切
未燃尽碳热损失	％	1.03	1.03	0.95	1.03	1.03	1.03	1.03	1.03
辐射及对流散热热损失	％	0.17	0.17	0.17	0.27	0.37	0.53	0.18	0.18
未计入热损失	％	0.26	0.26	0.25	0.26	0.26	0.26	0.26	0.26
总热损失	％	6.08	6.01	11.21	5.96	6.21	6.65	5.67	5.09
14. 锅炉热效率									
计算热效率（按ASMEPTC4计算，高位发热值）	％	88.72	88.79	88.79	88.83	88.60	88.18	89.11	89.65
计算热效率（按低位发热量计算）	％	93.92	93.99	93.99	94.03	93.79	93.35	94.33	94.91
15. 热量、炉膛热负荷									
燃料向锅炉供的热量	MW	2376	2287	2191	1563	1161	833	2206	2249
主蒸汽吸热量	MW	1817	1747	1668	1211	904	669	1686	1744
再热蒸汽吸热量	MW	406	394	383	252	180	105	385	381
截面热负荷	MW/m²	4.5	4.3	4.1	2.9	2.2	1.6	4.1	4.2
容积热负荷	kW/m³	79	76	73	52	39	28	73	75
有效投影辐射受热面热负荷（EPRS）	kW/m²	240	231	221	158	117	84	222	227
燃烧器区域面积热负荷	MW/m²	1.6	1.6	1.5	1.1	0.8	0.6	1.5	1.5
16. NO_x 排放浓度									
脱硝装置进口 NO_x 排放浓度（以 $O_2＝6％$计）	mg/m³	300	300	300	300	300	300	300	300
脱硝装置出口 NO_x 排放浓度（以 $O_2＝6％$计）	mg/m³	75	75	75	75	75	75	75	75
脱硝效率	％	75	75	75	75	75	75	75	75
17. 空气预热器出口烟气含尘浓度（以 $O_2＝6％$计）	mg/m³	37	37	37	37	37	37	37	37

续表

项目 \ 负荷	单位	VWO	TRL	100%THA	70%THA	50%THA	30%BMCR	高压加热器单列切除	高压加热器全切
18. 风率									
一次风率	%	20	21	21	20	19	16	21	21
二次风率	%	80	79	79	80	81	84	79	79
19. 过量空气系数									
炉膛出口	—	1.14	1.14	1.14	1.18	1.26	1.44	1.14	1.14
省煤器出口	—	1.15	1.15	1.15	1.19	1.27	1.45	1.15	1.15
20. 烟速									
三级过热器(高温过热器)	m/s	8	8	8	5	4	3	8	8
二级再热器(高温再热器)	m/s	11	10	10	7	5	4	10	10
一级过热器(低温过热器)	m/s	9	8	7	5	2	2	7	8
一级再热器(低温再热器)	m/s	10	10	11	8	8	5	10	10
省煤器	m/s	8	8	7	4	2	3	7	8

附录 A 锅炉 A 级检修项目参考项目表

部件名称	标 准 项 目	特 殊 项 目
一、汽包	1. 检修人孔门，检查和清理汽包内的腐蚀和结垢。 2. 检查内部焊缝和汽水分离装置。 3. 测量汽包倾斜和弯曲度。 4. 检查、清理水位表连通管、压力表管接头、加药管、排污管、事故放水管等内部装置。 5. 检查、清理支吊架、顶部波形板箱及多孔板等，校准水位指示计。 6. 拆下汽水分离装置，清洗和部分修理	1. 更换、改进或检修大量汽水分离装置。 2. 拆卸 50％以上保温层。 3. 汽包补焊、挖补及开孔
二、水冷壁管和集箱	1. 清理管子外壁焦渣和积灰，检查管子焊缝和鳍片。 2. 检查管子外壁的磨损、胀粗、变形、损伤、烟气冲刷和高温腐蚀，进行水冷壁测厚，更换少量管子。 3. 检查支吊架、拉钩膨胀间隙。 4. 调整集箱支吊架紧力。 5. 检查、修理和校正管子、管排及管卡等。 6. 打开集箱手孔或割下封头，检查、清理腐蚀、结垢及内部沉积物。 7. 割管取样	1. 更换集箱。 2. 更换水冷壁管超过 5％。 3. 水冷壁管酸洗
三、过热器、再热器及集箱	1. 清扫管子外壁积灰。 2. 检查管子磨损、胀粗、弯曲、腐蚀、变形情况，测量壁厚及蠕胀。 3. 检查、修理管子支吊架、管卡、防磨装置等。 4. 检查、调整集箱支吊架。 5. 打开手孔或割割下封头，检查腐蚀，清理结垢。 6. 测量在 450℃以上蒸汽集箱管段的蠕胀，检查集箱管座焊口。 7. 割管取样。 8. 更换少量管子。 9. 校正管排。 10. 检查出口导汽管弯头、集汽集箱焊缝	1. 更换管子超过 5％，或处理大量焊口。 2. 挖补或更换集箱。 3. 更换管子支架及管卡超过 25％。 4. 增加受热面 10％以上。 5. 过热器、再热器酸洗
四、省煤器及集箱	1. 清扫管子外壁积灰。 2. 检查管子磨损、变形、腐蚀等情况，更换不合格的管子及弯头。 3. 检修支吊架、管卡及防磨装置。 4. 检查、调整集箱支吊架。 5. 打开手孔，检查腐蚀结垢，清理内部。 6. 校正管排。 7. 测量管子蠕胀	1. 处理大量有缺陷的蛇形管焊口或更换管子超过 5％以上。 2. 省煤器酸洗。 3. 整组更换省煤器。 4. 更换集箱。 5. 增、减省煤器受热面超过 10％

续表

部件名称	标 准 项 目	特 殊 项 目
五、减温器	1. 检查、修理混合式减温集箱、进水管，必要时更换喷嘴。 2. 表面式减温器抽芯检查或更换减温器管子。 3. 检查、修理支吊架	1. 更换减温器芯子。 2. 更换减温器集箱或内套筒
六、燃烧设备	1. 清理燃烧器周围结焦，修补围燃带。 2. 检修燃烧器，更换喷嘴，检查、焊补风箱。 3. 检查、更换燃烧器调整机构。 4. 检查、调整风量调节挡板。 5. 燃烧器同步摆动试验。 6. 燃烧器切圆测量，动力场试验。 7. 检查点火设备和三次风嘴。 8. 检查或更换浓淡分离器。 9. 检修或少量更换一次风管道、弯头，风门检修	1. 更换燃烧器超过30%。 2. 更换风量调节挡板超过60%。 3. 更换一次风管道、弯头超过20%
七、汽水管道系统	1. 检查、调整管道膨胀指示器。 2. 检查高温高压主蒸汽管、再热蒸汽管、主给水管焊口，测量弯头壁厚。 3. 测量高温高压蒸汽管道的蠕胀。 4. 检查高压主蒸汽管法兰、螺栓、温度计插座的外观。 5. 检查、调整支吊架。 6. 检查流量测量装置。 7. 检查、处理高温高压法兰、螺栓。 8. 检查排污管、疏水管、减温水管等的三通、弯头壁厚及焊缝。 9. 检修安全阀、水位测量装置、水位报警器及其阀门。 10. 检修各常用汽水阀门。 11. 检修电动汽水阀门的传动装置。 12. 更换阀门填料并校验灵活。 13. 安全阀校验、整定试验。 14. 检修消声器及其管道	1. 更换主蒸汽管、再热蒸汽管、主给水管段及其三通、弯头，大量更换其他管道。 2. 更换高压电动主蒸汽阀或高压电动给水阀、安全阀。 3. 割换高温高压管道监视段
八、空气预热器	1. 清除预热器各处积灰和堵灰。 2. 检查、更换部分腐蚀和磨损的管子、传热元件，更换部分防腐套管。 3. 检查、修理和调整回转式预热器的各部分密封装置、传动机构、中心支承轴承、传热元件等，检查转子扇形板，并测量转子晃度。 4. 检查、修理进出口挡板、膨胀节。 5. 检查、修理冷却水系统、润滑油系统。 6. 检查、修理吹灰装置及消防系统。 7. 检查、修理暖风器。 8. 漏风试验	1. 检查和校正回转式预热器外壳铁板或转子。 2. 更换整组防磨套管。 3. 更换管子预热器10%以上。 4. 更换回转式预热器传热元件超过20%。 5. 翻身或更换回转式预热器转子围带。 6. 更换回转式预热器上下轴承
九、给煤和给粉系统	1. 检修给煤机、给粉机、输粉机。 2. 修理或更换下煤管、煤粉管道缩口、弯头、膨胀节等处的磨损。 3. 清扫及检查煤粉仓，检查粉位测量装置、吸潮管、锁气器、皮带等。 4. 检修防爆门、风门、刮板、链条及传动装置等。 5. 清扫、检查消防系统。 6. 检查风粉混合器。 7. 检查、修理原煤斗及其框架焊缝	1. 更换整条给煤机皮带或链条。 2. 更换煤粉管道超过20%。 3. 工作量较大的原煤仓、煤粉仓修理。 4. 更换输粉机链条(钢丝绳)

部件名称	标 准 项 目	特 殊 项 目
十、磨煤机及制粉系统	1. 消除磨煤机和制粉系统的漏风、漏粉、漏油及修理防护罩，检查、修理风门、挡板、润滑系统、油系统等。 2. 检修细粉分离器、粗粉分离器及除木器等。 3. 检查煤粉仓、风粉管道、粉位装置及灭火设施，检查、更换防爆门等。 4. 球磨机： (1)检修大小齿轮、对轮及其传动、防尘装置。 (2)检查筒体及焊缝，检修钢瓦、衬板、螺栓等，选补钢球。 (3)检修润滑系统、冷却系统、进出口料斗螺旋管及其他磨损部件。 (4)检查轴承、油泵站、各部螺栓等。 (5)检修变速箱装置。 (6)检查空心轴及端盖等。 5. 中速磨煤机： (1)检查本体，更换磨损的磨环、磨盘、磨碗、衬板、磨辊、磨辊套等，检修传动装置。 (2)检修石子煤排放阀、风环及主轴密封装置。 (3)调整加载装置，校正中心。 (4)检查、清理润滑系统及冷却系统，检修液压系统。 (5)检查、修理密封电动机，检查进出口挡板、一次风室，校正风室衬板，更换刮板。 6. 高速锤击式、风扇式磨煤机： (1)补焊或更换轮锤、锤杆、衬板、叶轮等磨损部件。 (2)检修轴承及冷却装置、主轴密封装置。 (3)检修膨胀节。 (4)校正中心	1. 检查、修理基础。 2. 修理滑动轴承球面、乌金或更换损坏的滚动轴承。 3. 更换球磨机大齿轮或大齿轮翻身，更换整组衬瓦、大型轴承或减速箱齿轮。 4. 更换中速磨煤机传动蜗轮、伞形齿轮或主轴。 5. 更换高速锤击式磨煤机或风扇式磨煤机的外壳或全部衬板。 6. 更换或改进细粉分离器或粗粉分离器
十一、各种风机(引风机、送风机、排粉风机、一次风机、密封风机等)	1. 检查、修补磨损的外壳、衬板、叶片、叶轮及轴承保护套。 2. 检修进出口挡板、叶片及传动装置。 3. 检修转子、轴承、轴承箱及冷却装置。 4. 检查、修理润滑油系统及检查风机、电动机油站等。 5. 检查、修理液力耦合器或变频装置。 6. 检查、调整调节驱动装置。 7. 风机叶轮校平衡	1. 更换整组风机叶片、衬板或叶轮、外壳。 2. 滑动轴承重浇乌金
十二、燃油系统	1. 检修油枪及燃油雾化喷嘴、油管连接装置。 2. 检修进风调节挡板。 3. 油管及滤网清理。 4. 检修燃油调节门及进、回油门。 5. 检修燃油泵及加热装置。 6. 检查、修理燃油速断阀、放油阀、电磁阀等。 7. 检查及标定油位指示装置。 8. 检查油管管系的跨接线及接地装置	清理油罐
十三、除尘器本体	1. 清除内部积尘，消除漏风。 2. 水膜除尘器： (1)检修喷嘴、供水系统及水膜试验。 (2)修补瓷砖、水帘、锁气器和下灰管。 3. 静电除尘器： (1)检查、修理阳极板、阴极线、框架等。 (2)检查、修理阴阳极振打装置、极间距等。 (3)检查、修理传动装置、加热装置、锁气器等。 (4)检查均流板、阻流板等磨损情况或进行少量更换。 (5)检查输灰灰斗及拌热、搅拌装置。 (6)检查壳体密封性，消除漏风。 (7)检查高压发生器、配电装置、控制系统、电缆及绝缘子	1. 修补烟道及除尘器本体。 2. 更换大面积的瓷砖。 3. 重新调整静电除尘器极间距。 4. 更换阴极线超过 20%。 5. 更换阳极板超过 10%

部件名称	标 准 项 目	特 殊 项 目
十四、钢架、炉顶密封、本体保温	1. 检修看火门、人孔门、防爆门、膨胀节,消除漏风。 2. 检查、修补冷灰斗、水冷壁保温及炉顶密封。 3. 局部钢架防腐。 4. 疏通及修理横梁的冷却通风装置。 5. 检查钢梁、横梁的下沉、弯曲情况	1. 校正钢架。 2. 拆修保温层超过20%。 3. 炉顶罩壳和钢架全面防腐。 4. 重做炉顶密封
十五、炉水循环泵	1. 检查、修理炉水泵及电动机。 2. 检查、修理过滤器、滤网、高压阀门及管路。 3. 检查、清理冷却器及冷却水系统	电动机绕组更新
十六、附属电气设备	1. 检修电动机和开关。 2. 检查、校验有关电气仪表、控制回路、保护装置、自动装置及信号装置。 3. 检修配电装置、电缆、照明设备和通信系统。 4. 预防性试验	1. 大量更换电力电缆或控制电缆。 2. 更换高压电动机绕组
十七、其他	1. 锅炉整体水压试验,检查承压部件的严密性。 2. 本体漏风试验。 3. 检修本体吹灰器。 4. 检查、修理灰渣系统及装置。 5. 检查膨胀指示器。 6. 检查加药及取样装置。 7. 检查、修补烟道。 8. 检查风道系统。 9. 检查、修理高、低压疏水系统及装置,校验其安全阀。 10. 检查、修理排污系统。 11. 按照金属、化学监督及锅炉压力容器监察的规定进行检查。 12. 锅炉效率试验	1. 锅炉超水压试验。 2. 烟囱检修。 3. 化学清洗

附录 B （～年)三年 A、B 级检修滚动规划表

填报单位：

工程名称	上次 A、B级检修年月	重大特殊项目	主要依据和技术措施	预计实施年度	增加停用天数	需要主要器材和备件	费用（万元）	备注
一、主要设备								
二、辅助设备								
三、生产建（构)筑物								
四、非生产设施								

注1：预计于第一、二、三年度进行 A 级检修的重大特殊项目应填本表。

注2：增加停用天数一栏，仅填执行本项目比标准项目停用日数需增加的停用天数。

注3：主要器材和备件一栏，仅填写数量多、订货困难、加工时间较长、需提前订货的器材、备件。

批准：　　　　　审核：　　　　　编制：　　　　　填报时间：

附录 C 年度 A、B、C、D 级检修计划汇总表

填报单位：

工程编号	单位工程名称（设备名称及检修等级）	检修项目	特殊项目列入计划原因	需要的主要器材	检修时间 开工时间	检修时间 停用时间	工日	费用（万元）	备注
	一、主要设备	1. 标准项目 2. 特殊项目							
	1. ×号机组×级检修								
	2. ×号机组×级检修								
	……								
	二、辅助设备检修								
	……								
	三、生产建(构)筑物检修								
	四、非生产设施检修								
	合计								

注：主要设备标准项目，不填详细检修内容，只填工日、费用；主设备的特殊项目和辅助设备重大特殊项目应逐项填写项目、原因、工日、费用和主要技术措施等。

批准： 审核： 编制： 填报时间：

附录 D　年度发电检修计划进度表

机组名称	容量（MW）	上次 A 级检修竣工时间	本次检修等级和计划开工时间	一月	二月	三月	四月	五月	六月	七月	八月	九月	十月	十一月	十二月	备注
关于检修进度安排情况的说明：																

批准：　　　　　　审核：　　　　　　编制：　　　　　　填报时间：

附录 E 年度专项大修项目及资金计划申请表

序号	项目名称	立项原因	上报方案	申报资金(万元)	工程起止年限	项目单位	项目负责人

批准：　　　　　　审核：　　　　　　编制：　　　　　　填报时间：

附录 F　专项大修项目可行性研究报告

项目名称：

建设单位：

编制：

审核：

批准：

年　月　日

工程名称			
项目负责部门		项目负责人	
发电公司			

一、项目提出的背景及大修的必要性(需要大修的设备运行简历、铭牌、投运时间、运行状况、技术状况及其他有关技术参数、现状、存在的主要问题，从对安全、经济运行环境的影响等方面论证该项目的必要性)：

二、专项大修方案(从可能设计的方案中选出 2～3 个可供选择方案，从技术、经济及社会效益上全面论证其先进合理性、实施可能性、存在问题及解决办法。要求定量、准确地对其性能指标、投资费用、效益、投资回收做出计算，进行综合比较，推荐最佳方案。灰场、构筑物及土建工程应注意水文、地质、地形等资料收集)：

三、工程规模和主要内容(项目的构成和范围、位置选择、地理位置、线路路径及接线方案，大修后系统的布置、设备性能及有关参数、必要的图纸等，生产准备及培训情况)：

四、工程施工条件：

1. 工程外部条件的落实情况（包括工程项目有关征地、搬迁、赔偿等）：

2. 设计、施工队伍的选择：

3. 工程实施计划完成时间：　　年　月　日～　　年　月　日
(1)工程勘测、设计周期：　　　　　　　　　　　　（月）

(2)设备制造(订货)周期：　　　　　　　　　　　　（月）

(3)土建、安装、调试时间：　　　　　　　　　　　（月）

(4)试运行、培训时间：　　　　　　　　　　　　　（天）

4. 投资估算表及设备材料明细表：

(1)投资估算表：

投资估算表
单位：万元

工程前期费		施工费	
设备费		其他费	
材料费		工程总投资	

(2)设备、材料明细表：(见附表)

五、经济效益分析(对改造前后的安全经济运行状况、社会环境影响进行对比分析，明确改进后对于提高系统和本单位安全性、可靠性、节能降耗等应达到指标，从提高效益、降低成本、增加利润及多投资回收等方面进行分析)：

六、评价结论：

七、建设单位上报意见：

设备、材料明细表 单位：万元

设备名称	规格型号及生产厂家	单位	数量	单价	总价

材料名称	规格型号及生产厂家	单位	数量	单价	总价

附录 G A、B 级检修冷、热态评价和主要设备检修总结报告

7.1 A、B 级检修冷热态评价报告

_____发电企业_____号机组_____MW

_____年_____月_____日

一、停用日数

计划：_____年_____月_____日到_____年_____月_____日，共计_____d。

实际：_____年_____月_____日到_____年_____月_____日，共计_____d。

二、人工

计划：_____工时，实际：_____工时。

三、检修费用

计划：_____万元，实际：_____万元。

四、检修与运行情况

由上次 A、B 级检修结束至此次 A、B 级检修开始运行小时数_____，备用小时数_____。

上次 A、B 级检修结束至本次 A、B 级检修开始 C、D 级检修_____次，停用小时数_____。

上次 A、B 级检修结束至本次 A、B 级检修开始非计划停用_____次，_____h，非计划停运系数_____，其中，强迫停运_____h，等效强迫停运系数_____。

上次 A、B 级检修结束至本次 A、B 级检修开始日历小时数_____，可用小时数_____，等效可用系数_____，最长连续可用天数_____，最短连续可用天数_____。

五、检修后主设备冷态评价

1. 项目执行情况

项目完成情况；重大设备缺陷消除情况；不符合项的处理情况；检修中发现问题的处理情况；检修不良返工率、人为部件损坏率等。

2. 检修工期完成情况

计划检修工期完成情况；非计划项目工期的合理安排；发现特殊情况延长工期的申请和批复等。

3. 安全情况

考核检修期间安全情况；检修过程的安全措施及其执行情况等。

4. 验收评价

评价检修项目三级验收优良率和 H、W 点检查情况。

5. 分部试转和大连锁

分部试转一次成功率；大连锁一次成功率；试转设备健康状况(如旋转设备振动情况、设备泄漏情况、检修后设备完整性)等。

6. 现场检修管理

文明施工；检修设备按规定放置；工作现场清洁、有序。

7. 检修准备工作

检修施工计划完整；技术措施合理到位；检修工具备件准备；材料备件计划及时性等。

8. 技术管理

检修记录、异动报告完整、及时。

六、主设备热态评价和检修工程评估

(一)投运后的可靠性评价

机组启动成功率；非计划降负荷率；调峰范围及运行灵活性；强迫停运的 MFT 情况；热控、电气仪表及自动、保护装置投入率；水电企业计算机监控系统模拟量、开关量投入率；DAS 模拟量、开关量投入率；设备泄漏率；设备缺陷发生项数及主要缺陷。

(二)技术经济指标评价

1. 工时管理

工时计划正确率；超时和节约工时分析；各技术工种配备合理性；等级工、辅助工配备的合理性；紧缺人员培训计划制订。

2. 材料管理

库存材料、备件的合理储备；采购计划的正确性；采购网络通畅；交货价格信息正确性。

3. 费用管理

费用结算情况；各项目预算超支和节约原因分析；各费用出账正确；总预算费用控制等。

4. 技术评价

检修目标完成情况；新设备、新技术选用的正确性；设备状态诊断的正确性；设备健康状况和设备性能试验评价；设备主要存在问题及今后的技术措施；外借和外包人员选用、各种合同条款合理性等。

7.2　锅炉 A、B 级检修总结报告

_____发电企业_____号机组锅炉

_____年_____月_____日

制造厂_____，型式_____

额定蒸发量_____ t/h，过热蒸汽压力_____ MPa，过热蒸汽温度_____ ℃

一、概况

(一)停用日数

计划：_____年_____月_____日至_____年_____月_____日，进行第_____次 A、B 级检修，共计_____日。

实际：_____年_____月_____日至_____年_____月_____日，进行第_____次 A、B 级检修，共计_____日。

（二）人工

计划：_____工时，实际：_____工时。

（三）检修费用

计划：_____万元，实际：_____万元。

（四）运行情况

上次检修结束至本次检修开始运行小时数_____，备用小时数_____。

（五）检修项目完成情况

内容	合计	标准项目	非标项目	技术改造项目	增加项目	减少项目	备　注
计划数							
实际数							

（六）质量验收情况

内容	H 点			W 点		不符合项通知单		三级验收
	合计	合格	不合格	合计	合格	不合格	合计	
计划数								
实际数								

（七）检修前、后主要运行技术指标

序号	指　标　项　目	单　位	检修前	检修后
1	蒸发量	t/h		
2	过热蒸汽压力	MPa（表压）		
3	过热蒸汽温度	℃		
4	再热蒸汽压力	MPa（表压）		
5	再热蒸汽温度	℃		
6	省煤器进口给水温度	℃		
7	排烟温度	℃		
8	过量空气系数锅炉出口			
9	飞灰可燃物	%		
10	灰渣可燃物	%		
11	锅炉总效率	%		
12	蒸汽钠和二氧化硅含量	mg/L		
13	空气预热器出口一次风温度	℃		
14	空气预热器出口二次风温度	℃		
15	空气预热器漏风率	%		
16	空气预热器烟气阻力	Pa		

（八）检修工作评语

二、简要文字总结

(1)施工组织与安全情况。

(2)检修文件包及工序卡应用情况。

(3)检修中消除的设备重大缺陷及采取的主要措施。

(4)设备的重大改进内容和效果。

(5)人工和费用的简要分析(包括重大特殊项目人工及费用)。

(6)检修后尚存在的主要问题及准备采取的对策。

(7)试验结果的简要分析。

(8)其他。

专业负责人_____

发电企业生产负责人_____

参 考 文 献

［1］ 张磊，张立华．600MW 级火力发电机组丛书．燃煤锅炉机组．北京：中国电力出版社，2006.

［2］ 张磊，马明礼．600MW 级火力发电机组丛书．燃料运行与检修．北京：中国电力出版社，2006.

［3］ 张磊，柴彤．大型火力发电机组故障分析．北京：中国电力出版社，2007.

［4］ 张磊，李广华．超超临界火电机组丛书．锅炉设备与运行．北京：中国电力出版社，2007.

［5］ 张磊，马明礼．超超临界火电机组丛书．汽轮机设备与运行．北京：中国电力出版社，2008.

［6］ 张磊，夏洪亮．大型电站锅炉耐热材料与焊接．北京：化学工业出版社，2008.

［7］ 张磊，柴彤．大型火力发电机厂典型生产管理．北京：中国电力出版社，2008.

［8］ 张磊，夏洪亮．超（超）临界机组耐热材料焊接技术问答．北京：中国电力出版社，2010.

［9］ 林宗虎，张永照．锅炉手册．北京：机械工业出版社，1989.

［10］ 刘永贵．锅炉本体安装．北京：中国电力出版社，2002.

［11］ 邵和春．火电厂锅炉检修工艺．北京：中国电力出版社，2009.